Fritzsche

Regelungstechnik mit SimulationX

Ihr Plus – digitale Zusatzinhalte!

Auf unserem Download-Portal finden Sie zu diesem Titel kostenloses Zusatzmaterial.

Geben Sie dazu einfach diesen Code ein:

plus-y475t-a297c

plus.hanser-fachbuch.de

Bleiben Sie auf dem Laufenden!

Hanser Newsletter informieren Sie regelmäßig über neue Bücher und Termine aus den verschiedenen Bereichen der Technik. Profitieren Sie auch von Gewinnspielen und exklusiven Leseproben. Gleich anmelden unter

www.hanser-fachbuch.de/newsletter

Denis Fritzsche

Regelungstechnik mit SimulationX

Ein multimedialer Einstieg mit 40 Videotutorials

HANSER

Über den Autor:
Dipl.-Ing. Dipl.-Päd. Denis Fritzsche, Richard-Hartmann-Schule, Chemnitz

MIX
Papier aus verantwortungsvollen Quellen
FSC® C083411

Print-ISBN: 978-3-446-48325-5
E-Book-ISBN: 978-3-446-48363-7

Die allgemein verwendeten Personenbezeichnungen gelten gleichermaßen für alle Geschlechter.

Bibliografische Information der Deutschen Nationalbibliothek:
Die Deutsche Nationalbibliothek verzeichnet diese Publikation in der Deutschen Nationalbibliografie; detaillierte bibliografische Daten sind im Internet unter http://dnb.d-nb.de abrufbar.

Vilshofener Straße 10 | 81679 München | info@hanser.de
www.hanser-fachbuch.de
Lektorat: Julia Stepp
Herstellung: Melanie Zinsler
Coverkonzept: Marc Müller-Bremer, *www.rebranding.de*, München
Covergestaltung: Max Kostopoulos
Titelmotiv: © gettyimages.de/Monty Rakusen
Satz: Eberl & Koesel Studio, Kempten
Druck: CPI Books GmbH, Leck
Printed in Germany

Inhalt

Vorwort

Zur Entstehungsgeschichte dieses Buches

Der Vorläufer dieses Buches entstand in der Coronazeit. Bedingt durch die damit verbundenen Einschränkungen sah ich mich gezwungen, meine Unterrichtsgestaltung den damaligen Gegebenheiten anzupassen. Infolge dessen erstellte ich eine Vielzahl von Skripten, welche auf die Größe einer Unterrichtseinheit zugeschnitten waren. Sehr schnell wurde der begrenzte Lernerfolg der Schüler und Studierenden bei rein schriftlichen Vorlagen deutlich. Um die Skripte anschaulicher zu gestalten, entschied ich mich, die Grundlagen der Regelungstechnik auf Basis der Simulationssoftware SimulationX zu vermitteln und die schriftlichen Erläuterungen um Videos zu ergänzen, in denen der Einsatz von SimulationX demonstriert wird. Dieses Buch ist die Zusammenführung und Fortentwicklung der initialen Skripte.

Zielgruppe und Aufbau dieses Buches

Das Buch versucht, unter Verwendung von SimulationX einen verständlichen Einstieg in die komplexe Materie der Regelungstechnik zu ermöglichen. Es wendet sich vornehmlich an Fachschüler und Bachelor-Studierende der Elektrotechnik, Automatisierungstechnik und Maschinentechnik, ist aufgrund seiner anwendungsbezogenen Ausrichtung aber auch für Techniker geeignet, die ihr Wissen auffrischen möchten. Jedes Kapitel besteht aus einem theoretischen Teil mit einführenden Erklärungen, aus einem Video mit Hinweisen zur Simulation und aus Übungsaufgaben. Die einzelnen Themengebiete bauen aufeinander auf. Bei thematischen Überschneidungen sind Verweise auf die entsprechenden Kapitel gesetzt. Nach dem Durcharbeiten des Stoffes sollten Sie zur Vertiefung die Übungsaufgaben lösen. Die Lösungen finden Sie in Kapitel 11.

Kurze Vorstellung von SimulationX

Als Simulationssoftware ist SimulationX in der Lage, das Verhalten von Signalgliedern in Regelkreisen zu berechnen. Dies bedeutet, dass der Zeitverlauf und das Frequenzverhalten eines Signals angezeigt werden können. Das können auch andere Softwaresysteme. Interessant für den rechnergestützten Unterricht ist aber, dass zusätzlich auch konkrete mechatronische Systeme in den Regelkreis eingebunden werden können, was eine realitätsnahe Simulation verschiedenster technischer Aufgabenstellungen ermöglicht. So beinhaltet SimulationX Modellbibliotheken aus den Gebieten der

- Mechanik,
- Antriebstechnik,
- Elektrotechnik,
- Pneumatik/Hydraulik,
- Thermik, sowie
- vielen weiteren Gebieten.

Alle Bilder, die in der Bildunterschrift den Begriff „Screenshot" enthalten, und alle Diagramme sind mit SimulationX erstellt.

In Anlehnung an SimulationX sind Dezimalzahlen im gesamten Buch nicht mit Komma, sondern mit Punkt dargestellt.

Video 1: Vorstellung SimulationX

Am Beispiel eines Gleichstrommotors werden in diesem Einführungsvideo die nötigsten Grundfunktionen erklärt, um Simulationen mit SimulationX durchführen zu können.

Technische Voraussetzungen und Zusatzmaterialien

Der pädagogische Grundgedanke dieses multimedialen Einstiegs liegt darin, sich die einzelnen Inhalte unter Verwendung des Buches, der Simulationssoftware und eines Media-Players zu erschließen. Es hat sich in jüngster Zeit immer mehr zum Standard entwickelt, Laptops oder Tablet-PCs in Vorlesungen, Seminare und Unterrichtseinheiten mitzubringen. Diesem Trend folgend ist das Buch alternativ auch als E-Book für eine rein digitale Nutzung erwerbbar. Für die Nutzung der Software SimulationX ist die kostenfreie Express-Edition ausreichend. Unter *plus.hanser-fachbuch.de* stehen die Express-Edition, die SimulationX-Modelle der Übungen und die Videos bereit.

Nach diesen einleitenden Worten wünsche ich Ihnen nun viel Spaß beim Durcharbeiten des Buches!

Lichtenau, Februar 2025

Denis Fritzsche

1 Einleitung

In diesem Kapitel wird mithilfe der regelungstechnischen Grundbegriffe und der Verwendung von Wirkungsplänen der grundlegende Aufbau von Regelkreisen vorgestellt.

1.1 Grundbegriffe

Als universelle Wissenschaft ist die Regelungstechnik bemüht, auch allgemeingültige und allgemeinverständliche Begriffe zu verwenden. Die wichtigsten Basisbegriffe werden nachfolgend betrachtet.

Signal: Ein Signal ist eine konkrete physikalische Größe x (z. B. Spannung, Druck, Geschwindigkeit), welche sich über die Zeit ändert. Das Signal $x(t)$ ist der Träger einer Information.

Störung: Eine Störung tritt auf, wenn ein Signal durch äußere Einflüsse verändert wird. Dies heißt nicht, dass bei einer Störung etwas zerstört wurde. Eine Störung liegt beispielsweise dann vor, wenn sich eine Last ändert, die Umgebungstemperatur steigt oder die Versorgungsspannung schwankt.

System: Ein System ist eine abgegrenzte Menge von Anlagen, welche zueinander in Beziehung stehen.

Zur Klassifikation unterscheidet man folgende Systeme:

- energieumsetzende Systeme, z. B. Motoren, Generatoren, Heizungen, Mensch
- stoffumsetzende Systeme, z. B. verfahrenstechnische Anlagen, Umformer, Transportanlagen, Mensch
- informationsumsetzende Systeme, z. B. Messgeräte, Computer, Mensch

Jedes System grenzt sich durch Ein- und Ausgangssignale von der Umwelt ab.

Stellglied: Ein Stellglied ist ein System innerhalb einer Regelung, welches gezielt in den Stoff- und Energiestrom eingreift. Stellglieder sind beispielsweise Ventile, Stromrichter und Verstärker.

Strecke: Eine Strecke ist das System in einer Regelung, auf das bewusst über die Eingangsgröße eingewirkt wird, um ein bestimmtes Ziel zu erreichen. Strecken sind beispielsweise Behälter, Räume und Antriebe.

1.2 Wirkungsplan

In der Regelungstechnik erfolgt die Beschreibung der Zusammenhänge und Wechselwirkungen der Systeme untereinander über Wirkungspläne bzw. Signalflusspläne. Jedes einzelne System innerhalb einer Regelung wird als Block dargestellt, und die inneren Zusammenhänge bzw. Eigenschaften werden in Form einer Übertragungsfunktion G mathematisch beschrieben (Bild 1.1).

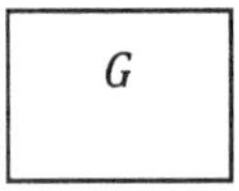

Bild 1.1
Übertragungsblock

Abgegrenzt ist das System durch die jeweiligen Ein- und Ausgangssignale, welche als Signallinien dargestellt werden (Bild 1.2).

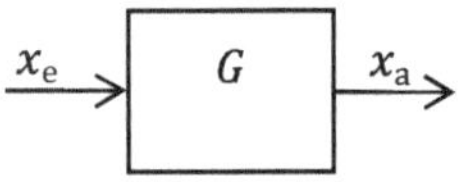

Bild 1.2
Übertragungsblock mit Signallinien

Dabei gilt:

$$x_a = G \cdot x_e \text{ bzw. } G = \frac{x_a}{x_e}$$

Beispiel: Invertierender Verstärker

Es gilt: $u_a = G \cdot u_e$ und $G = -\frac{R_2}{R_1}$

Das Zusammenwirken mehrerer einzelner Systemkomponenten wird in Form eines Wirkungsplans dargestellt. Beispielhaft soll dazu der innere Zusammenhang eines invertierenden Verstärkers genutzt werden (Schaltung siehe Bild 1.3).

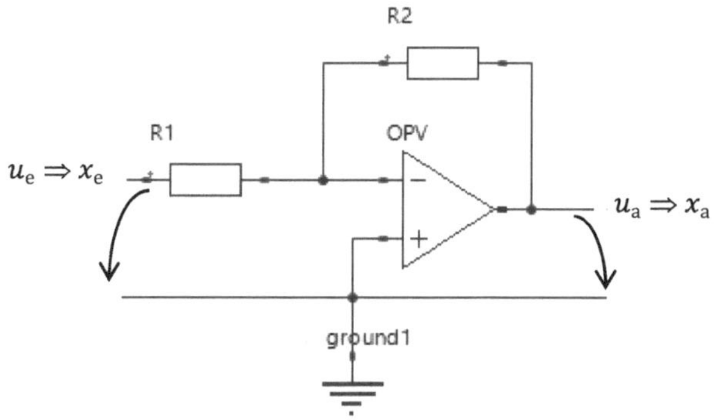

Bild 1.3 Screenshot der OPV-Schaltung eines invertierenden Verstärkers

Natürlich gilt immer das ohmsche Gesetz. Mit unendlichem Eingangswiderstand und unendlicher Verstärkung des OPV gilt aber auch:

$$u_e = u_{R1};\ u_a = u_{R2};\ i_{R1} = -i_{R2}$$

Damit lässt sich der Wirkungsplan in Bild 1.4 erstellen.

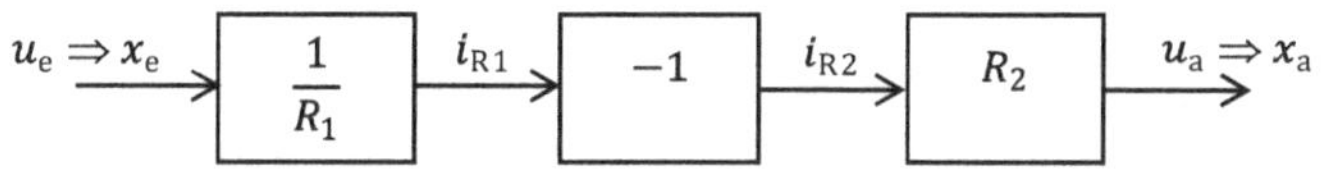

Bild 1.4 Wirkungsplan eines invertierenden Verstärkers

Des Weiteren gibt es Verzweigungs- und Summationsstellen (Bild 1.5). Damit lassen sich auch komplexere Zusammenhänge grafisch darstellen.

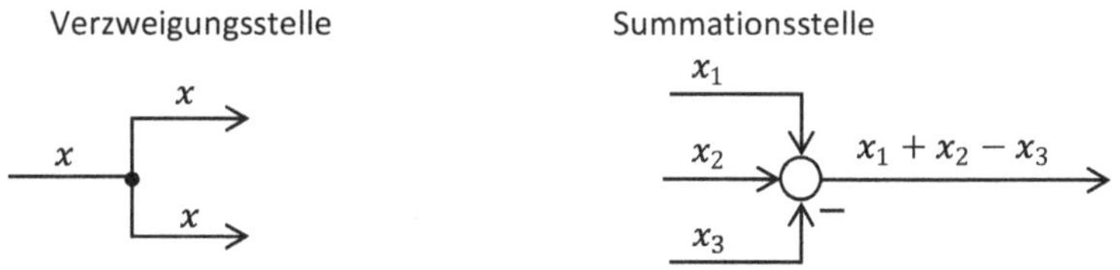

Bild 1.5 Verknüpfungselemente

Video 2: Wirkungspläne
Anhand mehrerer Beispiele wird in diesem Video die Allgemeingültigkeit der Beschreibung durch Wirkungspläne aufgezeigt.

1.3 Steuern vs. Regeln

Zum Verständnis von regelungstechnischen Prozessen ist es hilfreich, sich zuerst die Funktionsweise von Steuerungen klarzumachen. Danach können, ausgehend von den Einschränkungen der Steuerungen, die Funktionsweise und die Vorzüge von Regelungen aufgezeigt werden.

1.3.1 Steuerungsschema

Steuerungen werden in Wirkungsplänen immer als sequenzielle Kette dargestellt. Ein oder mehrere Eingangssignale gehen auf die jeweiligen Eingangsglieder. Deren Ausgänge werden im Steuerglied verknüpft bzw. verarbeitet. Das Ausgangssignal des Steuergliedes geht auf das Stellglied, und die Ausgangsgröße des Stellgliedes ist wiederum das Eingangssignal der Steuerstrecke.

Der allgemeine Wirkungsplan einer Steuerung mit einem Eingang hat damit die Struktur aus Bild 1.6. Jeder technische Aufbau, der dem allgemeinen Wirkungsplan mit seinen vier Blöcken entspricht, kann als Steuerung bezeichnet werden. Dies soll an drei Beispielen verdeutlicht werden.

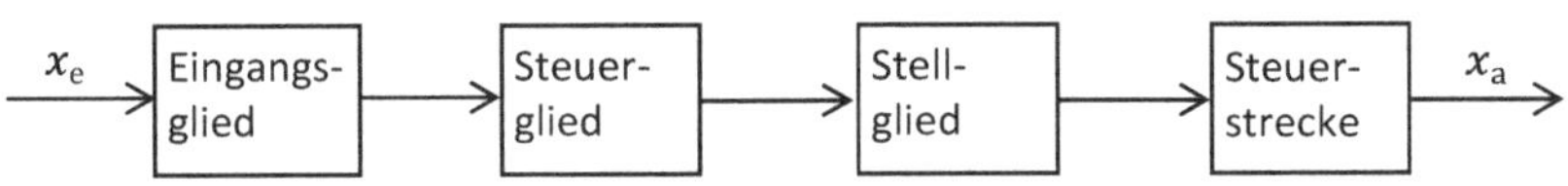

Bild 1.6 Allgemeiner Wirkungsplan

Beispiel 1: Drehzahlsteuerung (siehe *1_ST_Drehzahl_DCM.isx*)

Die Schieberbewegung als Eingangssignal wird vom Eingangsglied in eine niedrige Spannung umgewandelt. Der Converter verarbeitet diese Spannung und gibt als Stellglied die hohe Spannung an den Motor weiter (Bild 1.7 und Bild 1.8).

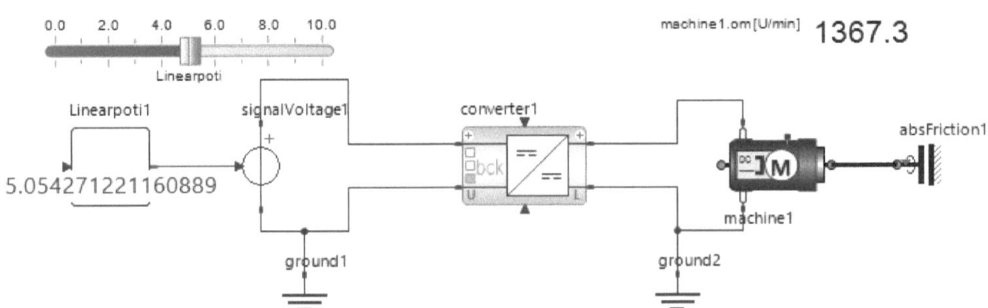

Bild 1.7 Screenshot von *1_ST_Drehzahl_DCM.isx*

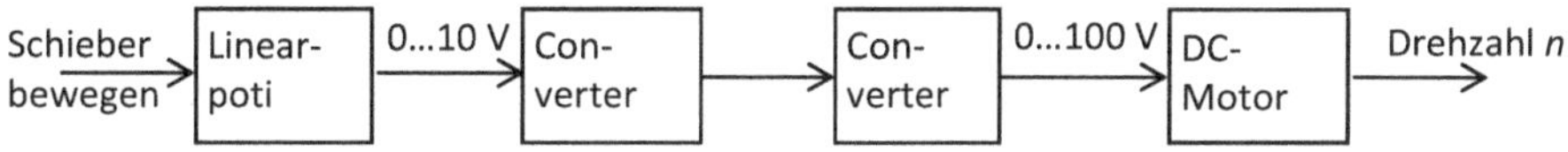

Bild 1.8 Wirkungsplan von *1_ST_Drehzahl_DCM*

Beispiel 2: Temperatursteuerung (siehe *2_ST_Temperatur_Raum.isx*)

Eingangsgröße ist die Außentemperatur, welche über einen Sensor in eine Spannung umgesetzt wird. In einer Elektronik wird mithilfe einer Kennlinie dieses Spannungssignal in den nötigen Wärmebedarf gewandelt. Die Wärmequelle als Stellglied erzeugt die erforderliche Wärmemenge. In Abhängigkeit vom Raum entsteht damit die Innentemperatur (Bild 1.9 und Bild 1.10).

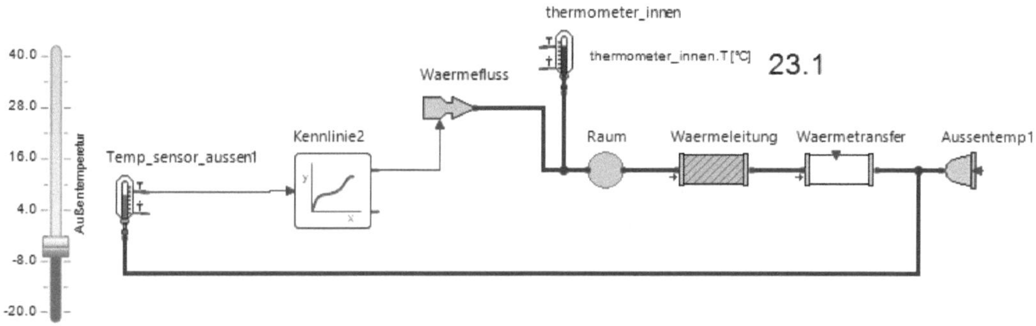

Bild 1.9 Screenshot von *2_ST_Temperatur_Raum.isx*

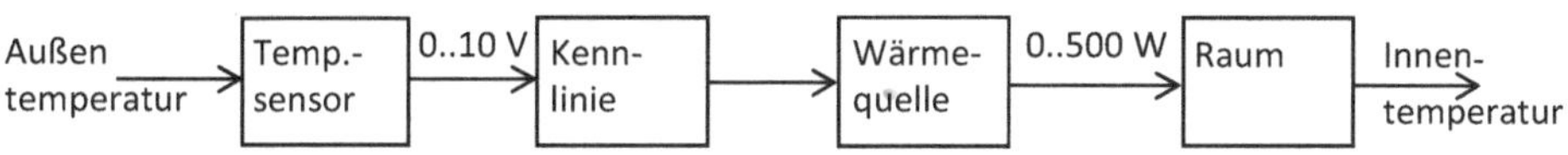

Bild 1.10 Wirkungsplan von *2_ST_Temperatur_Raum*

Beispiel 3: Steuerung eines Pneumatikzylinders (siehe *3_ST_Bewegung_Pneumatikzyl.isx*)

Mit Betätigung des Startbuttons (Eingangssignal) wird ein Spannungssignal ohne weitere Verarbeitung direkt auf das 4/2-Wegeventil (4/2 WV) als Stellglied gegeben. Die Ausgangsgröße des Ventils ist der Druck, welcher den Arbeitszylinder ausfahren lässt (Bild 1.11 und Bild 1.12).

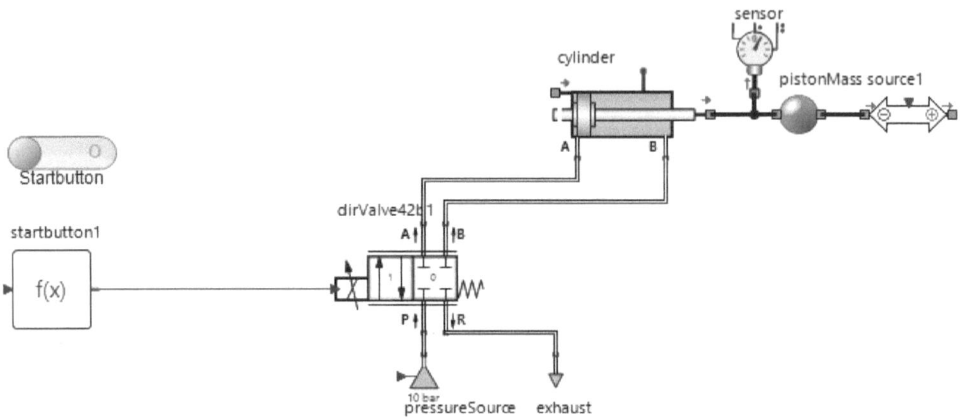

Bild 1.11 Screenshot von *3_ST_Bewegung_Pneumatikzyl.isx*

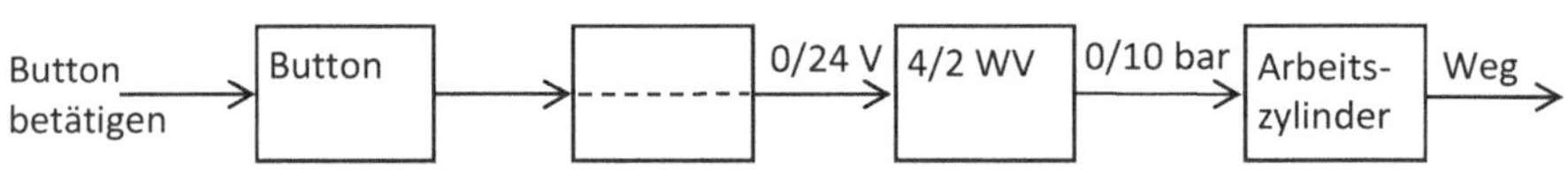

Bild 1.12 Wirkungsplan von *3_ST_Bewegung_Pneumatikzyl*

Nach diesen Beispielen folgt nun noch eine allgemeine Einschätzung von Steuerungen. In der Technik spricht man davon, dass Steuerungen nur genügend genau sind. Mit diesem Satz soll ausgedrückt werden, dass Steuerungen nur im Idealfall funktionieren. Zum einen reagieren sie nicht auf Störungen, und zum anderen sind sie nicht robust gegenüber Parameterschwankungen. Mit Parameterschwankung ist die Änderung der physikalischen Beschreibungsgrößen gemeint, wie sie zum Beispiel durch Alterung und Verschleiß auftreten kann.

Video 3: Steuerungsprobleme

Dass Steuerungen nicht auf Störungen oder Parameterschwankungen reagieren, wird in diesem Video anhand von drei Beispielen demonstriert.

Steuerungen werden also nur dort eingesetzt, wo Störungen und Systemparameterschwankungen vernachlässigt werden können. Dies ist z. B. bei drehzahlfesten Elektromotoren (Asynchron- und Synchronmotoren) und auch bei Temperatursteuerungen wie in Beispiel 2 der Fall. Sie werden in Standardgebäuden wie Supermärkten eingesetzt, da hier schon bei der Konstruktion mögliche Störungen eliminiert werden (keine Fenster) bzw. beim Betrieb keine Rolle spielen (Anzahl der Kunden hat auf Innentemperatur nur geringen Einfluss). Auch bei geringen Anforderungen an die Exaktheit werden Steuerungen eingesetzt. Da pneumatische Arbeitszylinder immer nur auf Anschlag gefahren werden und damit alle Signale nur binärer Natur sein müssen, ist eine Steuerung hier vollkommend ausreichend. Sobald jedoch hohe Anforderungen an die Genauigkeit und Robustheit gestellt werden, benötigt man eine Regelung.

Übung 1

Ordnen Sie den Gliedern und Signalen des allgemeinen Wirkungsplans einer Steuerung die konkrete Entsprechung einer Füllstandsteuerung zu (siehe *4_ST_Fuellstand_Tank.isx*, Bild 1.13 und Bild 1.14).

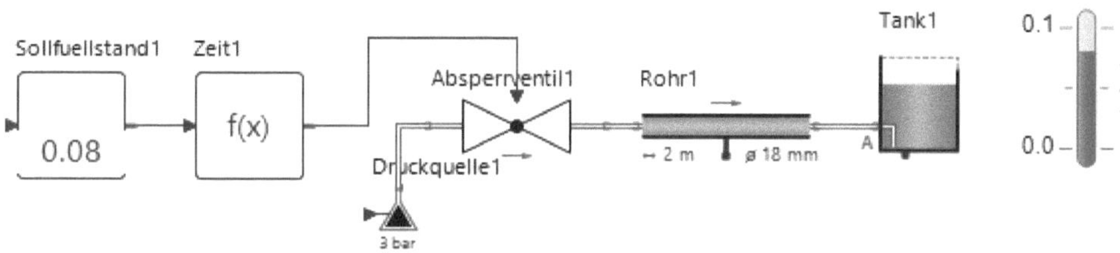

Bild 1.13 Screenshot von *4_ST_Fuellstand_Tank.isx*

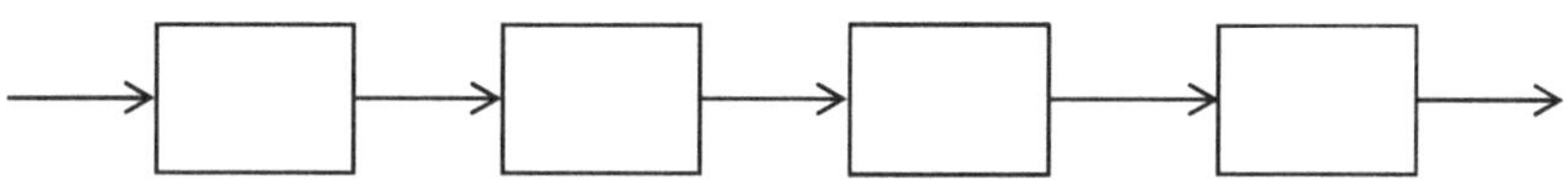

Bild 1.14 Ein leerer Wirkungsplan

1.3.2 Regelungsschema

Video 4: Regelungsbeispiel DCM (siehe auch *1_Video4_DCM_RegelungsBeispiel.isx*)

Der prinzipielle Aufbau eines Regelkreises wird in diesem Video am Beispiel einer Drehzahlregelung schrittweise vorgeführt.

Bei Regelungen wird der gemessene Istwert vom Sollwert subtrahiert. Bei einer Differenz ungleich 0 wird mithilfe eines Reglers und des Stellers eine neue Stellgröße erzeugt, welche den Unterschied zwischen Ein- und Ausgangsgröße der Regelung verschwinden lässt. Die gewünschte Größe wird über einen Sollwertgeber eingegeben. Ein erster allgemeiner Wirkungsplan hat dann die Kreisstruktur von Bild 1.15.

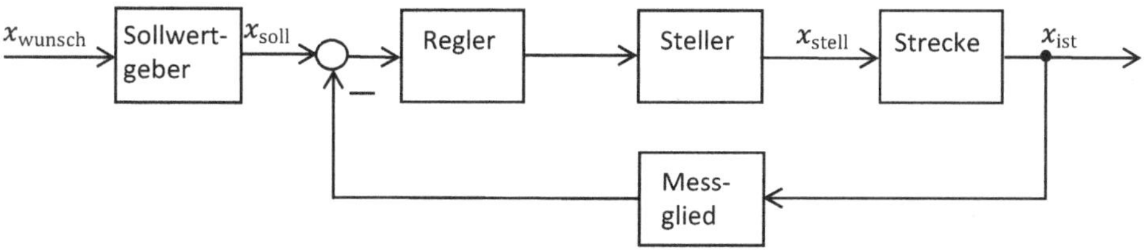

Bild 1.15 Wirkungsplan einer Regelung

Zur einheitlichen Betrachtung und Berechnung von Regelkreisen bekommen die unterschiedlichen Signale eine jeweils eigene Bezeichnung. Außerdem werden die möglichen Störsignale additiv in die Regelung eingebunden. Abschließend geht noch der Steller in den Reglerblock auf. Der finale allgemeine Wirkungsplan eines Regelkreises hat damit die Form von Bild 1.16.

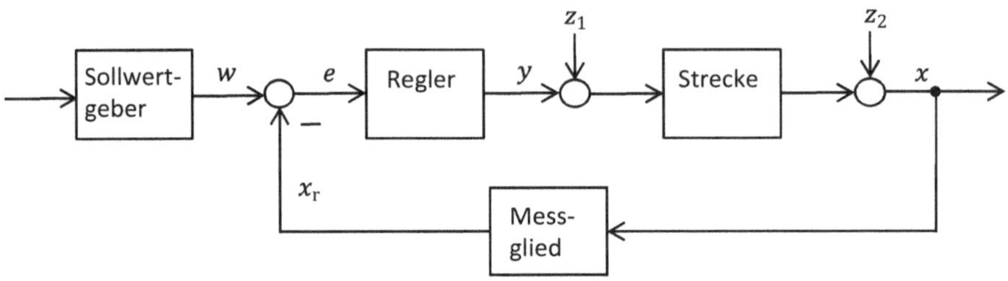

Bild 1.16 Allgemeiner Wirkungsplan einer Regelung

Die auftretenden Signale werden regelungstechnisch wie folgt bezeichnet:

w	Führungsgröße
x	Regelgröße
x_r	gemessene Regelgröße
e	Regeldifferenz/Regelabweichung $e = w - x_r$
y	Stellgröße
z_1	Versorgungsstörung
z_2	Laststörung

Jeder technische Aufbau, der dem allgemeinen Wirkungsplan entspricht, kann als Regelung bezeichnet werden. An den drei nachfolgenden Beispielen soll dies verdeutlicht werden.

Beispiel 1: Drehzahlregelung (siehe *5_RK_Drehzahl_DCM.isx*)

Die gemessene Drehzahl wird von der gewünschten Drehzahl subtrahiert. Die entstehende Regelabweichung wird über den Converter in Motorspannung umgesetzt (Bild 1.17 und Bild 1.18). Dabei ist das eingestellte Tastverhältnis als Reglerparameter aufzufassen.

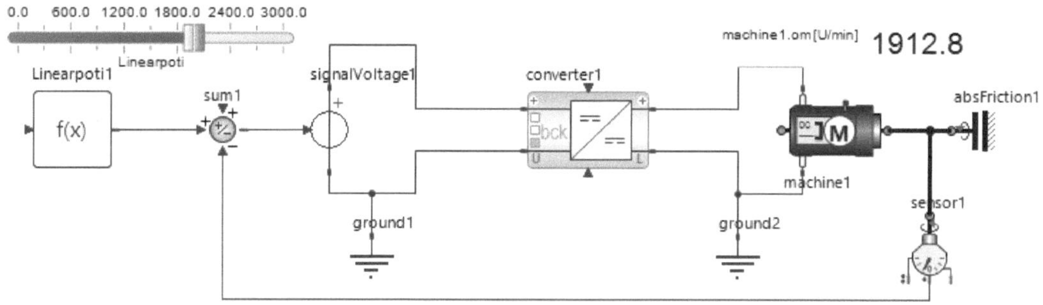

Bild 1.17 Screenshot von *5_RK_Drehzahl_DCM.isx*

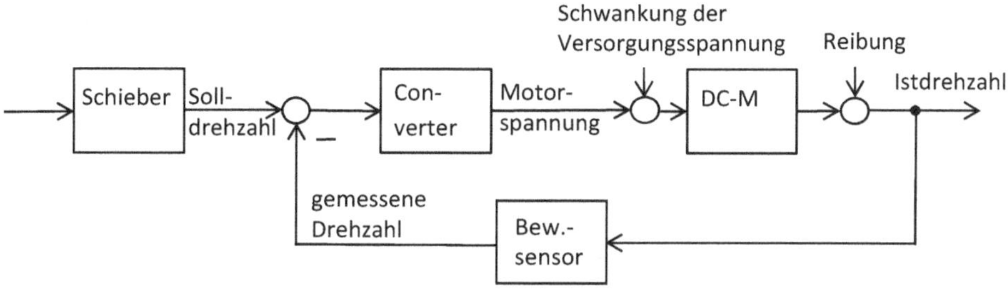

Bild 1.18 Wirkungsplan von *5_RK_Drehzahl_DCM*

Beispiel 2: Temperaturregelung (siehe *6_RK_Temperatur_Raum.isx*)

Die Wunschtemperatur als Führungsgröße wird mit der Raumtemperatur als Regelgröße verglichen. Über eine Verstärkung und eine Umwandlung in Wärme wird ein Wärmestrom als Stellgröße erzeugt, welcher den Raum heizt (Bild 1.19 und Bild 1.20).

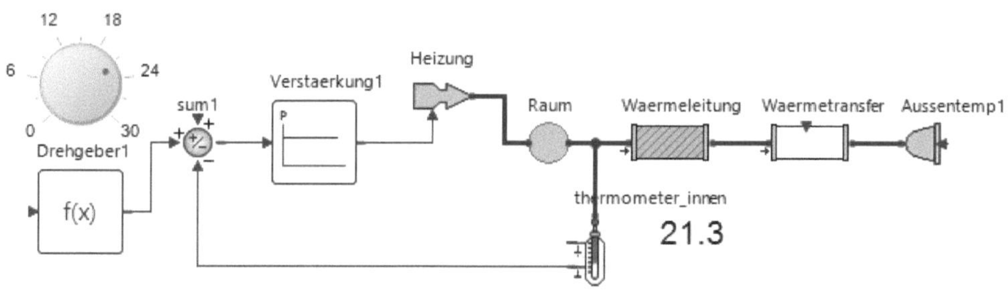

Bild 1.19 Screenshot von *6_RK_Temperatur_Raum.isx*

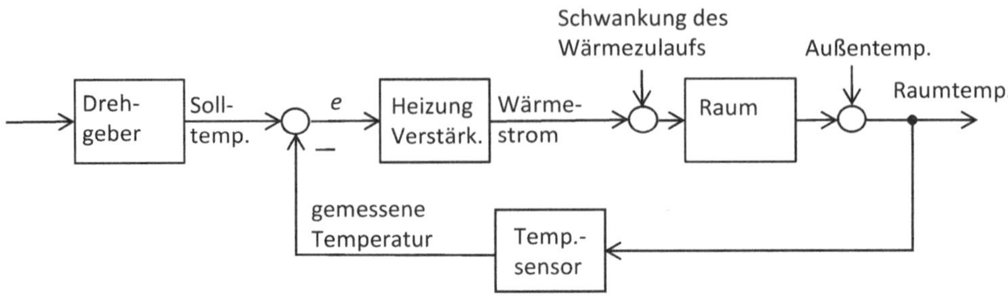

Bild 1.20 Wirkungsplan von *6_RK_Temperatur_Raum*

Beispiel 3: Hydraulikzylinderregelung (siehe *7_RK_Bewegung_Hydzyl.isx*)

Bei einer Regelabweichung *e* ungleich 0 stellt das Proportionalventil einen Volumenstrom zur Verfügung, welcher so lange fließt, bis sich Führungs- und Regelgröße angeglichen haben (*e* = 0) bzw. die gewünschte Position erreicht ist (Bild 1.21 und Bild 1.22). Auf den Sollwertgeber wurde verzichtet.

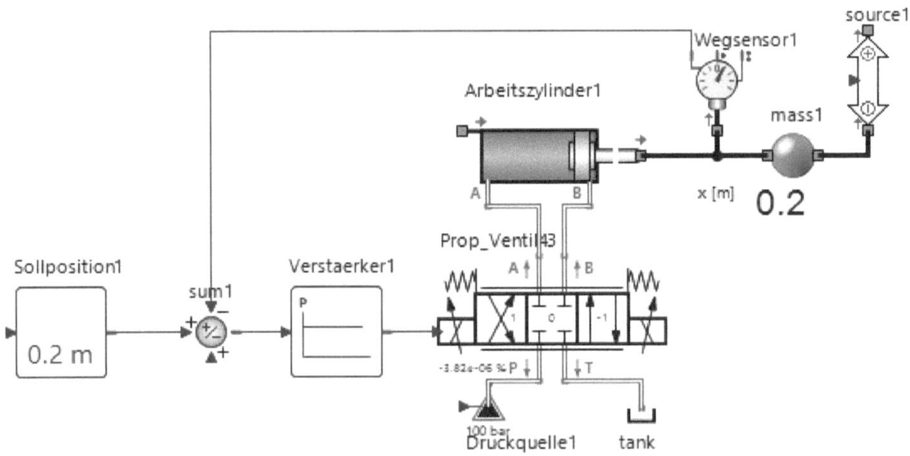

Bild 1.21 Screenshot von *7_RK_Bewegung_Hydzyl.isx*

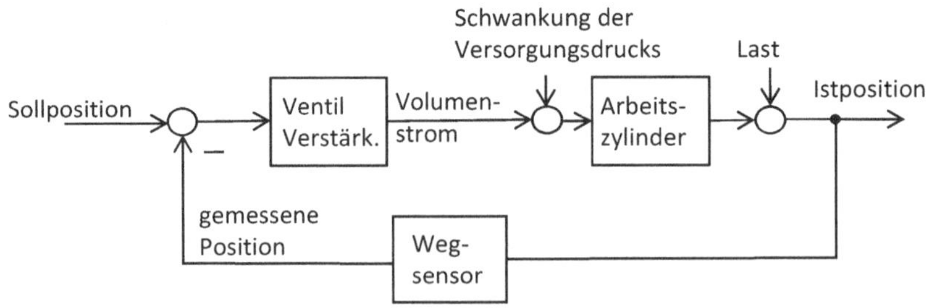

Bild 1.22 Wirkungsplan von *7_RK_Bewegung_Hydzyl*

Übung 2

Ordnen Sie den Gliedern und Signalen des allgemeinen Wirkungsplans einer Regelung die konkrete Entsprechung einer Füllstandsregelung zu (siehe *8_RK_Fuellstand_Tank.isx*, Bild 1.23 und Bild 1.24).

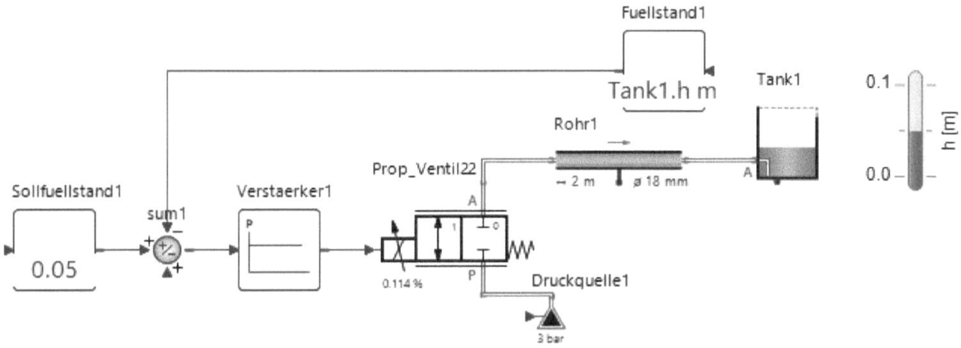

Bild 1.23 Screenshot von *8_RK_Fuellstand_Tank.isx*

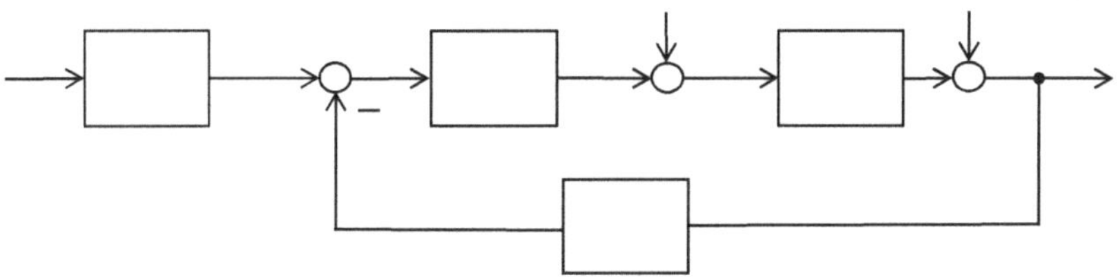

Bild 1.24 Ein leerer Wirkungsplan

1.3.3 Allgemeiner Charakter der Regelung

Ein Blick in die Geschichte zeigt, dass Regelkreise schon seit langer Zeit in technischen Anlagen eingesetzt wurden:

- Antike: Niveauregelung von Wasserständen durch Schwimmer
- 1590: Cornelis Jacobszoon Drebbel – Thermostat im Inkubator für Hühnereier
- 1788: James Watt – Fliehkraftregler im Maschinenbau

Diese Beispiele verdeutlichen, dass schon früh technische Systeme entwickelt wurden, die dem allgemeinen Aufbau von Regelkreisen entsprechen. Doch erst der Amerikaner Norbert Wiener und zeitgleich Hermann Schmidt in Deutschland beschrieben die allgemeingültigen Gesetzmäßigkeiten von regelungstechnischen Systemen, die den vorangehend genannten Anwendungen zugrunde liegen. So können auch

Prozesse und Abläufe nicht technischer Disziplinen über Regelkreise beschrieben werden. Mit folgenden Beispielen soll aufgezeigt werden, dass das Prinzip des Regelkreises universell ist:

Medizin	Beispiel: Regelung der Körpertemperatur
Biologie	Beispiel: Regelung des Wasserhaushalts in Pflanzen
BWL	Beispiel: Marktregulierung
Soziologie	Beispiel: Regulierung des Wahlverhaltens
Verkehrswesen	Beispiel: Regulierung des Straßenverkehrs
u. v. m.	

Eine besondere Stellung nimmt dabei der Mensch als Regler ein. Unter der Prämisse, dass wir nur zwei prinzipielle Führungsgrößen (Ernährung und Vermehrung) haben, lässt sich nahezu unser gesamtes Verhalten über Regelkreise erklären. Jeder Dialog unterliegt den Gesetzmäßigkeiten eines Regelkreises. Egal ob wir gerade Regler oder Strecke sind, es gibt stets eine Führungsgröße (Wunsch zu gefallen, zu überzeugen usw.), der Erfolg wird durch Beobachtung gemessen und die Stellgröße eventuell verändert. Auch unser sonstiges Handeln unterliegt den Prinzipien des Regelkreises. Egal ob wir kochen, Auto fahren oder im Garten arbeiten, immer gibt es eine Wunschgröße (Geschmack, Geschwindigkeit oder Ertrag), den Vergleich mit der Wirklichkeit und den Versuch, die Diskrepanz über die Beeinflussung der Strecke (Topfinhalt, Auto oder Beet) aufzulösen. Wenn man dies konsequent zu Ende denkt, muss der Mensch als rein biologische Maschine verstanden werden, die ohne freien Willen in komplexen Regelkreisen agiert. Das ist für die meisten von uns eine beängstigende Vorstellung, weshalb sich diese Sichtweise auch nicht durchgesetzt hat.

2 Mathematische Grundlagen der Regelungstechnik

Um in der Reglungstechnik Berechnungen zur Reglerdimensionierung durchführen zu können, braucht es einige spezielle mathematische Kenntnisse, die in diesem Kapitel vermittelt werden.

2.1 Arbeiten mit Wirkungsplänen

Wirkungspläne sind die grundlegende, grafisch abstrakte Beschreibungsform in der Regelungstechnik. Wirkungspläne können über Vereinfachungsregeln umgezeichnet und zusammengefasst werden. Die wichtigsten werden nachfolgend dargelegt und hergeleitet.

Regel 1: Multiplikation

Übertragungsglieder in Reihe können multipliziert werden (Bild 2.1).

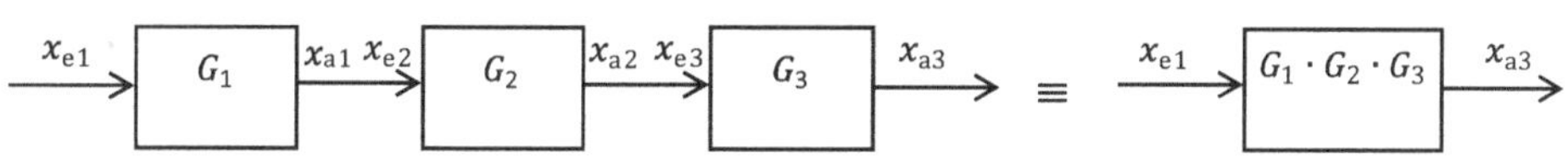

Bild 2.1 Vereinfachungsregel der Reihenschaltung

$$x_{a1} = x_{e2} = G_1 \cdot x_{e1}$$

$$x_{a2} = x_{e3} = G_2 \cdot x_{e2} = G_2 \cdot G_1 \cdot x_{e1}$$

$$x_{a3} = G_3 \cdot x_{e3} = G_3 \cdot G_2 \cdot G_1 \cdot x_{e1}$$

Regel 2: Addition

Übertragungsglieder, die mit Summationspunkt verbunden sind, können addiert werden (Bild 2.2).

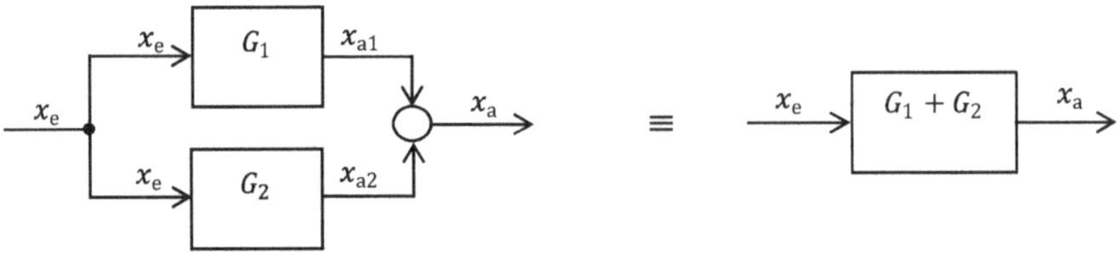

Bild 2.2 Vereinfachungsregel der Parallelschaltung

$$x_a = x_{a1} + x_{a2} = G_1 \cdot x_e + G_2 \cdot x_e = (G_1 + G_2) \cdot x_e$$

Regel 3: einfache Rückkopplung auflösen

Ein rückgekoppeltes Übertragungsglied kann vereinfacht werden (Bild 2.3).

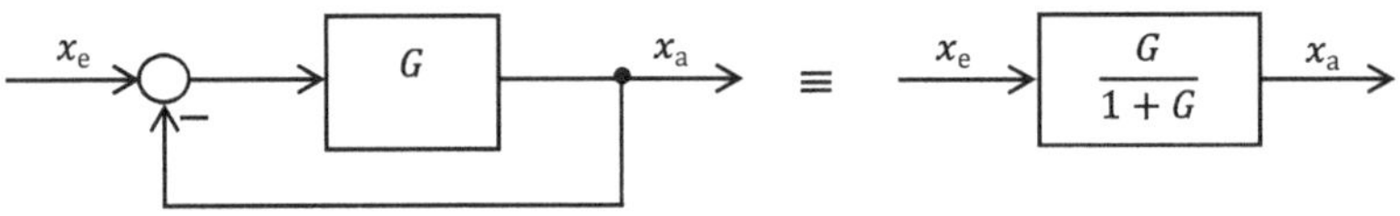

Bild 2.3 Vereinfachungsregel der Rückkopplung

$$x_a = G \cdot (x_e - x_a)$$

$$x_a + G \cdot x_a = G \cdot x_e$$

$$x_a = \frac{G}{1+G} \cdot x_e$$

Regel 4: Rückkopplung mit zusätzlichem Glied im Rückführzweig auflösen

Ein rückgekoppeltes Übertragungsglied, das ein weiteres Übertragungsglied im Rückführzweig hat, kann vereinfacht werden (Bild 2.4).

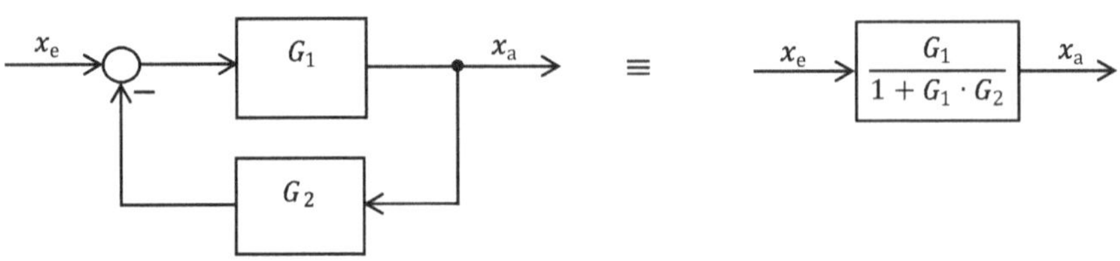

Bild 2.4 Vereinfachungsregel der Rückkopplung mit Rückführglied

$$x_a = G_1 \cdot (x_e - G_2 \cdot x_a)$$

$$x_a + G_1 \cdot G_2 \cdot x_a = G_1 \cdot x_e$$

$$x_a = \frac{G_1}{1 + G_1 \cdot G_2} \cdot x_e$$

Regel 5: Verlegung an einer Verzweigungsstelle

Ein Übertragungsglied vor einer Verzweigungsstelle kann auch in alle Pfade nach der Verzweigungsstelle gezeichnet werden (Bild 2.5).

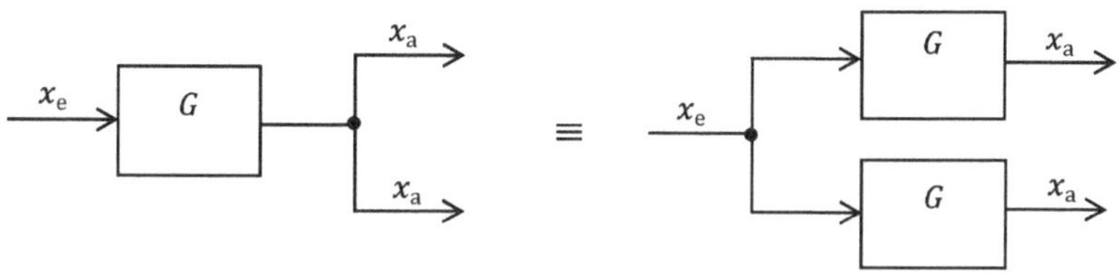

Bild 2.5 Vereinfachungsregel der Verlegung der Verzweigung

Regel 6: Ausklammern

Gleiche Übertragungsglieder vor einer Summationsstelle können auch als ein Glied hinter die Summationsstelle gelegt werden (Bild 2.6).

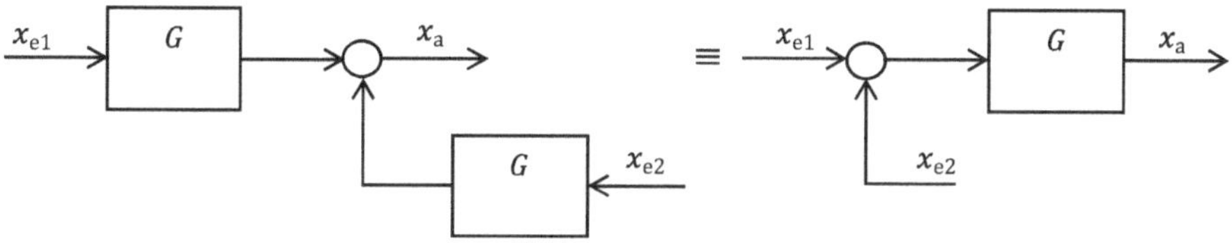

Bild 2.6 Vereinfachungsregel des Ausklammerns

$$G \cdot x_{e1} + G \cdot x_{e2} = G \cdot (x_{e1} + x_{e2}) = x_a$$

Regel 7: Ausklammern mit Korrektur

Ein Übertragungsglied vor einer Summationsstelle kann auch hinter die Summationsstelle gelegt werden, wenn in den anderen Pfad korrigiert wird (Bild 2.7).

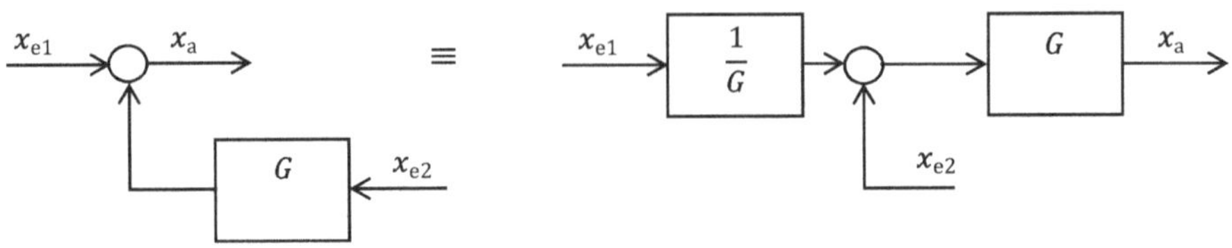

Bild 2.7 Vereinfachungsregel des Ausklammerns mit Korrektur

$$x_{e1} + G \cdot x_{e2} = G \cdot (\frac{1}{G} \cdot x_{e1} + x_{e2}) = x_a$$

Die Anwendung der Regeln soll an einigen Beispielen verdeutlicht werden.

(1) invertierender Verstärker (u_d, i_d = 0)

Bild 2.8 zeigt den Wirkungsplan des invertierenden Verstärkers.

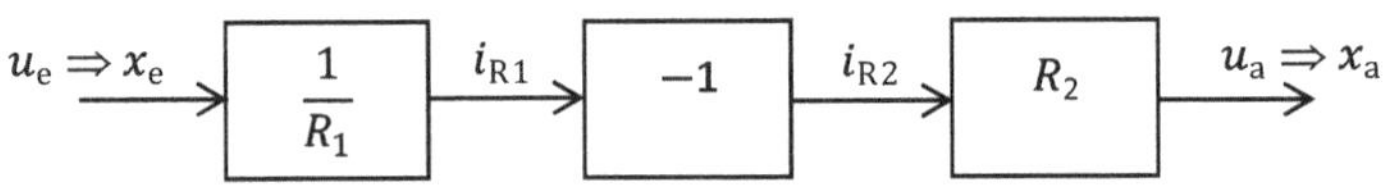

Bild 2.8 Wirkungsplan des invertierenden Verstärkers

Bild 2.9 zeigt die Anwendung von Regel 1.

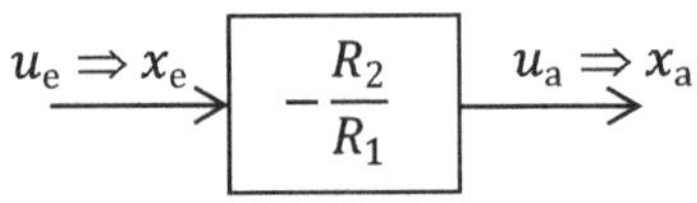

Bild 2.9
Zusammenfassung des Wirkungsplans des invertierenden Verstärkers

Video 5: OPV-Schaltung (siehe auch *2_Video5_OPV_vereinfachen.isx*)
Die Anwendung der Vereinfachungsregeln von Signalflussbildern wird in diesem Video am Beispiel eines realen invertierenden Verstärkers vorgeführt.

(2) Verzögerungsglied 2. Ordnung

Bild 2.10 zeigt den Wirkungsplan eines Tiefpasses (TP) 2. Ordnung.

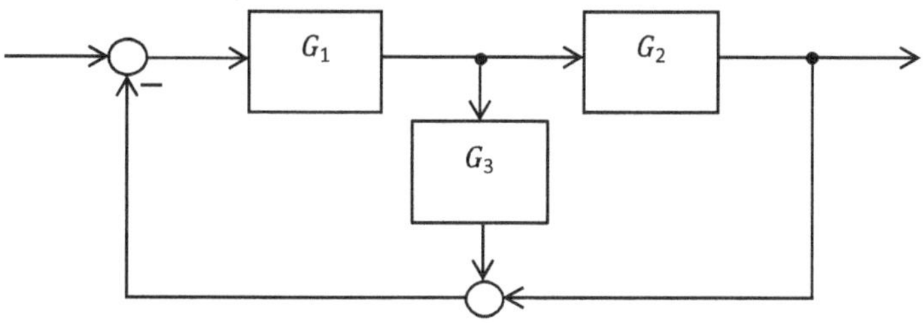

Bild 2.10 Wirkungsplan des TP 2. Ordnung

Bild 2.11 zeigt die Umsetzung von Regel 5.

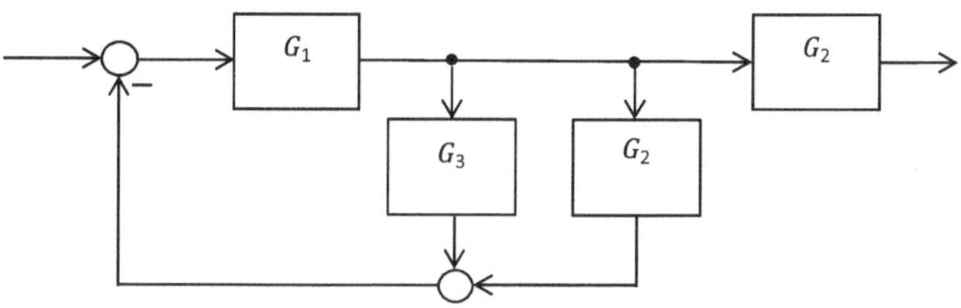

Bild 2.11 Wirkungsplan des TP 2. Ordnung (umgewandelt 1)

Bild 2.12 zeigt die Umsetzung von Regel 2.

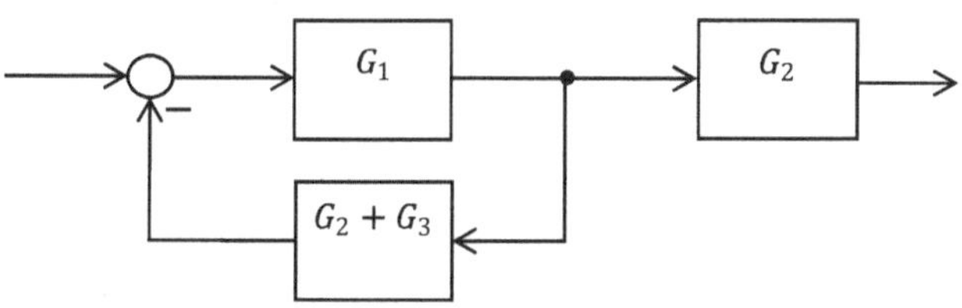

Bild 2.12 Wirkungsplan des TP 2. Ordnung (umgewandelt 2)

Bild 2.13 zeigt die Umsetzung von Regel 4.

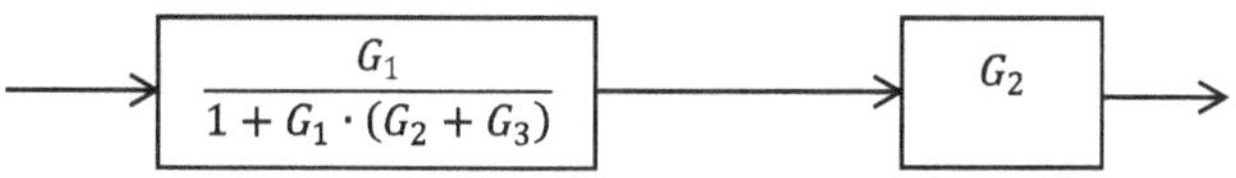

Bild 2.13 Wirkungsplan des TP 2. Ordnung (umgewandelt 3)

Bild 2.14 zeigt die Umsetzung von Regel 1.

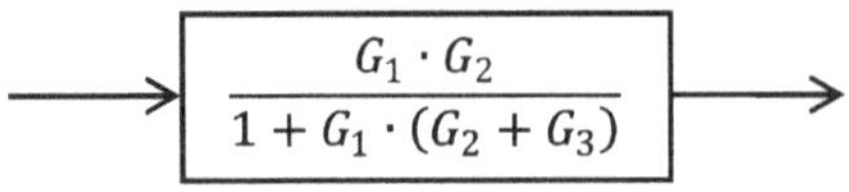

Bild 2.14 Wirkungsplan des TP 2. Ordnung (umgewandelt 4)

(3) Kaskade

Bild 2.15 zeigt den Wirkungsplan einer Kaskadenregelung.

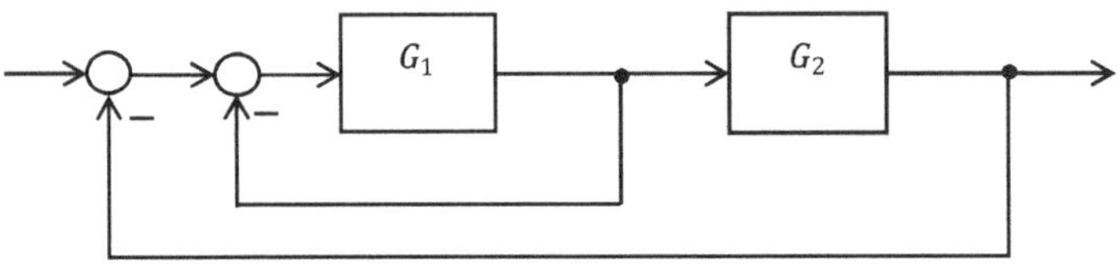

Bild 2.15 Wirkungsplan einer Kaskade

Bild 2.16 zeigt die Umsetzung von Regel 3 auf den inneren Kreis.

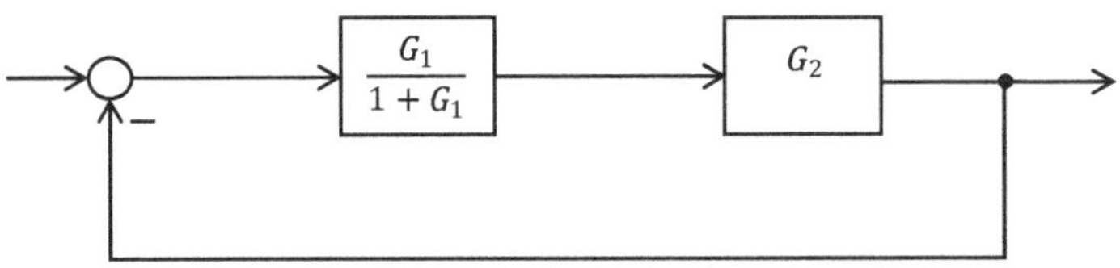

Bild 2.16 Wirkungsplan einer Kaskade (umgewandelt 1)

Bild 2.17 zeigt die Umsetzung von Regel 1.

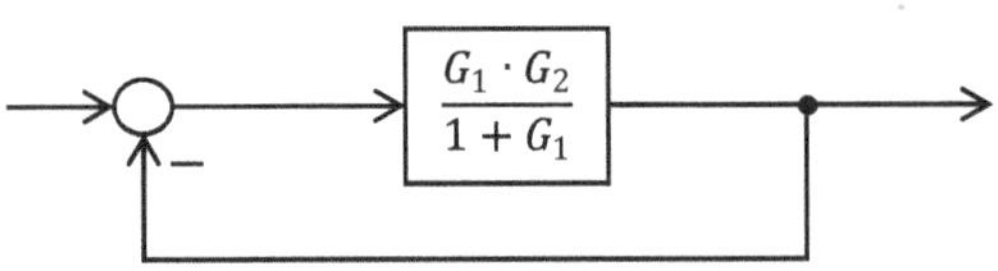

Bild 2.17 Wirkungsplan einer Kaskade (umgewandelt 2)

Bild 2.18 zeigt die Umsetzung von Regel 3.

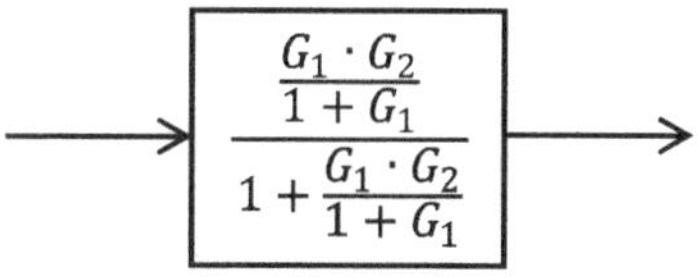

Bild 2.18
Wirkungsplan einer Kaskade (umgewandelt 3)

Bedenken Sie Folgendes:

$$\frac{\frac{a}{b}}{1 + \frac{a}{b}} = \frac{a}{b + a}$$

Bild 2.19 zeigt die Zusammenfassung.

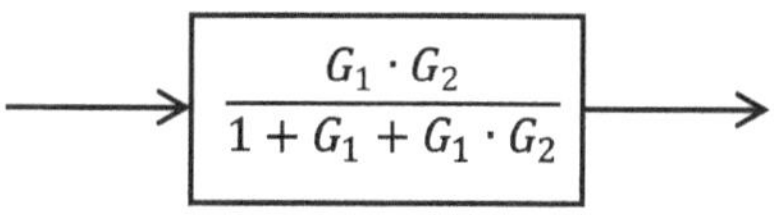

Bild 2.19
Wirkungsplan einer Kaskade (umgewandelt 4)

Übung 3
Fassen Sie den Wirkungsplan aus Bild 2.20 zusammen (ein Bruchstrich).

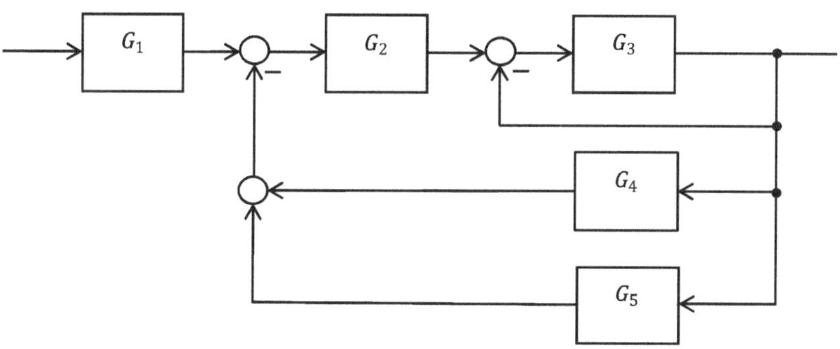

Bild 2.20 Wirkungsplan

2.2 Anwendung der Vereinfachungsregeln auf den Regelkreis

Die Vereinfachungsregeln erlauben es nun, für unterschiedliche Anwendungsfälle grundlegende Vereinfachungen und Berechnungsformeln aufzustellen.

2.2.1 Beseitigung der Messeinrichtung

Klassischerweise wird bei der weiteren Betrachtung von Regelkreisen nicht die Messeinrichtung betrachtet, da sie durch Umformung in den Vorwärtszweig aufgeht. Es wird vom Regelkreis aus Bild 2.21 ausgegangen. Die Glieder werden mittels entsprechender Übertragungsfunktionen beschrieben.

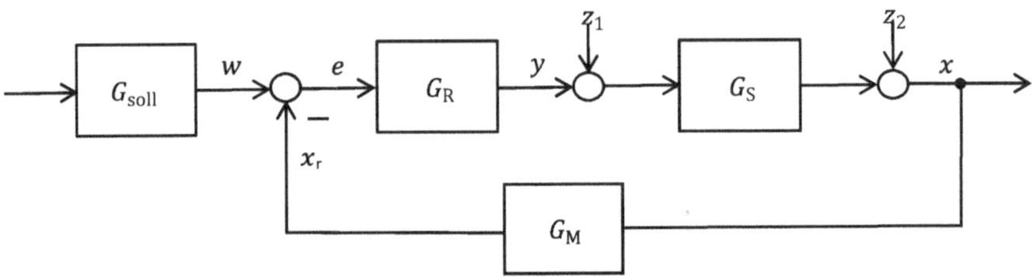

Bild 2.21 Allgemeiner Wirkungsplan einer Regelung

Nun wird Regel 7 angewendet, und es entsteht Bild 2.22.

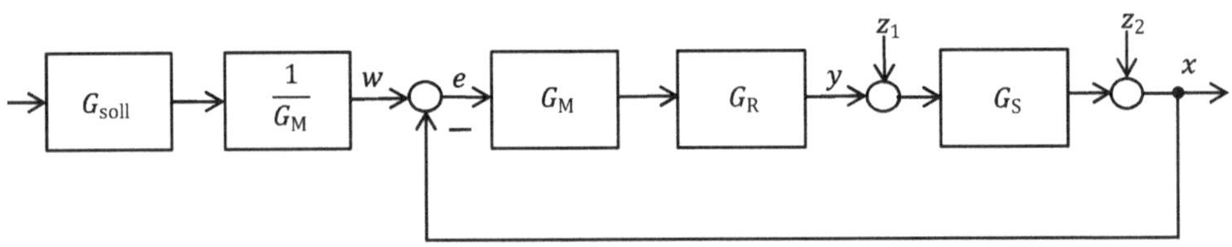

Bild 2.22 Allgemeiner Wirkungsplan einer Regelung (umgewandelt 1)

Bekommt der Sollwertgeber nun die gleiche Übertragungsfunktion wie die Messeinrichtung, heben sich die beiden Blöcke am Eingang auf. Der Ansatz $G_{soll} = G_M$ ist dabei grundsätzlicher Natur, da die Eingangsgrößen einer Summationsstelle nicht nur dieselbe physikalische Größe, sondern auch die gleiche Dimension haben müssen. Zur einheitlichen Darstellung werden die Blöcke von G_M und G_R nun getauscht (Bild 2.23).

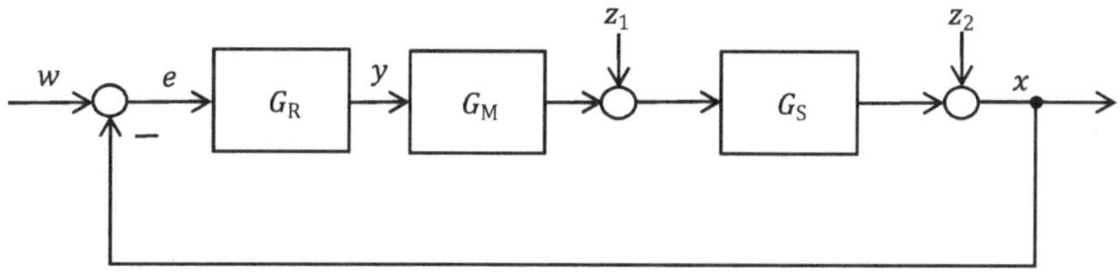

Bild 2.23 Allgemeiner Wirkungsplan einer Regelung (umgewandelt 2)

Damit der Block G_M ganz verschwindet, wird er, wie in Bild 2.24 gezeigt, hinter die nächste Summationsstelle geschoben (Regel 7).

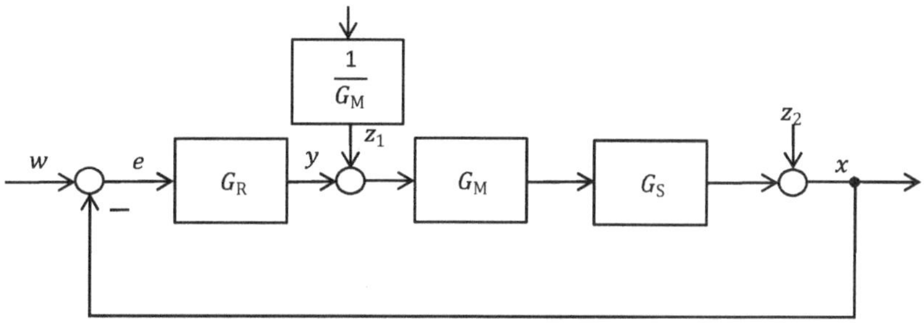

Bild 2.24 Allgemeiner Wirkungsplan einer Regelung (umgewandelt 3)

Da in der Praxis die Störung z_1 direkt einwirkt und nicht gemessen werden muss, kann der Block über z_1 im Normalfall weggelassen werden. Somit kann man den Block G_M verschwinden lassen, indem man ihn durch Hinzumultiplizieren in den Streckenblock G_S aufgehen lässt. Für alle weiteren Betrachtungen geht man somit von der in Bild 2.25 dargestellten Regelkreisstruktur aus.

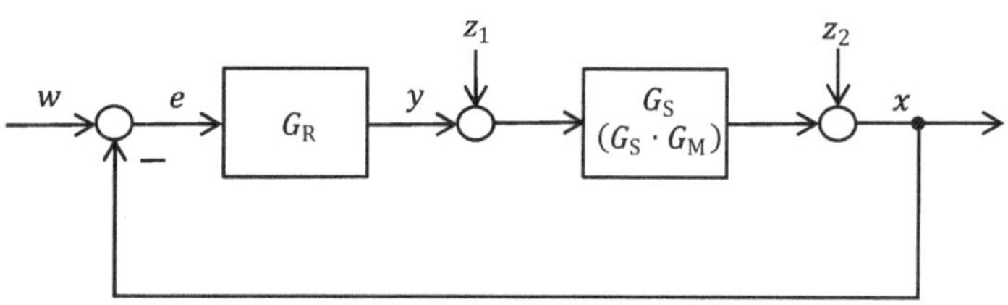

Bild 2.25 Grundlegende Regelkreisstruktur

2.2.2 Führungsgrößenregelung

Die Aufgabe einer Führungsgrößenregelung besteht darin, auf eine neue Führungsgröße w zu reagieren. Die Störungen werden dabei vernachlässigt, bzw. geht man davon aus, dass keine Störungen auftreten. Damit kann der allgemeine Regelkreis wie in Bild 2.25 dargestellt vereinfacht werden.

In der Praxis liegt also eine Führungsgrößenregelung vor, wenn sich die vorgegebene Eingangsgröße w ändert, das heißt, wenn z. B. eine neue Raumtemperatur gewünscht wird, eine neue Position angefahren werden soll oder ein neuer Füllstand vorgegeben wird.

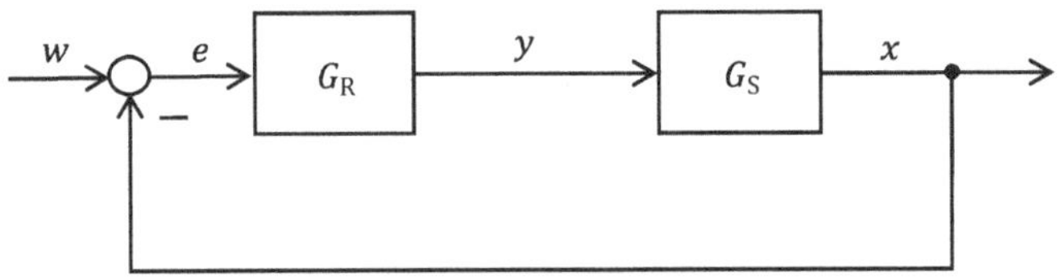

Bild 2.26 Grundlegende Regelkreisstruktur einer Führungsgrößenregelung

Nach Anwendung von Regel 1 und Regel 3 auf Bild 2.26 lässt sich der Wirkungsplan wie in Bild 2.27 dargestellt vereinfachen.

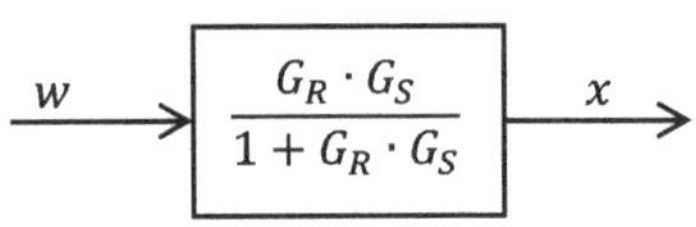

Bild 2.27 Zusammengefasster Regelkreis ohne z_1 und z_2 t

Damit ist die Übertragungsfunktion einer Führungsgrößenregelung

$$G_W = \frac{x}{w} = \frac{G_R \cdot G_S}{1 + G_R \cdot G_S}$$

beziehungsweise berechnet sich die Regelgröße einer Führungsgrößenregelung wie folgt:

$$x = \frac{G_R \cdot G_S}{1 + G_R \cdot G_S} \cdot w$$

Beispiel: Drehzahlregelung (siehe *9_RK_Drehzahl_DCM_Block.isx*)

Bild 2.28 zeigt das Beispiel einer Drehzahlregelung.

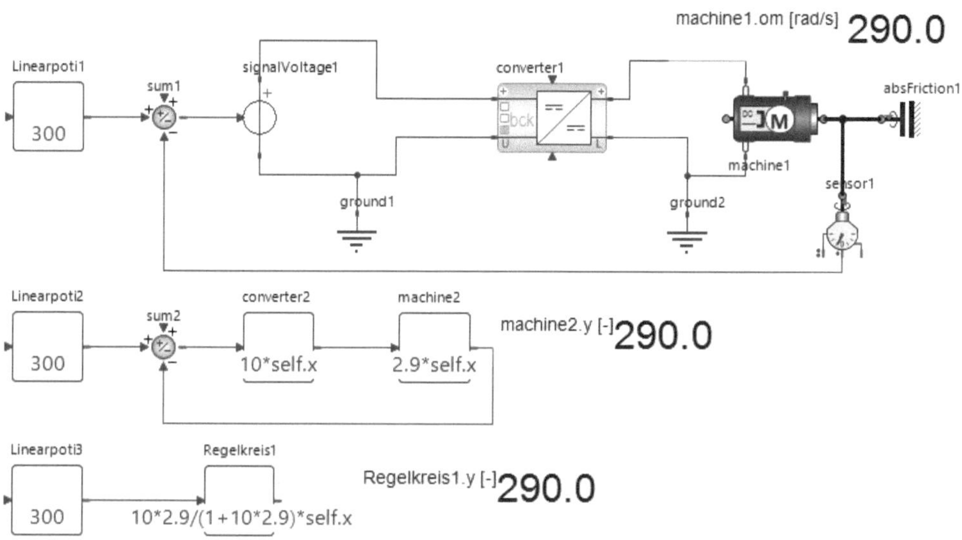

Bild 2.28 Screenshot von *9_RK_Drehzahl_DCM_Block.isx*

2.2.3 Versorgungsstörgrößenregelung

Bei einer Versorgungsstörgrößenregelung soll eine auftretende Versorgungsstörung z_1 keinen Einfluss auf die Regelgröße x haben. Die Führungsgröße wird dabei vernachlässigt. Damit kann der allgemeine Regelkreis wie in Bild 2.29 dargestellt vereinfacht werden. Dieser Fall liegt beispielsweise vor, wenn die Versorgungsspannung schwankt, die Vorlauftemperatur sinkt oder der Versorgungsdruck nicht konstant gehalten wird.

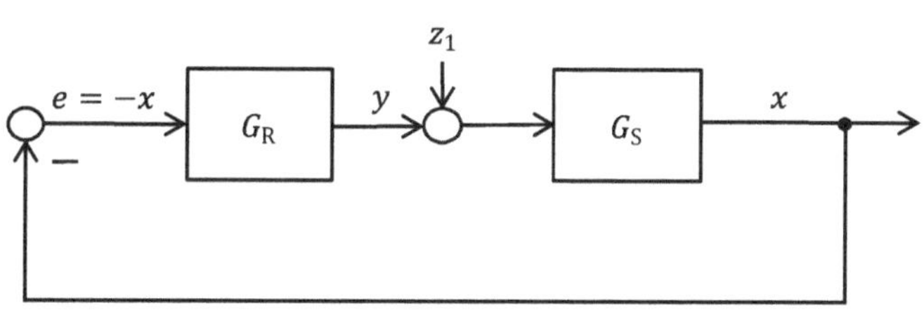

Bild 2.29 Grundlegende Regelkreisstruktur einer Versorgungsstörgrößenregelung

Die Umzeichnung von Bild 2.29 (die Subtraktion wurde hinter den Reglerblock gelegt) und die Anwendung von Regel 4 ergeben die in Bild 2.30 dargestellte Struktur.

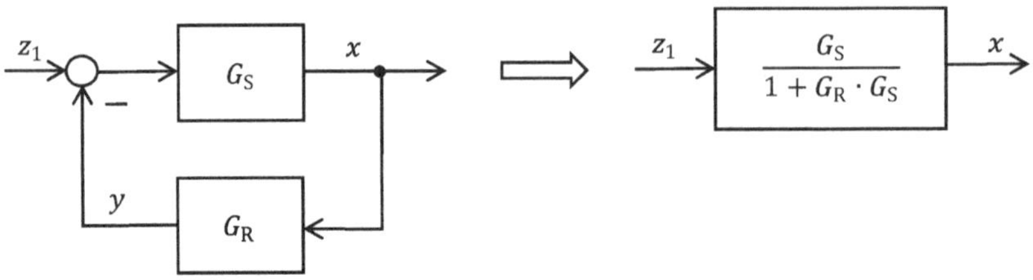

Bild 2.30 Zusammengefasster Regelkreis ohne *w* und z_2 t

Damit ist die Übertragungsfunktion einer Versorgungsstörgrößenregelung

$$G_{z_1} = \frac{x}{z_1} = \frac{G_S}{1 + G_R \cdot G_S}$$

beziehungsweise berechnet sich die Regelgröße einer Versorgungsstörgrößenregelung wie folgt:

$$x = \frac{G_S}{1 + G_R \cdot G_S} \cdot z_1$$

Beispiel: Temperaturregelung (siehe *10_RK_Temperatur_Raum_Block.isx*)

Bild 2.31 zeigt das Beispiel einer Temperaturregelung.

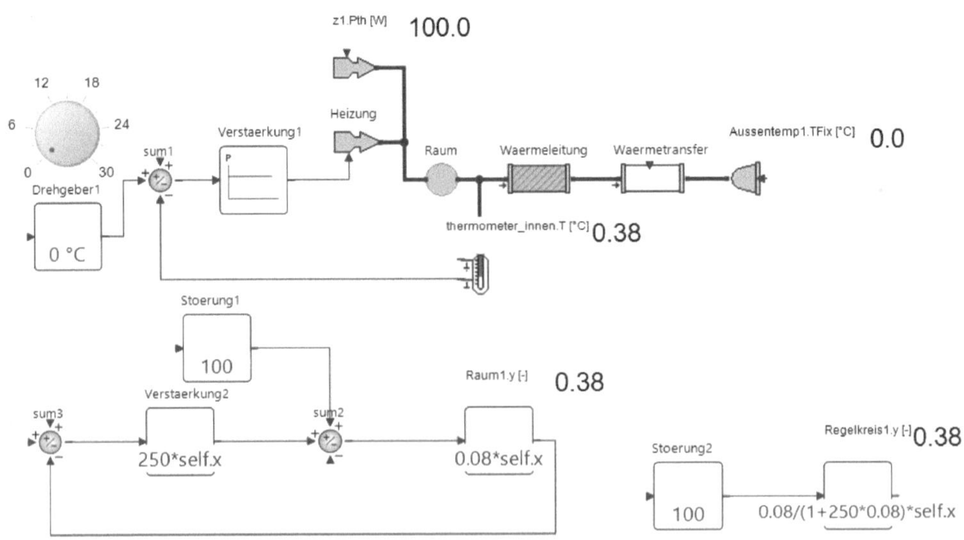

Bild 2.31 Screenshot von *10_RK_Temperatur_Raum_Block.isx*

2.2.4 Laststörgrößenregelung

Bei einer Laststörgrößenregelung soll eine auftretende Laststörung z_2 keinen Einfluss auf die Regelgröße x haben. Die Führungsgröße wird dabei wieder vernachlässigt. Damit kann der allgemeine Regelkreis wie in Bild 2.32 dargestellt vereinfacht werden. Beispiele für diesen Fall sind etwa folgende: Ein Antrieb unterliegt einer Lastmomentänderung, die Raumtemperatur sinkt durch das Öffnen eines Fensters oder es treten Leckageverluste in Druckbehältern auf.

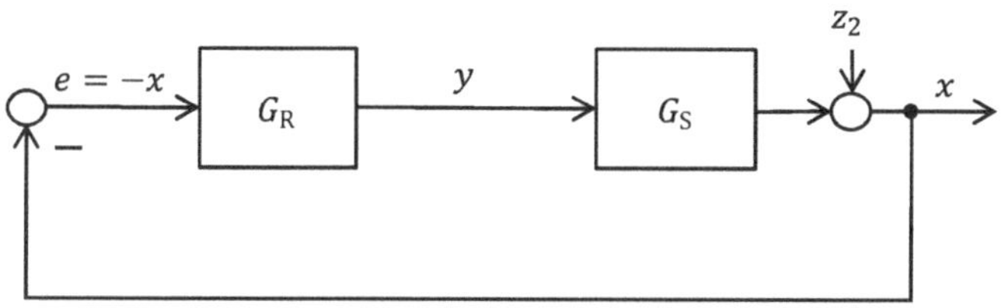

Bild 2.32 Grundlegende Regelkreisstruktur einer Laststörgrößenregelung

Die Umzeichnung von Bild 2.32 (die Subtraktion wurde hinter den Streckenblock gelegt) und die Anwendung von Regel 1 und Regel 4 ergeben die in Bild 2.33 dargestellte Struktur.

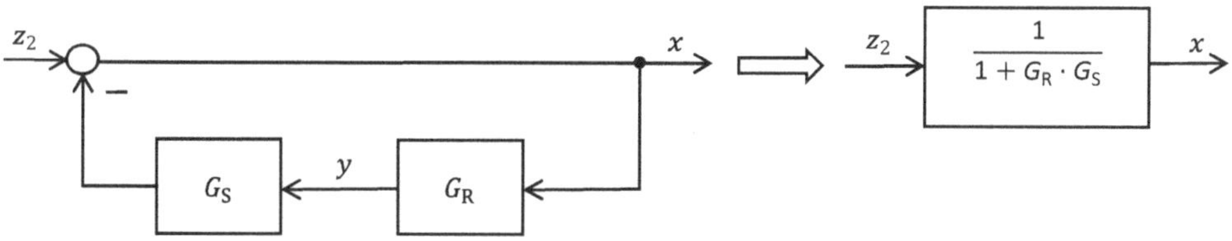

Bild 2.33 Zusammengefasster Regelkreis ohne w und z_1

Damit ist die Übertragungsfunktion einer Laststörgrößenregelung

$$G_{z_2} = \frac{x}{z_2} = \frac{1}{1 + G_R \cdot G_S}$$

beziehungsweise berechnet sich die Regelgröße einer Versorgungsstörgrößenregelung zu

$$x = \frac{1}{1 + G_R \cdot G_S} \cdot z_2$$

Beispiel: Druckregelung (siehe *11_RK_Druck_Behaelter_Block.isx*)

Bild 2.34 zeigt das Beispiel einer Druckregelung.

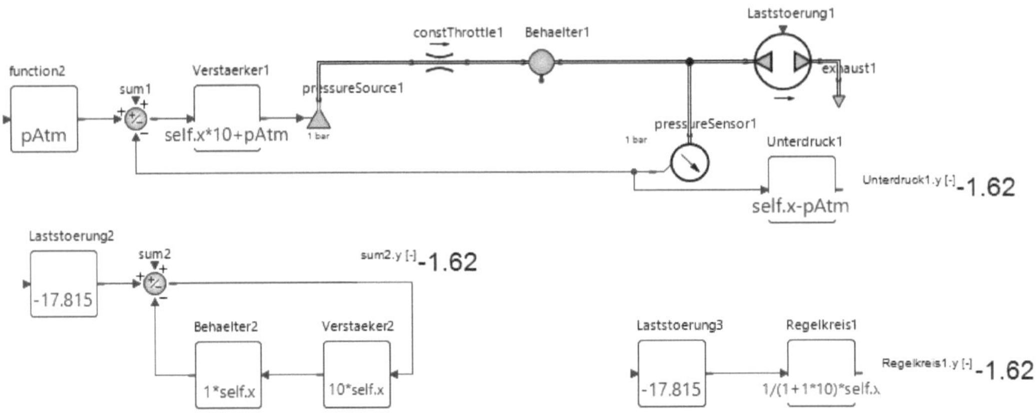

Bild 2.34 Screenshot von *11_RK_Druck_Behaelter_Block.isx*

2.2.5 Regelung mit mehreren Eingängen

Treten Führungs- und Störgrößenänderungen gleichzeitig auf, kann bei linearen Systemen das Superpositionsprinzip (Überlagerung) angewendet werden. Damit lässt sich folgende Formel aufstellen:

$$x = \frac{G_R \cdot G_S}{1 + G_R \cdot G_S} \cdot w + \frac{G_S}{1 + G_R \cdot G_S} \cdot z_1 + \frac{1}{1 + G_R \cdot G_S} \cdot z_2$$

Die Anwendung soll an folgendem Beispiel verdeutlicht werden: Gegeben ist der Regelkreis aus Bild 2.35 mit $z_1 = 0$. Gesucht ist der Wert von x.

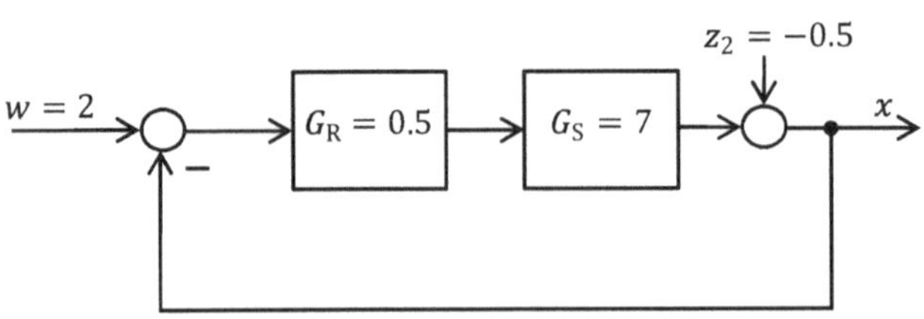

Bild 2.35 Grundlegende Regelkreisstruktur mit Zahlenbeispiel

Lösung:

$$x = \frac{0.5 \cdot 7}{1 + 0.5 \cdot 7} \cdot 2 + \frac{1}{1 + 0.5 \cdot 7} \cdot (-0.5) = 1.444$$

Übung 4

a) Gegeben ist der Regelkreis aus Bild 2.36. Wie groß ist die Führungsgröße *w*?

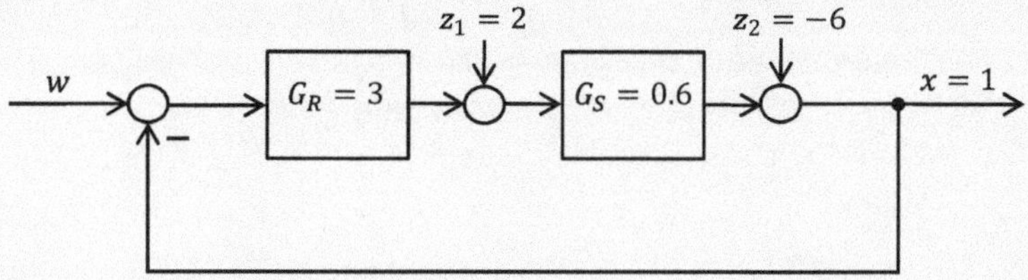

Bild 2.36 Grundlegende Regelkreisstruktur

b) Gegeben ist der Regelkreis aus Bild 2.37. Wie groß ist der Reglerverstärkungsfaktor G_R? Überprüfen Sie Ihre Lösungen mithilfe von SimulationX.

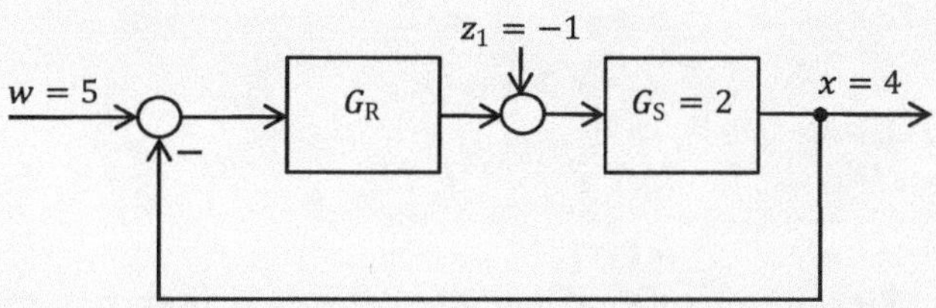

Bild 2.37 Grundlegende Regelkreisstruktur

2.2.6 Wirkungspläne von zeitabhängigen Systemen

Bisherige Erläuterungen gingen davon aus, dass sich die Übertragungsfunktion *G* eines Blockes auf einen Faktor reduziert. Dies ist nur bei Systemen ohne Energiespeicher der Fall. Sobald ein Energiespeicher im System ist, kommt es automatisch zu einer Zeitverzögerung, da der Speicher nicht unendlich schnell gefüllt werden kann. Energiespeicherelemente sind beispielsweise Kondensatoren, Spulen, Massen, Federn oder Druckbehälter. Die Speicherelemente in der Regelungstechnik werden physikalisch über Integrale beschrieben (Tabelle 2.1).

Tabelle 2.1 Integrale Beschreibung von Speicherelementen

Kondensator	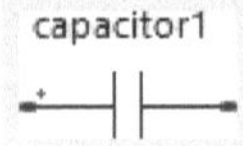	Kapazität C: $u_C = \frac{1}{C} \cdot \int i_C dt$
Spule	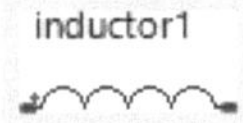	Induktivität L: $i_L = \frac{1}{L} \cdot \int u_L dt$
Feder		Federkonstante k: $F = k \cdot \int v dt$
Masse		Masse m: $v = \frac{1}{m} \cdot \int F dt$
Behälter		Volumen V: $p = \frac{1}{V} \cdot \int q dt$

Damit lassen sich Wirkungspläne erstellen, die neben Faktoren nun auch Integrale als Inhalt von G haben. Übrigens könnten auch Ableitungen als Beschreibungsform genutzt werden. Diese sind aber praktisch nicht realisierbar (**Bedenke:** Die Ableitung einer schlagartigen Änderung wäre ein unendlich hoher Impuls.) und werden deshalb in der Beschreibung nicht eingesetzt.

Interessant ist in diesem Zusammenhang vielleicht auch, dass bei den Integralen von elektrotechnischen und mechanischen Systemen eine gewisse Konsistenz zu erkennen ist. Geht man vom normalen Sachverhalt aus, dass Spannung und Kraft jeweils die Ursache sowie Strom und Geschwindigkeit jeweils die Wirkung sind, kommt man zur systemtheoretischen Aussage, dass sich ein Kondensator wie eine Feder (beide sind statische Speicher) und eine Spule wie eine Masse (beide sind dynamische Speicher) verhalten. Damit ist es wiederum möglich, mechanische Systeme in elektrische Systeme umzuwandeln, um mithilfe der komplexen Rechnung leichter auf Ergebnisse zu kommen.

Nachfolgend werden Beispiele für die Wirkungspläne einiger speicherbehafteter Systeme aufgeführt.

Beispiel 1: Tiefpassverhalten

RC-Tiefpass (siehe *12_ET_RC_Tiefpass.isx* sowie Bild 2.38 und Bild 2.39)

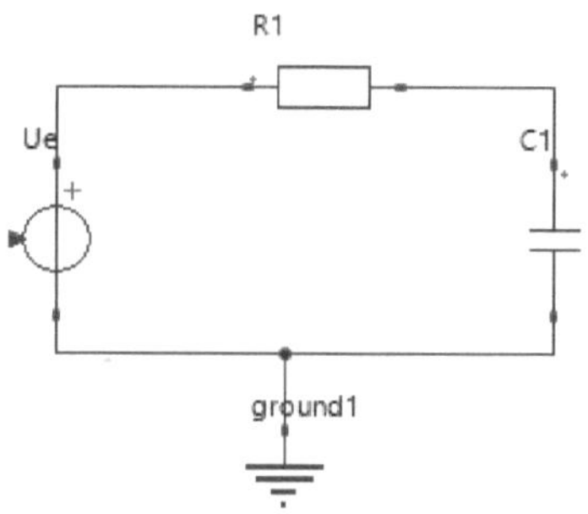

Bild 2.38
Screenshot von *12_ET_RC_Tiefpass.isx*

Es gilt:

$$u_{R1} = u_e - u_{C1}$$

$$i_{R1} = \frac{u_{R1}}{R1}$$

$$i_{R1} = i_{C1}$$

$$u_{C1} = \frac{1}{C1} \cdot \int i_{C1} dt$$

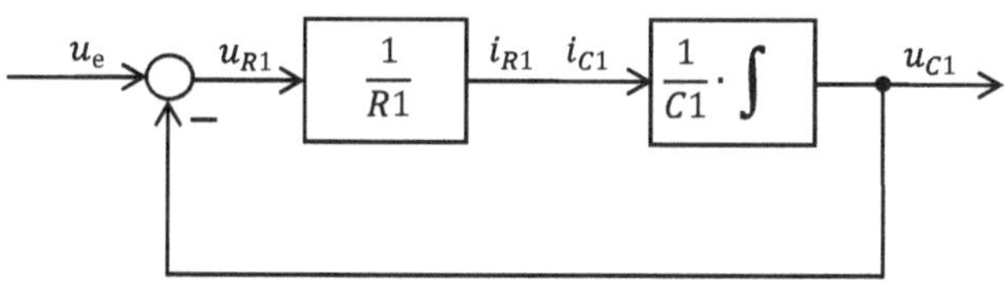

Bild 2.39 Blockschaltbild des RC-TP 1. Ordnung

Bild 2.40 zeigt die Umzeichnung.

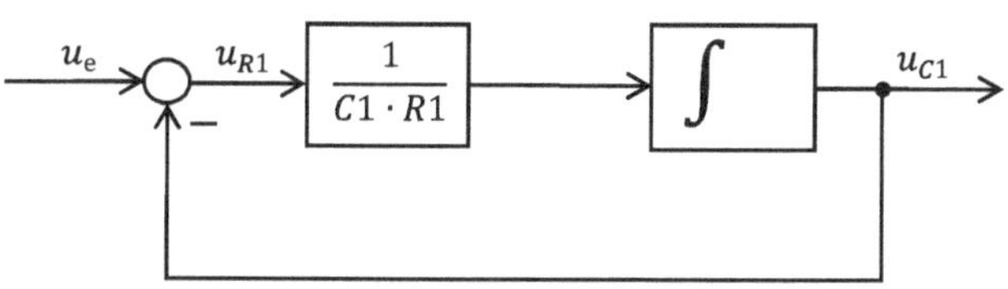

Bild 2.40 Blockschaltbild des RC-TP 1. Ordnung (umgezeichnet)

Federdämpfungssystem (Eingang → Kraft; Ausgang → Federkraft) (siehe *13_MB_Federdämpfer.isx* und Bild 2.41)

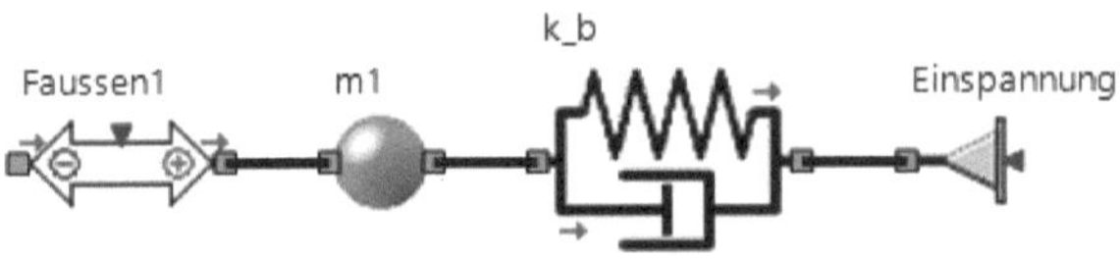

Bild 2.41 Screenshot von *13_MB_Federdämpfer.isx*

Es gilt:

$$F_\mathrm{d} = F_\mathrm{aussen1} - F_\mathrm{f}$$

$$v = \frac{F_\mathrm{d}}{b}$$

b = Dämpfungskonstante

v = Geschwindigkeit

$$F_\mathrm{f} = k \cdot \int v dt$$

Hinweis zur Simulation: Die Masse ist für das Funktionieren der Simulation erforderlich, ist aber verschwindend klein.

Bild 2.42 zeigt das Blockschaltbild des Federdämpfers.

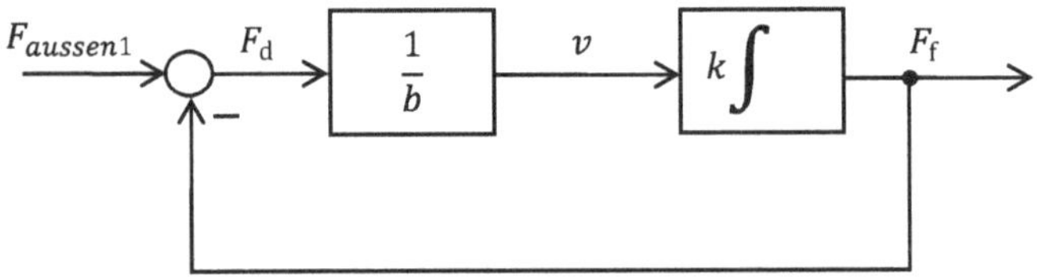

Bild 2.42 Blockschaltbild des Federdämpfers

Bild 2.43 zeigt die Umzeichnung.

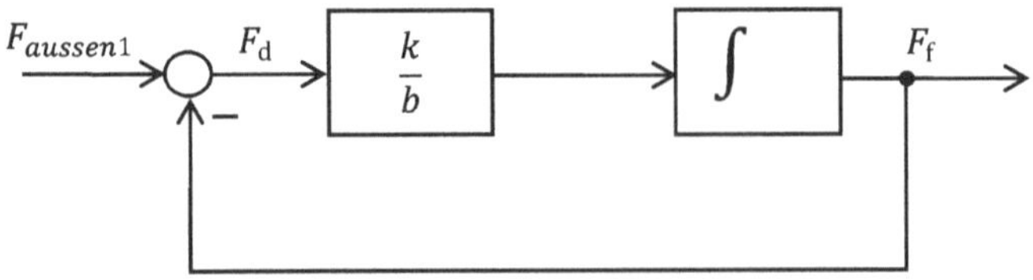

Bild 2.43 Blockschaltbild des Federdämpfers (umgezeichnet)

Die gleiche innere Struktur des RC-Tiefpasses und des Federdämpfungssystem ist deutlich zu erkennen. Regelungstechnisch verhalten sich beide Systeme gleich. Man sagt: Federdämpfer zeigen Tiefpassverhalten.

Beispiel 2: Hochpassverhalten

RL-Hochpass (siehe *14_ET_RL_Hochpass.isx* sowie Bild 2.44 und Bild 2.45)

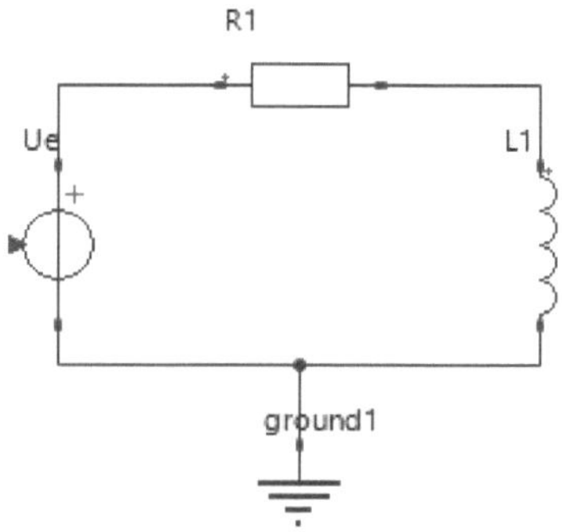

Bild 2.44
Screenshot von *14_ET_RL_Hochpass.isx*

Es gilt:

$$u_{L1} = u_e - u_{R1}$$

$$u_{R1} = i_{R1} \cdot R1$$

$$i_{L1} = \frac{1}{L1} \cdot \int u_{L1} dt$$

$$i_{R1} = i_{L1}$$

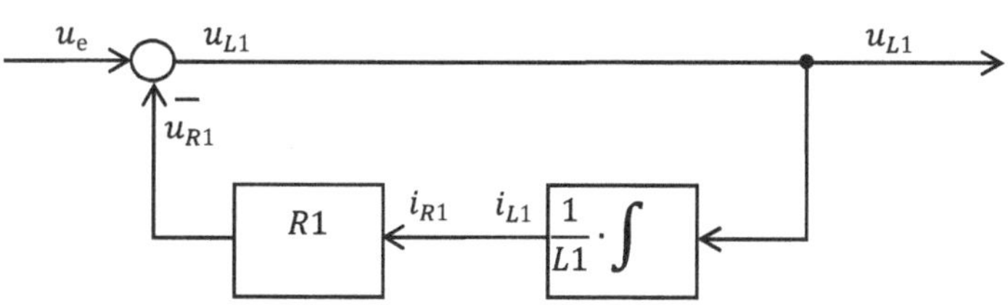

Bild 2.45 Blockschaltbild des RL-HP 1. Ordnung

Bild 2.46 zeigt die Umzeichnung.

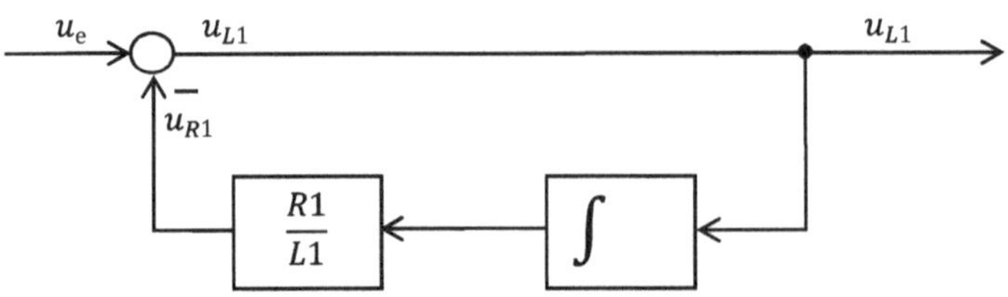

Bild 2.46 Blockschaltbild des RL-HP 1. Ordnung (umgezeichnet)

Massedämpfer (Eingang → äußere Kraft; Ausgang → Kraft der Masse) (siehe *13_MB_Federdämpfer.isx* sowie Bild 2.47 bis Bild 2.49)

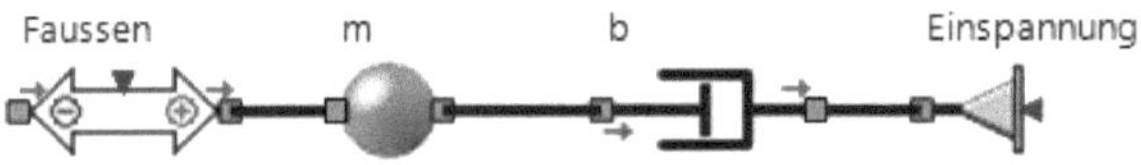

Bild 2.47 Screenshot von *15_MB_Massedämpfer.isx*

Es gilt:

$$F_m = F_{aussen} - F_d$$

$$F_d = b \cdot v$$

$$v = \frac{1}{m} \cdot \int F_m dt$$

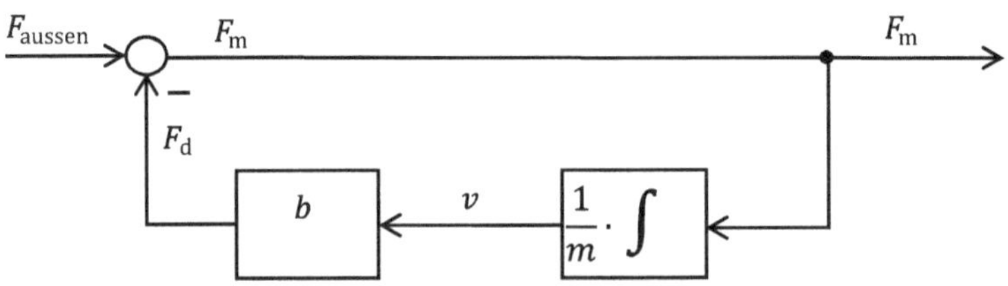

Bild 2.48 Blockschaltbild des mechanischen HP 1. Ordnung

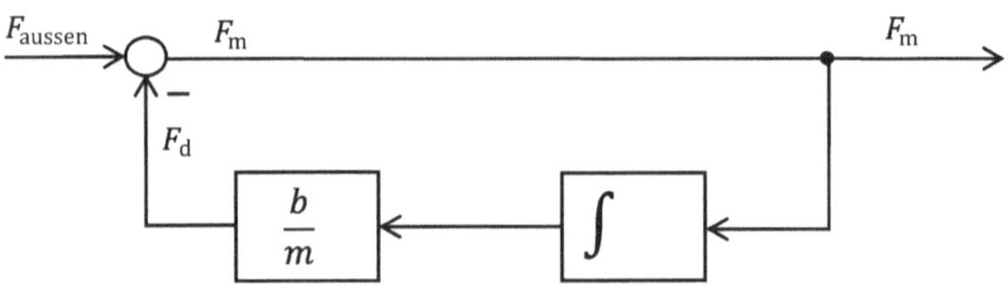

Bild 2.49 Blockschaltbild des mechanischen HP 1. Ordnung

Auch hier ist die gleiche innere Struktur des RL-Hochpasses und des Massedämpfers deutlich zu erkennen. Man sagt: Massedämpfer zeigen Hochpassverhalten. Wichtig ist die grundlegende Erkenntnis, dass unterschiedlichste Systeme die gleiche innere Struktur aufweisen können und sich dadurch gleich verhalten. Interessant ist in diesem Zusammenhang auch die Tatsache, dass die Einheit der Faktoren der Proportionalblöcke des Kreises immer die Kreisfrequenz ist.

$$\frac{1}{\mathrm{R}\cdot\mathrm{C}} \rightarrow \frac{1}{\frac{\mathrm{V}}{\mathrm{A}}\cdot\frac{\mathrm{As}}{\mathrm{V}}} = \mathrm{s}^{-1};\ \frac{\mathrm{b}}{\mathrm{m}} \rightarrow \frac{\frac{\mathrm{Ns}}{\mathrm{m}}}{\mathrm{kg}} = \frac{\mathrm{kg}}{\mathrm{s}\cdot\mathrm{kg}} = \mathrm{s}^{-1};\ \frac{\mathrm{R}}{\mathrm{L}} \rightarrow \frac{\frac{\mathrm{V}}{\mathrm{A}}}{\frac{\mathrm{Vs}}{\mathrm{A}}} = \mathrm{s}^{-1};\ \frac{\mathrm{k}}{\mathrm{b}} \rightarrow \frac{\frac{\mathrm{N}}{\mathrm{m}}}{\frac{\mathrm{Ns}}{\mathrm{m}}} = \mathrm{s}^{-1}$$

Video 6: Zeitverlauf TP

Neben der nochmaligen Vorführung des Vorgehens zur Erstellung von Signalflussbildern aus elektrischen Schaltungen wird in diesem Video das Zeichnen von Zeitverläufen in SimulationX erklärt.

Übung 5

Erstellen Sie den Wirkungsplan für einen CR-Hochpass, einen Federdämpfer (Eingang → Kraft; Ausgang → Dämpfungskraft) und einen weiteren Federdämpfer (Eingang → Wegvorgabe Ausgang → Weg des Dämpferkolbens).

2.3 Übertragungsfunktion

2.3.1 Aufstellen der Übertragungsfunktion mithilfe komplexer Widerstände

Die Übertragungsfunktion G stellt, wie in Bild 2.50 zu sehen, den Zusammenhang zwischen Eingangs- und Ausgangssignal eines Systems dar.

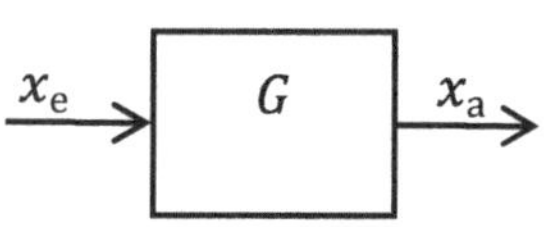

Bild 2.50
Übertragungsblock mit Signallinien

Dabei gilt:

$$x_a = x_e \text{ bzw. } G = \frac{x_a}{x_e}$$

Für elektrische Schaltungen ist eine solche Beschreibung des Systemverhaltens schon aus der Vierpoltheorie (Bild 2.51) bekannt.

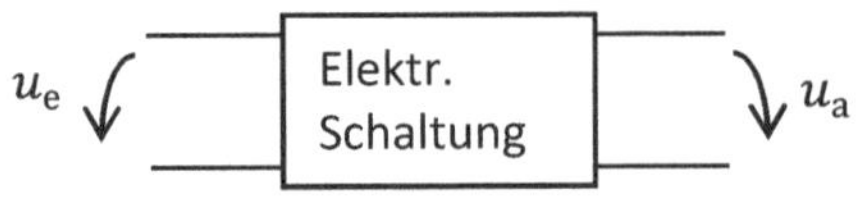

Bild 2.51 Allgemeines Zweitor

Die beiden frequenzabhängigen Bauelemente Spule und Kondensator werden dabei als komplexe Widerstände betrachtet. Die Berechnungsformeln lauten

$$X_C = \frac{1}{j\omega \cdot C}$$

und

$$X_L = j\omega \cdot L$$

Der innere Zusammenhang einer elektrischen Schaltung kann nun sehr häufig über den Spannungsteiler abgeleitet werden.

Es gilt folgender Zusammenhang für komplexe Größen:

$$\frac{u_a(j\omega)}{u_e(j\omega)} = \frac{\text{Ausgangswiderstand}}{\text{Gesamtwiderstand}} = F(j\omega)$$

Mit frequenzabhängigen Bauteilen wird auch die Ausgangsspannung von der Frequenz der Eingangsspannung abhängig. Dieses Verhältnis von Ausgangs- zu Eingangsspannung wird als der Frequenzgang $F(j\omega)$ bezeichnet.

Die Anwendung der Spannungsteilerregel zur Erstellung von Frequenzgängen soll an zwei Beispielen aufgezeigt werden.

Beispiel 1: TP 1. Ordnung

Bild 2.52 zeigt den TP 1. Ordnung.

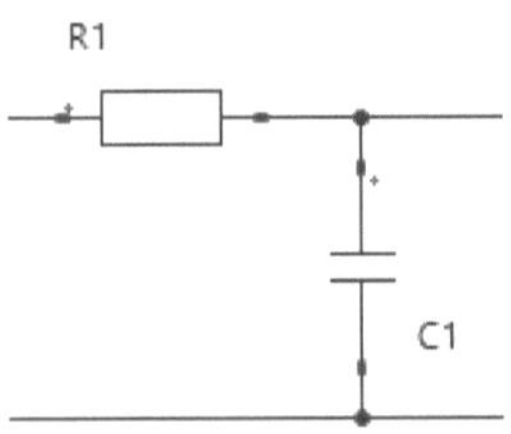

Bild 2.52 Screenshot von *RC_Tiefpass*

$$F(j\omega) = \frac{u_a(j\omega)}{u_e(j\omega)} = \frac{\frac{1}{j\omega \cdot C_1}}{R_1 + \frac{1}{j\omega \cdot C_1}} = \frac{1}{1 + j\omega \cdot C_1 \cdot R_1}$$

Beispiel 2: Reihenschwingkreis (RSK)

Bild 2.53 zeigt den RCL-Reihenschwingkreis.

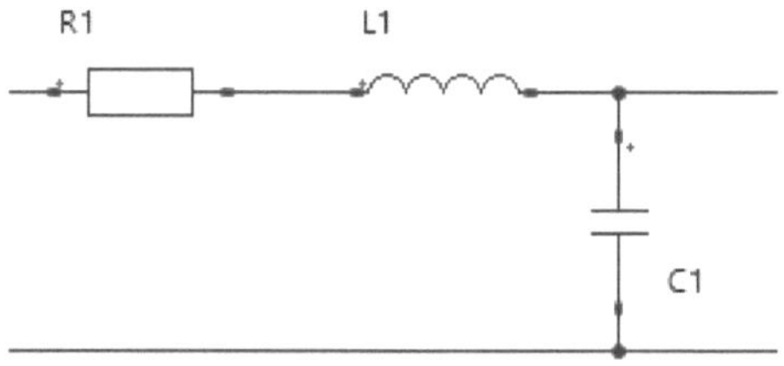

Bild 2.53
Screenshot des RCL-Reihenschwingkreises

$$F(j\omega) = \frac{u_a(j\omega)}{u_e(j\omega)} = \frac{\frac{1}{j\omega \cdot C_1}}{R_1 + j\omega \cdot L_1 + \frac{1}{j\omega \cdot C_1}} = \frac{1}{1 + j\omega \cdot C_1 \cdot R_1 + (j\omega)^2 \cdot L_1 \cdot C_1}$$

In der Elektrotechnik besteht die Transformation des Frequenzgangs in eine Übertragungsfunktion nur darin, dass der Frequenzoperator jω durch die komplexe Variable s ersetzt wird.

$$F\,(j\omega) \rightarrow G\,(s)$$

Zu Beispiel 1:

$$F(j\omega) = \frac{u_a(j\omega)}{u_e(j\omega)} = \frac{1}{1 + j\omega \cdot C_1 \cdot R_1} \rightarrow G(s) = \frac{u_a(s)}{u_e(s)} = \frac{1}{1 + s \cdot C_1 \cdot R_1}$$

Zu Beispiel 2:

$$F(j\omega) = \frac{u_a(j\omega)}{u_e(j\omega)} = \frac{1}{1 + j\omega \cdot C_1 \cdot R_1 + (j\omega)^2 \cdot L_1 \cdot C_1} \rightarrow G(s)$$

$$= \frac{u_a(s)}{u_e(s)} = \frac{1}{1 + s \cdot C_1 \cdot R_1 + s^2 \cdot L_1 \cdot C_1}$$

Dieses Vorgehen zur Erlangung der Übertragungsfunktion $G(s)$ ist nur in der Elektrotechnik mit ihren komplexen Widerständen möglich.

Wichtig bei der Betrachtung von Übertragungsfunktionen ist, dass die veränderliche Größe s ist und nicht wie üblich die Zeit t. Man sagt: Die Betrachtung findet im Laplace- bzw. im Bildbereich statt.

2.3.2 Aufstellen der Übertragungsfunktion über die Differentialgleichung

Im Allgemeinen werden Systeme durch eine Differentialgleichung im Zeitbereich beschrieben. Das Aufstellen einer Differentialgleichung wird am Beispiel eines RC-Tiefpasses 1. Ordnung demonstriert (Bild 2.54).

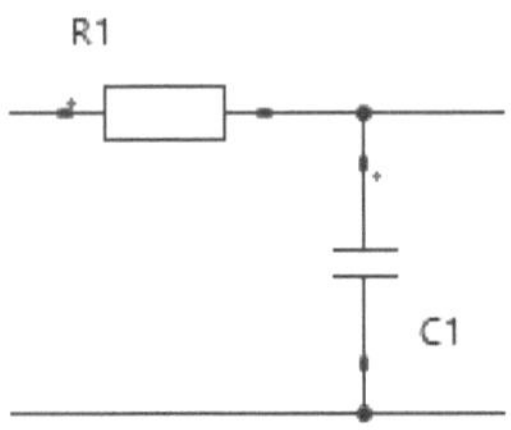

Bild 2.54
Screenshot von *RC_Tiefpass*

Es gilt:

$$u_\mathrm{e}(t) = u_{R1}(t) + u_\mathrm{a}(t) \text{ mit } u_{C1} = u_\mathrm{a}$$

$$u_\mathrm{e}(t) = i_{R1}(t) \cdot R_1 + u_\mathrm{a}(t)$$

Mit

$$i_{R1}(t) = i_{C1}(t) = C_1 \cdot \frac{du_{C1}(t)}{dt} \left(\text{wegen } u_C = \frac{1}{C} \cdot \int i_C \cdot dt\right)$$

folgt

$$u_\mathrm{e}(t) = C_1 \cdot R_1 \cdot \frac{du_\mathrm{a}(t)}{dt} + u_\mathrm{a}(t) = T_1 \cdot \frac{du_\mathrm{a}(t)}{dt} + u_\mathrm{a}(t)$$

Um den Zusammenhang zwischen der Differentialgleichung im Zeitbereich und der Übertragungsfunktion im Laplace- bzw. Bildbereich zu verdeutlichen, werden beide Beschreibungen nun gegenübergestellt:

Zeitbereich	Bildbereich
$u_\mathrm{e}(t) = T_1 \cdot \frac{du_\mathrm{a}(t)}{dt} + u_\mathrm{a}(t)$	$G(s) = \frac{u_\mathrm{a}(s)}{u_\mathrm{e}(s)} = \frac{1}{1 + s \cdot T_1}$
	$u_\mathrm{e}(s) = u_\mathrm{a}(s) \cdot (1 + s \cdot T_1)$
	$u_\mathrm{e}(s) = T_1 \cdot s \cdot u_\mathrm{a}(s) + u_\mathrm{a}(s)$

Zwischen der Differentialgleichung und der umgewandelten Übertragungsfunktion besteht eine gewisse Ähnlichkeit. Die Struktur der beiden Gleichungen stimmt überein. Der einzige Unterschied besteht darin, dass die 1. Ableitung im Zeitbereich durch eine Multiplikation mit *s* im Bildbereich gleichgesetzt ist.

Diese Erkenntnis mündet in folgendem Satz: Beim Wechsel vom Zeitbereich in den Laplace- bzw. Bildbereich (Laplace-Transformation) werden die Ableitungen durch eine Multiplikation mit *s* ersetzt.

Symbolisch wird das folgendermaßen dargestellt:

Laplace-Transformation an sich:

$$f(s) = L\{f(t)\} \text{ bzw. } f(t) \circ\!\!-\!\!\bullet\, f(s)$$

Und umgekehrt:

$$f(t) = L^{-1}\{f(s)\} \text{ bzw. } f(s) \bullet\!\!-\!\!\circ\, f(t)$$

Umwandlungsregel:

$$L\left\{\frac{df(t)}{dt}\right\} = s \cdot f(s) \quad \text{bzw.} \quad L\left\{\int f(t)dt\right\} = \frac{1}{s} \cdot f(s)$$

Genau diese Möglichkeit, eine Differentiation bzw. Integration durch eine Multiplikation bzw. Division zu ersetzen, erlaubt es, eine Berechnung zeitbehafteter Regelkreise auf relativ einfache Weise vorzunehmen. Mit anderen Worten: Obwohl die Systeme mit Differentiationen bzw. Integrationen beschrieben werden, müssen formal keine Integrale oder Ableitungen berechnet werden. Die späteren Betrachtungen erfolgen ausschließlich im Bildbereich, wo sich die Berechnungen auf den Einsatz der Grundoperatoren reduzieren.

Weitere Beispiele sollen das Vorgehen bei der Erstellung der Übertragungsfunktion verdeutlichen.

RSK (Reihenschwingkreis)

Bild 2.55 zeigt den RCL-Reihenschwingkreis.

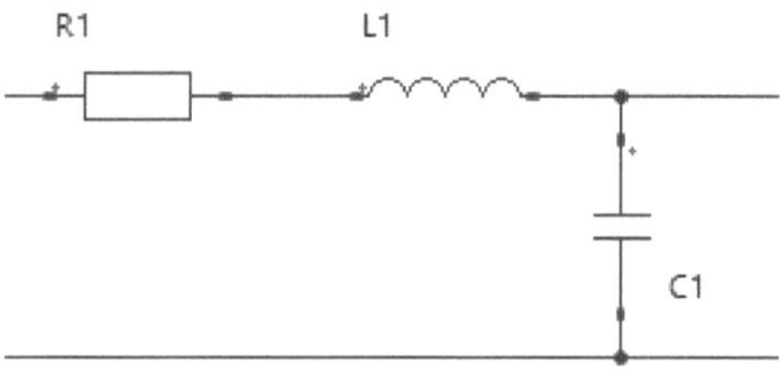

Bild 2.55
Screenshot des RCL-Reihenschwingkreises

Es gilt:

$$u_e(t) = u_{R1}(t) + u_{L1}(t) + u_a(t)$$

Mit

$$u_{L1}(t) = L_1 \cdot \frac{di_{L1}(t)}{dt}$$

folgt

$$u_e(t) = i_{R1}(t) \cdot R_1 + L_1 \cdot \frac{di_{L1}(t)}{dt} + u_a(t)$$

Mit

$$i_{R1}(t) = i_{L1}(t) = i_{C1}(t) = C_1 \cdot \frac{du_{C1}(t)}{dt}$$

folgt dann

$$u_e\,(t) = R_1 \cdot C_1 \cdot \frac{du_a\,(t)}{dt} + L_1 \cdot C_1 \cdot \frac{d^2u_a\,(t)}{dt^2} + u_a\,(t)$$

bzw. geordnet

$$u_e\,(t) = u_a(t) + C_1 \cdot R_1 \cdot \frac{du_a(t)}{dt} + L_1 \cdot C_1 \cdot \frac{d^2u_a(t)}{dt^2}$$

Nun folgt die Laplace-Transformation: $\circ\!\!-\!\!\bullet$

$$\begin{aligned} u_e(s) &= u_a(s) + C_1 \cdot R_1 \cdot s \cdot u_a(s) + L_1 \cdot C_1 \cdot s^2 \cdot u_a(s) \\ &= u_a(s) \cdot (1 + C_1 \cdot R_1 \cdot s + L_1 \cdot C_1 \cdot s^2) \end{aligned}$$

Umgeformt zur Übertragungsfunktion entsteht wieder

$$G(s) = \frac{u_a(s)}{u_e(s)} = \frac{1}{1 + s \cdot C_1 \cdot R_1 + s^2 \cdot L_1 \cdot C_1} \overset{\text{allg}}{\Longrightarrow} \frac{a_0}{b_0 + s \cdot b_1 + s^2 \cdot b_2}$$

Dieses Vorgehen wird unter dem Begriff der Modellbildung auf verschiedenste Systeme angewendet.

Es folgen weitere Beispiele.

Beispiel: Füllstandsstrecke

Bild 2.56 zeigt die Füllstandsstrecke.

$x_e = q_{zu}$ = zugeführter Volumenstrom

$x_a = h$ = Füllstandshöhe

Weitere Größen:

V = Flüssigkeitsvolumen im Behälter

A = Behältergrundfläche

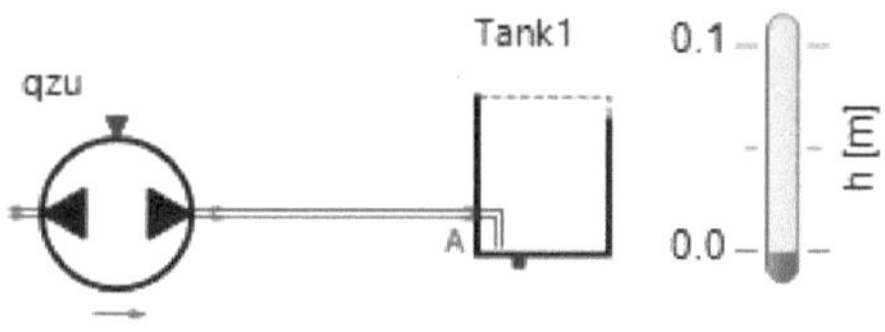

Bild 2.56
Screenshot der Füllstandsstrecke

Untersucht wird die Änderung der Füllhöhe bei zufließender Flüssigkeit. Es gilt:

$$q_{zu}(t) = x_e(t) = \frac{dV(t)}{dt} = A \cdot \frac{dh(t)}{dt} = A \cdot \frac{dx_a(t)}{dt}$$

Nun folgt die Laplace-Transformation: $\circ\!\!-\!\!\bullet$

$$q_{zu}(s) = x_e(s) = s \cdot V(s) = A \cdot s \cdot h(s) = A \cdot s \cdot x_a(s)$$

Umgeformt zur Übertragungsfunktion entsteht

$$G(s) = \frac{x_a(s)}{x_e(s)} = \frac{1}{s \cdot A}$$

Es wird als Integrierglied bezeichnet.

Beispiel: Feder-Masse-Dämpfung (Eingang → Kraft, Ausgang → Weg)

Bild 2.57 zeigt den Feder-Masse-Dämpfer.

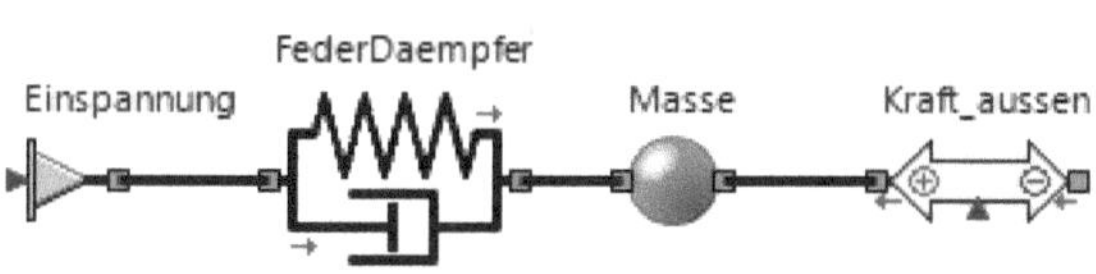

Bild 2.57 Screenshot des Feder-Masse-Dämpfers

$$x_e\,(t) = F_{aussen}(t)$$

$$x_a\,(t) = s(t)$$

Untersucht wird die Wegänderung beim Auftreten einer äußeren Kraft.

Grundlagen:

$$F_{\text{Masse}}(t) = m \cdot a(t) = m \cdot \frac{d^2 s(t)}{dt^2}$$

m = Masse
a = Beschleunigung
s = Weg

$$F_{\text{Dämpfer}}(t) = b \cdot v(t) = b \cdot \frac{ds(t)}{dt}$$

b = Dämpfungskonstante
v = Geschwindigkeit

$$F_{\text{Feder}}(t) = k \cdot s(t)$$

k = Federkonstante

Es gilt: In einem Massepunkt ist die Summe der auftretenden Kräfte gleich null.

$$F_{\text{aussen}}(t) = F_{\text{Feder}}(t) + F_{\text{Dämpfer}}(t) + F_{\text{Masse}}(t)$$

Und damit gilt

$$F_{\text{aussen}}(t) = k \cdot s(t) + b \cdot \frac{ds(t)}{dt} + m \cdot \frac{d^2 s(t)}{dt^2}$$

bzw.

$$x_{\text{e}}(t) = k \cdot x_{\text{a}}(t) + b \cdot \frac{dx_{\text{a}}(t)}{dt} + m \cdot \frac{d^2 x_{\text{a}}(t)}{dt^2}$$

Nun folgt die Laplace-Transformation: $\circ\!\!-\!\!\bullet$

$$x_{\text{e}}(s) = k \cdot x_{\text{a}}(s) + b \cdot s \cdot x_{\text{a}}(s) + m \cdot s^2 \cdot x_{\text{a}}(s) = x_{\text{a}}(s) \cdot (k + b \cdot s + m \cdot s^2)$$

Umgeformt zur Übertragungsfunktion entsteht

$$G(s) = \frac{x_{\text{a}}(s)}{x_{\text{e}}(s)} = \frac{1}{k + b \cdot s + m \cdot s^2} = \frac{1}{k} \cdot \frac{1}{1 + s \cdot \frac{b}{k} + s^2 \cdot \frac{m}{k}} \overset{\text{allg}}{\Longrightarrow} \frac{a_0}{b_0 + s \cdot b_1 + s^2 \cdot b_2}$$

Beispiel: Permanenterregter Gleichstrommotor

Bild 2.58 zeigt den DC-Motor.

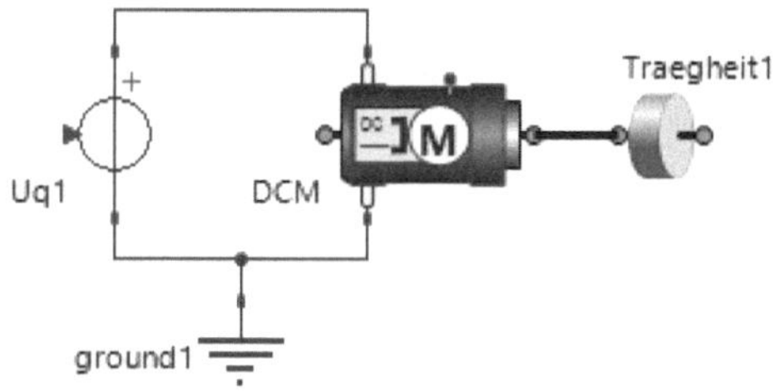

Bild 2.58
Screenshot des DC-Motors

$$x_e(t) = u_q(t)$$

$$x_a(t) = \omega(t)$$

Untersucht wird das Verhalten der Motordrehgeschwindigkeit ω bei angelegter Spannung u_q.

Grundlagen:

$$u_q(t) = u_{gegen}(t) + u_R(t) + u_L(t) \tag{2.1}$$

u_{gegen} = induzierte Gegenspannung
u_R, u_L = Spannungsabfall über Anker

$$u_{gegen}(t) = k_{EMF} \cdot \omega(t) \tag{2.2}$$

ω = Winkelgeschwindigkeit
k_{EMF} = 2. Motorkonstante

$$u_L(t) = L \cdot \frac{di_L}{dt} \quad \text{und } i_L = i_a = \frac{u_R}{R} \tag{2.3}$$

L = Ankerinduktivität
R = Ankerwiderstand

$$M = k_T \cdot i_a(t) = J \cdot \alpha(t) = J \cdot \frac{d\omega(t)}{dt} \tag{2.4}$$

i_a = Ankerstrom
J = Motorträgheit
α = Winkelbeschleunigung
k_T = 1. Motorkonstante

beziehungsweise

$$i_a(t) = \frac{J}{k_T} \cdot \frac{d\omega(t)}{dt} \tag{2.5}$$

In Formel 2.1 wird die Ankerspannung durch den Strom mithilfe von Formel 2.3 ausgedrückt.

$$u_q(t) = u_{gegen}(t) + R_a \cdot i_a(t) + L_a \cdot \frac{di_a(t)}{dt} \tag{2.6}$$

Nun werden Formel 2.2 und Formel 2.5 in Formel 2.6 eingesetzt:

$$u_q(t) = k_{EMF} \cdot \omega(t) + \cdot \frac{J \cdot R_a}{k_T} \cdot \frac{d\omega(t)}{dt} + \frac{J \cdot L_a}{k_T} \cdot \frac{d^2\omega(t)}{dt^2}$$

bzw.

$$x_e(t) = k_{EMF} \cdot x_a(t) + \cdot \frac{J \cdot R_a}{k_T} \cdot \frac{dx_a(t)}{dt} + \frac{J \cdot L_a}{k_T} \cdot \frac{d^2x_a(t)}{dt^2}$$

Dann folgt die Laplace-Transformation: $\circ\!\!-\!\!\bullet$

$$x_e(s) = k_{EMF} \cdot x_a(s) + \frac{J \cdot R_a}{k_T} \cdot s \cdot x_a(s) + \frac{J \cdot L_a}{k_T} \cdot s^2 \cdot x_a(s)$$

$$x_e(s) = x_a(s) \cdot \left(k_{EMF} + \frac{J \cdot R_a}{k_T} \cdot s + \frac{J \cdot L_a}{k_T} \cdot s^2\right)$$

Umgeformt zur Übertragungsfunktion entsteht

$$G(s) = \frac{x_a(s)}{x_e(s)} = \frac{\omega(t)}{u_q(t)} = \frac{1}{k_{EMF} + \frac{J \cdot R_a}{k_T} \cdot s + \frac{J \cdot L_a}{k_T} \cdot s^2} = \frac{1}{k_{EMF}} \cdot \frac{1}{1 + s \cdot \frac{J \cdot R_a}{k_T \cdot k_{EMF}} + s^2 \cdot \frac{J \cdot L_a}{k_T \cdot k_{EMF}}}$$

$$\overset{allg}{\Longrightarrow} \frac{a_0}{b_0 + s \cdot b_1 + s^2 \cdot b_2}$$

Zum Abschluss sei noch bemerkt, dass der Reihenschwingkreis, die Feder-Masse-Dämpfung und der permanenterregte Gleichstrommotor durch die gleiche allgemeine Übertragungsfunktion der folgenden Form beschrieben werden und somit zur selben Gruppe von Standardelementen gehören:

$$G(s) = \frac{x_a(s)}{x_e(s)} = \frac{a_0}{b_0 + s \cdot b_1 + s^2 \cdot b_2}$$

Übung 6

Erstellen Sie die Übertragungsfunktion für einen Federdämpfer (Eingang → Kraft; Ausgang → Geschwindigkeit) und einen Reihenschwingkreis mit $U_a = U_{R1}$.

2.3.3 Allgemeine Übertragungsfunktion

Bekanntermaßen werden Regelkreisglieder im Zeitbereich durch eine Differentialgleichung beschrieben. Sofern das System zeitinvariant (d. h. zeitlich unverändert, also keine Alterung, keine Abnutzung usw.) und linear (d. h. zur Beschreibung des Verhaltens wird nur addiert, subtrahiert, differenziert, integriert und mit Konstanten multipliziert) ist, kann man folgende allgemeine Differentialgleichung aufstellen:

$$b_n \cdot \frac{d^n x_a(t)}{dt^n} + b_{n-1} \cdot \frac{d^{n-1} x_a(t)}{dt^{n-1}} + \ldots + b_1 \cdot \frac{dx_a(t)}{dt} + b_0 \cdot x_a(t) = a_m \cdot \frac{d^m x_e(t)}{dt^m} +$$
$$\ldots + a_1 \cdot \frac{dx_e(t)}{dt} + a_0 \cdot x_e(t) \quad \text{mit } m \leq n$$

An dieser Stelle sei darauf hingewiesen, dass die Ordnung n die Anzahl der Energiespeicher angibt und immer größer oder gleich der Ordnung m ist, da sonst mindestens eine reine Differentiation im System sein müsste, was es in der Realität nicht geben kann.

Mit den Regeln der Laplace-Transformation lässt sich nun leicht eine allgemeine Übertragungsfunktion aufstellen.

Laplace-Transformation: $\circ\!\!-\!\!\bullet$

$$b_n \cdot s^n \cdot x_a(s) + b_{n-1} \cdot s^{n-1} \cdot x_a(s) + \ldots + b_1 \cdot s \cdot x_a(s) + b_0 \cdot x_a(s) = a_m \cdot s^m x_e(s) +$$
$$\ldots + a_1 \cdot s \cdot x_e(s) + a_0 \cdot x_e(s) \quad \text{mit } m \leq n$$

$$x_a(s) \cdot (b_n \cdot s^n + b_{n-1} \cdot s^{n-1} + \ldots + b_1 \cdot s \cdot + b_0) = x_e(s) \cdot (a_m \cdot s^m + \ldots + a_1 \cdot s + a_0)$$
$$\text{mit } m \leq n$$

$$G(s) = \frac{x_a(s)}{x_e(s)} = \frac{a_m \cdot s^m + \ldots + a_1 \cdot s + a_0}{b_n \cdot s^n + b_{n-1} \cdot s^{n-1} + \ldots + b_1 \cdot s \cdot + b_0} \quad \text{mit } m \leq n$$

bzw. gedreht

$$G(s) = \frac{x_a(s)}{x_e(s)} = \frac{a_0 + s \cdot a_1 + \ldots + s^m \cdot a_m}{b_0 + s \cdot b_1 + \ldots + s^{n-1} \cdot b_{n-1} + s^n \cdot b_n} \quad \text{mit } m \leq n$$

Das Entscheidende ist, dass sich alle zeitinvarianten und linearen Systeme bei der mathematischen Beschreibung nun nur noch in den Parametern b_0 bis b_n und a_0 bis a_m unterscheiden. Auch dies sollen einige Beispiele verdeutlichen.

TP 1. Ordnung

$$G(s) = \frac{u_a(s)}{u_e(s)} = \frac{1}{1 + s \cdot T_1} \text{ mit } a_0 = 1; b_0 = 1; b_1 = T_1 \text{ bzw. } m = 0; n = 1$$

Füllstandsstrecke

$$G(s) = \frac{x_a(s)}{x_e(s)} = \frac{1}{s \cdot A} \text{ mit } a_0 = 1; b_0 = 0; b_1 = A \text{ bzw. } m = 0; n = 1$$

RSK

$$G(s) = \frac{u_a(s)}{u_e(s)} = \frac{1}{1 + s \cdot C_1 \cdot R_1 + s^2 \cdot L_1 \cdot C_1} \text{ mit } a_0 = 1; b_0 = 1; b_1 = C_1 \cdot R_1;\ b_2$$
$$= L_1 \cdot C_1 \text{ bzw. } m = 0;\ n = 2$$

Permanenterregter Gleichstrommotor

$$G(s) = \frac{x_a(s)}{x_e(s)} = \frac{1}{k_{EMF}} \cdot \frac{1}{1 + s \cdot \frac{J \cdot R_a}{k_T \cdot k_{EMF}} + s^2 \cdot \frac{J \cdot L_a}{k_T \cdot k_{EMF}}} \text{ mit } a_0 = \frac{1}{k_{EMF}};$$
$$b_0 = 1; b_1 = \frac{J \cdot R_a}{k_T \cdot k_{EMF}}; b_2 = \frac{J \cdot L_a}{k_T \cdot k_{EMF}} \text{ bzw. } m = 0;\ n = 2$$

Video 7: Allgemeine Übertragungsfunktion (siehe auch *3_Video7_1_Massedämpfer.isx* und *4_Video7_2_Behälter.isx*)

Wie die Parameter der Übertragungsfunktion in den SimulationX-Block „Übertragungsfunktion" eingetragen werden müssen, wird in diesem Video anhand von drei Beispielen vorgeführt.

2.3.4 Reglernormalform

Nun kann für die allgemeine Übertragungsfunktion auch das allgemeine Blockschaltbild erstellt werden.

Grundlage:

$$G(s) = \frac{x_a(s)}{x_e(s)} = \frac{a_0 + s \cdot a_1 + \ldots + s^m \cdot a_m}{b_0 + s \cdot b_1 + \ldots + s^{n-1} \cdot b_{n-1} + s^n \cdot b_n}$$

bzw.

$$x_a(s) = \frac{a_0 + s \cdot a_1 + \ldots + s^m \cdot a_m}{b_0 + s \cdot b_1 + \ldots + s^{n-1} \cdot b_{n-1} + s^n \cdot b_n} \cdot x_e(s)$$

Ansatz:

$$x_r(s) = \frac{1}{b_0 + s \cdot b_1 + \ldots + s^{n-1} \cdot b_{n-1} + s^n \cdot b_n} \cdot x_e(s)$$

Umgestellt nach x_e:

$$x_e(s) = (b_0 + s \cdot b_1 + \ldots + s^{n-1} \cdot b_{n-1} + s^n \cdot b_n) \cdot x_r(s)$$

$$x_e(s) = b_0 \cdot x_r(s) + s \cdot b_1 \cdot x_r(s) + \ldots + s^{n-1} \cdot b_{n-1} \cdot x_r(s) + s^n \cdot b_n \cdot x_r(s)$$

Nach höchster Potenz umgestellt:

$$s^n \cdot b_n \cdot x_r(s) = x_e(s) - (s^{n-1} \cdot b_{n-1} \cdot x_r(s) + \ldots + s \cdot b_1 \cdot x_r(s) + b_0 \cdot x_r(s)) \quad (2.7)$$

und

$$x_a(s) = (a_0 + s \cdot a_1 + \ldots + s^m \cdot a_m) \cdot x_r(s)$$

bzw.

$$x_a(s) = a_0 \cdot x_r(s) + s \cdot a_1 \cdot x_r(s) + \ldots + s^m \cdot a_m \cdot x_r(s) \quad (2.8)$$

Mit Formel 2.7 und Formel 2.8 lässt sich das Blockschaltbild (Bild 2.60) für die allgemeine Übertragungsfunktion aufstellen. Bezeichnet wird diese Darstellungsweise als Reglernormalform RNF. Beachten Sie nochmals, dass eine Division durch s im Bildbereich einer Integration im Zeitbereich entspricht (Bild 2.59).

Zeitbereich	Bildbereich
$\int f(t)dt$	$\frac{1}{s} \cdot f(s)$

Bild 2.59 Integrierblock im Zeitbereich und im Bildbereich

Blockschaltbild der Reglernormalform

Aus dem Signalflussbild in Bild 2.60 ist zu erkennen, dass nur die *b*-Parameter aus dem Nenner der Übertragungsfunktion rückgekoppelt werden. Damit lässt sich erklären, dass nur das Nennerpolynom für die spätere Stabilitätsbetrachtung (siehe Abschnitt 8.2) eines Systems entscheidend ist, da jeder Schwingprozess eine Rückkopplung erfordert. Ist das Nennerpolynom gleich 0 gesetzt, wird dies deshalb auch als die charakteristische Gleichung bezeichnet.

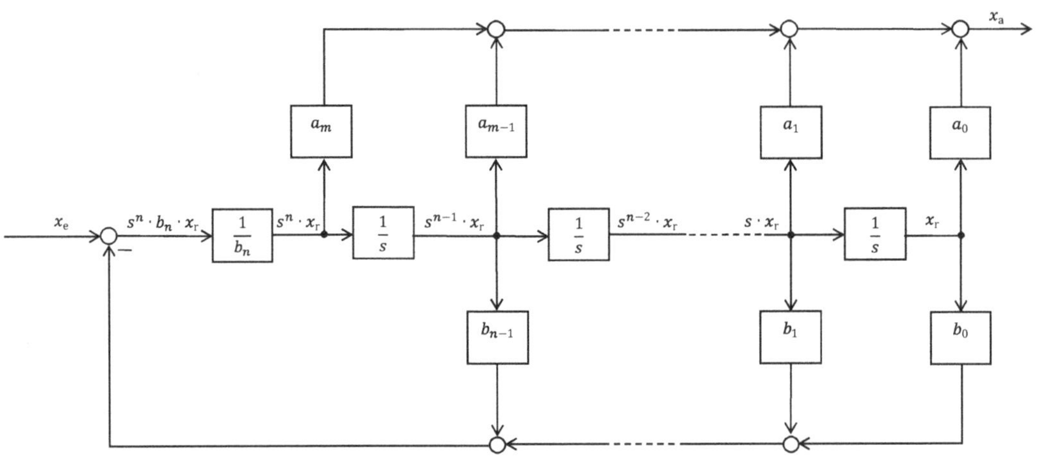

Bild 2.60 Reglernormalform

Mithilfe der Reglernormalform lässt sich nun das Blockschaltbild für beliebige Strecken leicht zeichnen. Dabei wird zuerst die Zähler- und Nennerordnung bestimmt und nachfolgend das Blockschaltbild von links nach rechts erstellt.

Beachten Sie dabei, dass im Rückführzweig nur Blöcke mit der Wertigkeit $< n$ existieren.

Beispiel: TP 1. Ordnung

Bild 2.61 zeigt des Blockschaltbild des TP 1. Ordnung nach RNF.

$$G(s) = \frac{u_a(s)}{u_e(s)} = \frac{1}{1 + s \cdot T_1} \text{ mit } a_0 = 1; b_0 = 1; b_1 = T_1 \text{ bzw. } m = 0; n = 1$$

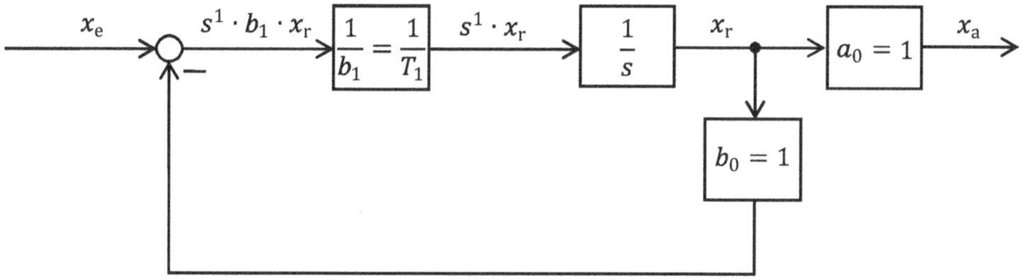

Bild 2.61 Blockschaltbild des TP 1. Ordnung nach RNF

Füllstandsstrecke

Bild 2.62 zeigt das Blockschaltbild der Füllstandsstrecke nach RNF.

$$G(s) = \frac{x_a(s)}{x_e(s)} = \frac{1}{s \cdot A} \text{ mit } a_0 = 1;\; b_0 = 0; b_1 = A \text{ bzw. } m = 0; n = 1$$

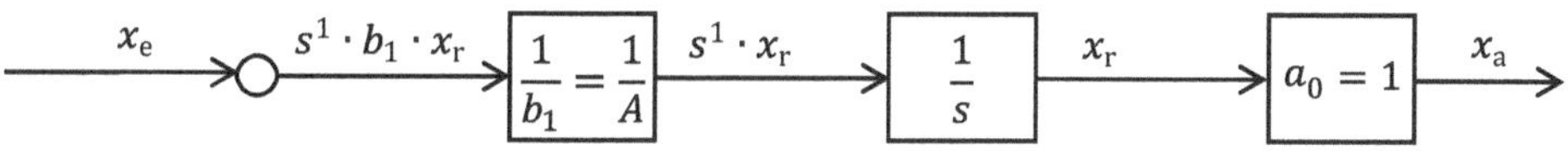

Bild 2.62 Blockschaltbild der Füllstandsstrecke nach RNF

Reihenschwingkreis (RSK)

Bild 2.63 zeigt das Blockschaltbild des Reihenschwingkreises nach RNF.

$$G(s) = \frac{u_a(s)}{u_e(s)} = \frac{1}{1 + s \cdot C_1 \cdot R_1 + s^2 \cdot L_1 \cdot C_1} \text{ mit } a_0 = 1; b_0 = 1;$$

$$b_1 = C_1 \cdot R_1; b_2 = L_1 \cdot C_1 \text{ bzw. } m = 0;\; n = 2$$

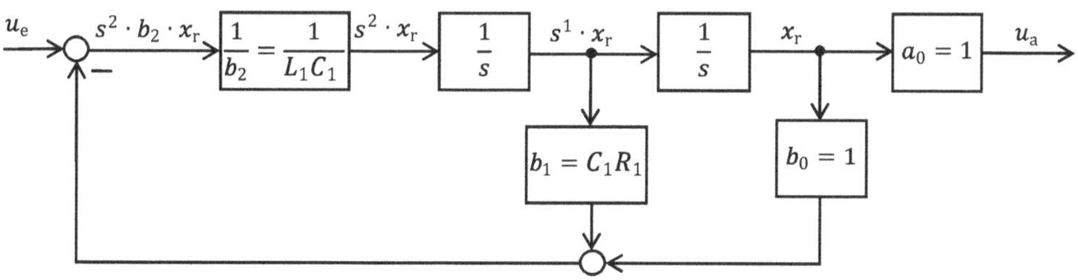

Bild 2.63 Blockschaltbild des RSK nach RNF

Permanenterregter Gleichstrommotor

Bild 2.64 zeigt das Blockschaltbild des DC-Motors nach RNF.

$$G(s) = \frac{x_a(s)}{x_e(s)} = \frac{1}{k_{EMF}} \cdot \frac{1}{1 + s \cdot \frac{J \cdot R_a}{k_T \cdot k_{EMF}} + s^2 \cdot \frac{J \cdot L_a}{k_T \cdot k_{EMF}}}$$

mit

$$a_0 = \frac{1}{k_{\mathrm{EMF}}};\ b_0 = 1; b_1 = \frac{J \cdot R_{\mathrm{a}}}{k_{\mathrm{T}} \cdot k_{\mathrm{EMF}}}; b_2 = \frac{J \cdot L_{\mathrm{a}}}{k_{\mathrm{T}} \cdot k_{\mathrm{EMF}}}$$

bzw. $m = 0$; $n = 2$

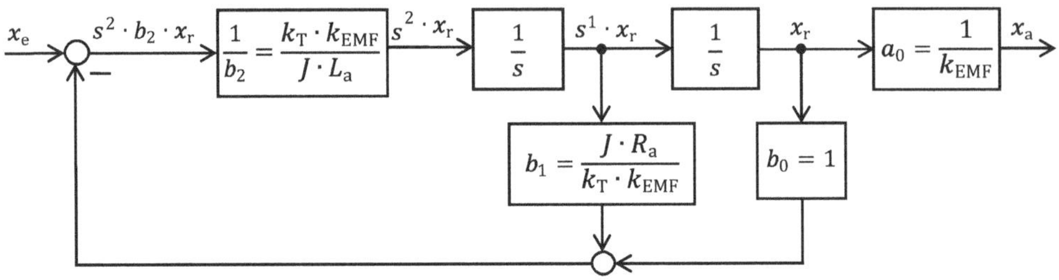

Bild 2.64 Blockschaltbild des DC-Motors nach RNF

Übung 7

Stellen Sie für die nachfolgenden elektrischen Schaltungen die Übertragungsfunktion (ein Bruchstrich) auf, und erstellen Sie mithilfe der Reglernormalform das jeweilige Signalflussbild. Überprüfen Sie die Richtigkeit Ihres Blockschaltbildes anhand des Vergleichs der Zeitverläufe der elektrischen Schaltung, des Signalflussbildes und der Übertragungsfunktion mithilfe des Programms SimulationX bei einer Eingangsspannung von 10 V. Nutzen Sie die eingestellten Default-Werte für alle Bauteile, also $R_1 = R_2 = 1000\ \Omega$, $C_1 = 10\ \mu\mathrm{F}$ und $L_1 = 0.1$ H.

a) Schaltung a (Bild 2.65)

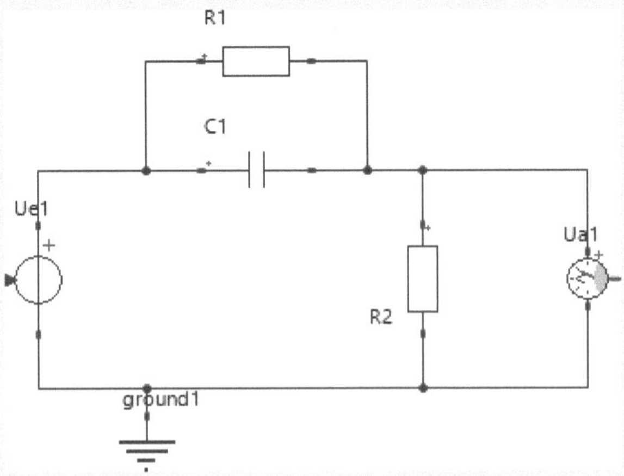

Bild 2.65 Screenshot der Schaltung a

b) Schaltung b (Bild 2.66)

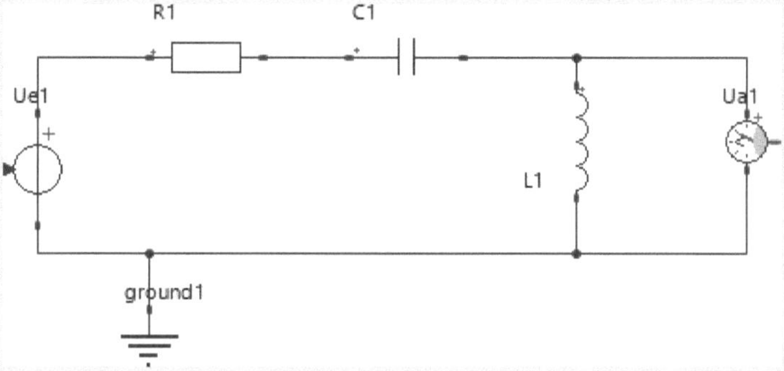

Bild 2.66 Screenshot der Schaltung b

2.4 Testfunktionen

Die vorangegangenen Beispiele sollten verdeutlichen, dass unterschiedliche reale Systeme eine gleiche innere Struktur aufweisen können. Gleiche Struktur bedeutet Folgendes:

- gleicher Wirkungsplan
- gleiche vorhandene Parameter der Übertragungsfunktion, die ungleich null sind

Anhand ihrer Reaktion auf konkrete, genau definierte Eingangssignale (Testsignale) werden die Systeme nun verglichen sowie kategorisiert, und ihnen werden bestimmte Eigenschaften zugewiesen. Außerdem werden Testsignale zur experimentellen Ermittlung der Parameter $a_0 \ldots a_m$ bzw. $b_0 \ldots b_n$ genutzt.

Es wird wie folgt vorgegangen: Auf den Eingang werden Testsignale gegeben. Das Ausgangsverhalten wird aufgezeichnet oder ausgerechnet und einem bestimmten Streckenverhalten zugeordnet.

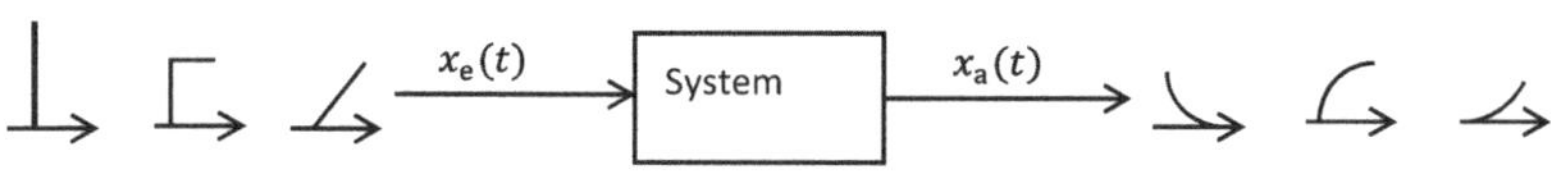

Nachfolgend werden die wichtigsten Testsignale näher betrachtet. Die Antworten sind dabei durch einen Tiefpass 1. Ordnung als System erzeugt worden.

(1) Impuls

Die Einheitsimpulsfunktion wird auch als Dirac-Stoß $\delta(t)$ bezeichnet und unterliegt folgender mathematischen Beschreibung:

$$\delta(t) = \begin{cases} 0 \text{ für } t < 0 \text{ und } t > 0 \\ \infty \text{ für } t = 0 \end{cases}, \quad \int_{-\infty}^{+\infty} \delta(t)\, dt = 1$$

Das heißt, es wird ein Nadelimpuls erzeugt, der zum Zeitpunkt $t = 0$ unendlich hoch und unendlich dünn ist. Dabei muss der Flächeninhalt gleich 1 sein (Bild 2.67).

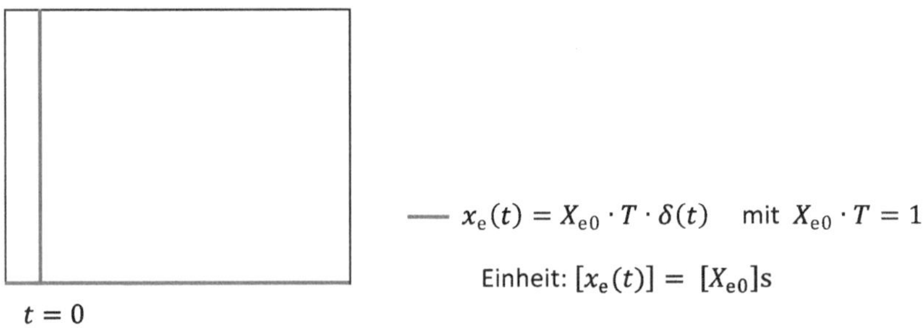

Bild 2.67 Testsignal des Impulses

Die Reaktion des Systems auf diesen Impulseingang wird als Impulsantwort oder Gewichtsfunktion $g(t)$ bezeichnet (Bild 2.68).

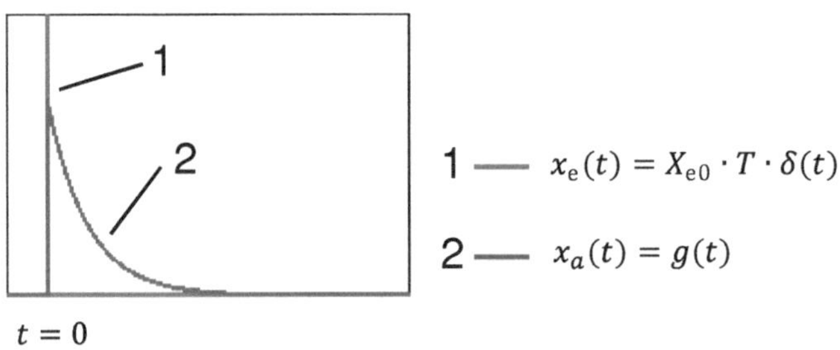

Bild 2.68 Testsignal des Impulses und Impulsantwort

(2) Sprung

Der Einheitssprung $E(t)$ unterliegt folgender mathematischen Beschreibung:

$$E(t) = \begin{cases} 0 \text{ für } t \leq 0 \\ 1 \text{ für } t > 0 \end{cases}, \quad \int \delta(t)\, dt = E(t)$$

Mit der Sprungfunktion wird der Einschaltvorgang dargestellt (Bild 2.69).

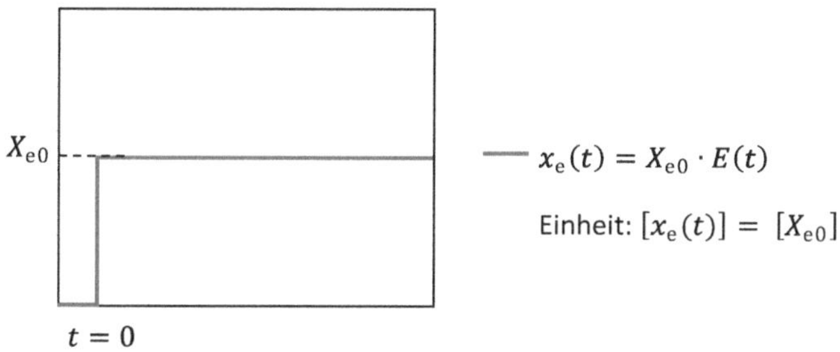

Bild 2.69 Testsignal des Sprungs

Die Reaktion des Systems auf diesen Sprungeingang wird als Sprungantwort oder Übergangsfunktion $h(t)$ bezeichnet (Bild 2.70).

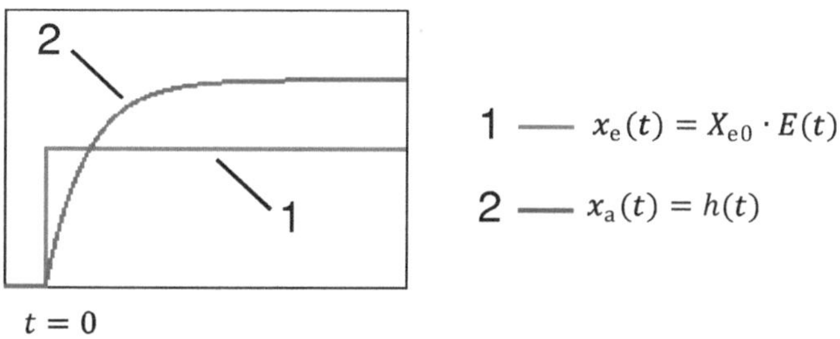

Bild 2.70 Testsignal des Sprungs und Sprungantwort

(3) Rampe

Die Anstiegsfunktion wird mathematisch folgendermaßen beschrieben:

$$x_e(t) = \frac{X_{e0}}{T} \cdot t$$

Das Eingangssignal wird mit konstantem Anstieg erhöht (Bild 2.71).

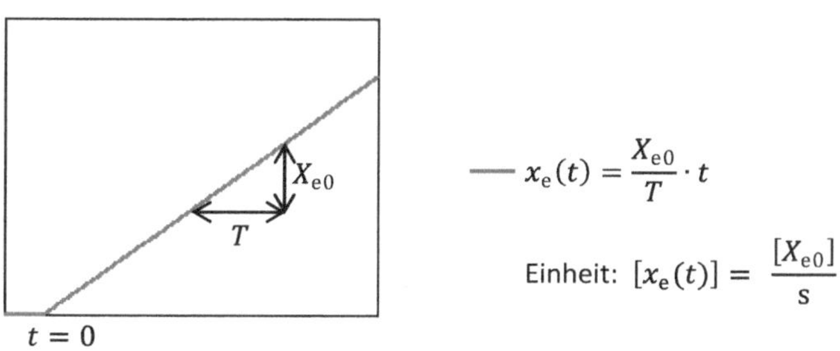

Bild 2.71 Testsignal der Rampe

Die Reaktion des Systems auf diesen Rampeneingang wird als Anstiegsantwort bezeichnet (Bild 2.72).

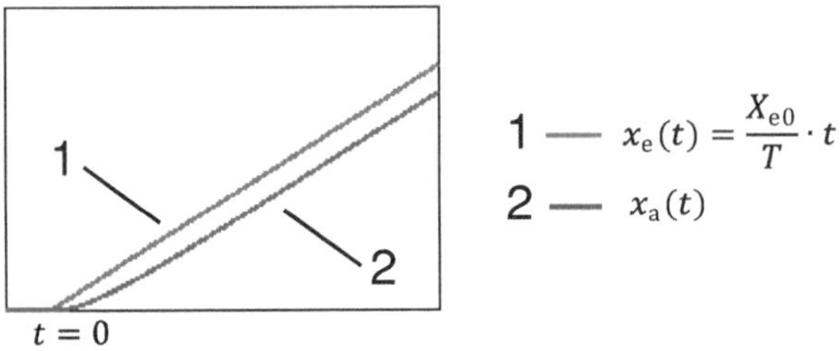

Bild 2.72 Testsignal der Rampe und Rampenantwort

(4) Sinus

Die Sinusfunktion wird bekanntermaßen wie folgt beschrieben (Bild 2.73):

$$x_e(t) = X_e \sin(\omega t)$$

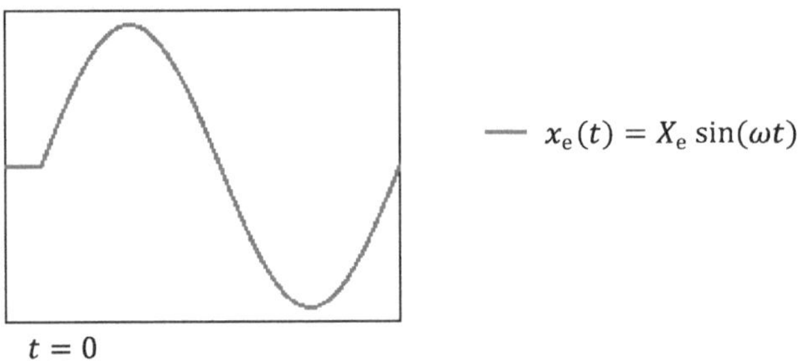

Bild 2.73 Sinus-Testsignal

Die Reaktion des Systems auf diesen Sinuseingang wird als Sinusantwort bezeichnet (Bild 2.74).

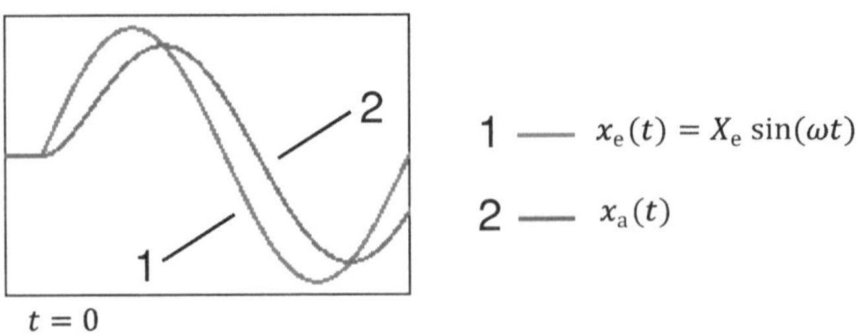

Bild 2.74 Sinus-Testsignal und Sinusantwort

(5) Auswahl der Testsignale

Nachfolgend werden einige praktische Hinweise zur Verwendung der einzelnen Testsignale gegeben:

- Der Sprung ist das am häufigsten verwendete Signal, aber der Systemausgang darf nicht in die Begrenzung (z. B. ein Anschlag beim Verfahren, das Überlaufen eines Behälters) gehen. Ein Ausweg hierfür ist die Verwendung eines Rechtecksignals.
- Sinussignale werden zur Ermittlung der Amplituden- und Phasengänge verwendet. Praktisch wird dabei ein vorgegebener Frequenzbereich durchwobbelt.
- Rampen werden zur Ermittlung von Nichtlinearitäten (Haftspannungen, Losbrechmomenten, Hysteresen usw.) und zur Vermeidung von Lastsprüngen verwendet.
- Impulssignale dienen zur Ermittlung der Schwingfähigkeit von Systemen. Auch die Identifikation von Strecken mit oder ohne Ausgleich erfolgt über Nadelimpulse. Leider lassen sich Impulssignale nur schwer praktisch realisieren. Ein Ausweg sind sogenannte stochastische Signale, wie z. B. das Pseudo-Rausch-Binärsignal (PRB-Signal). Dabei werden Rechtecksignale mit unterschiedlicher zufälliger Länge erzeugt. Mithilfe einer Korrelationsanalyse lassen sich so Impulsantworten nachbilden.

Video 8: Testsignale (siehe auch *5_Video8_Testsignale_DCM.isx*)
In diesem Video werden verschiedene Testsignale auf eine reale Strecke angewendet. Die entstehenden Antworten werden ausgewertet und bewertet.

2.5 Standardelemente

Aus den vorangegangenen Erläuterungen ist bekannt, dass lineare Regelkreisglieder durch die allgemeine Übertragungsfunktion beschrieben werden:

$$G(s) = \frac{x_a(s)}{x_e(s)} = \frac{a_0 + s \cdot a_1 + \ldots + s^m \cdot a_m}{b_0 + s \cdot b_1 + \ldots + s^{n-1} \cdot b_{n-1} + s^n \cdot b_n} \text{ mit } m \leq n$$

Die unterschiedlichen Systeme werden nun als die Kombination von Grundelementen aufgefasst.

2.5.1 Lineare Standardelemente

Einfache und grundlegende Strukturen von Gliedern werden als Standardelemente vereinbart (Tabelle 2.2). Dabei ersetzt man die Parameter a_i und b_j, welche ≠ 0 sind, durch besser interpretierbare Terme. Bei den angegebenen Einheiten wird davon ausgegangen, dass x_e und x_a die gleiche Einheit haben.

Tabelle 2.2 Lineare Standardelemente

Name	Übertragungsfunktion	Beispiele
Proportionalglied (P-Glied)	$G(s) = \frac{x_a(s)}{x_e(s)} = K \text{ mit } K = \frac{a_0}{b_0}$ K = Verstärkungsfaktor	Verstärkerschaltung, Hebel
Verzögerungsglied 1. Ordnung (T_1-Glied)	$G(s) = \frac{x_a(s)}{x_e(s)} = \frac{1}{1 + s \cdot T_1} \text{ mit } T_1 = b_1$ $\text{bei } a_0 = b_0 = 1$ T_1 = Zeitkonstante $[T_1]$ = 1 s	Tiefpass 1. Ordnung
Integrierglied (I-Glied)	$G(s) = \frac{x_a(s)}{x_e(s)} = \frac{K_i}{s} \text{ mit } K_i = \frac{a_0}{b_1}$ K_i = Integrationskonstante $[K_i]$ = 1 s^{-1}	Füllstandsstrecke Positionierung
Differenzierglied (D-Glied)	$G(s) = \frac{x_a(s)}{x_e(s)} = s \cdot K_D \text{ mit } K_D = \frac{a_1}{b_0}$ K_D = Differentiationskonstante $[K_D]$ = 1 s	praktisch nicht realisierbar
PD-Glied	$G(s) = \frac{x_a(s)}{x_e(s)} = K \cdot (1 + s \cdot T_V)$ $\text{mit } K = \frac{a_0}{b_0} \text{ und } T_V = \frac{a_1}{a_0}$ T_V = Vorhaltezeitkonstante $[T_V]$ = 1 s	praktisch nicht realisierbar
Verzögerungsglied 2. Ordnung (PT_2-Glied schwingend)	$G(s) = \frac{x_a(s)}{x_e(s)} = \frac{K}{1 + s \cdot \frac{2D}{\omega_0} + \frac{s^2}{\omega_0^2}}$ $\text{mit } K = \frac{a_0}{b_0}; \frac{2D}{\omega_0} = \frac{b_1}{b_0} \text{ und } \frac{1}{\omega_0^2} = \frac{b_2}{b_0}$ D = Dämpfung ω_0 = Kennkreisfrequenz	Systeme mit zwei ungleichen Energiespeichern

In der Praxis werden auftretende Regelkreiselemente als eine Kombination von Standardelementen aufgefasst. Der Name des Systems und die beschreibenden Größen leiten sich dabei aus den Standardelementen ab.

Beispiel a

$$G(s) = \frac{2}{3 + s \cdot 1\,\mathrm{s}}$$

Umgeformt:

$$G(s) = \frac{2}{3 + s \cdot 1\,\mathrm{s}} = \frac{2}{3} \cdot \frac{1}{1 + s \cdot \frac{1}{3}\,\mathrm{s}} \text{ mit } K = \frac{2}{3} \text{ und } T_1 = \frac{1}{3}\,\mathrm{s} \rightarrow \mathrm{PT}_1\text{-Glied}$$

Beispiel b

$$G(s) = \frac{s \cdot 2\,\mathrm{s}}{1 + s \cdot 5\,\mathrm{s}} \rightarrow = 2\,\mathrm{s} \cdot s \cdot \frac{1}{1 + s \cdot 5\,\mathrm{s}} \rightarrow \mathrm{DT}_1\text{-Glied mit } K_\mathrm{D} = 2\,\mathrm{s} \text{ und } T_1 = 5\,\mathrm{s}$$

Beispiel c

$$\mathrm{G}(s) = \frac{2 + s \cdot 1\,\mathrm{s}}{1 + s \cdot 0.1\,\mathrm{s}} \rightarrow = 2 \cdot \left(1 + s \cdot \frac{1}{2}\,\mathrm{s}\right) \cdot \frac{1}{1 + s \cdot 0.1\,\mathrm{s}}$$

$$\rightarrow \mathrm{PDT}_1\text{-Glied mit } K = 2;\ T_V = \frac{1}{2}\,\mathrm{s} \text{ und } T_1 = 0.1\,\mathrm{s}$$

Beispiel d

$$G(s) = \frac{5}{s \cdot 3\,\mathrm{s} + s^2 \cdot 1\,\mathrm{s}^2} \rightarrow G(s) = \frac{5}{s \cdot 3\,\mathrm{s}} \cdot \frac{1}{1 + s \cdot \frac{1}{3}\,\mathrm{s}}$$

$$\rightarrow \mathrm{IT}_1\text{-Glied mit } K_\mathrm{i} = \frac{5}{3}\,\mathrm{s}^{-1}; T_1 = \frac{1}{3}\,\mathrm{s}$$

Beispiel e (siehe Bild 2.75)

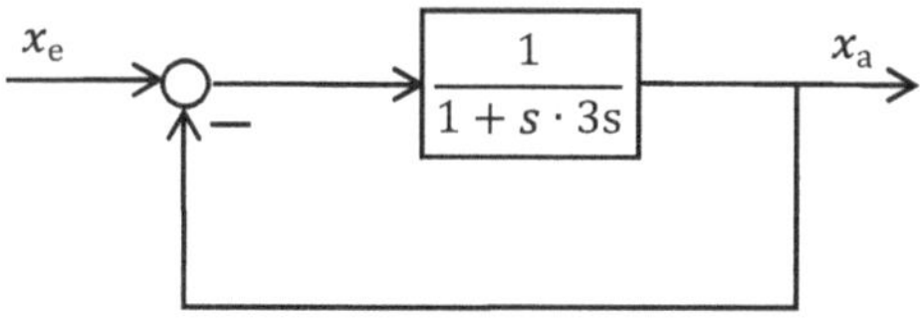

Bild 2.75 Elementbezeichnung für Beispiel e

$$G(s) = \frac{\frac{1}{1+s\cdot 3\,\mathrm{s}}}{1 + \frac{1}{1+s\cdot 3\,\mathrm{s}}} = \frac{1}{(1 + s \cdot 3\,\mathrm{s}) \cdot \left(1 + \frac{1}{1+s\cdot 3\,\mathrm{s}}\right)} = \frac{1}{2 + s \cdot 3\,\mathrm{s}} = \frac{1}{2} \cdot \frac{1}{1 + s \cdot \frac{3}{2}\,\mathrm{s}}$$

$$\rightarrow \mathrm{PT}_1\text{-Glied mit } K = \frac{1}{2} \text{ und } T_1 = \frac{3}{2}\,\mathrm{s}$$

2.5.2 Sonderfall: PT_2-Glied

Der Fall des Verzögerungsgliedes 2. Ordnung (PT_2) bedarf einer gesonderten Betrachtung.

Allgemein gilt:

$$G(s) = \frac{x_a(s)}{x_e(s)} = \frac{a_0}{b_0 + s \cdot b_1 + s^2 \cdot b_2}$$

Grundsätzlich handelt es sich bekanntermaßen um ein System mit zwei Energiespeichern. Ein Problem besteht, wenn die Energiespeicher unterschiedlicher Natur sind. Dann kann das System schwingen. Beispielhaft soll dies anhand eines Reihenschwingkreises verdeutlicht werden (siehe *16_ET_RSK.isx* und Bild 2.76).

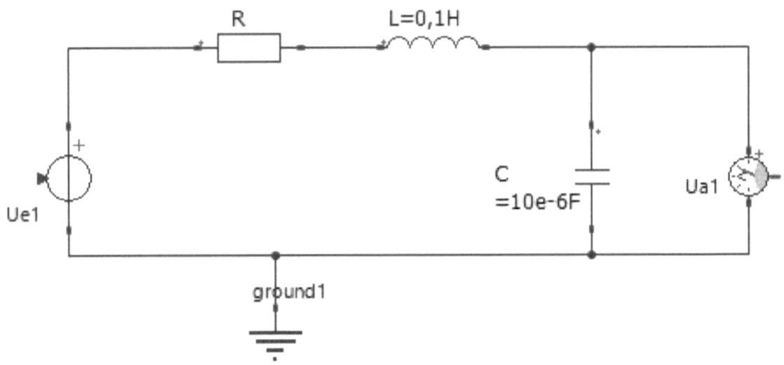

Bild 2.76 Screenshot von *16_ET_RSK.isx*

Bekannt ist Folgendes:

$$G(s) = \frac{u_a(s)}{u_e(s)} = \frac{1}{1 + s \cdot C \cdot R + s^2 \cdot L \cdot C} \text{ mit } a_0 = 1;\ b_0 = 1; b_1 = C \cdot R;\ b_2 = L \cdot C$$

Die Größe des Widerstands R wurde mit 200 Ω und mit 100 Ω gewählt. Der aufgezeichnete Einschaltvorgang ist in Bild 2.77 zu sehen.

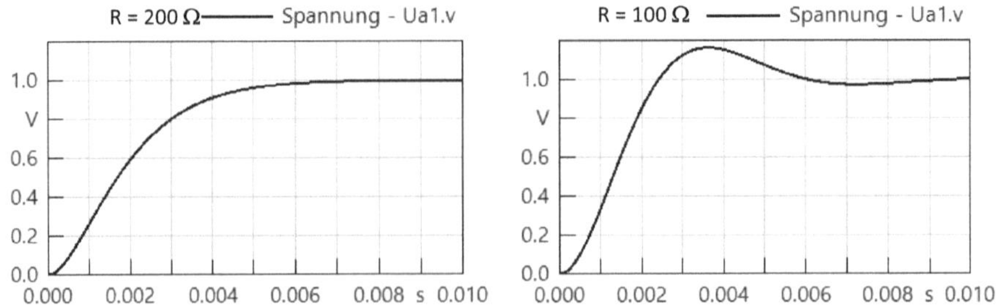

Bild 2.77 Spannungsverlauf des RSK

Mit veränderten Parametern kann eine PT_2-Strecke mit unterschiedlichen Energiespeichern (hier: Spule und Kondensator) offensichtlich schwingend oder nicht schwingend sein. Dies sind zwei qualitativ unterschiedliche Sachverhalte:

1. Nicht schwingende PT_2-Glieder können als eine Reihenschaltung von zwei PT_1-Strecken aufgefasst werden.

   $$G(s) = \frac{x_a(s)}{x_e(s)} = \frac{K}{(1 + s \cdot T_1) \cdot (1 + s \cdot T_2)}$$

   Die beschreibenden Parameter sind die Verstärkung K und die beiden Zeitkonstanten T_1 und T_2.

2. Schwingende PT_2-Glieder werden durch die Dämpfung D (Abklingverhalten) und die Kennkreisfrequenz ω_0 beschrieben.

   $$G(s) = \frac{x_a(s)}{x_e(s)} = \frac{K}{1 + s \cdot \frac{2D}{\omega_0} + \frac{s^2}{\omega_0{}^2}}$$

Zur Bewertung, welcher der beiden Sachverhalte vorliegt, wird die Dämpfung D genutzt. Diese kann aus der allgemeinen Form der Übertragungsfunktion mittels eines Koeffizientenvergleiches bestimmt werden:

Vorbedingung: $b_0 = 1$

$$b_1 = \frac{2D}{\omega_0}$$

$$b_2 = \frac{1}{\omega_0{}^2}$$

Umgestellt nach ω_0:

$$\omega_0 = \frac{1}{\sqrt{b_2}}$$

Ineinander eingesetzt:

$$b_1 = \frac{2D}{\frac{1}{\sqrt{b_2}}} = 2D\sqrt{b_2}$$

Umgestellt nach D:

$$D = \frac{b_1}{2 \cdot \sqrt{b_2}}$$

Die Größe von D spiegelt nun die im Folgenden aufgeführten Systemverhalten wider. Die folgenden Abbildungen zeigen die charakteristischen Sprungantworten.

Nicht schwingend ($D > 1$)

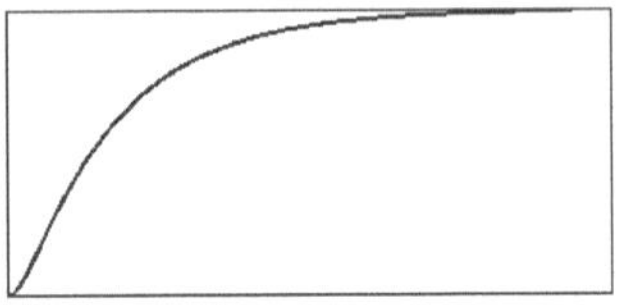

Das System wird als eine Reihenschaltung von zwei PT_1-Strecken aufgefasst.

$$G(s) = \frac{a_0}{b_0 + s \cdot b_1 + s^2 \cdot b_2} = \frac{K}{(1 + s \cdot T_1) \cdot (1 + s \cdot T_2)} = \frac{K}{1 + s \cdot (T_1 + T_2) + s^2 \cdot T_1 \cdot T_2}$$

Über den Koeffizientenvergleich lassen sich T_1 und T_2 berechnen.

Ansatz:

$$b_1 = T_1 + T_2$$

$$b_2 = T_1 \cdot T_2$$

Umgestellt nach T_2:

$$T_2 = \frac{b_2}{T_1}$$

Ineinander eingesetzt:

$$b_1 = T_1 + \frac{b_2}{T_1}$$

Umgestellt:

$$T_1{}^2 - b_1 \cdot T_1 + b_2 = 0$$

Gelöst:

$$T_{1/2} = \frac{b_1}{2} \pm \sqrt{\left(\frac{b_1}{2}\right)^2 - b_2}$$

Aperiodischer Grenzfall ($D = 1$)

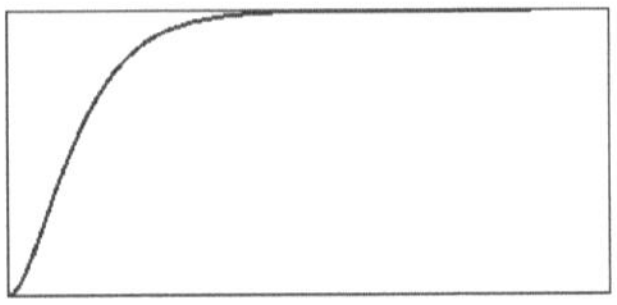

Das System wird als eine Reihenschaltung von zwei PT_1-Strecken mit zwei gleichen Zeitkonstanten aufgefasst.

$$G(s) = \frac{x_a(s)}{x_e(s)} = \frac{K}{(1 + s \cdot T_1)^2}$$

Nachweis:

$$\frac{K}{(1 + s \cdot T_1)^2} = \frac{K}{1 + s \cdot 2 \cdot T_1 + s^2 \cdot T_1^2}$$

bzw. mit

$$T_1 = \frac{1}{\omega_0}$$

folgt

$$G(s) = \frac{K}{1 + s \cdot \frac{2 \cdot 1}{\omega_0} + \frac{s^2}{{\omega_0}^2}} \quad \longrightarrow \quad D = 1$$

Schwingfall (0 < *D* < 1)

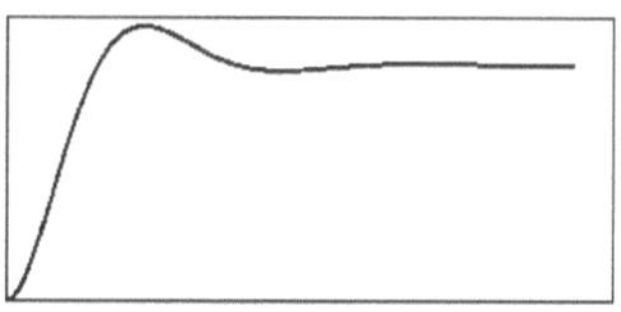

Das System wird mittels der Übertragungsfunktion beschrieben:

$$G(s) = \frac{x_a(s)}{x_e(s)} = \frac{K}{1 + s \cdot \frac{2D}{\omega_0} + \frac{s^2}{{\omega_0}^2}}$$

Dabei gilt:

$$D = \frac{b_1}{2 \cdot \sqrt{b_2}}$$

und

$$\omega_0 = \frac{1}{\sqrt{b_2}}$$

Ungedämpfte Dauerschwingung ($D = 0$)

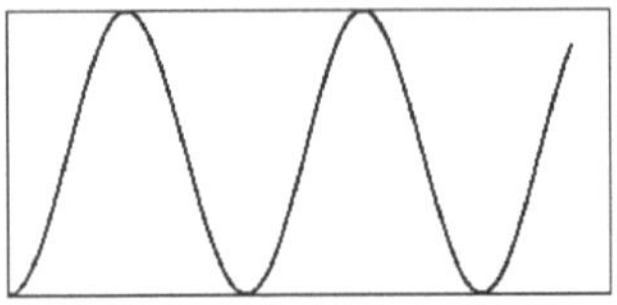

Dieser Fall tritt auf, wenn $b_1 = 0$ ist.

$$G(s) = \frac{x_a(s)}{x_e(s)} = \frac{a_0}{b_0 + s^2 \cdot b_2} = \frac{K}{1 + \frac{s^2}{\omega_0{}^2}}$$

mit

ω_0 = Kreisfrequenz der Dauerschwingung

Aufschwingen ($0 > D > -1$)

Das Aufschwingen ist ein Zeichen von Instabilität.

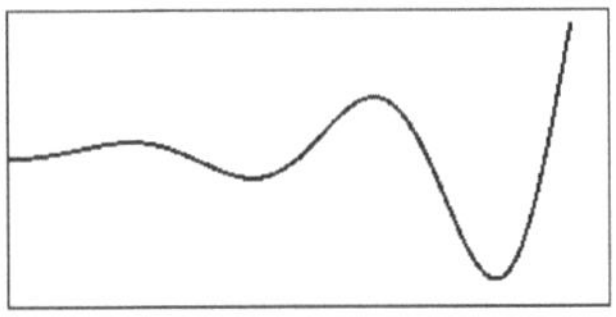

Ansteigen ($-1 \geq D$)

Das Ansteigen ist ein Zeichen von Instabilität.

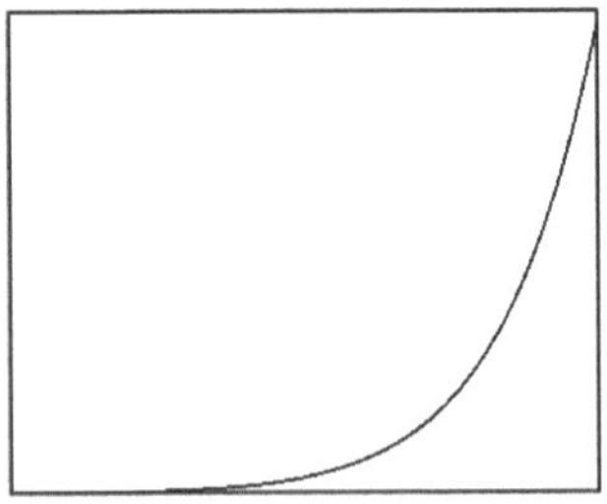

Video 9: Dämpfung PT_2 (siehe auch *6_Video9_Feder_Masse_Dämpf.isx* und *7_Video9_PT1_D_rückgekoppelt*)

Die Bedeutung der Dämpfung *D* bei schwingfähigen Systemen wird in diesem Video anhand eines Feder-Masse-Dämpfungsgliedes und eines Systems mit einer Mitkoppelung aufgezeigt.

Übung 8

1. Bestimmen Sie das Übertragungsverhalten und die beschreibenden Parameter für die in Bild 2.78 und Bild 2.79 abgebildeten Wirkungspläne.

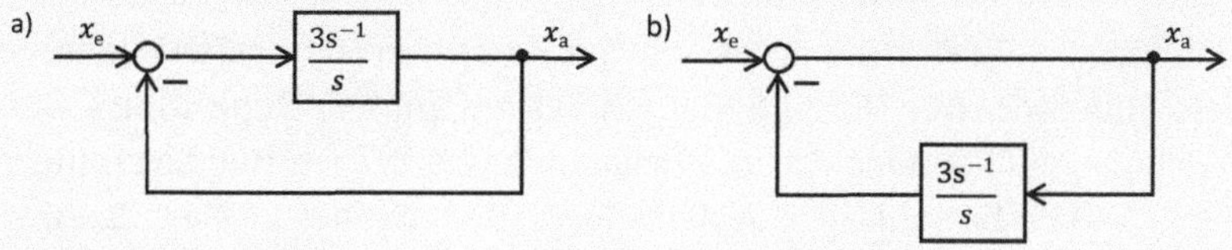

Bild 2.78 Wirkungspläne

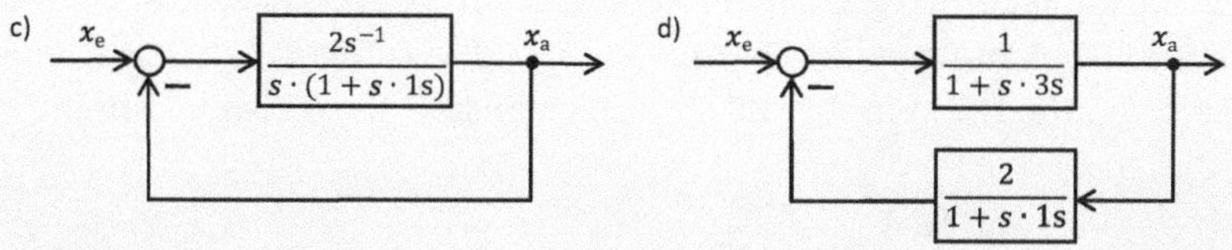

Bild 2.79 Wirkungspläne

2. Gegeben sind die im Folgenden aufgeführten Strecken. Geben Sie das Systemverhalten und die beschreibenden Parameter an.

$$G(s) = \frac{3}{1 + s \cdot 4\,\mathrm{s} + s^2 \cdot 1\,\mathrm{s}^2}$$

$$G(s) = \frac{5}{1 + s \cdot 3\,\mathrm{s} + s^2 \cdot 6\,\mathrm{s}^2}$$

3. Gegeben ist ein RSK (Bild 2.80). Wie groß muss der Widerstand jeweils gewählt werden, damit der aperiodische Grenzfall und eine ungedämpfte Dauerschwingung eintreten? Überprüfen Sie die Richtigkeit Ihrer Rechnung durch eine Simulation.

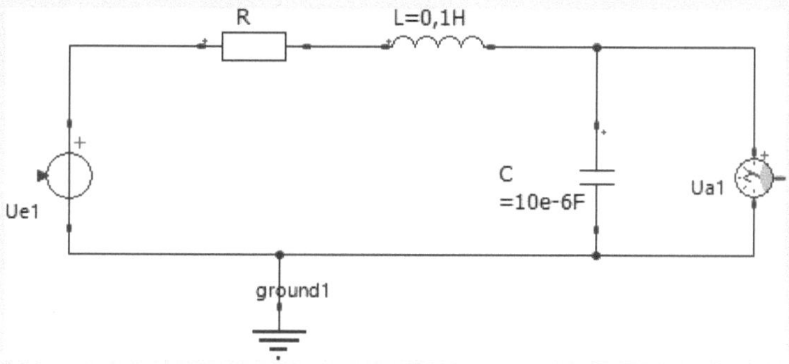

Bild 2.80 Screenshot von *16_ET_RSK.isx*

2.6 Bestimmung der Zeitverläufe mithilfe der Laplace-Transformation

Grundlegend stellt sich die Frage, wie aus den Übertragungsfunktionen und den Testsignalen die zeitlichen Verläufe der Antworten analytisch bestimmt werden können. Der naheliegendste Weg ist, die vorhandenen Differentialgleichungen (siehe Abschnitt 2.3.2) zu lösen. Da die Ableitungen alle nach der Zeit erfolgen, wird auch die Lösung eine Zeitfunktion sein. Diese Berechnung im Zeitbereich (auch als Originalbereich bezeichnet) ist jedoch aufwendig und schwierig. Es ist einfacher, die Berechnung im Laplace- bzw. Bildbereich durchzuführen. Bekanntermaßen lassen sich Differentialgleichungen durch Anwendung des Differentiationssatzes der Laplace-Transformation leicht in den Bildbereich transformieren (siehe Abschnitt 2.3.3).

$$L\left\{\frac{df(t)}{dt}\right\} = s \cdot f(s)$$

Eine erste Ableitung im Zeitbereich wird durch eine Multiplikation mit s im Bildbereich ersetzt. Oder anders ausgedrückt, wenn eine 1. Ableitung durch s ersetzt wird, ist eine Transformation vom Zeit- in den Bildbereich vollzogen worden.

Aus der Differentialgleichung für einen Tiefpass 1. Ordnung wurde demnach

$$T_1 \cdot \frac{dx_a(t)}{dt} + x_a(t) = x_e(t) \circ\!\!-\!\!\bullet\; T_1 \cdot s \cdot x_a(s) + x_a(s) = x_e(s)$$

beziehungsweise die Übertragungsfunktion

$$G(s) = \frac{x_a(s)}{x_e(s)} = \frac{1}{1 + s \cdot T_1} \text{ bzw. } x_a(s) = G(s) \cdot x_e(s)$$

Um für ein allgemeines System die Reaktion (x_a) auf ein bestimmtes Eingangssignal (x_e) ermitteln zu können, muss auch jenes Signal am Eingang (Stoß, Sprung usw.) in den Bildbereich transformiert werden.

Allgemein ist die Laplace-Transformation dabei wie folgt definiert:

$$f(s) = \int_0^\infty f(t) \cdot e^{-st} dt = L\{f(t)\}$$

Dies bedeutet, beim Übergang vom Zeit- in den Bildbereich muss das vorangehend dargestellte Integral gezogen werden. Für wichtige Grundfunktionen ist das Integral schon gelöst worden und liegt als Korrespondenztabelle (Tabelle 2.3) vor. Natürlich kann der Übergang vom Original- in den Bildbereich und zurück auch mithilfe besserer Taschenrechner (TR) oder Computerprogramme erfolgen. Hier soll aber der klassische Weg über die Korrespondenztabelle aufgezeigt werden.

Tabelle 2.3 Korrespondenztabelle

Nr.	$f(s)$	$f(t)$ für $t > 0$
1	1	$\delta(t)$
2	$\mathrm{e}^{-T \cdot s}$	$\delta(t - T)$
3	$\frac{1}{s}$	$E(t)$
4	$\frac{1}{s} \cdot \mathrm{e}^{-T \cdot s}$	$E(t - T)$
5	$\frac{1}{s^2}$	t
6	$\frac{1}{(s + a) \cdot s}$	$\frac{1}{a} \cdot \left[1 - \mathrm{e}^{-at}\right]$
7	$\frac{1}{1 + s \cdot T_1}$	$\frac{1}{T_1} \cdot \mathrm{e}^{-\frac{t}{T_1}}$
8	$\frac{1}{(1 + s \cdot T_1)^2}$	$\frac{1}{{T_1}^2} \cdot \mathrm{e}^{-\frac{t}{T_1}}$
9	$\frac{1}{(1 + s \cdot T_1)^n}$	$\frac{t^{n-1}}{{T_1}^n \cdot (n-1)!} \cdot \mathrm{e}^{-\frac{t}{T_1}}$
10	$\frac{s}{1 + s \cdot T_1}$	$\frac{1}{T_1} \cdot \delta(t) - \frac{1}{{T_1}^2} \cdot \mathrm{e}^{-\frac{t}{T_1}}$
11	$\frac{1 + s \cdot T_{\mathrm{V}}}{1 + s \cdot T_1}$	$\frac{T_v}{T_1} \cdot \delta(t) - \frac{T_v - T_1}{{T_1}^2} \cdot \mathrm{e}^{-\frac{t}{T_1}}$
12	$\frac{1}{(1 + s \cdot T_1) \cdot s}$	$1 - \mathrm{e}^{-\frac{t}{T_1}}$
13	$\frac{1 + s \cdot T_{\mathrm{V}}}{(1 + s \cdot T_1) \cdot s}$	$1 + \frac{T_v - T_1}{T_1} \cdot \mathrm{e}^{-\frac{t}{T_1}}$
14	$\frac{1}{(1 + s \cdot T_1) \cdot s^2}$	$t - T_1 + T_1 \cdot \mathrm{e}^{-\frac{t}{T_1}}$
15	$\frac{1}{(1 + s \cdot T_1)^2 \cdot s}$	$1 - (1 + \frac{t}{T_1}) \cdot \mathrm{e}^{-\frac{t}{T_1}}$
16	$\frac{1 + s \cdot T_{\mathrm{V}}}{(1 + s \cdot T_1)^2 \cdot s}$	$1 + \left[\frac{T_{\mathrm{V}} - T_1}{{T_1}^2} \cdot t - 1\right] \cdot \mathrm{e}^{-\frac{t}{T_1}}$
17	$\frac{1}{(1 + s \cdot T_1)(1 + s \cdot T_2)}$	$\frac{1}{T_1 - T_2} \cdot \left[\mathrm{e}^{-\frac{t}{T_1}} - \mathrm{e}^{-\frac{t}{T_2}}\right]$
18	$\frac{s}{(1 + s \cdot T_1)(1 + s \cdot T_2)}$	$\frac{1}{T_2 - T_1} \cdot \left[\frac{1}{T_1} \cdot \mathrm{e}^{-\frac{t}{T_1}} - \frac{1}{T_2} \cdot \mathrm{e}^{-\frac{t}{T_2}}\right]$
19	$\frac{1 + s \cdot T_{\mathrm{V}}}{(1 + s \cdot T_1)(1 + s \cdot T_2)}$	$\frac{1}{T_1 - T_2} \cdot \left[\frac{T_1 - T_{\mathrm{V}}}{T_1} \cdot \mathrm{e}^{-\frac{t}{T_1}} - \frac{T_2 - T_{\mathrm{V}}}{T_2} \cdot \mathrm{e}^{-\frac{t}{T_2}}\right]$

Tabelle 2.3 Korrespondenztabelle *(Fortsetzung)*

Nr.	*f(s)*	*f(t)* für *t* > 0
20	$\frac{1}{(1+s\cdot T_1)(1+s\cdot T_2)\cdot s}$	$1-\frac{1}{T_1-T_2}\cdot\left[T_1\cdot e^{-\frac{t}{T_1}}-T_2\cdot e^{-\frac{t}{T_2}}\right]$
21	$\frac{1+s\cdot T_V}{(1+s\cdot T_1)(1+s\cdot T_2)\cdot s}$	$1-\frac{T_1-T_V}{T_1-T_2}\cdot e^{-\frac{t}{T_1}}+\frac{T_2-T_V}{T_1-T_2}\cdot e^{-\frac{t}{T_2}}$
22	$\frac{1}{(1+s\cdot T_1)(1+s\cdot T_2)(1+s\cdot T_3)}$	$\frac{T_1\cdot e^{-\frac{t}{T_1}}}{(T_1-T_2)(T_1-T_3)}+\frac{T_2\cdot e^{-\frac{t}{T_2}}}{(T_2-T_1)(T_2-T_3)}+\frac{T_3\cdot e^{-\frac{t}{T_3}}}{(T_3-T_1)(T_3-T_2)}$
23	$\frac{s}{(1+s\cdot T_1)(1+s\cdot T_2)(1+s\cdot T_3)}$	$\frac{e^{-\frac{t}{T_1}}}{(T_1-T_2)(T_3-T_1)}+\frac{e^{-\frac{t}{T_2}}}{(T_2-T_3)(T_1-T_2)}+\frac{e^{-\frac{t}{T_3}}}{(T_3-T_1)(T_2-T_3)}$
24	$\frac{1+s\cdot T_V}{(1+s\cdot T_1)(1+s\cdot T_2)(1+s\cdot T_3)}$	$\frac{(T_1-T_V)\cdot e^{-\frac{t}{T_1}}}{(T_1-T_2)(T_1-T_3)}+\frac{(T_2-T_V)\cdot e^{-\frac{t}{T_2}}}{(T_2-T_1)(T_2-T_3)}+\frac{(T_3-T_V)\cdot e^{-\frac{t}{T_3}}}{(T_3-T_1)(T_3-T_2)}$
25	$\frac{1}{(1+s\cdot T_1)(1+s\cdot T_2)(1+s\cdot T_3)\cdot s}$	$1-\frac{{T_1}^2\cdot e^{-\frac{t}{T_1}}}{(T_1-T_2)(T_1-T_3)}+\frac{{T_2}^2\cdot e^{-\frac{t}{T_2}}}{(T_2-T_3)(T_2-T_1)}+\frac{{T_3}^2\cdot e^{-\frac{t}{T_3}}}{(T_3-T_1)(T_3-T_2)}$
26	$\frac{1+s\cdot T_V}{(1+s\cdot T_1)(1+s\cdot T_2)(1+s\cdot T_3)\cdot s}$	$1-\frac{T_1(T_1-T_V)\cdot e^{-\frac{t}{T_1}}}{(T_1-T_2)(T_1-T_3)}+\frac{T_2(T_2-T_V)\cdot e^{-\frac{t}{T_2}}}{(T_2-T_3)(T_2-T_1)}+\frac{T_3(T_3-T_V)\cdot e^{-\frac{t}{T_3}}}{(T_3-T_1)(T_3-T_2)}$
27	$\frac{{\omega_0}^2}{s^2+2D\omega_0\cdot s+{\omega_0}^2}$	$\frac{\omega_0}{\sqrt{1-D^2}}\cdot e^{-D\omega_0 t}\cdot\sin(\omega_0\cdot\sqrt{1-D^2}\cdot t)$
28	$\frac{{\omega_0}^2}{(s^2+2D\omega_0\cdot s+{\omega_0}^2)\cdot s}$	$1-\frac{1}{\sqrt{1-D^2}}\cdot e^{-D\omega_0 t}\cdot\sin(\omega_0\cdot\sqrt{1-D^2}\cdot t+\arccos D)$
29	$\frac{\omega}{s^2+\omega^2}$	$\sin(\omega t)$
30	$\frac{s}{s^2+\omega^2}$	$\cos(\omega t)$

Dies sind die Laplace-Transformierten der Standard-Testsignale:

Impuls: $f(t)=\delta(t)$	$\overset{1}{\circ\!\!-\!\!\bullet}$	$f(s)=1$	siehe Regel 1 der Korrespondenztabelle (Tabelle 2.3)
Sprung: $f(t)=E(t)$	$\overset{3}{\circ\!\!-\!\!\bullet}$	$f(s)=\frac{1}{s}$	siehe Regel 3 der Korrespondenztabelle (Tabelle 2.3)
Rampe: $f(t)=t$	$\overset{5}{\circ\!\!-\!\!\bullet}$	$f(s)=\frac{1}{s^2}$	siehe Regel 5 der Korrespondenztabelle (Tabelle 2.3)

Die Höhen bzw. Steigungen der Eingangssignale gehen weiterhin als Faktor ein. Will man beispielsweise die Reaktion des vorangegangenen Tiefpasses (PT_1) auf einen Sprung der Höhe X_{e0} ermitteln, ist

$$x_e(s) = \frac{X_{e0}}{s}$$

Im Bildbereich wird wie folgt gerechnet:

$$x_a(s) = G(s) \cdot x_e(s) = \frac{1}{1 + s \cdot T_1} \cdot \frac{X_{e0}}{s}$$

Das Ergebnis dieser Multiplikation von Übertragungsfunktion und Eingangssignal im Bildbereich kann nun mithilfe der Korrespondenztabelle (Tabelle 2.3) in den Zeitbereich rücktransformiert werden. Die Sprunghöhe als Faktor wird dabei wieder nur mitgeführt.

$x_a(s) = \dfrac{X_{e0}}{(1 + s \cdot T_1) \cdot s}$	$\overset{12}{\bullet\!\!-\!\!\circ}$	$x_a(t) = X_{e0} \cdot \left(1 - e^{-\frac{t}{T_1}}\right)$	siehe Regel 12 der Korrespondenztabelle (Tabelle 2.3)

Dies ist dann auch die Lösung der Differentialgleichung.

Der gezeichnete Zeitverlauf (hier: $T_1 = 1s$) hat die in Bild 2.81 zu sehende bekannte Form.

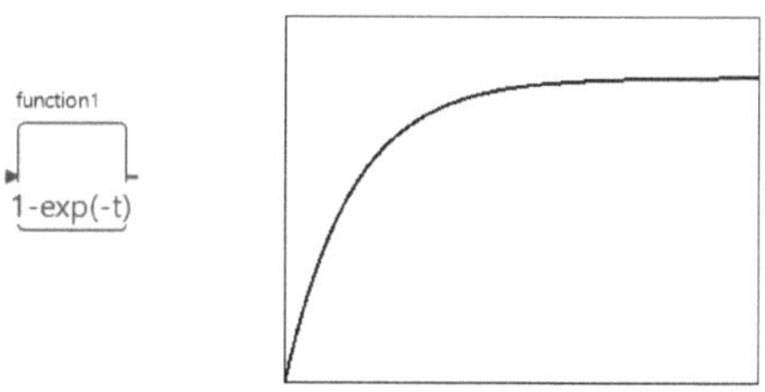

Bild 2.81
Zeitfunktion und Zeitverlauf der Sprungantwort PT_1

Zusammengefasst erfolgt die Berechnung der Zeitverläufe bei vorhandener Übertragungsfunktion in folgenden drei Schritten:

- **Schritt (1):** Das Eingangssignal wird mithilfe der Korrespondenztabelle (siehe Tabelle 2.3 oder TR) in den Bildbereich transformiert: $\circ\!\!-\!\!\bullet$
- **Schritt (2):** Im Bildbereich werden die Eingangssignale mit der Übertragungsfunktion multipliziert: $x_a(s) = G(s) \cdot x_e(s)$
- **Schritt (3):** $x_a(s)$ wird in den Zeitbereich mithilfe der Korrespondenztabelle (siehe Tabelle 2.3 oder TR) rücktransformiert: $\bullet\!\!-\!\!\circ$

Dieses Vorgehen soll anhand weiterer Beispiele vertieft werden.

2.6.1 Reaktion eines rückgekoppelten Tiefpasses auf eine Rampe

Vorbetrachtung

Der rückgekoppelte Tiefpass berechnet sich wie folgt:

$$G(s) = \frac{G_{TP}}{1+G_{TP}} = \frac{\frac{1}{1+s\cdot T_1}}{1+\frac{1}{1+s\cdot T_1}} = \frac{1}{2+s\cdot T_1} = \frac{1}{2}\cdot\frac{1}{1+s\cdot\frac{T_1}{2}}$$

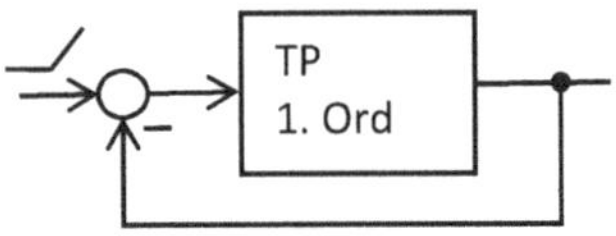

Die letzte Umformung ist notwendig, um die Struktur 1+… im Nenner zu erzeugen, da nur dann eine Rücktransformation mithilfe der vorliegenden Korrespondenztabelle (Tabelle 2.3) möglich ist.

Schritt (1)

$$x_e(t) = \frac{X_{e0}}{T}\cdot t \overset{5}{\circ\!\!-\!\!\bullet} x_e(s) = \frac{X_{e0}}{T}\cdot\frac{1}{s^2}$$

Schritt (2)

$$x_a(s) = G(s)\cdot x_e(s) = \frac{1}{2}\cdot\frac{1}{1+s\cdot\frac{T_1}{2}}\cdot\frac{X_{e0}}{T}\cdot\frac{1}{s^2} = \frac{X_{e0}}{2\cdot T}\cdot\frac{1}{\left(1+s\cdot\frac{T_1}{2}\right)\cdot s^2}$$

Schritt (3)

$$x_a(s) = \frac{X_{e0}}{2\cdot T}\cdot\frac{1}{\left(1+s\cdot\frac{T_1}{2}\right)\cdot s^2} \overset{14}{\bullet\!\!-\!\!\circ} x_a(t) = \frac{X_{e0}}{2\cdot T}\cdot\left(t-\frac{T_1}{2}+\frac{T_1}{2}\cdot e^{-\frac{2\cdot t}{T_1}}\right)$$

Der gezeichnete Zeitverlauf (hier: $T_1 = 1$ s und $X_{e0} = 2\cdot T$) hat dann die in Bild 2.82 dargestellte Form.

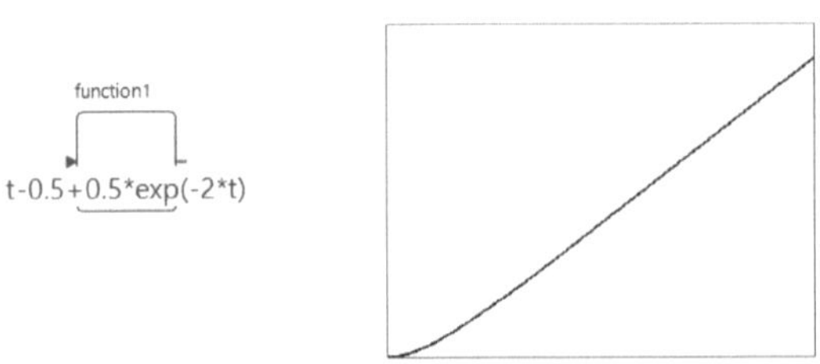

Bild 2.82 Zeitfunktion und Zeitverlauf der Rampenantwort des rückgekoppelten TP

Man sollte erkennen, dass es zur Anwendung einer Regel der Korrespondenztabelle (Tabelle 2.3) notwendig ist, die richtige Struktur der Funktion zu haben. Nur die Variablen T_1, T_2, T_3, T_V, a und ω dürfen unterschiedlich sein.

Simuliert entsteht der gleiche Zeitverlauf, wie in Bild 2.83 zu sehen ist (siehe *rückgekoppelterTP.isx*).

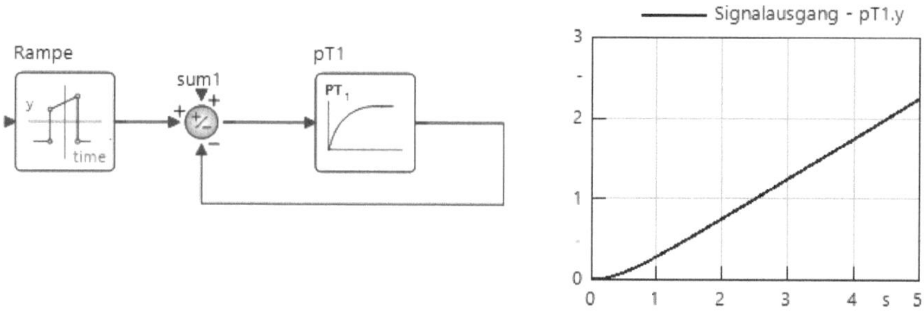

Bild 2.83 Screenshot des rückgekoppelten TP und der Rampenantwort

2.6.2 Weg-Reaktion eines Feder-Masse-Dämpfungssystems auf einen Kraftimpuls

Vorbetrachtung

Aus Abschnitt 2.3.2 ist die Übertragungsfunktion bekannt:

$$G(s) = \frac{x_a(s)}{x_e(s)} = \frac{x}{F_a \cdot \Delta t} = \frac{1}{k} \cdot \frac{1}{1 + s \cdot \frac{b}{k} + s^2 \cdot \frac{m}{k}} \stackrel{\text{allg}}{\Longrightarrow} \frac{a_0}{b_0 + s \cdot b_1 + s^2 \cdot b_2}$$

Da das PT_2-System schwingend oder nicht schwingend sein kann, muss an dieser Stelle mit konkreten Parametern gerechnet werden.

Gegeben ist Folgendes:

$$F_a \cdot \Delta t = 100\ \mathrm{N} \cdot 0.01\ \mathrm{s} = 1\ \mathrm{Ns} \cdot \delta(t)$$

Bedenke: Der Impuls von 100 N ist 0.01 s lang.

$$m = 0.5\ \mathrm{kg};\ b = 6\ \frac{\mathrm{Ns}}{\mathrm{m}};\ k = 10\ \frac{\mathrm{N}}{\mathrm{m}}$$

Die Übertragungsfunktion wird zu

$$G(s) = \frac{x}{F_a \cdot \Delta t} = \frac{1}{10\ \frac{\mathrm{N}}{\mathrm{m}}} \cdot \frac{1}{1 + s \cdot \frac{6\ \frac{\mathrm{Ns}}{\mathrm{m}}}{10\ \frac{\mathrm{N}}{\mathrm{m}}} + s^2 \cdot \frac{0.5\ \mathrm{kg}}{10\ \frac{\mathrm{N}}{\mathrm{m}}}} = \frac{0.1\ \frac{\mathrm{m}}{\mathrm{N}}}{1 + s \cdot 0.6\ \mathrm{s} + s^2 \cdot 0.05\ \mathrm{s}^2}$$

Schritt (1)

$$F_a \cdot \Delta t = 1\,\text{Ns} \cdot \delta(t) \circ\!\!\overset{1}{—}\!\!\bullet\; F_{\text{a Impuls}}(s) = 1\,\text{Ns} \cdot 1$$

Schritt (2)

$$x(s) = G(s) \cdot F_{\text{a Impuls}} = \frac{0.1\,\frac{\text{m}}{\text{N}}}{1 + s \cdot 0.6\,\text{s} + s^2 \cdot 0.05\,\text{s}^2} \cdot 1\text{Ns} = \frac{0.1\,\text{ms}}{1 + s \cdot 0.6\,\text{s} + s^2 \cdot 0.05\,\text{s}^2}$$

Schritt (3)

Ein Blick in die Korrespondenztabelle (Tabelle 2.3) macht klar: Die Funktion $x(s)$ muss noch entsprechend umgeformt werden. Welche Regel angewendet werden kann, entscheidet die Dämpfung, welche aus dem Nennerpolynom bestimmt wird.

Ansatz (siehe Abschnitt 2.5.2):

$$D = \frac{b_1}{2 \cdot \sqrt{b_2}}$$

Angewendet auf $x(s)$:

$$D = \frac{0.6\text{s}}{2 \cdot \sqrt{0.05\,\text{s}^2}} = 1.34$$

Das System ist nicht schwingend.

In diesem Fall werden die Zeitkonstanten ermittelt:

$$T_{1/2} = \frac{b_1}{2} \pm \sqrt{\left(\frac{b_1}{2}\right)^2 - b_2} = \frac{0.6\,\text{s}}{2} \pm \sqrt{\left(\frac{0.6\text{s}}{2}\right)^2 - 0.05\,\text{s}^2}$$

Das bringt

$$T_1 = 0.5\,\text{s}$$

und

$$T_2 = 0.1\,\text{s}$$

Damit wird $x(s)$ zu

$$x(s) = \frac{0.1\,\text{ms}}{1 + s \cdot 0.6\,\text{s} + s^2 \cdot 0.05\,\text{s}^2} = \frac{0.1\,\text{ms}}{(1 + s \cdot 0.5\,\text{s}) \cdot (1 + s \cdot 0.1\,\text{s})}$$

Nun ist die Rücktransformation möglich:

$$x(s) = \frac{0.1\,\text{ms}}{(1 + s \cdot 0.5\,\text{s}) \cdot (1 + s \cdot 0.1\,\text{s})} \bullet\!\!\overset{17}{—}\!\!\circ\; x(t) = 0.1\,\text{ms} \cdot \frac{1}{0.5\,\text{s} - 0.1\,\text{s}} \cdot \left(e^{-\frac{t}{0.5\,\text{s}}} - e^{-\frac{t}{0.1\,\text{s}}}\right) \bullet\!\!\overset{17}{—}\!\!\circ$$

$$x(t) = 0.25\,\text{m} \cdot \left(e^{-\frac{t}{0.5\,\text{s}}} - e^{-\frac{t}{0.1\,\text{s}}}\right)$$

Der gezeichnete Zeitverlauf hat dann die in Bild 2.84 dargestellte Form.

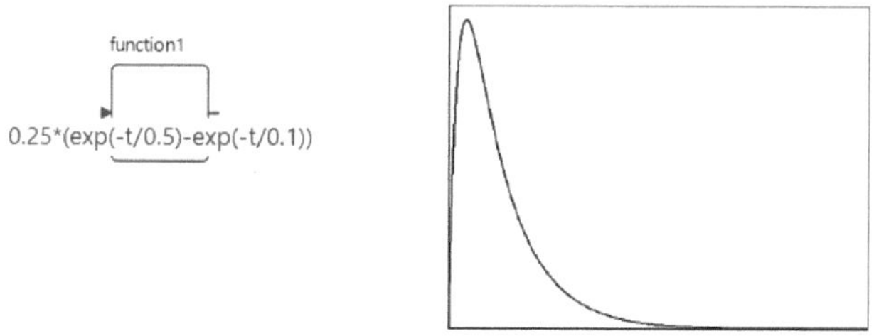

Bild 2.84 Zeitfunktion und Zeitverlauf der Impulsantwort des Feder-Masse-Dämpfers

Simuliert entsteht der gleiche Zeitverlauf, wie in Bild 2.85 zu sehen ist (siehe *17_MB_FederMasseDämpfer.isx*).

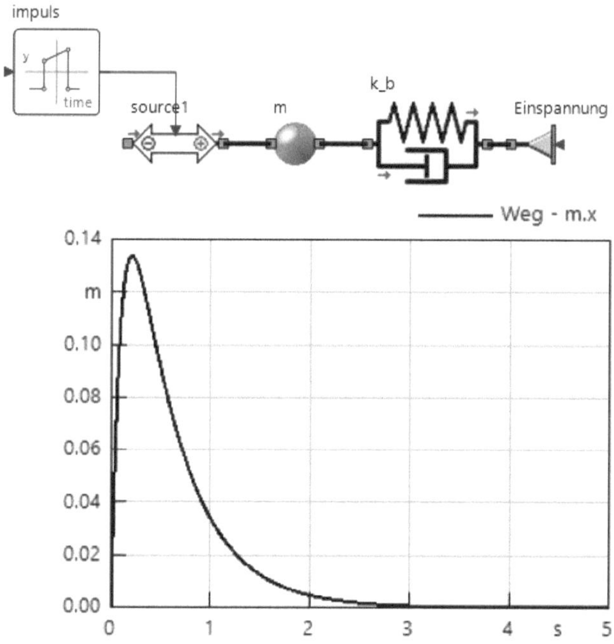

Bild 2.85 Screenshot von *17_MB_FederMasseDämpfer.isx* und Impulsantwort

2.6.3 Spannungsverlauf der Kondensatorspannung eines RSK bei einem Eingangsspannungssprung

Aus Abschnitt 2.3.2 ist die Übertragungsfunktion eines Reihenschwingkreises bekannt:

$$G(s) = \frac{u_a(s)}{u_e(s)} = \frac{1}{1 + s \cdot C_1 \cdot R_1 + s^2 \cdot L_1 \cdot C_1}$$

Auch hier muss mit konkreten Werten gerechnet werden.

Gegeben ist Folgendes:

$$u_e\,(t) = 10\,\mathrm{V} \cdot E(t)$$

$R_1 = 10\ \Omega$; $L_1 = 0.1\ \mathrm{H}$; $C_1 = 100\ \mu\mathrm{F}$

Die Übertragungsfunktion wird zu

$$G(s) = \frac{u_a(s)}{u_e(s)} = \frac{1}{1 + s \cdot 10^{-3}\,\mathrm{s} + s^2 \cdot 10^{-5}\,\mathrm{s}^2}$$

Schritt (1)

$$u_e\,(t) = 10\,\mathrm{V} \cdot E(t) \overset{3}{\circ\!\!-\!\!\bullet}\, u_e(s) = \frac{10\,\mathrm{V}}{s}$$

Schritt (2)

$$u_a\,(s) = G\,(s) \cdot u_e\,(s) = \frac{1}{1 + s \cdot 10^{-3}\,\mathrm{s} + s^2 \cdot 10^{-5}\,\mathrm{s}^2} \cdot \frac{10\,\mathrm{V}}{s}$$

$$= 10\,\mathrm{V} \cdot \frac{1}{\left(1 + s \cdot 10^{-3}\,\mathrm{s} + s^2 \cdot 10^{-5}\,\mathrm{s}^2\right) \cdot s}$$

Schritt (3)

Ein Blick in die Korrespondenztabelle (Tabelle 2.3) macht erneut klar, dass die Funktion $u_a(s)$ noch entsprechend umgeformt werden muss. Die Bestimmung von D aus der quadratischen Gleichung liefert

$$D = \frac{b_1}{2 \cdot \sqrt{b_2}} = \frac{10^{-3}\,\mathrm{s}}{2 \cdot \sqrt{10^{-5}\,\mathrm{s}^2}} = 0.158$$

Würde man in diesem Fall versuchen, die Zeitkonstanten

$$T_{1/2} = \frac{b_1}{2} \pm \sqrt{\left(\frac{b_1}{2}\right)^2 - b_2} = \frac{10^{-3}\,\mathrm{s}}{2} \pm \sqrt{\left(\frac{10^{-3}\,\mathrm{s}}{2}\right)^2 - 10^{-5}\,\mathrm{s}^2}$$

zu berechnen, erhält man die komplexen Lösungen

$$T_1 = (0.0005 - \mathrm{j} \cdot 3.12)\mathrm{s} \text{ und } T_2 = (0.0005 + \mathrm{j} \cdot 3.12)\mathrm{s}$$

> Komplexe Zeiten mit positivem Realteil sind ein Zeichen für ein schwingendes System.

Die Lösung der Aufgabe erfolgt nun mithilfe von D und ω_0 über die Regel 28 der Korrespondenztabelle (Tabelle 2.3):

$$\omega_0 = \frac{1}{\sqrt{b_2}} = \frac{1}{\sqrt{10^{-5}\,\mathrm{s}^2}} = \sqrt{10^5\,\mathrm{s}^{-2}} = 316\,\mathrm{s}^{-1} \text{ und } D = 0.158$$

Nun ist die Rücktransformation möglich:

$$\overset{28}{\bullet\!\!-\!\!\circ}\; u_\mathrm{a}(t) = 10\,\mathrm{V} \cdot \left(1 - \frac{1}{\sqrt{1-0.158^2}} \cdot e^{-0.158 \cdot 316\,\mathrm{s}^{-1} \cdot t} \cdot \sin\left(316\,\mathrm{s}^{-1} \cdot \sqrt{1-0.158^2} \cdot t + \arccos(0.158)\right)\right)$$

Beziehungsweise:

$$u_\mathrm{a}(t) = 10\,\mathrm{V} \cdot \left(1 - 1.013 \cdot e^{-49.9\,\mathrm{s}^{-1} \cdot t} \cdot \sin\left(320\,\mathrm{s}^{-1} \cdot t + 1.41\right)\right)$$

Der gezeichnete Zeitverlauf hat dann die in Bild 2.86 dargestellte Form.

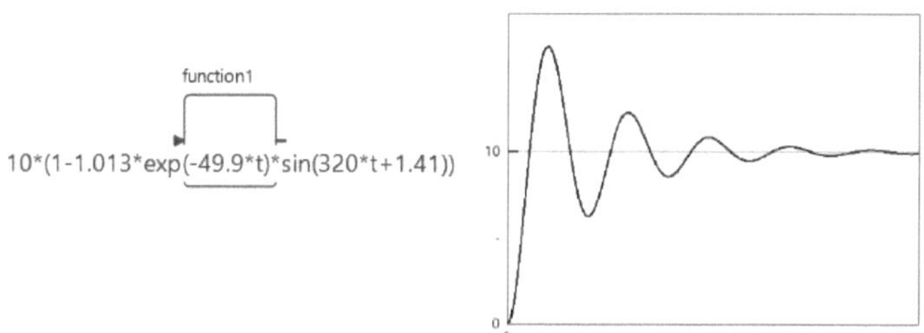

Bild 2.86 Zeitfunktion und Zeitverlauf der Sprungantwort des RSK

Simuliert entsteht der gleiche Zeitverlauf, wie in Bild 2.87 zu sehen ist (siehe *RSK.isx*).

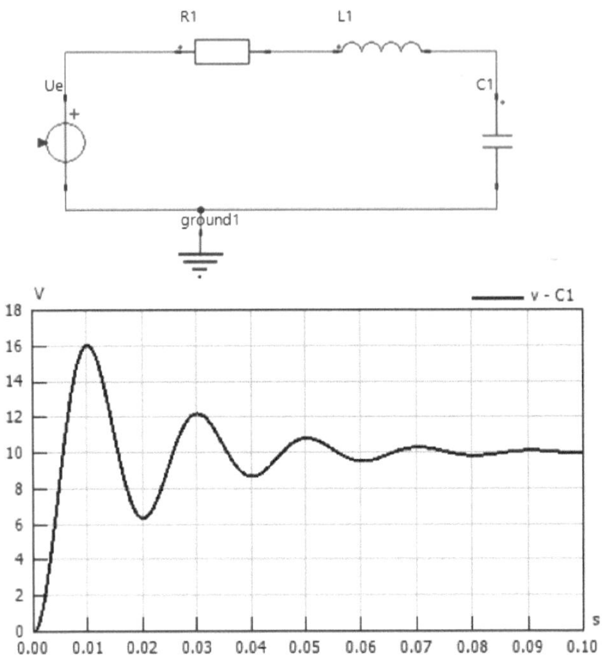

Bild 2.87 Screenshot von *16_ET_RSK.isx* und Sprungantwort

Video 10: Laplace-Transformation Sinusgenerator (siehe auch *8_Video10_Sinusgenerator1.isx, 9_Video10_Sinusgenerator2.isx* und *10_Video10_Sinusgenerator3.isx*)

Anhand eines Sinusgenerators wird in diesem Video schrittweise das Vorgehen erläutert, wie mithilfe der Laplace-Transformation der Zeitverlauf der Ausgangsgröße der elektronischen Schaltung ermittelt werden kann.

Übung 9

1. Ein System hat folgende Übertragungsfunktion:

$$G(s) = \frac{s \cdot 2\,\mathrm{s}}{1 + s \cdot 8\,\mathrm{s} + s^2 \cdot 12\,\mathrm{s}^2}$$

Zeichnen Sie den Zeitverlauf bei einer Eingangsrampe mit dem Anstieg der Höhe 5 s^{-1}.

2. Ein geregelter Elektromotor mit angehängtem Gewindetrieb wird mit folgender Übertragungsfunktion angenähert:

$$G(s) = \frac{10\,\mathrm{s}^{-1}}{(1 + s \cdot 1\,\mathrm{s}) \cdot s}$$

Zur Positionsregelung wird ein Regelkreis aufgebaut. Dabei wurde versehentlich eine Mitkopplung erzeugt. Wie reagiert das System auf einen kurzen Impuls $x_\mathrm{e} = 1\,\mathrm{ms} \cdot \delta(t)$ am Eingang?

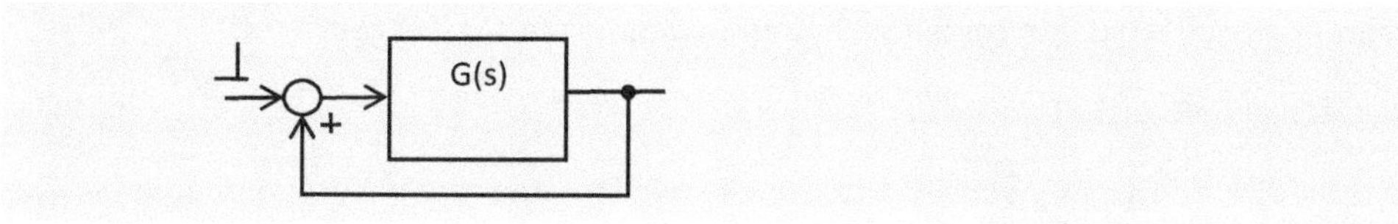

2.7 Totzeitelement

Bei der Beschreibung realer Systeme tritt häufig auch ein Totzeiteffekt auf. Reines Totzeitverhalten besteht, wenn der Ausgang erst nach einer gewissen Zeit die Eingangsänderung nachvollzieht. Dieses Verhalten liegt zumeist bei Transportstrecken vor. Beispielhaft sei dies bei der Nutzung einer Hydraulikleitung, wie in Bild 2.88 dargestellt, erklärt (siehe *18_ST_Totzeit_Hydraulik.isx*).

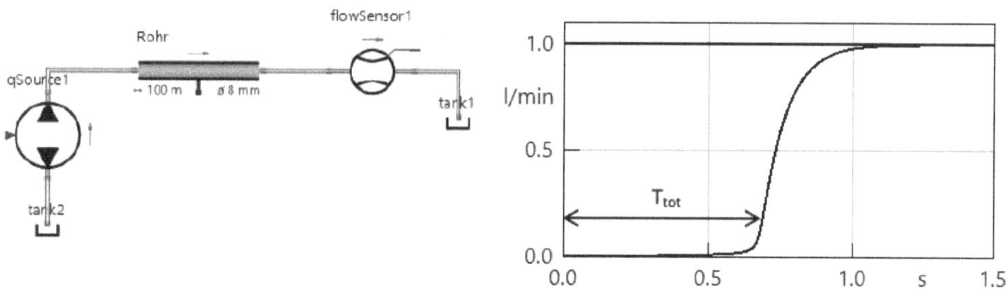

Bild 2.88 Screenshot von *18_ST_Totzeit_Hydraulik.isx* und Sprungantwort

Ein Konstantstromquelle liefert einen Volumenstrom. Wenn die Leitung zum Einschaltzeitpunkt leer ist, entsteht am Volumenstromsensor ein totzeitbehafteter Zeitverlauf. Im Beispiel von Bild 2.88 deutet der geschwungene Verlauf aber auf weitere zeitverzögernde Komponenten hin.

Ein ideales Totzeitglied liefert, wie in Bild 2.89 zu sehen, das exakte Eingangssignal, nur zeitversetzt.

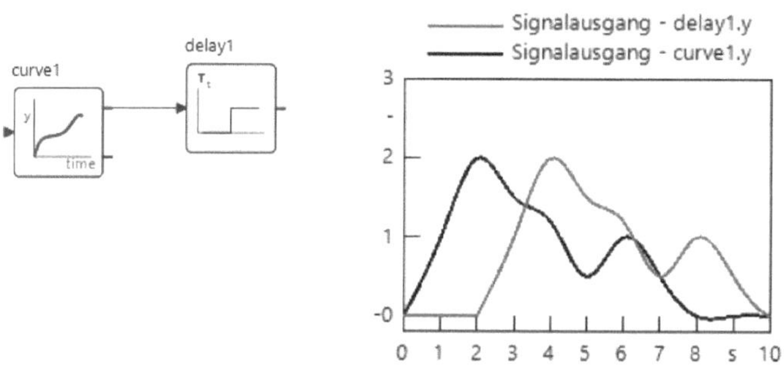

Bild 2.89 Screenshot und Zeitverlauf des Totzeitgliedes

Mathematisch wird das Totzeitverhalten folgendermaßen ausgedrückt:

$$x_\mathrm{a}(t) = x_\mathrm{e}(t - T_\mathrm{tot})$$

Das heißt, der Ausgang verhält sich so, wie der Eingang in der Vergangenheit $(t - T_\mathrm{tot})$ war. Bei einem Einheitsimpuls am Eingang wird $x_\mathrm{a}(t)$ zu

$$x_\mathrm{a}(t) = \delta(t - T_\mathrm{tot})$$

Bei der Transformation in den Bildbereich greift nun Regel 2

$$\overset{2}{\circ\!\!-\!\!\bullet}\; x_\mathrm{a}(s) = G(s) \cdot x_\mathrm{e}(s) = \mathrm{e}^{-s \cdot T_\mathrm{tot}} \cdot 1$$

und damit

$$G(s) = \frac{x_\mathrm{a}(s)}{x_\mathrm{e}(s)} = \frac{x_\mathrm{a}(s)}{1} = \mathrm{e}^{-s \cdot T_\mathrm{tot}}$$

Totzeitverhalten tritt sehr häufig und in unterschiedlichen Systemen auf. Totzeiten bei Transportstrecken wie Förderbändern, Versorgungsleitungen und Pneumatikschläuchen sind offensichtlich. Doch auch Temperaturstrecken wie große Räume haben eine Totzeitkomponente. Angesichts dessen muss gerade bei verfahrenstechnischen Anlagen mit zum Teil sehr großen Totzeiten gerechnet werden. Ebenso müssen kleine Totzeiten, wie der Zündzeitpunkt von Thyristoren oder die Zykluszeit von SPS-Steuerungen, gerade bei hochdynamischen Regelungen mitbetrachtet werden. Des Weiteren liegt schwingendes und instabiles Verhalten von Regelkreisen sehr häufig im Vorhandensein von Totzeitelementen begründet.

Angesichts dieser Bedeutung der Totzeit wird die allgemeine Übertragungsfunktion nun erweitert.

$$G(s) = \frac{x_\mathrm{a}(s)}{x_\mathrm{e}(s)} = \frac{a_0 + s \cdot a_1 + \ldots + s^m \cdot a_m}{b_0 + s \cdot b_1 + \ldots + s^{n-1} \cdot b_{n-1} + s^n \cdot b_n} \cdot \mathrm{e}^{-s \cdot T_\mathrm{tot}} \text{ mit } m \leq n$$

Auch die Standardelemente werden um das Totzeitelement erweitert. Die Standardelemente sind nun folgende: P-Glied, T_1-Glied, I-Glied, D-Glied, PD-Glied, PT_2-Glied schwingend und T_tot-Glied.

Video 11: Totzeitelement Sample and Hold (siehe auch *11_Video11_Totzeit_SH.isx*)

Neben der normalen Funktion eines Totzeitgliedes wird die Annäherung eines Sample and Hold-Gliedes durch ein Totzeitelement aufgezeigt.

3 Grafische Darstellung von Übertragungsfunktionen

In diesem Kapitel werden die gängigsten Kurven und Diagramme vorgestellt, welche in der Regelungstechnik verwendet werden.

3.1 Vorbetrachtung zu den grafischen Darstellungen

In Kapitel 2 wurde versucht, die mathematische Beschreibung von technischen Systemen mithilfe einer Übertragungsfunktion zu erklären. Mit dem Wechsel in den Bildbereich ließ sich auch die Reaktion eines Systems auf einen Eingang mit der Laplace-Transformation berechnen. Doch dieses rein rechnerische Vorgehen ist umständlich und wenig anschaulich. Es ist beispielsweise häufig nicht möglich, aus der Übertragungsfunktion eines Systems sofort das Schwingverhalten abzulesen. Noch komplizierter wird es, wenn man die Auswirkungen einer Strecke innerhalb eines Regelkreises auf die Regelgröße bestimmen will.

Es ist in der Regelungstechnik gebräuchlich, Systeme grafisch zu betrachten. Die Anschaulichkeit ist dabei höher. Außerdem erfolgt die Darstellung einiger Verfahren zur Reglereinstellung über entsprechende Diagramme. Dabei erfolgt die Betrachtung, genauso wie die Berechnung, im Bildbereich. Dies bedeutet, dass keine Zeitverläufe gezeichnet werden, sondern die Reaktion des Systems auf unterschiedliche Eingangsfrequenzen betrachtet wird.

Der elektrotechnische Ansatz, bei der Erstellung von Übertragungsfunktionen $\mathrm{j}\omega$ durch s zu ersetzen, (siehe Abschnitt 2.3.1) wird nun umgekehrt auf alle Systeme angewendet:

$$G(s) \rightarrow F(\mathrm{j}\omega)$$

Außerdem wird der Frequenzgang eines beliebigen (auch nichtelektrotechnischen) Systems erstellt. Beispielsweise wird die Reaktion einer Temperaturstrecke oder eines Motors auf unterschiedliche Eingangsfrequenzen nun grafisch dargestellt. Das ist eine Sichtweise, an die man sich erst gewöhnen muss.

Gibt man auf ein lineares System eine Sinusfrequenz als Eingangssignal, wird, wie in Bild 3.1 zu sehen, nach einer gewissen Einschwingzeit die Ausgangsgröße **immer** mit der gleichen Frequenz schwingen.

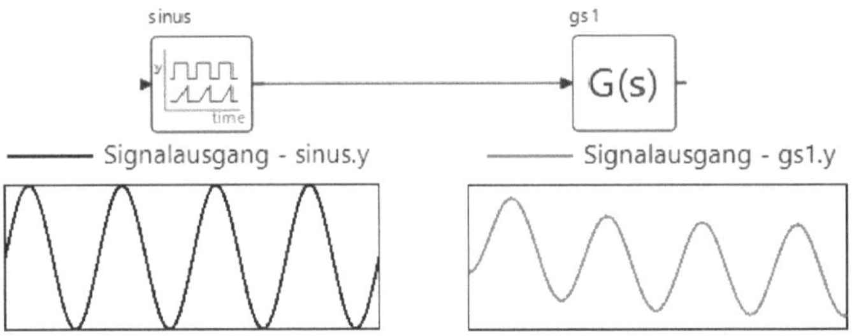

Bild 3.1 Screenshot der Sinusantwort

Ein Unterschied zwischen Ein- und Ausgangsgröße besteht nur in der Höhe der Amplitude und der Phasenlage (Bild 3.2).

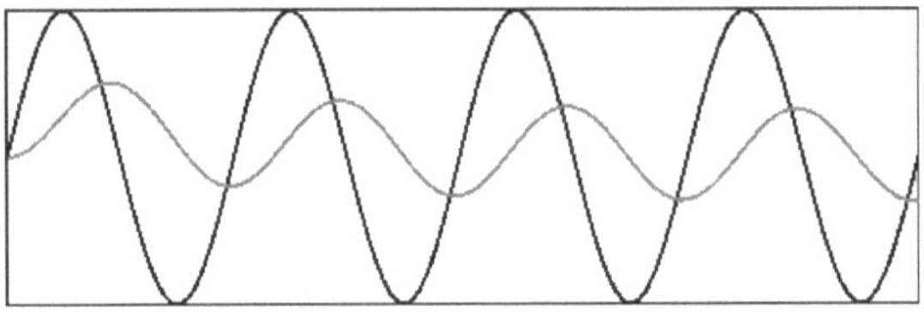

Bild 3.2 Sinusantwort

Dabei sind die Höhe der Amplitude und die Phasenverschiebung der Ausgangsgröße wiederum von der angelegten Frequenz abhängig. Zwei Beispiele sollen dies verdeutlichen.

Beispiel 1: Temperaturstrecke

Beim bekannten Modell eines beheizten Raumes (Bild 3.3) wird die Wärmezufuhr periodisch zu- und abgeschaltet (siehe *19_ST_Temperatur_Raum_Frequenz.isx*).

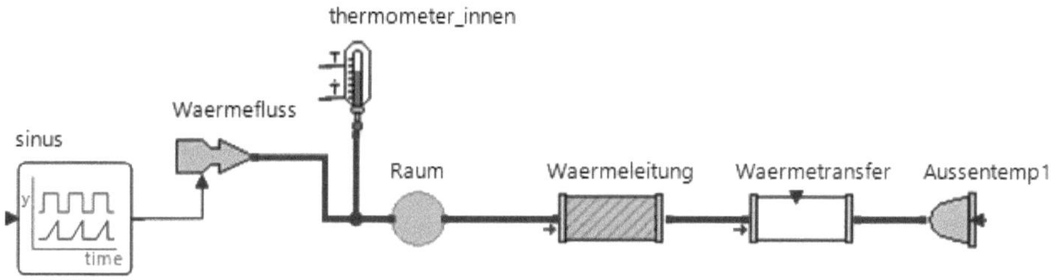

Bild 3.3 Screenshot von *19_ST_Temperatur_Raum_Frequenz.isx*

Bei einer angelegten Periodendauer von 5 min folgt der Ausgang dem Eingang noch relativ synchron (Bild 3.4).

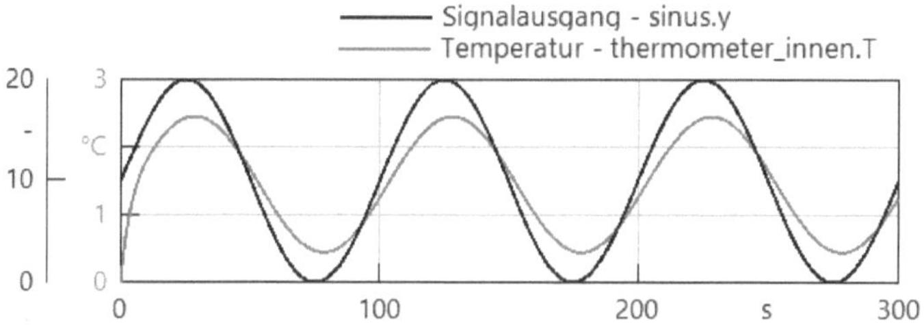

Bild 3.4 Sinusantwort von Temperaturstrecke I

Schon bei einer Periodendauer von einer halben Minute sind eine Phasenverschiebung und eine Abnahme der Amplitude deutlich zu erkennen (Bild 3.5).

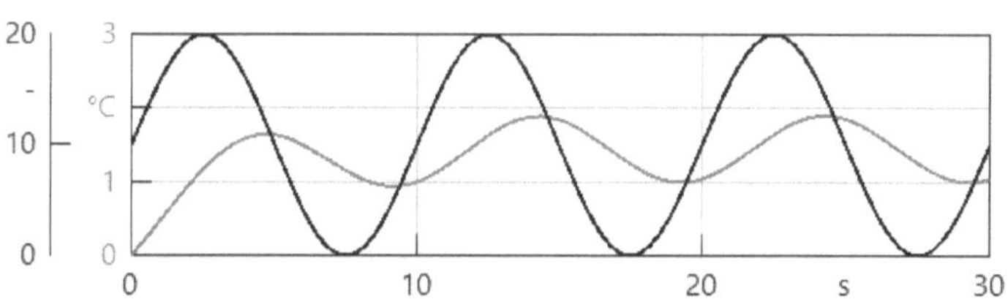

Bild 3.5 Sinusantwort von Temperaturstrecke II

Die Phasenverschiebung wird noch stärker, wenn innerhalb von einer Sekunde die Heizung auf- und zugedreht wird. Dagegen wird die Amplitude immer kleiner (Bild 3.6).

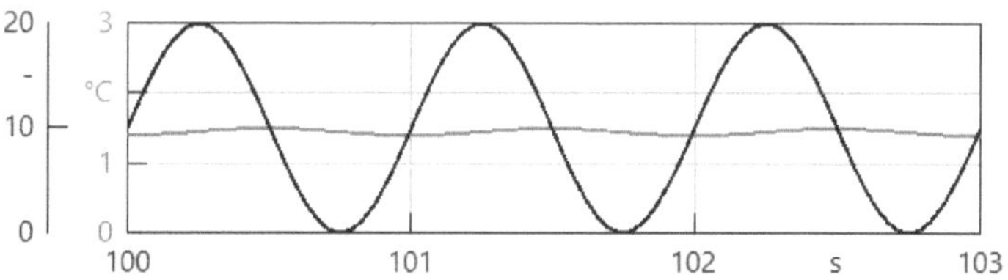

Bild 3.6 Sinusantwort von Temperaturstrecke III

Erklärbar ist dieser Effekt mit der Trägheit (große Zeitkonstante) des Energiespeichers. Der Schnelligkeit, mit der dem System im letzten Fall Wärme zugeführt und wieder weggenommen wurde, kann die Temperatur des Raumes nur schwer folgen. Man könnte auch sagen: Je höher die angelegte Frequenz, desto geringer ist die Auslenkung des Ausgangs. Damit zeigt der Raum Tiefpassverhalten (PT_1), welcher dadurch gekennzeichnet ist, nur tiefe Frequenzen gut durchzulassen.

Beispiel 2: Hydraulikzylinder (HZ)

Ein Hydraulikzylinder (HZ) wird wie in Bild 3.7 über ein Servoventil angesteuert (siehe *20_ST_Bewegung_Hydzyl_Frequenz.isx*).

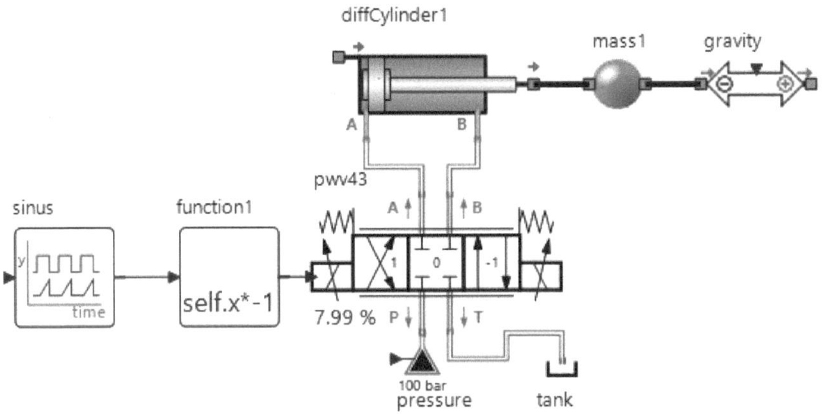

Bild 3.7 Screenshot von *20_ST_Bewegung_Hydzyl_Frequenz.isx*

Bei einer Eingangsfrequenz von 0.5 Hz fährt der Arbeitszylinder 0.4 m aus und wieder ein (Bild 3.8).

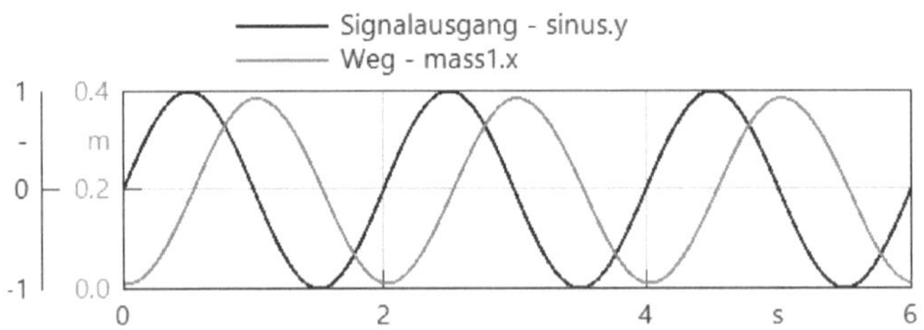

Bild 3.8 Sinusantwort von *Hydraulikzyl_frequenzabh I*

Erhöht man die Frequenz auf 2 Hz, liegt der Verfahrweg des Arbeitszylinders nur noch zwischen 0 und 0.1 m (Bild 3.9).

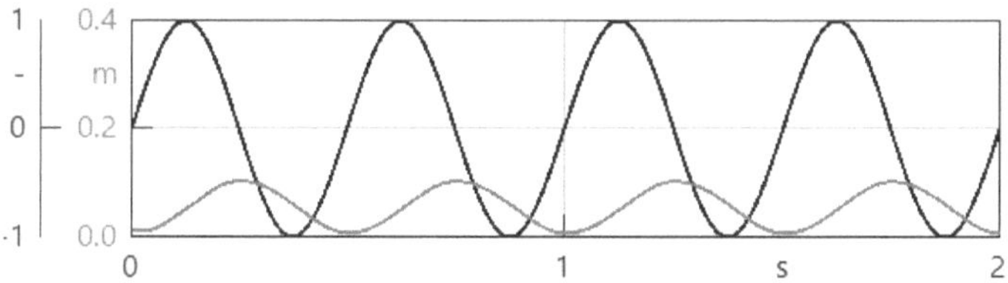

Bild 3.9 Sinusantwort von *Hydraulikzyl_frequenzabh II*

Offensichtlich sinkt die Amplitude der Ausgangsgröße bei einer Erhöhung der Eingangsfrequenz. Da bei konstantem Druck die Ausfahrgeschwindigkeit gleich bleibt, kann der Arbeitszylinder in kürzerer Zeit nur eine geringere Wegstrecke zurücklegen.

Die Phasenverschiebung wiederum bleibt bei unterschiedlichen Frequenzen gleich. Sie beträgt immer 90°. Immer dann, wenn der Eingang ein Maximum erreicht hat, das Ventil also am weitesten geöffnet ist, fährt der Zylinder am schnellsten aus, und immer dann, wenn der Eingang 0 ist, das Ventil also sperrt, steht der Zylinder in einem seiner beiden Umkehrpunkte.

Beim angesteuerten Hydraulikzylinder handelt es sich um ein I-Glied.

Mathematisch gilt:

$$\int \sin(\omega t)\,\mathrm{d}t = \frac{1}{\omega} \cdot \cos(\omega t)$$

Ein Sinus integriert ist der Cosinus (–90° Phasenverschiebung), und die Amplitude sinkt mit steigender Frequenz. Genau diesem Zusammenhang unterliegt das Hydrauliksystem.

Die Darstellung der Abhängigkeit der Amplitude und der Phasenlage von der angelegten Frequenz erfolgt nun grafisch durch Nyquist-Ortskurven oder Bode-Diagramme.

3.2 Nyquist-Ortskurven

Da sich Aus- und Eingangssignal bei einer angelegten Frequenz nur durch Amplitude (Betrag) und Phase unterscheiden, ist es naheliegend, das Übertragungsverhalten des Systems als komplexen Zeiger (Bild 3.10) zu betrachten.

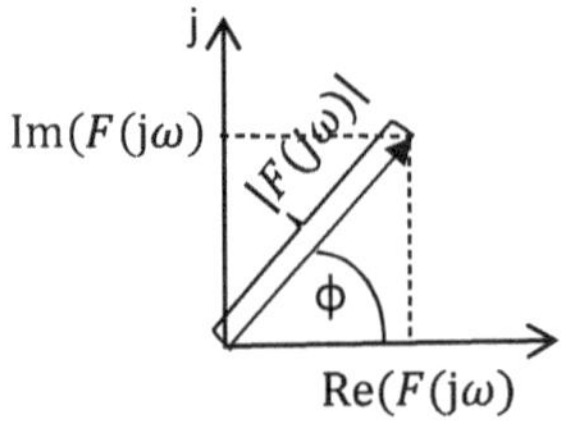

$$|F(j\omega)| = \sqrt{(\mathrm{Re}(F(j\omega)))^2 + (\mathrm{Im}(F(j\omega)))^2} \quad \text{Betrag (Amplitude)}$$

$$\phi(\omega) = arctan\frac{\mathrm{Im}(F(j\omega))}{\mathrm{Re}(F(j\omega))} \quad \text{Phase}$$

Bild 3.10 Zeiger in komplexer Ebene

Die in Bild 3.11 gezeigte Ortskurve entsteht, wenn man bei unterschiedlichen Frequenzen die jeweiligen Zeigerendpunkte miteinander verbindet.

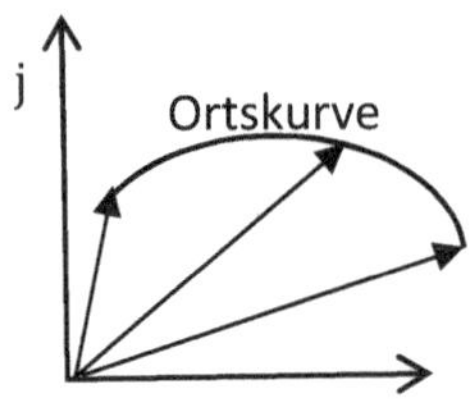

Bild 3.11
Zeigerspur in komplexer Ebene

Ermittelt wird der Verlauf einer Ortskurve, indem man den Frequenzgang in Real- und Imaginärteil trennt und die jeweiligen Punkte bei der entsprechenden Frequenz in die komplexe Ebene überträgt.

Am Beispiel des PT_1-Gliedes soll dies kurz verdeutlicht werden. Zuerst wird die Übertragungsfunktion in einen Frequenzgang gewandelt.

PT_1-Strecke:

$$G(s) = \frac{K}{1 + s \cdot T_1} \xrightarrow{\text{wird zu}} F(j\omega) = \frac{K}{1 + j\omega \cdot T_1}$$

Nun werden mittels einer konjugiert komplexen Erweiterung der Real- und Imaginärteil getrennt.

$$F(j\omega) = \frac{K}{1 + j\omega \cdot T_1} \xrightarrow{\text{konjugiert komplex erweitert}} = \frac{K}{1 + j\omega \cdot T_1} \cdot \frac{1 - j\omega \cdot T_1}{1 - j\omega \cdot T_1}$$

$$= \frac{(K - K \cdot j\omega \cdot T_1)}{1 + j\omega \cdot T_1 - j\omega \cdot T_1 - j^2 \cdot \omega^2 \cdot T_1^2} \quad \text{mit } j^2 = -1$$

$$F(j\omega) = \frac{K}{1 + \omega^2 \cdot T_1^2} - j \cdot \frac{K \cdot \omega \cdot T_1}{1 + \omega^2 \cdot T_1^2} = \mathrm{Re}(\omega) + j \cdot \mathrm{Im}(\omega)$$

Mit Kenntnis von K und T_1 können nun die frequenzabhängigen Real- und Imaginärteile berechnet und in die komplexe Ebene übertragen werden.

Annahme: $K = 1$; $T_1 = 1$ s

		$\text{Re}(\omega) = \frac{1}{1+\omega^2 \cdot 1\,\text{s}^2}$	$\text{Im}(\omega) = -\frac{1 \cdot \omega \cdot 1\,\text{s}}{1+\omega^2 \cdot 1\,\text{s}^2}$
konkret:	$\omega_1 = 0.01\,\text{s}^{-1}$	$\text{Re}\,(\omega_1) = 0.99999$	$\text{Im}\,(\omega_1) = -0.00999$
	$\omega_2 = 0.1\,\text{s}^{-1}$	$\text{Re}\,(\omega_2) = 0.99$	$\text{Im}\,(\omega_2) = -0.0999$
	$\omega_3 = 1\,\text{s}^{-1}$	$\text{Re}\,(\omega_3) = 0.5$	$\text{Im}\,(\omega_3) = -0.5$
	$\omega_4 = 10\,\text{s}^{-1}$	$\text{Re}\,(\omega_4) = 0.99$	$\text{Im}\,(\omega_4) = -0.0999$
	$\omega_5 = 100\,\text{s}^{-1}$	$\text{Re}\,(\omega_5) = 0.000099$	$\text{Im}\,(\omega_5) = -0.00999$

Übertragen in die komplexe Ebene entsteht ein Halbkreis im 4. Quadranten (Bild 3.12).

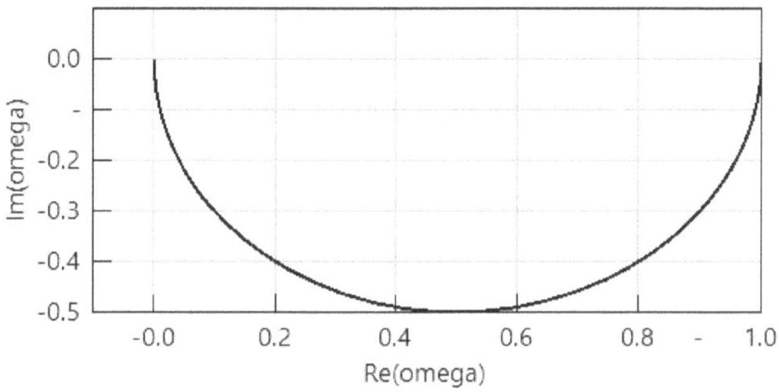

Bild 3.12 Ortskurve von PT_1

Das Problem bei Ortskurven ist, dass sie zum einen nur aufwendig von Hand zu konstruieren sind und zum anderen die Frequenz des jeweiligen Punktes einer gezeichneten Ortskurve nicht ablesbar ist. Lässt man die Ortskurven jedoch von einem Simulationsprogramm zeichnen, entfallen diese Nachteile.

Video 12: Ortskurve DCM

In diesem Video wird gezeigt, wie die Nyquist-Ortskurve einer allgemeinen Strecke und eines belasteten Gleichstrommotors in SimulationX gezeichnet wird.

Das Schöne an Ortskurven ist, dass die Regelkreisglieder auf den ersten Blick zu erkennende typische Verläufe haben. In Bild 3.13 bis Bild 3.16 sind die Ortskurven für verschiedene Systeme gezeichnet.

Bild 3.13 zeigt die Ortskurven für die PT_n-Glieder (gezeichnet mit $K = 1$; $T_{1..n} = 1$ s).

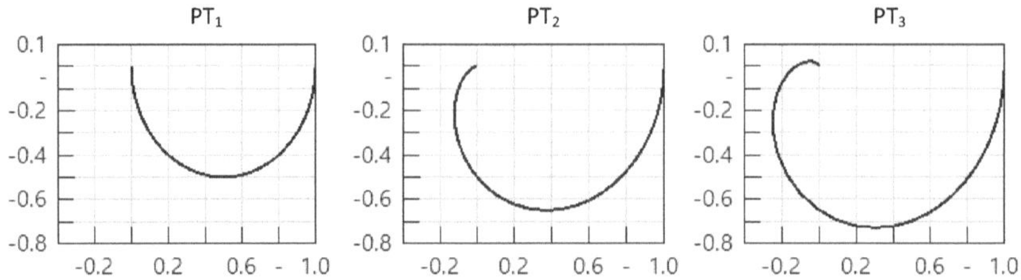

Bild 3.13 Ortskurven von PT_n

Bild 3.14 zeigt die Ortskurven für die IT_n-Glieder (gezeichnet mit $K_i = 1\ s^{-1}$; $T_{1..n} = 1$ s).

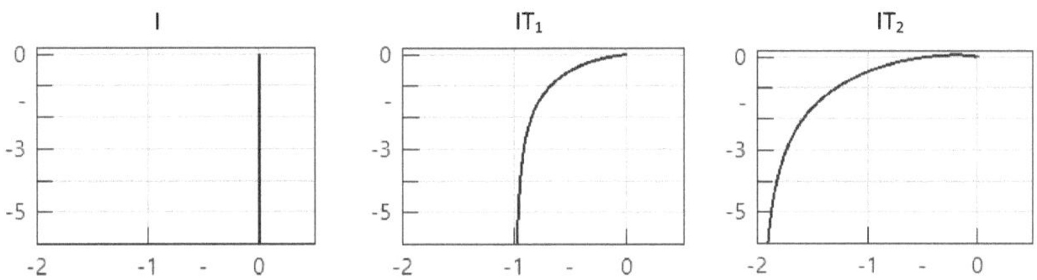

Bild 3.14 Ortskurven von IT_n

Bild 3.15 zeigt die Ortskurven für die DT_n-Glieder (gezeichnet mit $K_D = 1$; $T_{1..n} = 1$ s).

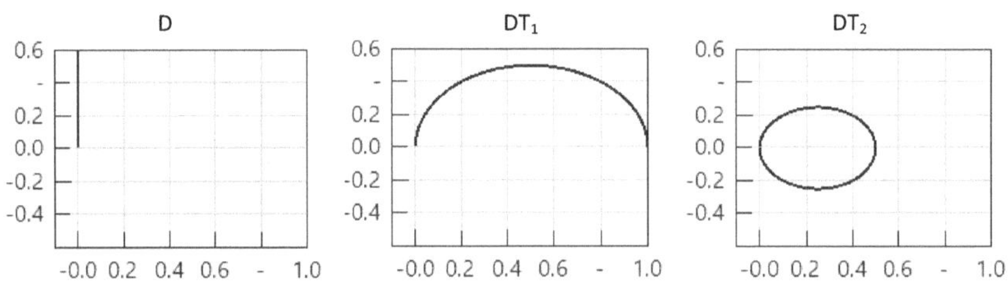

Bild 3.15 Ortskurven von DT_n

Anhand der durchlaufenen Quadranten ist die Ordnung bzw. die Anzahl der Energiespeicher sehr einfach abzulesen.

Bild 3.16 zeigt weitere Ortskurven (gezeichnet mit $K = 0.1$; $T_V = 1$ s; $T_1 = 0.1$ s; $T_{tot} = 1$ s).

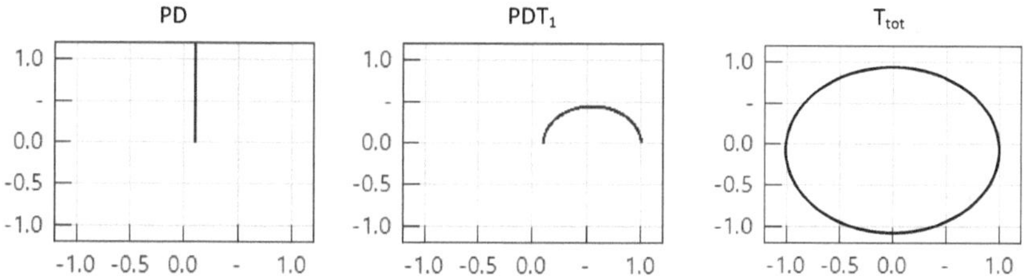

Bild 3.16 Diverse Ortskurven

Sehr häufig werden Ortskurven auch bei Stabilitätsbetrachtungen von Regelkreisen genutzt. Trotzdem haben sie eine geringere Bedeutung als die Bode-Diagramme.

3.3 Bode-Diagramme

Auch bei Bode-Diagrammen wird das Übertragungsverhalten eines Systems als komplexer frequenzabhängiger Zeiger betrachtet, nur dass man jetzt den Betrag (Amplitudengang) und die Phase (Phasengang) separat gegenüber der Frequenz aufträgt. Damit kann je nach Aufgabenstellung neben den beiden Bestandteilen der komplexen Größen auch die Frequenz direkt abgelesen werden.

Nachfolgend wird die Konstruktion des PT_1-Gliedes ausführlich erklärt. Bei den weiteren Standardelementen (außer dem Totzeit-Glied) wird auf die Herleitung verzichtet und nur noch die Vorgehensweise zur Konstruktion aufgezeigt.

3.3.1 Bode-Diagramm des PT_1-Gliedes

Zuerst wird die Übertragungsfunktion wieder in einen Frequenzgang gewandelt.

PT_1-Strecke:

$$G(s) = \frac{K}{1 + s \cdot T_1} \xrightarrow{\text{wird zu}} F(\mathrm{j}\omega) = \frac{K}{1 + \mathrm{j}\omega \cdot T_1}$$

$$F(\mathrm{j}\omega) = \frac{K}{1 + \mathrm{j}\omega \cdot T_1} \xrightarrow{\text{konjugiert komplex erweitert}} = \frac{K}{1 + \mathrm{j}\omega \cdot T_1} \cdot \frac{1 - \mathrm{j}\omega \cdot T_1}{1 - \mathrm{j}\omega \cdot T_1}$$

$$= \frac{(K - K \cdot \mathrm{j}\omega \cdot T_1)}{1 + \mathrm{j}\omega \cdot T_1 - j\omega \cdot T_1 - \mathrm{j}^2 \cdot \omega^2 \cdot T_1^2} \quad \text{mit } \mathrm{j}^2 = -1$$

$$F(\mathrm{j}\omega) = \frac{K}{1 + \omega^2 \cdot T_1^2} - \mathrm{j} \cdot \frac{K \cdot \omega \cdot T_1}{1 + \omega^2 \cdot T_1^2} = \mathrm{Re}(\omega) + \mathrm{j} \cdot \mathrm{Im}(\omega)$$

Nun müssen aus dem Real- und Imaginärteil der Betrag und die Phase bestimmt werden.

Betrag:

$$|F(\mathrm{j}\omega)| = \sqrt{(\mathrm{Re}(\omega))^2 + (\mathrm{Im}(\omega))^2} = \sqrt{\left(\frac{K}{1+\omega^2\cdot T_1^2}\right)^2 + \left(-\frac{K\cdot\omega\cdot T_1}{1+\omega^2\cdot T_1^2}\right)^2}$$

$$= \sqrt{\frac{K^2}{\left(1+\omega^2\cdot T_1^2\right)^2} + \frac{K^2\cdot\omega^2\cdot T_1^2}{\left(1+\omega^2\cdot T_1^2\right)^2}}$$

$$|F(\mathrm{j}\omega)| = \sqrt{\frac{K^2\cdot(1+\omega^2\cdot T_1^2)}{\left(1+\omega^2\cdot T_1^2\right)^2}} = \sqrt{\frac{K^2}{1+\omega^2\cdot T_1^2}} \quad \text{und mit } T_1 = \frac{1}{\omega_0}$$

$$|F(\mathrm{j}\omega)| = \sqrt{\frac{K^2}{1+\frac{\omega^2}{\omega_0^2}}} = K\cdot\sqrt{\frac{1}{1+\frac{\omega^2}{\omega_0^2}}}$$

Man beachte: ω_0 ist eine Systemkonstante, und ω ist die Laufvariable.

Bei	$\omega \ll \omega_0$	ist	$\|F(\mathrm{j}\omega)\| \approx K$
Bei	$\omega = \omega_0$	ist	$\|F(\mathrm{j}\omega)\| = \frac{K}{\sqrt{2}}$
Bei	$\omega \gg \omega_0$	ist	$\|F(\mathrm{j}\omega)\| \approx 0$

Der Verlauf des frequenzabhängigen Betrags wird als Amplitudengang bezeichnet und hat z. B. mit $\omega_0 = 1$ und $K = 1$ die in Bild 3.17 dargestellte Form.

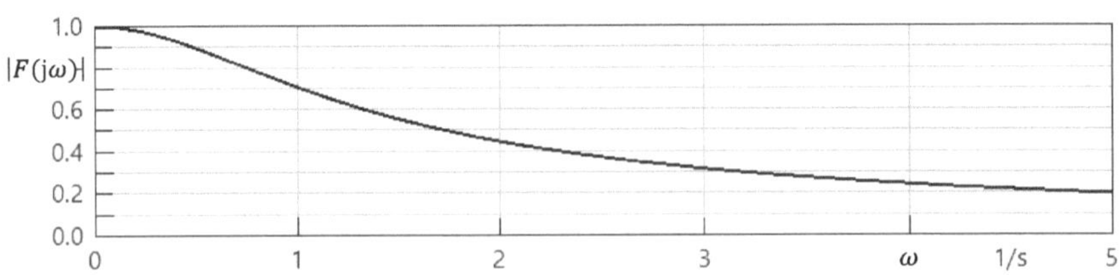

Bild 3.17 Amplitudengang von PT_1 (unnormiert)

Diese unnormierte Darstellung muss modifiziert werden, da zum einen der Trend bei kleinen und großen Frequenzen nur schwer erkennbar ist und zum anderen diese Kurve ebenfalls nur schwer zu konstruieren ist (vgl. Ortskurve). Man wechselt daher zu einer logarithmischen Ansicht, d. h., die Abszisse und die Ordinate werden logarithmisch geteilt. Damit hat das PT_1-Glied mit den Werten $\omega_0 = 1$ und $K = 1$ das in Bild 3.18 dargestellte Aussehen.

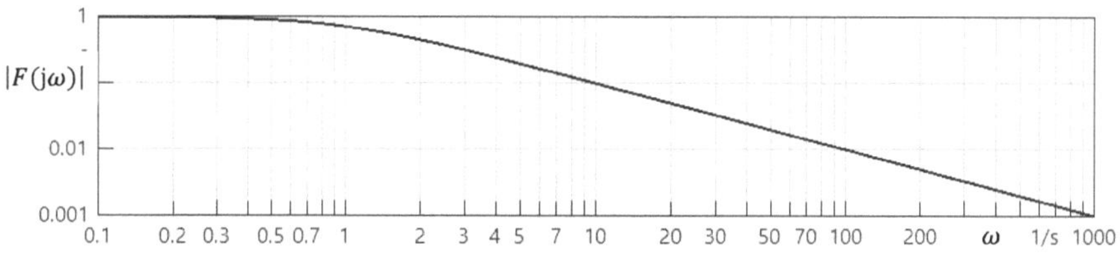

Bild 3.18 Amplitudengang von PT_1 (logarithmisch)

Um die sehr kleinen Werte der y-Achse besser lesbar zu gestalten, wird der Betrag nun in Dezibel (dB) angegeben.

$$|F(\mathrm{j}\omega)|_{\mathrm{dB}} = 20 \cdot \log_{10} |F(\mathrm{j}\omega)| \;\; \text{bzw.} \;\; |F(\mathrm{j}\omega)| = 10^{\frac{|F(\mathrm{j}\omega)|_{\mathrm{dB}}}{20}}$$

Bild 3.19 zeigt die finale Form des Amplitudengangs.

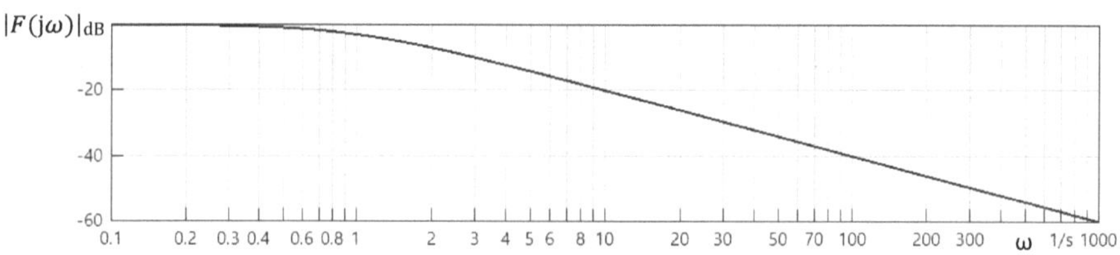

Bild 3.19 Amplitudengang von PT_1 (Standarddarstellung)

Man erkennt die lineare Struktur an den Rändern der Kurve.

Bei	$\omega \ll \omega_0$	ist	$|F(\mathrm{j}\omega)|_{\mathrm{dB}} = 20 \cdot \log_{10} K \xrightarrow{\text{hier}} = 20 \cdot \log_{10} 1 = 0\mathrm{dB}$
Bei	$\omega = \omega_0$	ist	$|F(\mathrm{j}\omega)|_{\mathrm{dB}} = 20 \cdot \log_{10} \frac{K}{\sqrt{2}} \xrightarrow{\text{hier}} = 20 \cdot \log_{10} \frac{1}{\sqrt{2}} = -3\mathrm{dB}$
Bei	$\omega \gg \omega_0$	ist	$|F(\mathrm{j}\omega)|_{\mathrm{dB}}$ = Gerade mit –20dB/Dek Anstieg und Schnittpunkt mit K_{dB} bei ω_0

Diese einhüllenden Geraden werden Skelettkurve genannt und genügen zumeist für die skizzenhaften Darstellung des Bode-Diagramms (Bild 3.20).

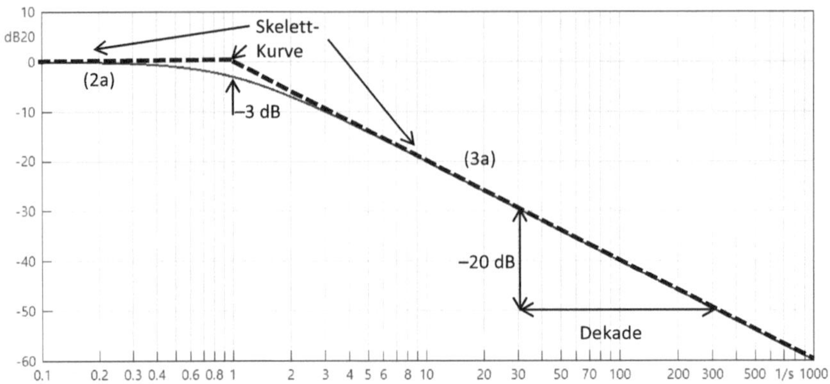

Bild 3.20 Amplitudengang von PT_1 – Skelettkurve

Zusammengefasst lässt sich der Amplitudengang unter den genannten Randbedingungen für die Achsskalierung in folgenden drei Schritten zeichnen:

- **Schritt 1a:** K_{dB} und ω_0 aus der Übertragungsfunktion berechnen; $K_{dB} = 20 \cdot \log_{10} K$ und $\omega_0 = \frac{1}{T_1}$
- **Schritt 2a:** eine waagerechte Linie in Höhe von K_{dB} bis zur Kreisfrequenz ω_0 zeichnen
- **Schritt 3a:** ab dem Knickpunkt (ω_0; K_{dB}) eine fallende Gerade mit einem Anstieg von –20 dB/Dekade zeichnen

Phase:

Mit dem bekannten Real- und Imaginärteil lässt sich der Phasenverlauf bestimmen über

$$\varphi = \arctan \frac{\mathrm{Im}(\omega)}{\mathrm{Re}(\omega)} = \arctan \frac{-\frac{K \cdot \omega \cdot T_1}{1+\omega^2 \cdot T_1^2}}{\frac{K}{1+\omega^2 \cdot T_1^2}} = -\arctan(\omega \cdot T_1) \text{ und mit } T_1 = \frac{1}{\omega_0}$$

$$\varphi = -\arctan \frac{\omega}{\omega_0}$$

Man beachte wieder: ω_0 ist eine Systemkonstante, und ω ist die Laufvariable.

Bei	$\omega \ll \omega_0$	ist	$\varphi \approx 0°$
Bei	$\omega = \omega_0$	ist	$\varphi = -45°$
Bei	$\omega \gg \omega_0$	ist	$\varphi \approx -90°$

Der Verlauf des Phasengangs bei logarithmischer Teilung der Abszisse z. B. mit $\omega_0 = 1$ und $K = 1$ hat dann die in Bild 3.21 dargestellte Form.

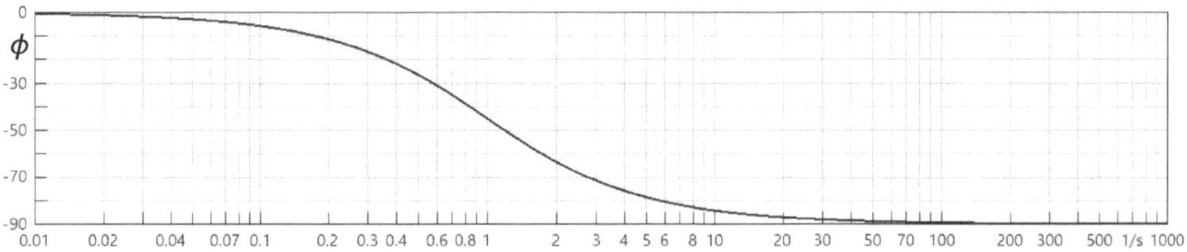

Bild 3.21 Phasengang von PT_1 (Standarddarstellung)

Der geschwungene Verlauf lässt sich wieder durch eine Skelettkurve annähern. Dabei nutzt man den Sachverhalt, dass das PT_1-Glied rund zwei Dekaden benötigt, um die Phasendrehung von 0° auf –90° zu vollziehen. Es kann somit eine Näherungsgerade mit einem Anstieg von –45°/Dekade durch den Wendepunkt bei $\omega = \omega_0$ gezeichnet werden. Bild 3.22 soll dies verdeutlichen.

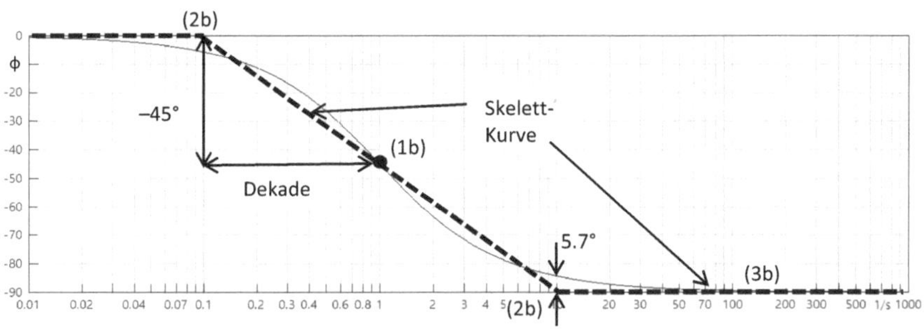

Bild 3.22 Phasengang von PT_1 – Skelettkurve

Während man beim Amplitudengang bei der Darstellung des Verlaufs mithilfe der Skelettkurve im Knickpunkt einen Fehler von –3 dB macht, beträgt der Fehler im Phasengang in den Knickpunkten rund 5.7°.

Zusammengefasst lässt sich der Phasengang unter den genannten Randbedingungen für die Achsskalierung in folgenden drei Schritten zeichnen:

- **Schritt 1b:** den realen Wendepunkt (ω_0; –45°) einzeichnen
- **Schritt 2b:** eine Dekade davor den Knickpunkt bei 0° und eine Dekade danach den Knickpunkt bei –90° einzeichnen
- **Schritt 3b:** die Punkte verbinden und die Kurve durch waagerechte Linien in Höhe von 0° und –90° jeweils nach links bzw. rechts vervollständigen

Video 13: Bodediagramm PT_1-Strecke

Nachdem das Erstellen der Skelettkurven des Bode-Diagramms einer PT_1-Strecke demonstriert wurde, wird in diesem Video das Vorgehen bei der Erstellung und Modifikation des Bode-Diagramms in SimulationX aufgezeigt.

Übung 10

Zeichnen Sie von Hand das Bode-Diagramm folgender Strecke auf kariertes Papier:

$$G(s) = \frac{5}{1 + s \cdot 20\,\mathrm{s}}$$

3.3.2 Bode-Diagramm des PD-Gliedes

$$G(s) = K \cdot (1 + s \cdot T_V)$$

Vorgehen zur Konstruktion des Amplitudengangs (Bild 3.23):

- **Schritt 1a:** K_{dB} und ω_0 aus der Übertragungsfunktion berechnen; $K_{dB} = 20 \cdot \log_{10} K$ und $\omega_V = \frac{1}{T_V}$
- **Schritt 2a:** eine waagerechte Linie in Höhe von K_{dB} bis zur Kreisfrequenz ω_V zeichnen
- **Schritt 3a:** ab dem Knickpunkt (ω_V; K_{dB}) eine steigende Gerade mit einem Anstieg von +20 dB/Dekade zeichnen

Vorgehen zur Konstruktion des Phasengangs (Bild 3.23):

- **Schritt 1b:** den realen Wendepunkt (ω_V; +45°) einzeichnen
- **Schritt 2b:** eine Dekade davor den Knickpunkt bei 0° und eine Dekade danach den Knickpunkt bei +90° einzeichnen
- **Schritt 3b:** die Punkte verbinden und die Kurve durch waagerechte Linien in Höhe von 0° und +90° jeweils nach links bzw. rechts vervollständigen

Beispiel:

$$G(s) = 2 \cdot (1 + s \cdot 0.1\,\mathrm{s})$$

$$K_{dB} = 20 \cdot \log_{10} 2 = 6\,\mathrm{dB}$$

$$\omega_V = \frac{1}{T_1} = 10\,\mathrm{s}^{-1} \quad (1a)$$

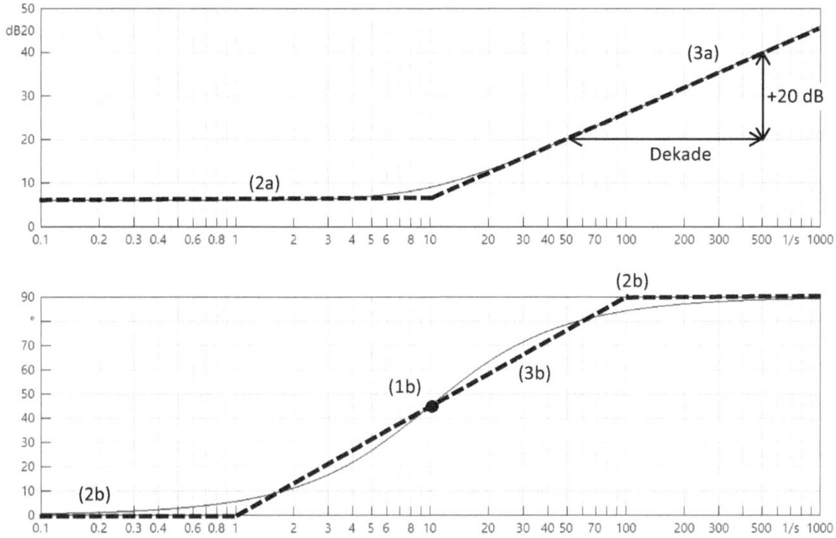

Bild 3.23 Bode-Diagramm des PD-Gliedes und Skelettkurven

3.3.3 Bode-Diagramm des I-Gliedes

$$G(s) = \frac{K_\mathrm{i}}{s}$$

Vorgehen zur Konstruktion des Amplitudengangs (Bild 3.24):

- **Schritt 1a:** den Durchtrittspunkt (K_i; 0 dB) einzeichen
- **Schritt 2b:** durch den Durchtrittspunkt (K_i; 0 dB) eine fallende Gerade mit einem Anstieg von –20dB/Dekade zeichnen

Vorgehen zur Konstruktion des Phasengangs (Bild 3.24):

Schritt 1b: eine waagerechte Gerade in Höhe von –90° zeichnen (Ein I-Glied erzeugt eine Phasenverschiebung von –90° über alle Frequenzen.)

Beispiel:

$$G(s) = \frac{5\ \mathrm{s}^{-1}}{s}$$

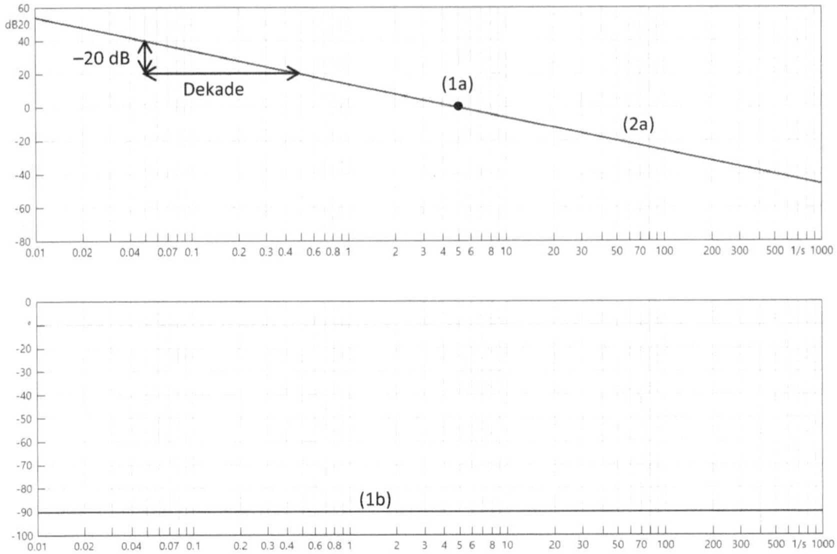

Bild 3.24 Bode-Diagramm des I-Gliedes

3.3.4 Bode-Diagramm des D-Gliedes

$$G(s) = s \cdot K_D$$

Vorgehen zur Konstruktion des Amplitudengangs (Bild 3.25):

- **Schritt 1a:** den Durchtrittspunkt $(K_{\mathrm{D}}^{-1}; 0\,\mathrm{dB})$ einzeichnen
- **Schritt 2a:** durch den Durchtrittspunkt $(K_{\mathrm{D}}^{-1}; 0\,\mathrm{dB})$ eine steigende Gerade mit einem Anstieg von +20 dB/Dekade zeichnen

Vorgehen zur Konstruktion des Phasengangs (Bild 3.25):

Schritt 1b: eine waagerechte Gerade in Höhe von +90° zeichnen (Ein D-Glied erzeugt eine Phasenverschiebung von +90° über alle Frequenzen.)

Beispiel:

$$G(s) = s \cdot 5\,\mathrm{s} \qquad \frac{1}{K_{\mathrm{D}}} = \frac{1}{5\,\mathrm{s}} = 0.2\,\mathrm{s}^{-1}$$

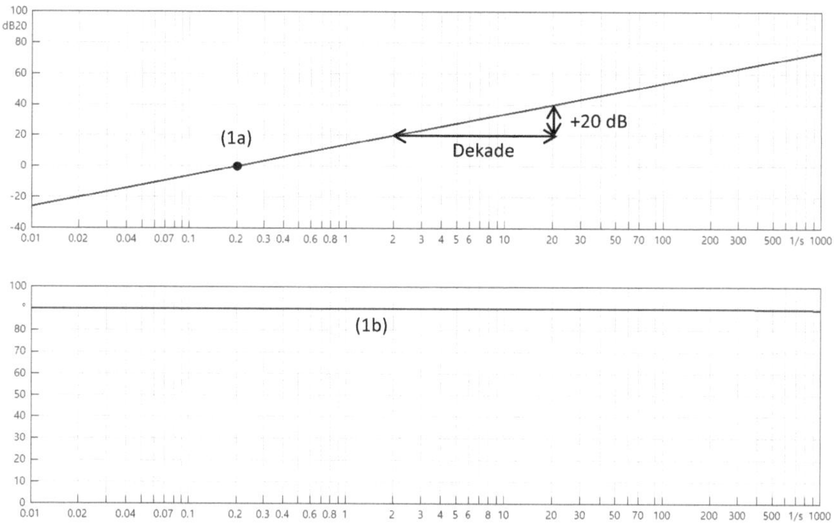

Bild 3.25 Bode-Diagramm des D-Gliedes

3.3.5 Zeichnen des Bode-Diagramms von komplexen Systemen

Jedes hier betrachtete System kann als die Multiplikation von Standardelementen aufgefasst werden (Bild 3.26).

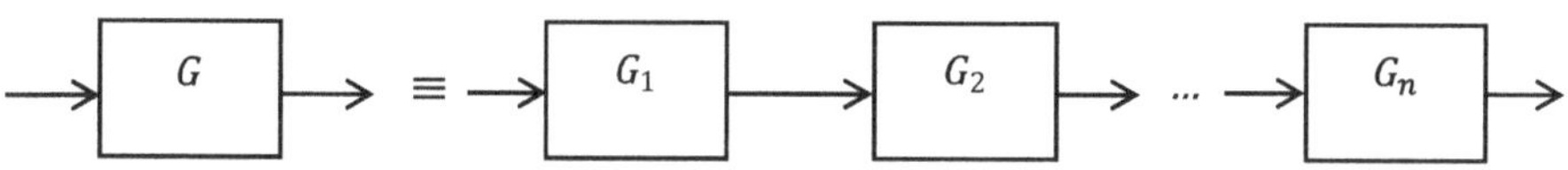

Bild 3.26 Zusammengesetztes System

Da das Bode-Diagramm im Logarithmusbereich gezeichnet wird, d. h., die Achseinteilung logarithmisch ist, wird aus der Multiplikation der Standardelemente nach den Logarithmengesetzen eine Addition.

Bedenke:

$$\log G_1 \cdot \log G_2 = \log\left(G_1 + G_2\right)$$

Damit kann das Bode-Diagramm von komplexen Systemen mithilfe der geometrischen Addition recht einfach gezeichnet werden.

Video 14: Bodediagramm PDT$_2$-Element

Am Beispiel eines PDT$_2$-Elements wird in diesem Video die händische Konstruktion der Skelettkurven eines Bode-Diagramms demonstriert.

3.3.6 Bode-Diagramm von schwingenden PT_2-Strecken

$$G_{\text{PT2schw}} = \frac{K}{1 + s \cdot \frac{2D}{\omega_0} + s^2 \cdot \frac{1}{\omega_0^2}}$$

Für ein solches System lässt sich das Bode-Diagramm nur näherungsweise von Hand zeichnen. Zur Erläuterung der Schwierigkeiten und des resultierenden Vorgehens wird zuerst der wahre Verlauf betrachtet.

Beispiel 1

$$G(s) = \frac{2}{1 + s \cdot 1\text{s} + s^2 \cdot 10\,\text{s}^2}$$

$$K_{\text{dB}} = 20 \cdot \log 2 \approx 6\text{ dB}$$

$$D = \frac{1}{2 \cdot \sqrt{10}} = 0.158$$

schwingend mit

$$\omega_0 = \frac{1}{\sqrt{b_2}} = 0.316\text{ s}^{-1}$$

Gut zu erkennen ist, dass das schwingende System an den Rändern des Bode-Diagramms (Bild 3.27) den gleichen Verlauf wie ein nichtschwingendes PT_2-System aufweist. Im Amplitudengang beginnen beide bei K_{dB} und fallen bei hohen Frequenzen mit –40 dB/Dekade ab. Auch im Phasengang ähnelt sich der Verlauf. Beide starten mit einem Phasenwinkel von 0° und drehen mit höher werdenden Frequenzen nach –180°.

Unterschiede treten im Bereich um die Kennkreisfrequenz auf. Im Amplitudengang ist die Ausbildung eines Maximums deutlich erkennbar. Zu erklären ist dies durch die auftretende Resonanz. In der Elektrotechnik wird dazu der Begriff der Spannungs- bzw. Stromüberhöhung verwendet.

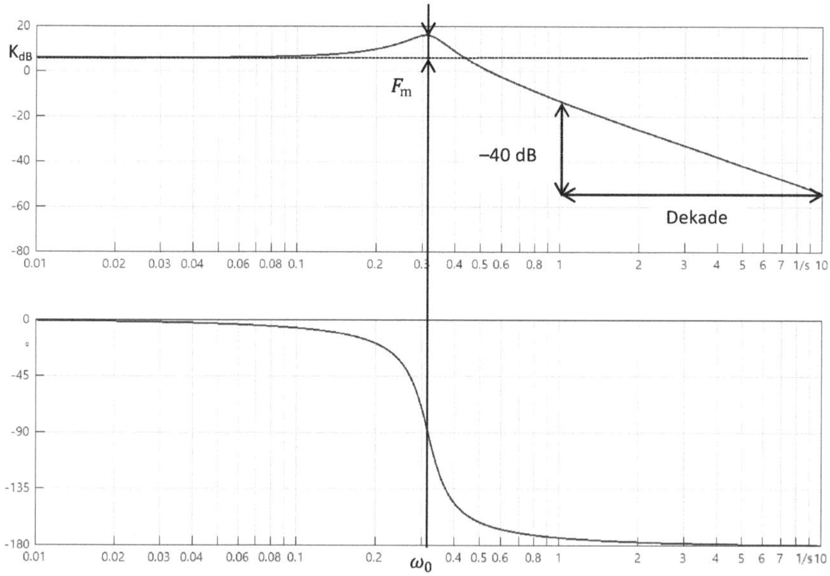

Bild 3.27 Bode-Diagramm von schwingenden PT_2-Strecken

Die Höhe des Maximums (Resonanzwert F_m) kann über folgende Formel berechnet werden:

$$|F_m| = \frac{K}{2 \cdot D \cdot \sqrt{1 - D^2}}$$

Offensichtlich tritt ein Maximum nur dann auf, wenn der Nenner in der vorangegangenen Formel kleiner 1 wird.

Grenzfall:

$$1 = 2 \cdot D \cdot \sqrt{1 - D^2} \;\rightarrow\; D = \frac{1}{\sqrt{2}}$$

Überschlagsmäßig wird der Resonanzwert erst ab einer Dämpfung von kleiner 0.5 betrachtet bzw. gezeichnet.

Zum Zeichnen wird die schwingende PT_2-Strecke durch den Verlauf einer nichtschwingenden Strecke mit der Dämpfung $D = 1$ (aperiodischer Grenzfall) angenähert.

Dieser Fall liegt bei einer Strecke mit zwei gleichen Zeitkonstanten vor.

$$G = \frac{K}{(1 + s \cdot T_1) \cdot (1 + s \cdot T_1)} = \frac{K}{(1 + s \cdot T_1)^2} = \frac{K}{(1 + s \cdot 2T_1 + s^2 \cdot {T_1}^2)}$$

$$\text{mit } D = \frac{2T_1}{2 \cdot \sqrt{{T_1}^2}} = 1$$

Offensichtlich wird nun bei der Annäherung die Kennkreisfrequenz der schwingenden Strecke über den Zusammenhang

$$\omega_0 = \frac{1}{T_1}$$

zur Zeitkonstanten der nichtschwingenden Strecke.

$$G_{\mathrm{PT2schw}} = \frac{K}{1 + s \cdot \frac{2D}{\omega_0} + s^2 \cdot \frac{1}{\omega_0^2}}$$

Genähert:

$$G_{\mathrm{PT2schw}} \approx \frac{K}{\left(1 + s \cdot \frac{1}{\omega_0}\right)^2} = \frac{K}{\left(1 + s \cdot \sqrt{b_2}\right)^2}$$

Beispiel 2

$$G(s) = \frac{2}{1 + s \cdot 3\,\mathrm{s} + s^2 \cdot 10\,\mathrm{s}^2}$$

$$D = \frac{3\,\mathrm{s}}{2\sqrt{10\,\mathrm{s}^2}} = 0.47$$

Schwingend mit

$$\omega_0 = \frac{1}{\sqrt{b_2}} = 0.316\,\mathrm{s}^{-1}$$

Genähert:

$$G_{\mathrm{genähert}}(s) = \frac{2}{\left(1 + s \cdot \sqrt{10\,\mathrm{s}^2}\right)^2}$$

Im Amplitudengang ist zu erkennen, dass bei einer Dämpfung von rund 0.5 der wahre Verlauf sehr nahe am Verlauf der Skelettkurve der genäherten Funktion liegt (Bild 3.28). Im Phasengang beginnt die genäherte Kurve die Phasendrehung von 0 auf –180° wieder eine Dekade vor ω_0 und hat die Phasendrehung rund eine Dekade später abgeschlossen. Bei einem System mit einer Dämpfung < 1 beginnt die Phasendrehung jedoch später, hat einen steileren Verlauf und endet entsprechend eher. So startet im Beispiel 2 ($D \approx 0.5$) die Drehung bei rund 70 % der Dekadenlänge.

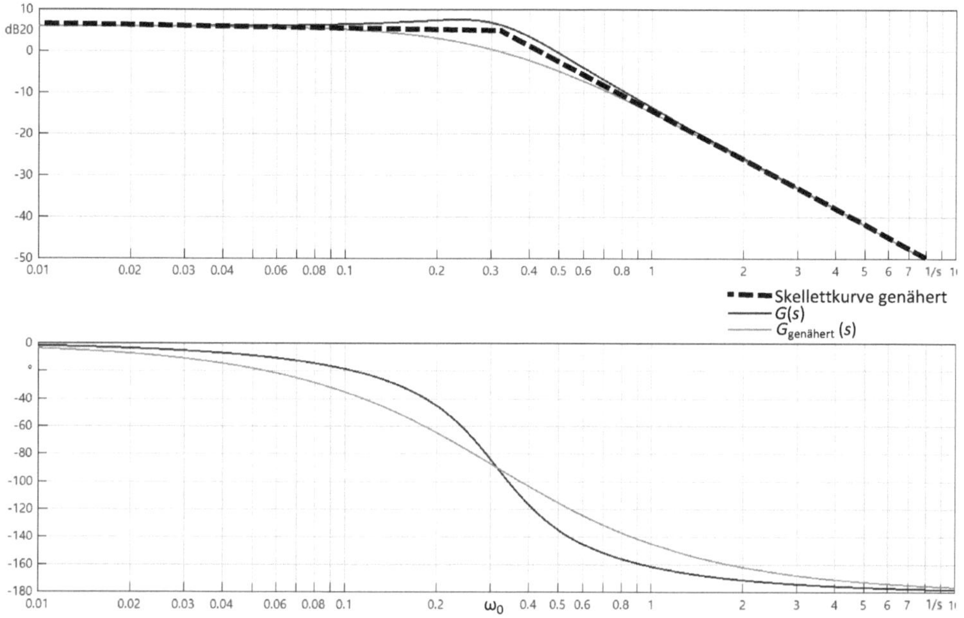

Bild 3.28 Bode-Diagramm von schwingenden PT_2-Strecken und Näherung

Typische Werte sind in Tabelle 3.1 dargestellt.

Tabelle 3.1 Zusammenhang *D* zu Dekadenlänge einer Phasendrehung von 0° auf 90° für schwingende PT_2-Strecken

Dämpfung	% einer Dekadenlänge
0.1	20
0.3	50
0.5	70
0.7	85

Übung 11

Zeichnen Sie das Bode-Diagramm folgender Strecke und vergleichen Sie Ihr Ergebnis mit den in SimulationX von Ihnen gewonnenen Kurvenverläufen.

$$G_1 = \frac{10}{1 + s \cdot 1.5\,\mathrm{s} + s^2 \cdot 1\,\mathrm{s}^{-2}}$$

3.3.7 Bode-Diagramm des T_{tot}-Gliedes

$$G(s) = e^{-s \cdot T_{tot}}$$

Damit ist der Frequenzgang wie folgt:

$$F(j\omega) = e^{-j\omega \cdot T_{tot}}$$

Aus dem Frequenzgang lässt sich der Verlauf von Betrag und Phase leicht entwickeln, da die Struktur der einer komplexen Größe in Exponentialform entspricht.

Exponentialform:

$$F = |F| \cdot e^{j\varphi}$$

Daraus folgt:

$$|F| = 1 \text{ und } \quad \varphi = -\omega \cdot T_{tot}$$

(1) Amplitudengang einer T_{tot}-Strecke

Schritt 1a: Im Amplitudengang ist die Betragslinie über alle Frequenzen gleich 1 bzw. 0 dB (Bild 3.29).

(2) Phasengang einer T_{tot}-Strecke

Der Phasengang ist von der Kreisfrequenz abhängig und verläuft gekrümmt.

Schritt 1b: Es hat sich bewährt, zur Skizzierung drei Stützstellen zu berechnen und einzuzeichnen.

Stützpunkt	Kreisfrequenz	φ im Bogenmaß	φ im Gradmaß
1	$\omega = \frac{0.1}{T_{tot}}$	$\varphi = -\omega \cdot T_{tot} = \frac{0.1}{T_{tot}} \cdot T_{tot} = -0.1$	$\varphi = -5.73°$
2	$\omega = \frac{1}{T_{tot}}$	$\varphi = -\omega \cdot T_{tot} = \frac{1}{T_{tot}} \cdot T_{tot} = -1$	$\varphi = -57.3°$
3	$\omega = \frac{\pi}{T_{tot}}$	$\varphi = -\omega \cdot T_{tot} = \frac{\pi}{T_{tot}} \cdot T_{tot} = -\pi$	$\varphi = -180°$

Beispiel:

$$G(s) = e^{-s \cdot 0.2\,\mathrm{s}} \quad \text{mit } \frac{0.1}{T_{tot}} = 0.5\,\mathrm{s}^{-1};\ \frac{1}{T_{tot}} = 5\,\mathrm{s}^{-1};\ \frac{\pi}{T_{tot}} = 15.7\,\mathrm{s}^{-1}$$

Damit gibt es folgende Stützpunkte:

- Stützpunkt 1: (0.5 s^{-1}; –5.73°)
- Stützpunkt 2: (5 s^{-1}; –57.3°)
- Stützpunkt 3: (15.7 s^{-1}; –180°)

Schritt 2b: Die Stützstellen werden so verbunden, dass ein exponentieller Abfall entsteht (Bild 3.29).

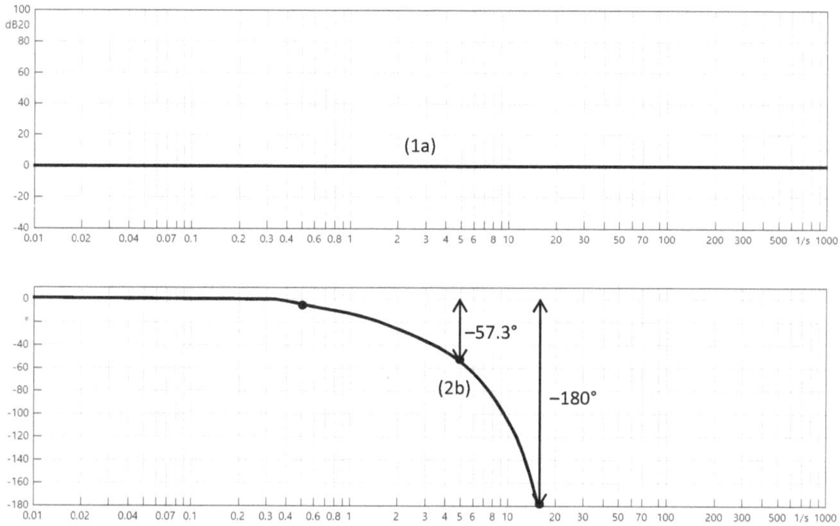

Bild 3.29 Bode-Diagramm der Totzeit

> **Video 15: Bodediagramm PI-Element mit Totzeit**
> Am Beispiel eines PI-Elements mit einer Totzeit wird in diesem Video die händische Konstruktion der Skelettkurven eines Bode-Diagramms demonstriert.

3.3.7.1 Erstellen des Bode-Diagramms von totzeitbehafteten Systemen mit SimulationX

Grundsätzlich ist es schwierig, das Bode-Diagramm von nichtlinearen Systemen zu zeichnen. So ist auch SimulationX derzeit nicht in der Lage, den Amplituden- und Phasengang von Systemen mit einem Totzeitelement zu erstellen. Um das System trotzdem reglungstechnisch im Frequenzbereich analysieren zu können, wird das Totzeitelement durch eine lineare Funktion angenähert. Das dafür genutzte Verfahren wird Padé-Approximation genannt.

3.3.7.2 Padé-Approximation

Der Ansatz der Padé-Approximation von Totzeitelementen besteht darin, die bekannte Taylor-Reihe für Exponentialfunktionen anzuwenden:

$$G_{\mathrm{tot}} = \mathrm{e}^{-s\cdot T_{\mathrm{tot}}} = 1 - \frac{s\cdot T_{\mathrm{tot}}}{1!} + \frac{(s\cdot T_{\mathrm{tot}})^2}{2!} + \ldots + (-1)^n \cdot \frac{(s\cdot T_{\mathrm{tot}})^n}{n!} + \ldots$$

Unter der Vorgabe der gewünschten Ordnung des Zähler- und Nennerpolynoms werden die Parameter der linearen Ersatzübertragungsfunktionen $G_{\mathrm{tot}*}$ bestimmt. Es ergeben sich die im Folgenden aufgeführten Gleichungen.

2. Ordnung

$$G_{\mathrm{tot2}*} = \frac{1 - \frac{s\cdot T_{\mathrm{tot}}}{2} + \frac{(s\cdot T_{\mathrm{tot}})^2}{12}}{1 + \frac{s\cdot T_{\mathrm{tot}}}{2} + \frac{(s\cdot T_{\mathrm{tot}})^2}{12}} \approx \mathrm{e}^{-s\cdot T_{\mathrm{tot}}}$$

3. Ordnung

$$G_{\mathrm{tot3}*} = \frac{1 - \frac{s\cdot T_{\mathrm{tot}}}{2} + \frac{(s\cdot T_{\mathrm{tot}})^2}{10} - \frac{(s\cdot T_{\mathrm{tot}})^3}{120}}{1 + \frac{s\cdot T_{\mathrm{tot}}}{2} + \frac{(s\cdot T_{\mathrm{tot}})^2}{10} + \frac{(s\cdot T_{\mathrm{tot}})^3}{120}} \approx \mathrm{e}^{-s\cdot T_{\mathrm{tot}}}$$

4. Ordnung

$$G_{\mathrm{tot4}*} = \frac{1 - \frac{s\cdot T_{\mathrm{tot}}}{2} + \frac{3\cdot(s\cdot T_{\mathrm{tot}})^2}{28} - \frac{(s\cdot T_{\mathrm{tot}})^3}{84} + \frac{(s\cdot T_{\mathrm{tot}})^4}{1680}}{1 + \frac{s\cdot T_{\mathrm{tot}}}{2} + \frac{3\cdot(s\cdot T_{\mathrm{tot}})^2}{28} + \frac{(s\cdot T_{\mathrm{tot}})^3}{84} + \frac{(s\cdot T_{\mathrm{tot}})^4}{1680}} \approx \mathrm{e}^{-s\cdot T_{tot}}$$

Die Zeitverläufe bei einer Totzeit von 10 s haben dann die in Bild 3.30 dargestellte Form.

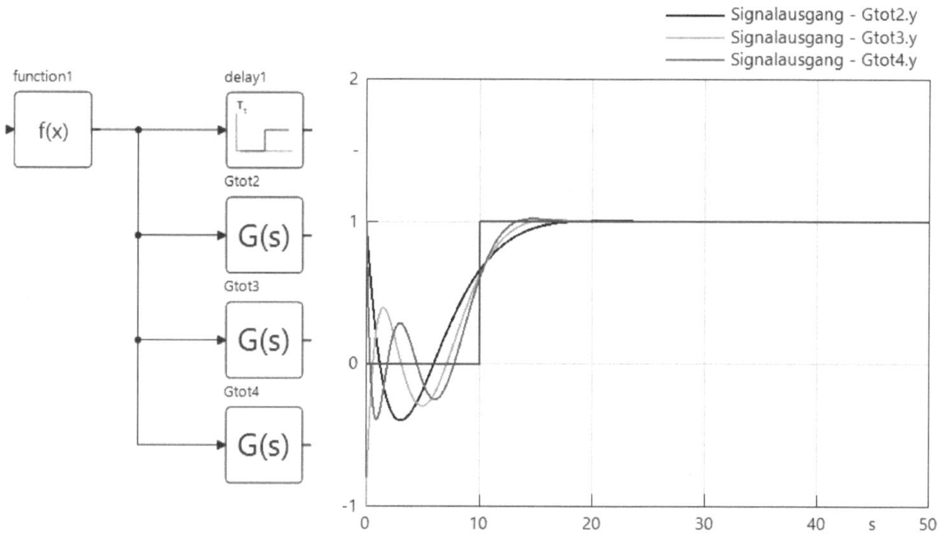

Bild 3.30 Sprungantwort der Totzeit und Näherungen

Im Frequenzbereich ergeben sich die Amplituden- und Phasengänge aus Bild 3.31.

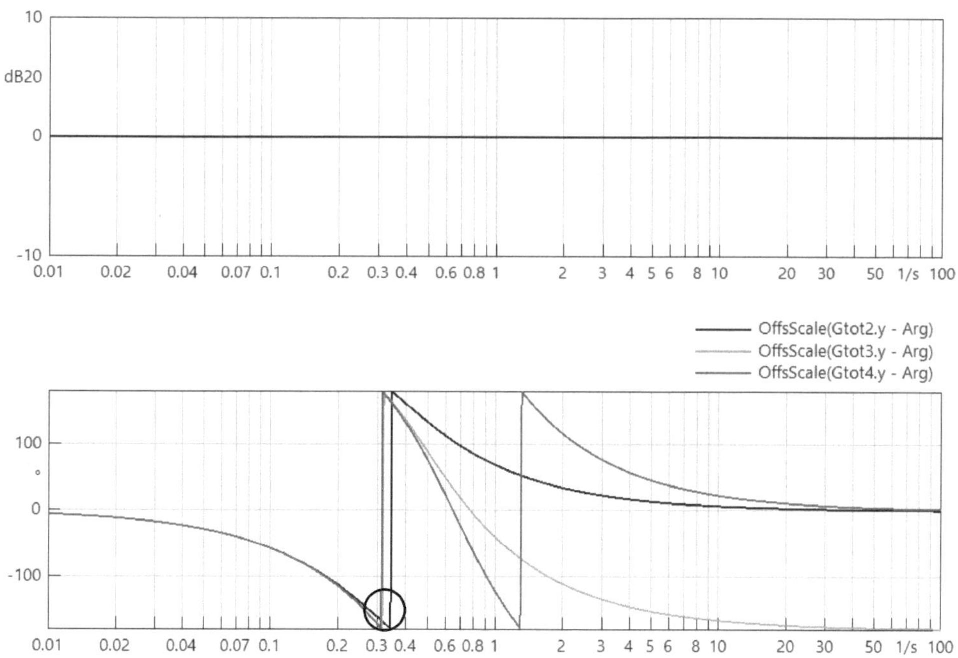

Bild 3.31 Bode-Diagramm der Totzeitnäherungen

Alle drei Ersatzübertragungsfunktionen haben einen Betrag von 0 dB über alle Frequenzen. Während G_{tot2^*} eine Phasendrehung von –360° durchläuft, sind es bei G_{tot3^*} –540° und bei G_{tot4^*} –720°. Entscheidend für die regelungstechnischen Betrachtungen ist aber der Bereich bis zur Phasendrehung von –180°, der bei einer Totzeit von 10 s bei $\pi/T_{tot} = \pi/10\,\mathrm{s} = 0.314\,\mathrm{s}^{-1}$ liegen sollte. Aus Bild 3.31 kann abgelesen werden, dass alle drei Approximationen diesen Sachverhalt näherungsweise erfüllen. In weiteren Betrachtungen wird die Approximation 2. Ordnung verwendet.

Video 16: Padé-approximiertes Totzeitglied

In diesem Video wird gezeigt, wie mithilfe des TypeDesigners in SimulationX ein Padé-approximiertes Totzeitglied erstellt werden kann, aus dem dann wiederum auch das Bode-Diagramm erstellbar ist.

Übung 12

Zeichnen Sie die Skelettkurven der im Folgenden aufgeführten Übertragungsglieder.

(1)

$$G(s) = \frac{10 \cdot (1 + s \cdot 1\,\mathrm{s})}{1 + s \cdot 10\,\mathrm{s}}$$

(2)

$$G(s) = \frac{6}{2 + s \cdot 2.4\,\mathrm{s} + s^2 \cdot 0.4\,\mathrm{s}^2}$$

(3)

$$G(s) = \frac{0.5\,\mathrm{s}^{-1}}{s + s^2 \cdot 0.1\,\mathrm{s}}$$

(4)

$$G(s) = \frac{0.5\,\mathrm{s}^{-1}}{s \cdot (1 + s \cdot 0.5\,\mathrm{s} + s^2 \cdot 2\,\mathrm{s}^2)}$$

(5)

$$G(s) = \frac{s \cdot 5\,\mathrm{s}}{1 + s \cdot 2\,\mathrm{s}} \cdot \mathrm{e}^{-s \cdot 0{,}3\,\mathrm{s}}$$

4 Streckenidentifikation

Bei der Streckenidentifikation wird auf zumeist experimentellen Weg versucht, Streckenkenntnis für die spätere Reglereinstellung zu erlangen.

4.1 Vorbetrachtung zur Streckenidentifikation

In Abschnitt 2.3.1 und Abschnitt 2.3.2 wurde an mehreren einfachen Beispielen erklärt, wie man den mathematischen Zusammenhang zwischen Ein- und Ausgangsgröße für verschiedene Systeme ermittelt. Dies erfolgte mithilfe physikalischer Gesetzmäßigkeiten wie den Kirchhoff'schen Regeln oder dem Energieerhaltungssatz. Man bezeichnet dieses Vorgehen als **White-Box-Prinzip**, da das System quasi komplett physikalisch durchleuchtet wird.

In der Praxis stößt diese Herangehensweise schnell an ihre Grenzen, da manche Systeme nur schwer physikalisch exakt beschreibbar sind. Entweder sie sind unscharf, wie z. B. Temperaturstrecken oder biologische Systeme. oder sie sind zu komplex, als dass eine Identifikation der Strecken nach dem White-Box-Prinzip möglich wäre. Beispielhaft sei hier das Temperaturverhalten eines Raumes genannt (Bild 4.1).

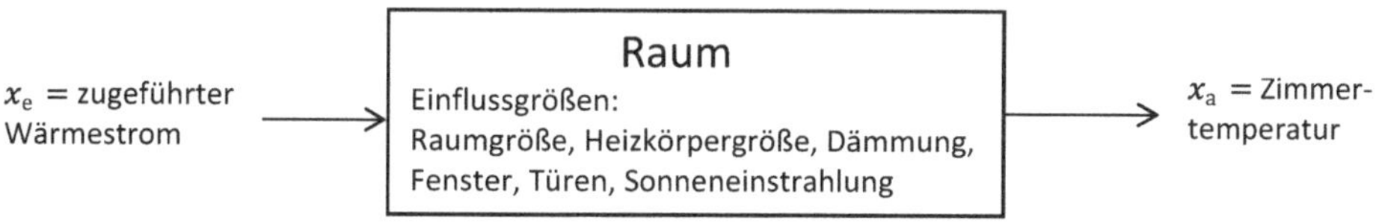

Bild 4.1 Schema einer Temperaturstrecke

Ein Modell für solch eine Strecke zu erstellen, scheint schwierig. Der praktikablere Weg ist in diesem Fall ein experimenteller Ansatz. Dabei wird versucht, nur anhand eines Einschaltversuchs auf die Übertragungsfunktion zu schließen. Man bezeichnet dies als **Black-Box-Prinzip**, da alle inneren Gesetzmäßigkeiten und Zusammenhänge im Dunkeln bleiben.

Dazu geht man wie folgt vor: Auf die Strecke wird ein Testsignal (vorzugsweise ein Sprung) gegeben und die Antwort aufgezeichnet. Mit anderen Worten: Man schaltet ein und betrachtet den entstehenden Zeitverlauf des Ausgangs (Bild 4.2).

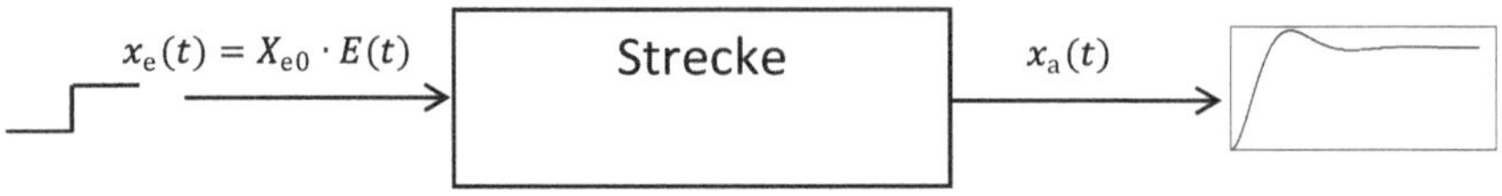

Bild 4.2 Schema der Identifikation

Nachfolgend wird für verschiedene Strecken erklärt, wie man aus der Sprungantwort auf die Übertragungsfunktion schließen kann. Dabei muss anhand der Kurvenform zuerst die Streckenart ermittelt werden und danach müssen die beschreibenden Parameter bestimmt werden.

4.2 Streckenidentifikation von Systemen mit Ausgleich

Strecken mit Ausgleich haben immer einen Beharrungszustand, der ungleich 0 ist.

(1) P-Strecke

Übertragungsfunktion: $G(s) = \frac{x_a(s)}{x_e(s)} = K$

Symbol:

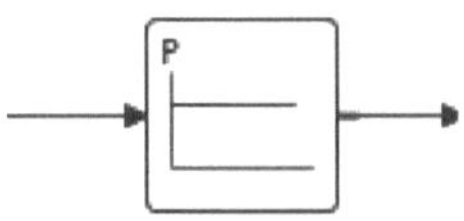

Kurvencharakteristik: Eingang und Ausgang haben einen proportionalen Verlauf.

Die Sprungantwort ist in Bild 4.3 dargestellt.

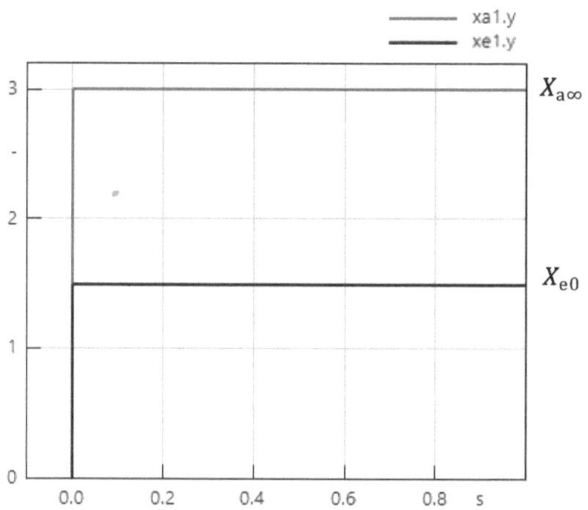

Mit

$$K = \frac{X_{a\infty}}{X_{e0}} \xrightarrow{\text{hier}} = \frac{3}{1.5} = 2$$

Bild 4.3 Sprungantwort des P-Gliedes

(2) PT_1-Strecke

Übertragungsfunktion: $G(s) = \frac{x_a(s)}{x_e(s)} = \frac{K}{1+s \cdot T_1}$

Symbol:

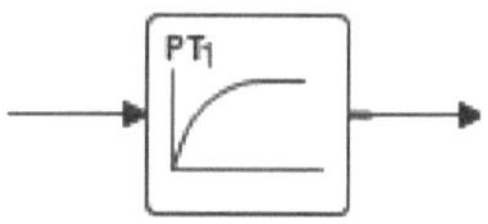

Kurvencharakteristik: Der Ausgang läuft ohne einen Wendepunkt in den Beharrungszustand.

Die Sprungantwort ist in Bild 4.4 dargestellt.

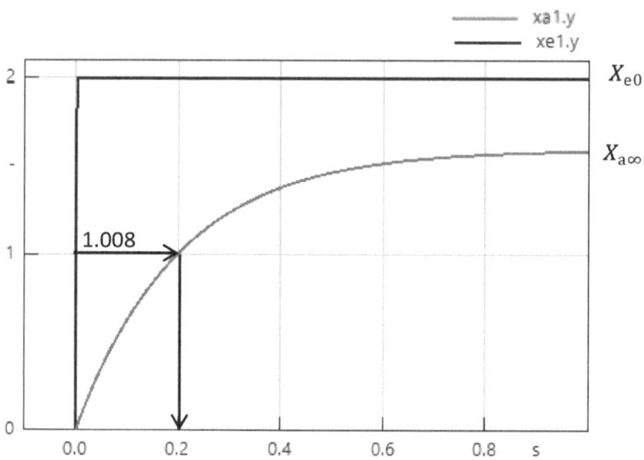

Mit

$$K = \frac{X_{a\infty}}{X_{e0}} \xrightarrow{\text{hier}} = \frac{1.6}{2} = 0.8$$

und T_1 über 63 %-Methode:

$$0.63 \cdot X_{a\infty} = f(t = T_1)$$

$$\xrightarrow{\text{hier}} = 0.63 \cdot 1.6 = 1.008$$

Abgelesen: $T_1 = 0.2s$

Ergebnis: $G(s) = \frac{0.8}{1 + s \cdot 0.2s}$

Bild 4.4 Sprungantwort des PT_1-Gliedes

Video 17: Identifikation Temperaturstrecke mit PT_1-Verhalten (siehe auch *12_Video17_Ident_PT1_Temp.isx*)

In diesem Video wird das Vorgehen der Streckenidentifikation nach dem Black-Box-Prinzip am Beispiel einer Temperaturstrecke mit PT_1-Verhalten demonstriert.

(3) nicht schwingende PT_n-Strecke

Übertragungsfunktion: $G(s) = \frac{x_a(s)}{x_e(s)} = \frac{K}{(1+s\cdot T_1)\cdot(1+s\cdot T_2)\cdot\ldots\cdot(1+s\cdot T_n)}$

Symbol:

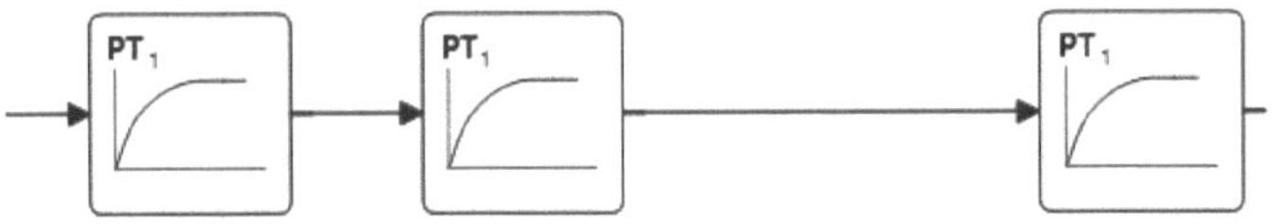

Kurvencharakteristik: Der Ausgang läuft über einem Wendepunkt, aber ohne Überschwingen in den Beharrungszustand.

Die Sprungantwort ist in Bild 4.5 dargestellt.

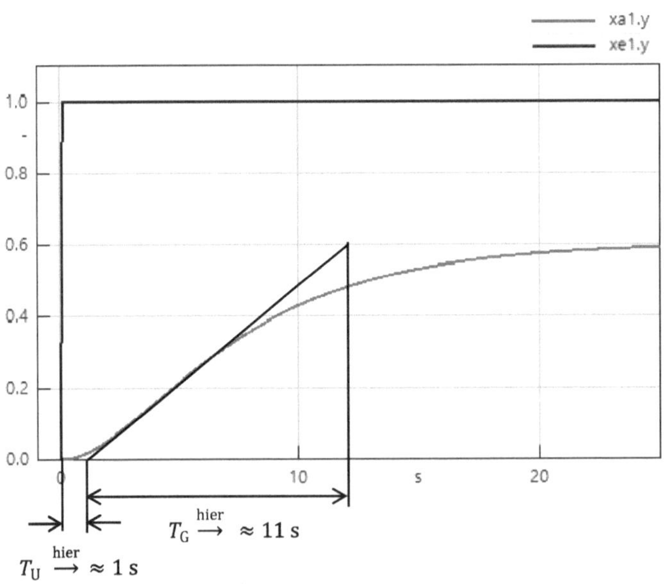

Mit

$$K = \frac{X_{a\infty}}{X_{e0}} \xrightarrow{\text{hier}} = \frac{0.6}{1} = 0.6$$

und Verzugszeit T_U bzw. Ausgleichszeit T_G

Bestimmen über Wendetangentenverfahren, d. h. eine Wendetangente einzeichnen und die Zeiten ablesen

Bild 4.5 Sprungantwort des nicht schwingenden PT_2-Gliedes

Aus dem Verhältnis von T_G/T_U wird die Struktur der angenommenen Übertragungsfunktion vorgegeben:

- $\frac{T_G}{T_U} < 9.65$ (Annahme: mehrere PT_1-Strecken mit gleicher Zeitkonstante)
  $\rightarrow G(s) = \frac{x_a(s)}{x_e(s)} = \frac{K}{(1 + s \cdot T_1)^n}$
- $\frac{T_G}{T_U} > 9.65$ (Annahme: zwei PT_1-Strecken)
  $\rightarrow G(s) = \frac{x_a(s)}{x_e(s)} = \frac{K}{(1 + s \cdot T_1) \cdot (1 + s \cdot T_2)}$

Als Nächstes müssen noch in Abhängigkeit des Verhältnisses von T_G/T_U die Zeitkonstanten T_1 und die Ordnung n bzw. T_1 und T_2 bestimmt werden.

Ablauf (Fall 1):

$$\frac{T_G}{T_U} > 9.65$$

$$y_h = \frac{x_a(t_{70}/4)}{x_a(t \rightarrow \infty)}$$

Nutzen Sie Tabelle 4.1.

Tabelle 4.1 k^*-Ermittlung

y_h	$k^* = T_2/T_1$
0.126	1
0.133	2
0.146	3
0.157	4
0.167	5
0.178	6
0.186	7
0.191	8
0.199	9
0.22	10

T_1 und T_2 werden wie folgt bestimmt:

$$T_1 = \frac{t_{70}}{1.2 \cdot (1 + k^*)}$$

$$T_2 = T_1 \cdot k^*$$

Ablauf (Fall 2):

$$\frac{T_G}{T_U} < 9.65$$

Nutzen Sie Tabelle 4.2.

Tabelle 4.2 T_1-Ermittlung

T_G/T_U	n	T_G/T_1	T_U/T_1
9.65	2	2.72	0.28
4.58	3	3.69	0.8
3.13	4	4.46	1.42
2.44	5	5.12	2.1
2.03	6	5.70	2.81
1.75	7	6.23	3.55
1.56	8	6.71	4.30
1.41	9	7.16	5.08
1.29	10	7.59	5.87

Bei unterschiedlichen T_1-Werten wird der Durchschnitt gebildet.

Video 18: Identifikation nichtschwingende PT_2-Strecke I (siehe auch *13_Video18_Ident_PT2nichtschw_Druck.isx*)

Anhand von zwei in Reihe liegenden Druckbehältern wird in diesem Video die Streckenidentifikation einer nichtschwingenden PT_2-Strecke demonstriert.

Video 19: Identifikation nichtschwingende PT_n-Strecke II (siehe auch *14_Video19_Ident_PTnnichtschw_Druck.isx*)

Anhand von drei in Reihe liegenden Druckbehältern wird in diesem Video die Streckenidentifikation einer nichtschwingenden PT_n-Strecke demonstriert.

(4) schwingende PT_n-Strecke (Annahme: PT_2)

Übertragungsfunktion: $G(s) = \frac{x_a(s)}{x_e(s)} = \frac{K}{1+s\cdot\frac{2D}{\omega_0}+\frac{s^2}{\omega_0{}^2}}$

Symbol:

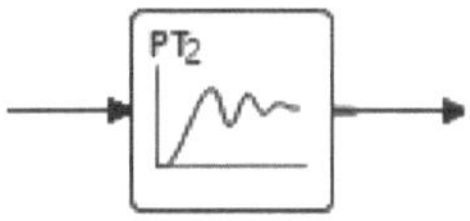

Kurvencharakteristik: Die Sprungantwort schwingt sich auf einen Endwert ein.

Die Sprungantwort ist in Bild 4.6 dargestellt.

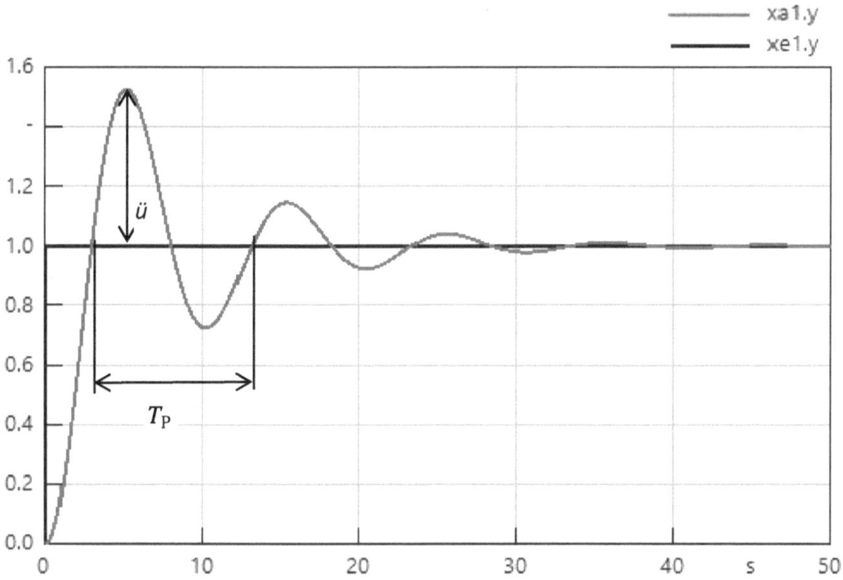

Bild 4.6 Sprungantwort des schwingenden PT_2-Gliedes

Mit

$$K = \frac{X_{a\infty}}{X_{e0}} \xrightarrow{\text{hier}} = \frac{1}{1} = 1$$

Dämpfung:

$$D = \frac{1}{\sqrt{1+\left(\frac{\pi}{\ln\left(\frac{\ddot{u}}{x_{a\infty}}\right)}\right)^2}} \xrightarrow{\text{hier}} = \frac{1}{\sqrt{1+\left(\frac{\pi}{\ln\left(\frac{0.5}{1}\right)}\right)^2}} = 0.215$$

Kreisfrequenz:

$$\omega_0 = \frac{2\pi}{T_P \cdot \sqrt{1 - D^2}} \xrightarrow{\text{hier}} = \frac{2\pi}{10\,\text{s} \cdot \sqrt{1 - 0.215^2}} = 0.63\,\text{s}^{-1}$$

Ergebnis:

$$G(s) = \frac{x_a(s)}{x_e(s)} = \frac{1}{1 + s \cdot 0.68\,\text{s} + s^2 \cdot 2.52\,\text{s}^2}$$

4.3 Streckenidentifikation von Systemen ohne Ausgleich

(1) I-Strecke

Übertragungsfunktion: $G(s) = \frac{x_a(s)}{x_e(s)} = \frac{K_i}{s}$

Symbol:

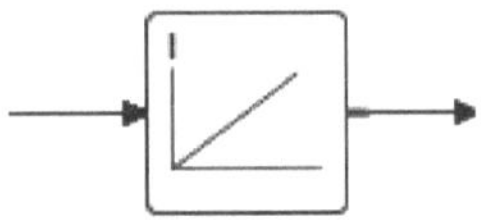

Kurvencharakteristik: Bei konstantem Eingang hat der Ausgang eine konstante Steigung.

Die Sprungantwort ist in Bild 4.7 dargestellt.

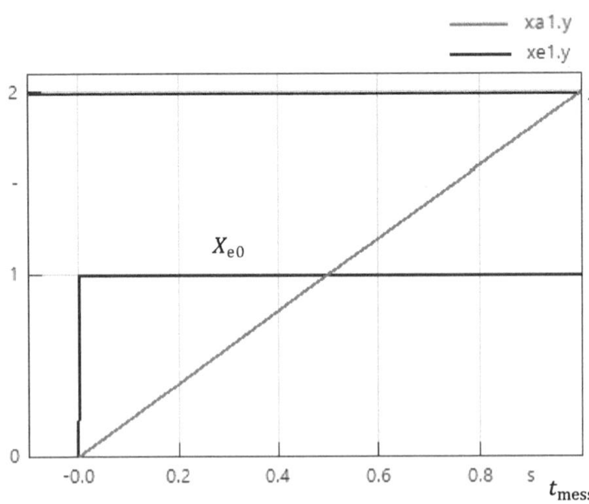

$x_a(t_{mess})$

Mit

$$K_i = \frac{x_a(t_{mess})}{X_{e0} \cdot t_{mess}} \xrightarrow{\text{hier}} = \frac{2}{1 \cdot 1\text{s}} = 2\text{s}^{-1}$$

t_{mess} beliebig wählbar

Ergebnis: $G(s) = \frac{x_a(s)}{x_e(s)} = \frac{2\text{s}^{-1}}{s}$

$t_{mess} \xrightarrow{\text{hier}} = 1\text{s}$

Bild 4.7 Sprungantwort des I-Gliedes

(2) IT_n-Strecke

Übertragungsfunktion: $G(s) = \frac{x_a(s)}{x_e(s)} = \frac{K_i}{s \cdot (1+s \cdot T_1)^n}$

Symbol (nur IT_1):

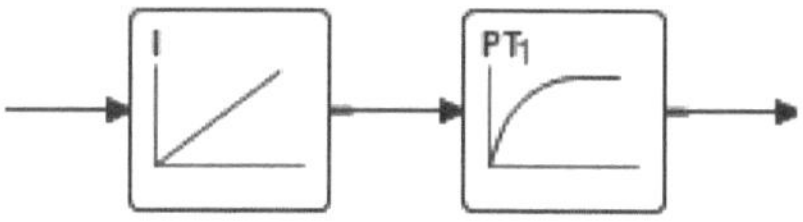

Kurvencharakteristik: Der Ausgang geht verzögert in eine konstante Steigung über.

Die Sprungantwort ist in Bild 4.8 dargestellt.

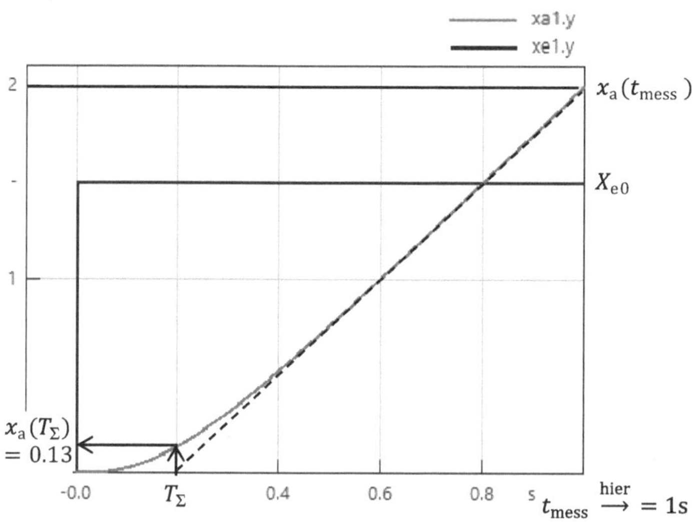

Bild 4.8 Sprungantwort des IT_1-Gliedes

Mit

$$T_\Sigma = \text{Schnittpunkt der Asymptote mit x-Achse} \xrightarrow{\text{hier}} T_\Sigma = 0.2\ \text{s}$$

$$K_i = \frac{x_a(t_{mess})}{X_{e0} \cdot (t_{mess} - T_\Sigma)} \xrightarrow{\text{hier}} = \frac{2}{1.5 \cdot (1\ \text{s} - 0.2\ \text{s})} = 1.67\ \text{s}^{-1}$$

$$X_{hilf} = \frac{x_a(T_\Sigma)}{X_{e0} \cdot K_i \cdot T_\Sigma} \xrightarrow{\text{hier}} = \frac{0.13}{1.5 \cdot 1.67\ \text{s}^{-1} \cdot 0.2\ \text{s}} = 0.26$$

Ordnung n wird über die Tabelle bestimmt:

n	1	**2**	3	4	5
X_{hilf}	0.368	**0.27**	0.224	0.195	0.175

$$T_1 = \frac{T_\Sigma}{n} \xrightarrow{\text{hier}} = \frac{0.2\text{ s}}{2} = 0.1\text{ s}$$

Ergebnis:

$$G(s) = \frac{x_a(s)}{x_e(s)} = \frac{1.67\text{ s}^{-1}}{s \cdot (1 + s \cdot 0.1\text{ s})^2}$$

(3) DT$_1$-Strecke

Übertragungsfunktion: $G(s) = \frac{x_a(s)}{x_e(s)} = \frac{s \cdot K_D}{(1+s \cdot T_1)}$

Symbol:

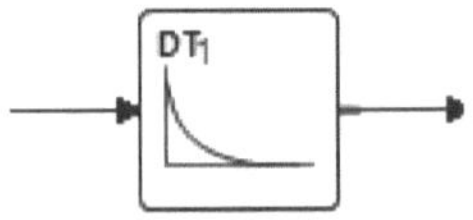

Kurvencharakteristik: Nach einem sprunghaften Anstieg kehrt der Ausgang ohne Wendepunkt in den Ruhezustand zurück.

Die Sprungantwort ist in Bild 4.9 dargestellt.

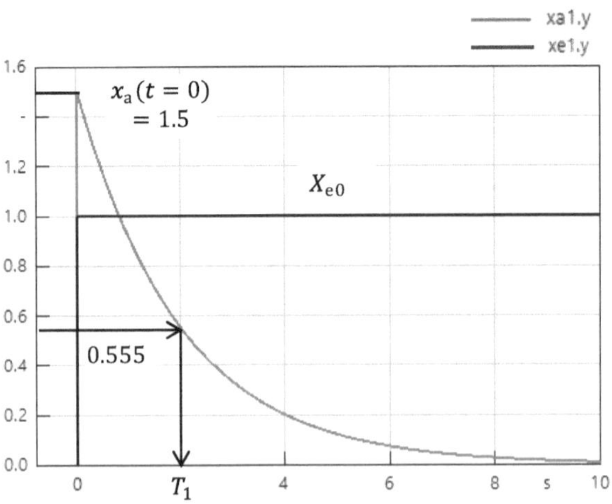

Mit T_1 über 37 %-Methode:

$0.37 \cdot x_a(t=0) = f(t = T_1)$

$\xrightarrow{\text{hier}} = 0.37 \cdot 1.5 = 0.555$

Abgelesen: $T_1 = 2\text{s}$

$$K_D = \frac{x_a(t=0)}{X_{e0}} \cdot T_1$$

$$\xrightarrow{\text{hier}} = \frac{1.5}{1} \cdot 2\text{s} = 3\text{s}$$

Ergebnis: $G(s) = \frac{x_a(s)}{x_e(s)} = \frac{s \cdot 3\text{s}}{1 + s \cdot 2\text{s}}$

Bild 4.9 Sprungantwort des DT$_1$-Gliedes

(4) T_{tot}-Strecke

Übertragungsfunktion: $G(s) = \frac{x_a(s)}{x_e(s)} = e^{-s \cdot T_{tot}}$

Symbol:

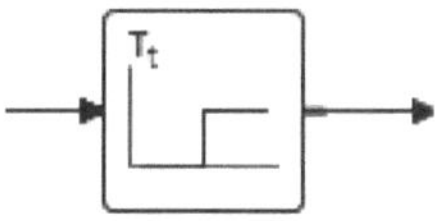

Kurvencharakteristik: Der Ausgang ist um die Totzeit zum Eingangssignal verschoben.

Die Sprungantwort ist in Bild 4.10 dargestellt.

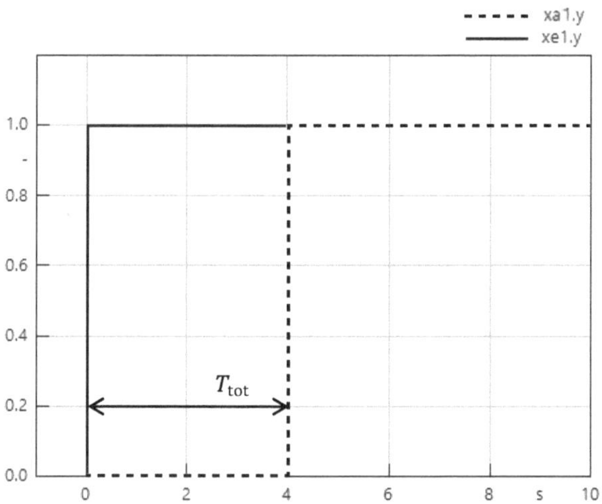

Mit T_{tot} abgelesen:

$T_{tot} = 4\ \text{s}$

Ergebnis: $G(s) = \frac{x_a(s)}{x_e(s)} = e^{-s \cdot 4\text{s}}$

Kommentar: T_{tot}-Strecken treten zumeist in Verbindung mit anderen Streckenarten auf.

Bild 4.10 Sprungantwort des T_{tot}-Gliedes

Übung 13

Identifizieren Sie folgende SimulationX-Modelle:

- *1_Übung13_Druckzylinder.isx*
- *2_Übung13_Pneumatikrohr.isx*
- *3_Übung13_RSK.isx*
- *4_Übung13_DCM.isx*
- *5_Übung13_DCMmitTrieb1.isx*
- *6_Übung13_Hydzyl.isx*
- *7_Übung13_DCMmitTrieb2.isx*

Überprüfen Sie die Richtigkeit ihrer Identifikation unter Nutzung der Blöcke *Allgemeine Übertagungsfunktion* und *Totzeit.*

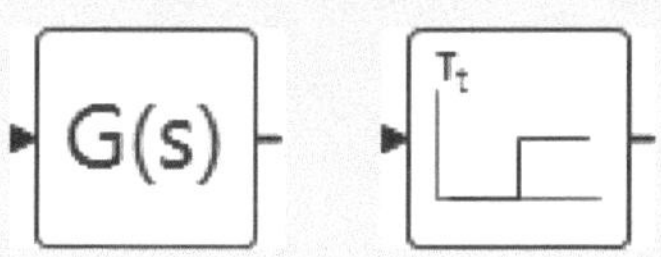

5 Statikbetrachtung von Regelkreisen

Die Auswahl der klassischen Regler erfolgt grundlegend anhand der zu erwartenden Statik des Regelkreises.

5.1 Vorbetrachtung

Nachdem in den vorangegangenen Kapiteln erklärt wurde, wie Regelkreise aufgebaut sind und wie die entsprechenden Parameter der Regelkreisglieder bestimmt werden können, soll nun der Regler ausgewählt und dimensioniert werden.

Der klassische Anwendungsfall einer Regelung besteht darin, dass auf eine schlagartige Änderung der Führungs- oder Störgröße reagiert wird. Egal ob eine neue Drehzahl, eine neue Position, eine neue Temperatur oder ein neuer Füllstand gewünscht werden, die Führungsgröße, aber auch die Störungen, ändern sich zumeist sprunghaft. In den nachfolgenden Betrachtungen wird daher immer von einem Eingangssprung als Erregung ausgegangen (alternativ siehe Abschnitt 9.4.1).

Die erste und grundlegendste Forderung an eine Regelung ist, dass der aktuelle Wert (Regelgröße x) den gewünschten Wert (Führungsgröße w) irgendwann erreicht. Mit anderen Worten: Nach dem Abklingen aller Einschwingvorgänge (Betrachtung der Statik) soll die (ver)bleibende Regelabweichung null werden:

$$\lim_{t \to \infty} e(t) = 0$$

Um das statische Verhalten bei einem Eingangssprung zu berechnen, ohne den Limes zu ziehen, wird folgender Ansatz verwendet: Das statische Verhalten eines Systems bei einem Eingangssprung kann abgelesen werden, wenn in der Differentialgleichung alle Änderungen (sprich 1. Ableitungen) gleich 0 gesetzt werden oder im Laplace-

Bereich (Dunkelheit) alle komplexen Operatoren s der Übertragungsfunktion gleich 0 gesetzt werden.

Beispiele: mit $x_e(t) = 1 \cdot E(t)$

$$G_1(s) = \frac{3}{1 + s \cdot 3\,\mathrm{s} + s^2 \cdot 5\,\mathrm{s}^2} \stackrel{s=0}{\Longrightarrow} G_{stat}(s = 0) = 3$$

$$x_{astat}(t) = G_{stat} \cdot X_{e0} = 3$$

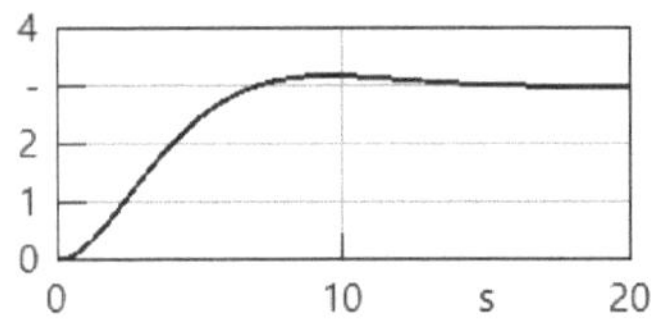

Der Laplace-Operator kann bei einem Eingangssprung ignoriert werden (siehe Abschnitt 9.4.1).

$$G_2(s) = \frac{8 \cdot (1 + s \cdot 1\,\mathrm{s})}{(2 + s \cdot 1\,\mathrm{s}) \cdot (1 + s \cdot 3\,\mathrm{s})} \stackrel{s=0}{\Longrightarrow} G_{stat}(s = 0) = 4$$

$$x_{astat}(t) = G_{stat} \cdot X_{e0} = 4$$

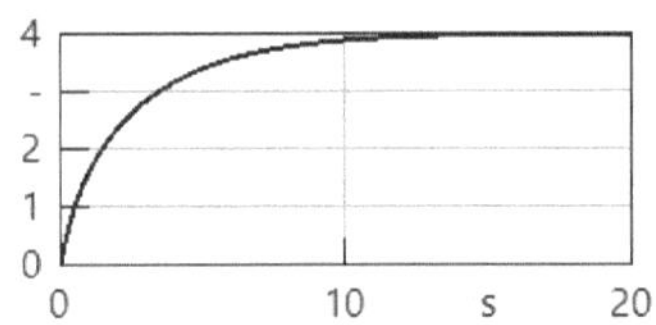

$$G_3(s) = \frac{0.2\,\mathrm{s}^{-1}}{s \cdot (1 + s \cdot 5\,\mathrm{s})} \stackrel{s=0}{\Longrightarrow} G_{stat}(s = 0) = \frac{0.2\,\mathrm{s}^{-1}}{0} => \infty$$

$$x_{astat}(t) = G_{stat} \cdot X_{e0} = \infty$$

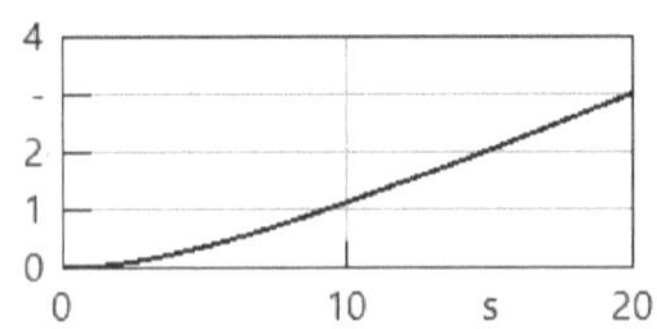

I-Glieder haben keinen Beharrungszustand. Deswegen heißen sie auch Strecken ohne Ausgleich.

$$G_4(s) = \frac{s \cdot 20\,\text{s}}{(1 + s \cdot 2\,\text{s})\,(1 + s \cdot 3\,\text{s})} \xRightarrow{s=0} G_{\text{stat}}(s = 0) = 0$$

$$x_{\text{astat}}(t) = G_{\text{stat}} \cdot X_{\text{e0}} = 0$$

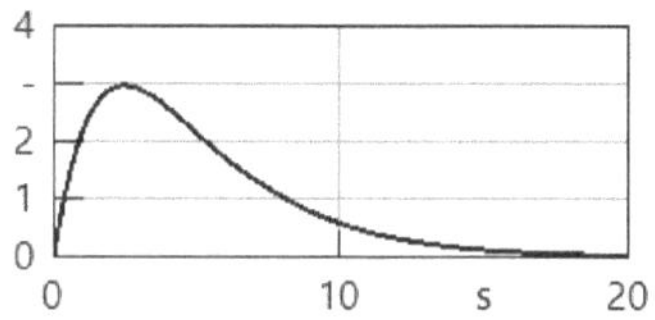

DT$_n$-Glieder klingen immer zu 0 ab.

5.2 Berechnung der bleibenden Regelabweichung

Video 20: Bleibende Regelabweichung (siehe auch *15_Video20_bleibendeRegelabw_Temp.isx, 16_Video20_bleibendeRegelabw_DCM.isx* und *17_Video20_bleibendeRegelabw_Füllstand.isx*)

Die praktische Bedeutung einer bleibenden Regelabweichung wird in diesem Video an drei Beispielen vorgeführt.

Um die bleibende Regelabweichung zu bestimmen, muss zuerst die Übertragungsfunktion des gesamten Kreises ermittelt werden. Dabei ist entscheidend, ob eine Führungsgrößenregelung (w ändert sich) oder eine Störgrößenregelung (z ändert sich) vorliegt. Danach wird $s = 0$ gesetzt und der erhaltene Wert mit der Eingangssprunghöhe multipliziert. Das Ergebnis ist die statische Regelgröße x_{stat}. Mit Führungsgröße minus statische Regelgröße erhält man die bleibende Regelabweichung e_{stat}.

$$w(t) = W_0 \cdot E(t)$$

$$z(t) = Z_0 \cdot E(t)$$

$$x_{\text{stat}}(t) = G_{\text{stat}} \cdot (W_0 \text{ oder } Z_0) \text{ mit } G_{\text{stat}} = G_{\text{w/z}}(s = 0)$$

$$e_{\text{stat}} = W_0 - x_{\text{stat}} = W_0 - G_{\text{stat}} \cdot W_0$$

5.2.1 Berechnung der bleibenden Regelabweichung bei einer Führungsgrößenregelung

Bei einer Führungsgrößenregelung (siehe Abschnitt 2.2.2) gilt:

$$G_{\text{stat}} = G_{\text{W}}(s=0) = \frac{G_{\text{R}} \cdot G_{\text{S}}}{1 + G_{\text{R}} \cdot G_{\text{S}}} \text{ mit } s = 0$$

Bei der Bestimmung von e_{stat} werden folgende vier Schritte durchlaufen:

1. G_{w} bestimmen
2. G_{stat} ermitteln
3. x_{stat} berechnen
4. e_{stat} berechnen

Beispiel:

Gegeben ist der in Bild 5.1 gezeigte Regelkreis mit $K_{\text{R}} = 12$; $K_{\text{S}} = 2$; $T_1 = 5$ s.

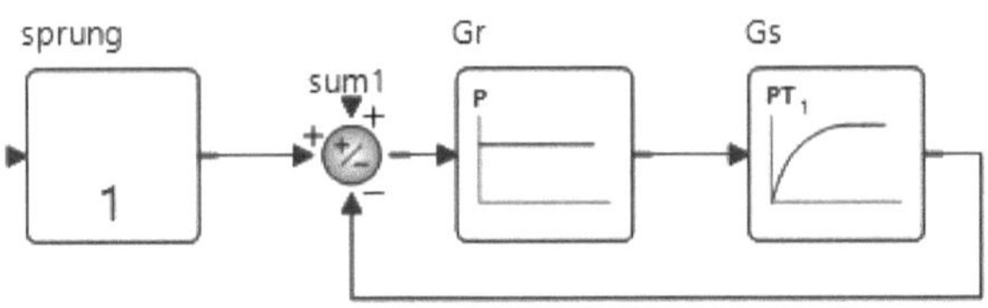

Bild 5.1 Screenshot des Regelkreises einer Führungsgrößenregelung

Gesucht ist die bleibende Regelabweichung bei einem Eingang $w(t) = 1 \cdot E(t)$.

Lösung:

1. G_{w} bestimmen

$$G_{\text{W}} = \frac{12 \cdot \frac{2}{1+s\cdot 5\text{ s}}}{1 + 12 \cdot \frac{2}{1+s\cdot 5\text{ s}}} = \frac{24}{25 + s \cdot 5\text{ s}}$$

2. G_{stat} ermitteln

$$G_{\text{stat}} = G_{\text{W}}(s=0) = \frac{24}{25} = 0.96$$

3. x_{stat} berechnen

$$x_{\text{stat}} = G_{\text{stat}} \cdot W_0 = 0.96 \cdot 1 = 0.96$$

4. e_{stat} berechnen (Bild 5.2)

$$e_{stat} = W_0 - x_{stat} = 1 - 0.96 = 0.04 \neq 0!!$$

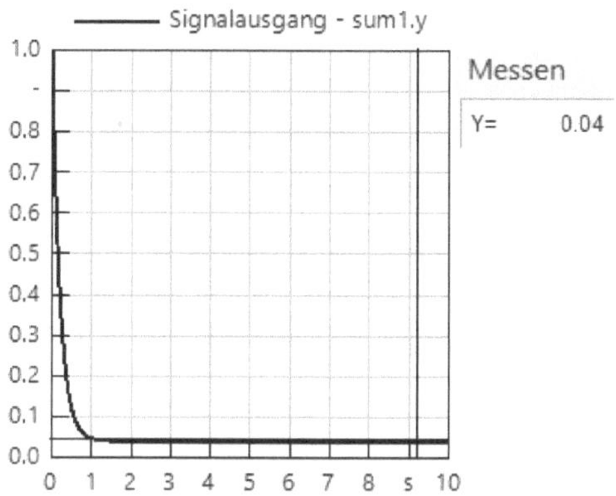

Bild 5.2 Zeitverlauf von *e* für das Beispiel aus Bild 5.1

5.2.2 Berechnung der bleibenden Regelabweichung bei einer Störgrößenregelung

Bei einer Störgrößenreglung ändert sich bekanntermaßen die Formel zur Bestimmung der Übertragungsfunktion des Regelkreises (siehe Abschnitt 2.2.3 und Abschnitt 2.2.4).

$$G_{z1}(s) = \frac{G_S}{1 + G_R \cdot G_S}; \quad G_{z2}(s) = \frac{1}{1 + G_R \cdot G_S}$$

Ansonsten ist die Berechnung entsprechend der Führungsgrößenregelung.

Zur Bestimmung von e_{stat} werden wieder folgende vier Schritte durchlaufen:

1. $G_{z1/z2}$ bestimmen
2. G_{stat} ermitteln
3. x_{stat} berechnen
4. e_{stat} berechnen

Beispiel:

Gegeben ist der in Bild 5.3 gezeigte Regelkreis mit $K_R = 12$; $K_S = 2$; $T_1 = 5$ s.

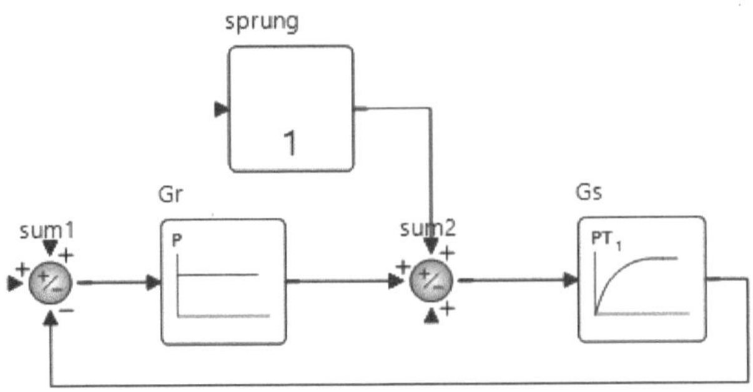

Bild 5.3 Screenshot des Regelkreises einer Versorgungsstörgrößenregelung

Gesucht ist die bleibende Regelabweichung bei einem Störeingang $z_1(t) = 1 \cdot E(t);\ w(t) = 0$.

Lösung:

1. G_{z1} bestimmen

$$G_{z1} = \frac{\frac{2}{1+s\cdot 5\,\text{s}}}{1 + 12 \cdot \frac{2}{1+s\cdot 5\,\text{s}}} = \frac{2}{25 + s \cdot 5\,\text{s}}$$

2. G_{stat} ermitteln

$$G_{stat} = G_{z1}(s = 0) = \frac{2}{25} = 0.08$$

3. x_{stat} berechnen

$$x_{stat} = G_{stat} \cdot Z_{10} = 0.08 \cdot 1 = 0.08$$

4. e_{stat} berechnen (Bild 5.4)

$$e_{stat} = W_0 - x_{stat} = 0 - 0.08 = -0.08 \neq 0!!$$

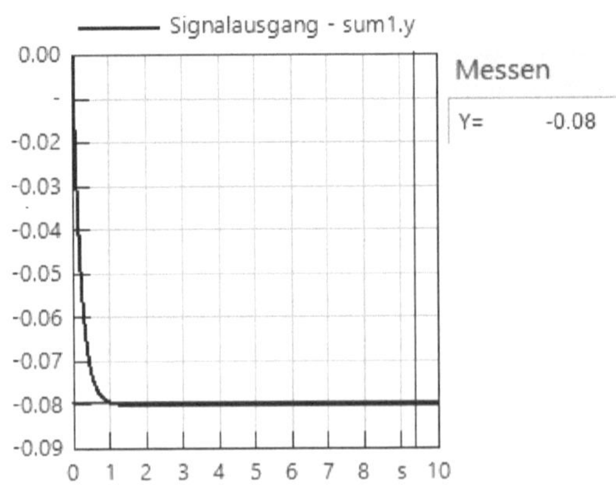

Bild 5.4
Zeitverlauf von e für das Beispiel aus Bild 5.3

5.2.3 Berechnung der Regelabweichung bei Regelkreisen mit integralem Anteil

Bei Regelkreisen ohne integralen Anteil wird die bleibende Regelabweichung immer ungleich null sein. Dies ergibt sich schon aus den allgemeinen Formeln.

Führungsgrößenregelung

$$e = w - x = w - G_W \cdot w = w \cdot \left(1 - \frac{G_R \cdot G_S}{1 + G_R \cdot G_S}\right) = w \cdot \left(\frac{1}{1 + G_R \cdot G_S}\right)$$

Mit

$$G_R \cdot G_S = G_O = \frac{a_0 + s \cdot a_1 + \ldots + s^m \cdot a_m}{b_0 + s \cdot b_1 + \ldots + s^{n-1} \cdot b_{n-1} + s^n \cdot b_n}$$

folgt

$$e = w \cdot \left(\frac{1}{1 + \frac{a_0 + s \cdot a_1 + \ldots + s^m \cdot a_m}{b_0 + s \cdot b_1 + \ldots + s^{n-1} \cdot b_{n-1} + s^n \cdot b_n}}\right)$$

$$e = w \cdot \left(\frac{b_0 + s \cdot b_1 + \ldots + s^{n-1} \cdot b_{n-1} + s^n \cdot b_n}{b_0 + s \cdot b_1 + \ldots + s^{n-1} \cdot b_{n-1} + s^n \cdot b_n + a_0 + s \cdot a_1 + \ldots + s^m \cdot a_m}\right)$$

$$e_{stat} = e(s = 0) = w \cdot \left(\frac{b_0}{b_0 + a_0}\right)$$

Daraus lässt sich ableiten, dass e_{stat} nur dann zu null wird, wenn $b_0 = 0$ ist und gleichzeitig $a_0 \neq 0$ ist. Das Fehlen des b_0-Parameters deutet aber auf die notwendige Existenz eines I-Anteils hin.

Beispiel:

Gegeben ist der in Bild 5.5 gezeigte Regelkreis: mit $K_R = 3$; $K_i = 1\ s^{-1}$; $K_S = 2$; $T_1 = 0.13$ s.

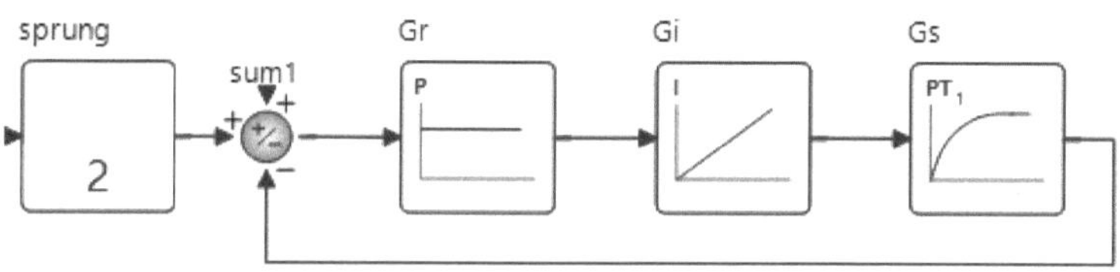

Bild 5.5 Screenshot des Regelkreises einer Führungsgrößenregelung mit I-Anteil

Gesucht wird die bleibende Regelabweichung bei einem Eingang $w(t) = 2 \cdot E(t)$.

Lösung:

1. G_w bestimmen:

$$G_\mathrm{W} = \frac{3 \cdot \frac{1\,\mathrm{s}^{-1}}{s} \cdot \frac{2}{1+s\cdot 0.13\,\mathrm{s}}}{1 + 3 \cdot \frac{1\,\mathrm{s}^{-1}}{s} \cdot \frac{2}{1+s\cdot 0.13\,\mathrm{s}}} = \frac{6\,\mathrm{s}^{-1}}{s \cdot (1 + s \cdot 0.13\,\mathrm{s}) + 6\,\mathrm{s}^{-1}}$$

2. G_stat ermitteln

$$G_\mathrm{stat} = G_\mathrm{W}(s = 0) = \frac{6\,\mathrm{s}^{-1}}{6\,\mathrm{s}^{-1}} = 1$$

3. x_stat berechnen

$$x_\mathrm{stat} = G_\mathrm{stat} \cdot W_0 = 1 \cdot 2 = 2$$

4. e_stat berechnen (Bild 5.6)

$$e_\mathrm{stat} = W_0 - x_\mathrm{stat} = 2 - 2 = 0$$

Es gibt demnach keine bleibende Regelabweichung.

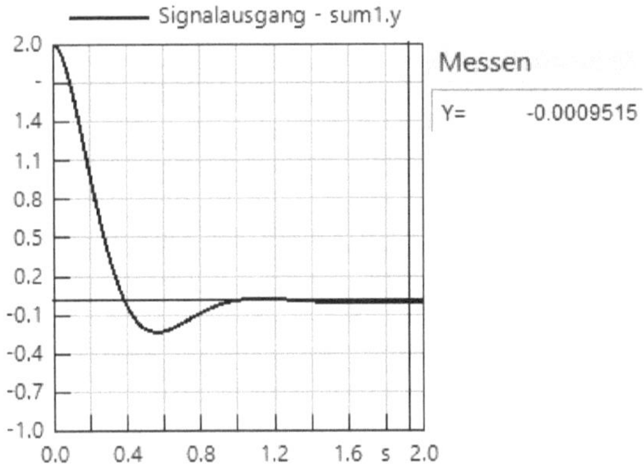

Bild 5.6 Zeitverlauf von *e* für das Beispiel aus Bild 5.5

Laststörgrößenregelung

$$e = w - x = w - G_{z2} \cdot z_2 = -z_2 \cdot \left(\frac{1}{1 + G_\mathrm{R} \cdot G_\mathrm{S}} \right)$$

Mit

$$G_\mathrm{R} \cdot G_\mathrm{S} = G_\mathrm{O} = \frac{a_0 + s \cdot a_1 + \ldots + s^m \cdot a_m}{b_0 + s \cdot b_1 + \ldots + s^{n-1} \cdot b_{n-1} + s^n \cdot b_n}$$

folgt

$$e = -z_2 \cdot \left(\frac{1}{1 + \frac{a_0 + s \cdot a_1 + \ldots + s^m \cdot a_m}{b_0 + s \cdot b_1 + \ldots + s^{n-1} \cdot b_{n-1} + s^n \cdot b_n}} \right)$$

$$e = -z_2 \cdot \left(\frac{b_0 + s \cdot b_1 + \ldots + s^{n-1} \cdot b_{n-1} + s^n \cdot b_n}{b_0 + s \cdot b_1 + \ldots + s^{n-1} \cdot b_{n-1} + s^n \cdot b_n + a_0 + s \cdot a_1 + \ldots + s^m \cdot a_m} \right)$$

$$e_{\text{stat}} = e(s = 0) = -z_2 \cdot \left(\frac{b_0}{b_0 + a_0} \right)$$

Auch hier lässt sich ableiten, dass e_{stat} nur dann zu null wird, wenn $b_0 = 0$ ist und gleichzeitig $a_0 \neq 0$ ist. Das Fehlen des b_0-Parameters deutet erneut auf die notwendige Existenz eines I-Anteils hin.

Beispiel:

Gegeben ist der in Bild 5.7 gezeigte Regelkreis mit $K_R = 3$; $K_i = 1\ s^{-1}$; $K_S = 2$; $T_1 = 0.13$ s.

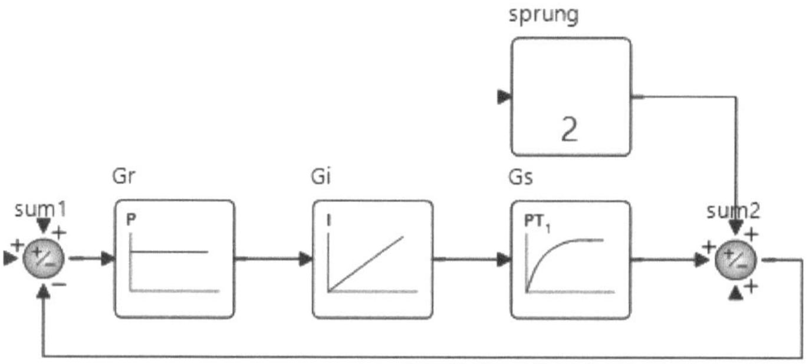

Bild 5.7 Screenshot des Regelkreises einer Laststörgrößenregelung

Gesucht ist die bleibende Regelabweichung bei einem Störeingang $z_2(t) = 2 \cdot E(t);\ w(t) = 0$.

Lösung:

1. G_{z2} bestimmen:

$$G_{z2} = \frac{1}{1 + 3 \cdot \frac{1\ s^{-1}}{s} \cdot \frac{2}{1 + s \cdot 0.13\ s}} = \frac{s \cdot (1 + s \cdot 0.13\ s)}{s \cdot (1 + s \cdot 0.13\ s) + 6\ s^{-1}}$$

2. G_{stat} ermitteln

$$G_{\text{stat}} = G_{z2}(s = 0) = 0$$

3. x_{stat} berechnen

$$x_{\text{stat}} = G_{\text{stat}} \cdot Z_{20} = 0 \cdot 2 = 0$$

4. e_{stat} berechnen (Bild 5.8)

$$e_{\text{stat}} = W_0 - x_{\text{stat}} = 0 - 0 = 0$$

Es gibt demnach keine bleibende Regelabweichung.

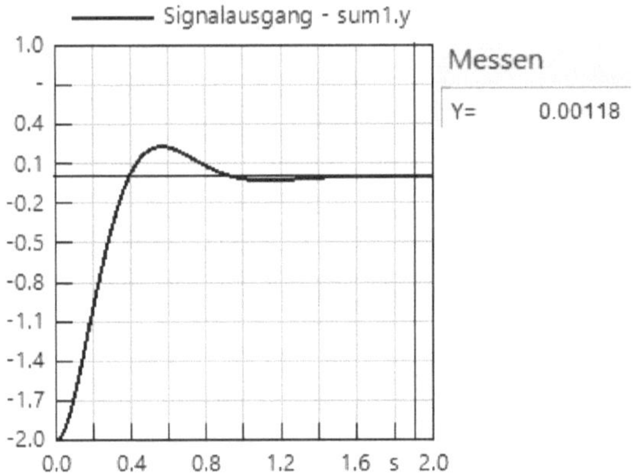

Bild 5.8 Zeitverlauf von *e* für das Beispiel aus Bild 5.7

Beachten Sie, dass sich der Verlauf der Regelabweichung bei der Führungsgrößenregelung und die Laststörgrößenregelung nur durch das Vorzeichen unterscheiden.

$$e = w \cdot \left(\frac{1}{1 + G_{\text{R}} \cdot G_{\text{S}}}\right) \text{ bei } z_1 = z_2 = 0$$

bzw.

$$e = -z_2 \cdot \left(\frac{1}{1 + G_{\text{R}} \cdot G_{\text{S}}}\right) \text{ bei } w = z_1 = 0$$

Versorgungsstörgrößenregelung

$$e = w - x = w - G_{z1} \cdot z_1 = -z_1 \cdot \left(\frac{G_{\text{S}}}{1 + G_{\text{R}} \cdot G_{\text{S}}}\right)$$

Mit

$$G_{\text{S}} = \frac{a_0 + s \cdot a_1 + \ldots + s^m \cdot a_m}{b_0 + s \cdot b_1 + \ldots + s^{n-1} \cdot b_{n-1} + s^n \cdot b_n}$$

folgt

$$e = -z_1 \cdot \left(\frac{\frac{a_0+s\cdot a_1+\ldots+s^m\cdot a_m}{b_0+s\cdot b_1+\ldots+s^{n-1}\cdot b_{n-1}+s^n\cdot b_n}}{1+G_R\cdot \frac{a_0+s\cdot a_1+\ldots+s^m\cdot a_m}{b_0+s\cdot b_1+\ldots+s^{n-1}\cdot b_{n-1}+s^n\cdot b_n}} \right)$$

$$e = -z_1 \cdot \left(\frac{a_0 + s\cdot a_1 + \ldots + s^m \cdot a_m}{b_0 + s\cdot b_1 + \ldots + s^{n-1}\cdot b_{n-1} + s^n \cdot b_n + G_R \cdot (a_0 + s\cdot a_1 + \ldots + s^m \cdot a_m)} \right)$$

$$e_{\text{stat}} = e(s=0) = -z_1 \cdot \left(\frac{a_0}{b_0 + G_R \cdot a_0} \right)$$

Bei einer Versorgungsstörgrößenregelung wird die Regelabweichung null, wenn a_0 gleich null ist und b_0 existiert (Strecke mit D-Anteil) oder G_R einen I-Anteil hat.

Beispiel:

Gegeben ist der in Bild 5.9 gezeigte Regelkreis mit $K_R = 3$; $K_i = 1\ s^{-1}$; $K_S = 2$; $T_1 = 0.13\ s$.

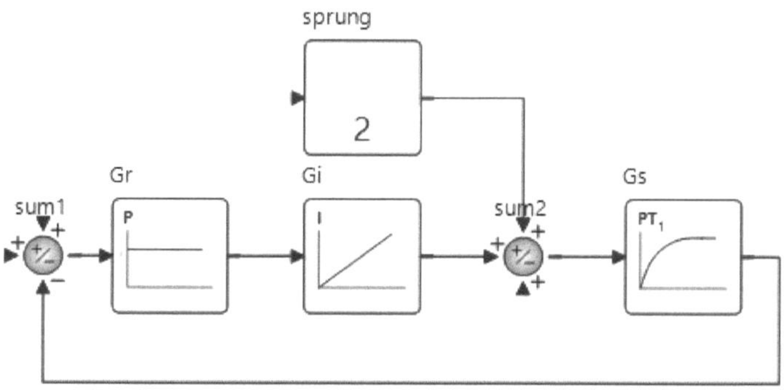

Bild 5.9 Screenshot des Regelkreises einer Versorgungsstörgrößenregelung

Gesucht ist die bleibende Regelabweichung bei einem Störeingang
$z_1(t) = 2 \cdot E(t);\ w(t) = 0.$

Lösung:

1. G_{z1} bestimmen

$$G_{z1} = \frac{\frac{2}{1+s\cdot 0.13\ s}}{1 + 3 \cdot \frac{1\ s^{-1}}{s} \cdot \frac{2}{1+s\cdot 0.13\ s}} = \frac{s \cdot 2}{s \cdot (1 + s \cdot 0.13\ s) + 6\ s^{-1}}$$

2. G_{stat} ermitteln

$$G_{\text{stat}} = G_{z1}(s=0) = 0$$

3. x_{stat} berechnen

$$x_{stat} = G_{stat} \cdot Z_{10} = 0 \cdot 2 = 0$$

4. e_{stat} berechnen (Bild 5.10)

$$e_{stat} = W_0 - x_{stat} = 0 - 0 = 0$$

Es gibt demnach keine bleibende Regelabweichung.

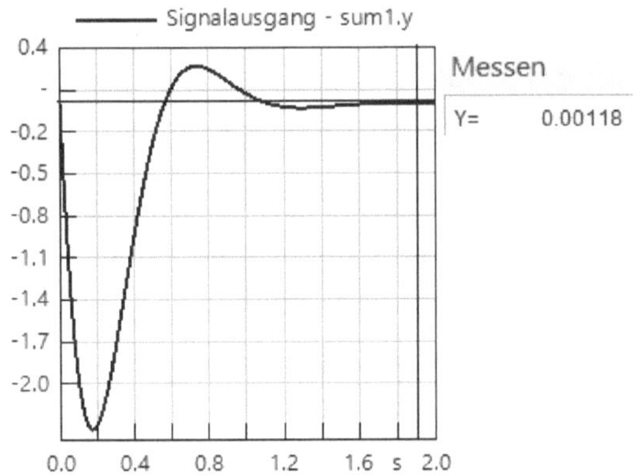

Bild 5.10 Zeitverlauf von *e* für das Beispiel aus Bild 5.9

Die drei Beispiele münden in folgende Erkenntnisse zur Verhinderung einer bleibenden Regelabweichung bei einem Eingangssprung:

- Bei einer Führungsgrößen- und einer Laststörgrößenregelung genügt es, wenn an beliebiger Stelle des Vorwärtszweiges ($G_R \cdot G_S$) eine Integration vorhanden ist, um die Regelabweichung zu 0 werden zu lassen.
- Bei Versorgungsstörgrößenregelungen muss die Integration im Regler bzw. vor der Summationsstelle der Störung liegen.

Beispiel:

In diesem Beispiel soll aufgezeigt werden, dass eine bleibende Regelabweichung auch dann auftritt, wenn bei einer Versorgungsstörung die Integration hinter der Summationsstelle liegt. Gegeben ist der in Bild 5.11 gezeigte Regelkreis mit $K_R = 3$; $K_i = 1\ s^{-1}$; $K_S = 2$; $T_1 = 0.13$ s.

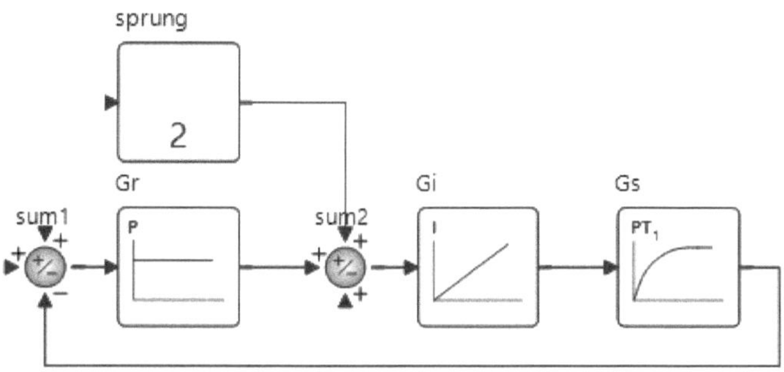

Bild 5.11 Screenshot des Regelkreises einer Versorgungsstörgrößenregelung

Gesucht ist die bleibende Regelabweichung bei einem Störeingang $z_1(t) = 2 \cdot E(t);\ w(t) = 0$.

Lösung:

1. G_{z1} bestimmen:

$$G_{z1} = \frac{\frac{1\,s^{-1}}{s} \cdot \frac{2}{1+s\cdot 0.13\,s}}{1 + 3 \cdot \frac{1\,s^{-1}}{s} \cdot \frac{2}{1+s\cdot 0.13\,s}} = \frac{2\,s^{-1}}{s \cdot (1 + s \cdot 0.13\,s) + 6\,s^{-1}}$$

2. G_{stat} ermitteln

$$G_{stat} = G_{z1}(s = 0) = \frac{2}{6} = 0.33$$

3. x_{stat} berechnen

$$x_{stat} = G_{stat} \cdot Z_{10} = 0.33 \cdot 2 = 0.67$$

4. e_{stat} berechnen (Bild 5.12)

$$e_{stat} = W_0 - x_{stat} = 0 - 0.67 = -0.67 \neq 0!!$$

Es gibt demnach eine bleibende Regelabweichung.

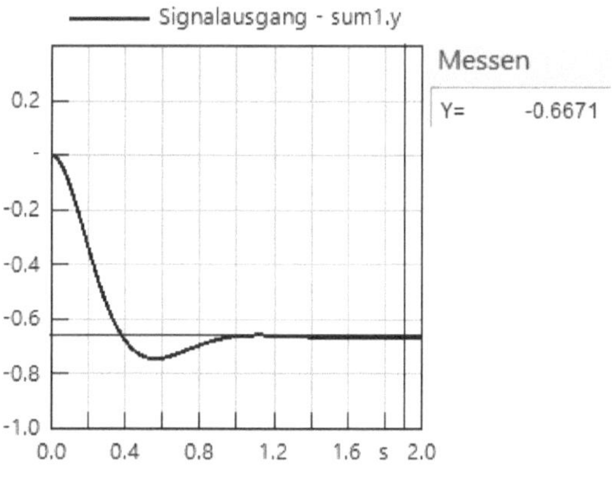

Bild 5.12
Zeitverlauf von *e* für das Beispiel aus Bild 5.11

Übung 14

Gegeben ist der Regelkreis aus Bild 5.13. Berechnen Sie allgemein die bleibende Regelabweichung bei einer Führungsgrößenregelung ($w(t) = W_0 \cdot E(t)$; $z_1(t) = 0$) und einer Versorgungsstörgrößenregelung ($w(t) = 0$; $z_1(t) = Z_{10} \cdot E(t)$).

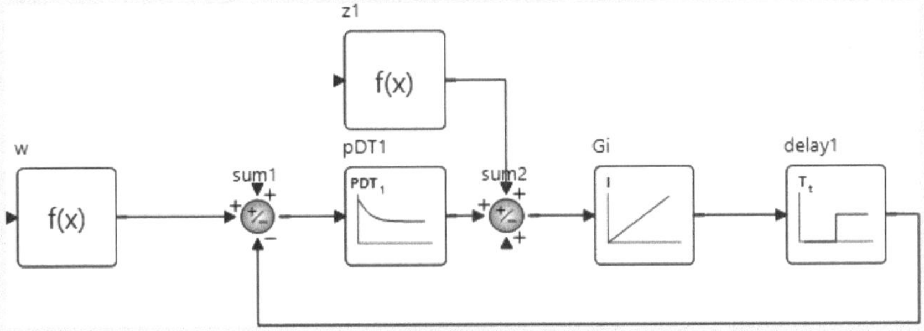

Bild 5.13 Screenshot des Regelkreises

6 Regler

Nachdem aus der Statikbetrachtung einige Forderungen an einen Regler abgeleitet werden können, sollen in diesem Kapitel die gebräuchlichsten Standardregler einzeln beschrieben werden.

Im Allgemeinen hat ein Regler im Regelkreis als Eingang bekanntermaßen die Regelabweichung ($e = w - x$) und als Ausgang die Stellgröße y (Bild 6.1).

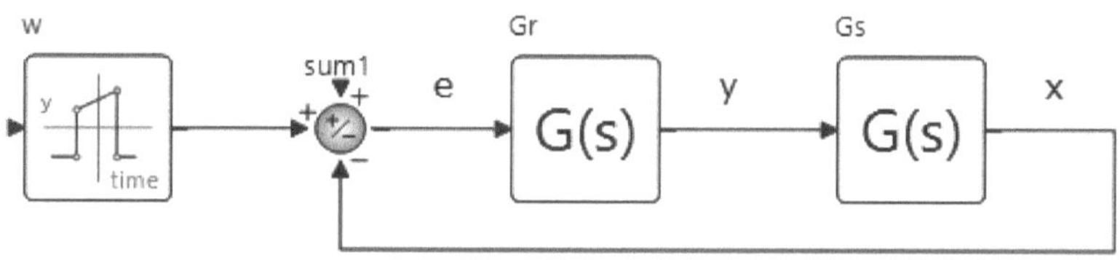

Bild 6.1 Screenshot eines Regelkreises

Im Folgenden werden die verschiedenen gängigen Reglerübertragungsfunktionen vorgestellt.

6.1 P-Regler

Bei einem P-Regler wird die Stellgröße nur durch die Multiplikation mit einem Verstärkungsfaktor aus der Regelabweichung berechnet ($e \sim y$) (Bild 6.2).

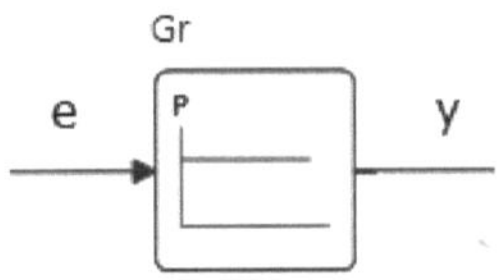

Bild 6.2
Screenshot des P-Reglers

$$y(t) = K_R \cdot e(t)$$

bzw.

$$y(s) = K_R \cdot e(s)$$

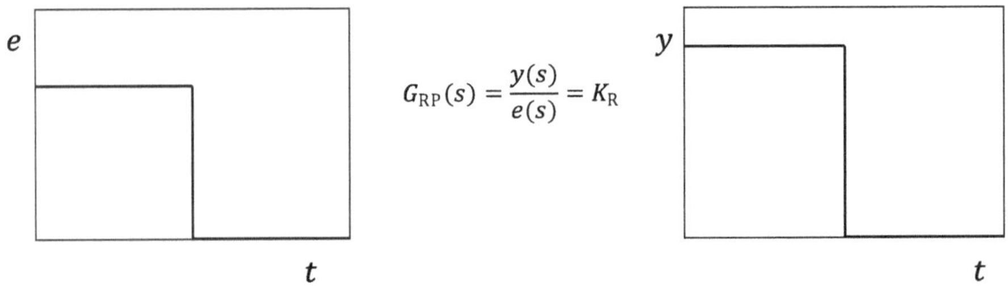

Bild 6.3 Zeitverläufe *e* und *y* des P-Reglers

Die Einsatzmöglichkeiten eines P-Reglers sind begrenzt. Aus den Berechnungen der bleibenden Regelabweichung kann abgeleitet werden, dass P-Regler nur bei Führungs- und Laststörgrößenregelung eingesetzt werden können, wenn die Strecke einen I-Anteil besitzt.

Video 21: P-Regler DCM (siehe auch *18_Video21_P-Regler_DCM.isx*)
Die Schwächen, aber auch die Anwendungsmöglichkeiten eines P-Reglers werden in diesem Video am Beispiel einer Drehzahl- und einer Positionierregelung aufgezeigt.

6.2 PD-Regler

Man kann die Geschwindigkeit eines P-Reglers erhöhen, indem neben der Verstärkung eine Differentiation der Regelabweichung erfolgt und die beiden Ergebnisse addiert werden. Bild 6.4 zeigt den Aufbau.

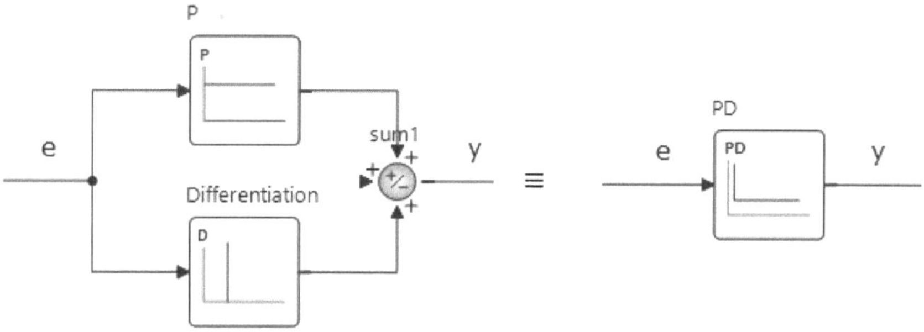

Bild 6.4 Screenshot des PD-Reglers

$$y(t) = K_R \cdot e(t) + K_D \cdot \frac{de(t)}{dt}$$

bzw.

$$y(s) = K_R \cdot e(s) + K_D \cdot s \cdot e(s)$$

$$G_{RPD}(s) = \frac{y(s)}{e(s)} = K_R + K_D \cdot s$$

Zum besseren Handling der Übertragungsfunktion wird eine Vorhaltezeit T_V eingeführt $T_V = \frac{K_D}{K_R}$. Damit wird $G_{RPD}(s) = \frac{y(s)}{e(s)} = K_R + K_R \cdot T_V \cdot s$ bzw.
$G_{RPD}(s) = \frac{y(s)}{e(s)} = K_R \cdot (1 + s \cdot T_V)$ (Bild 6.5).

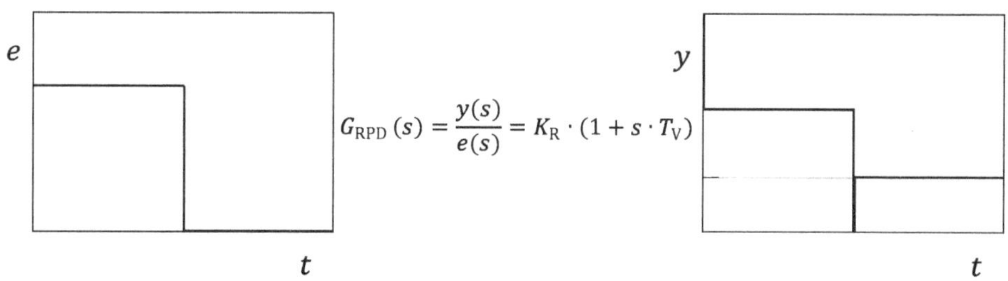

Bild 6.5 Zeitverläufe *e* und *y* des PD-Reglers

Der D-Anteil wirkt nur bei einer Änderung der Regelabweichung. Bei einem Eingangssprung erzeugt das PD-Element jedoch theoretisch einen unendlich hohen und unendlich dünnen Impuls. Dies ist praktisch unmöglich. Ein realer PD-Regler hat deshalb immer eine Tiefpasskomponente und ist eigentlich ein PDT_1-Element (Bild 6.6).

$$G_{RPDT_1}(s) = \frac{y(s)}{e(s)} = \frac{K_R \cdot (1 + s \cdot T_V)}{1 + s \cdot T_1}$$

Die Zeitkonstante T_1 wird dabei so klein wie möglich gemacht. Auch in SimulationX sollte immer das PDT_1-Element verwendet werden.

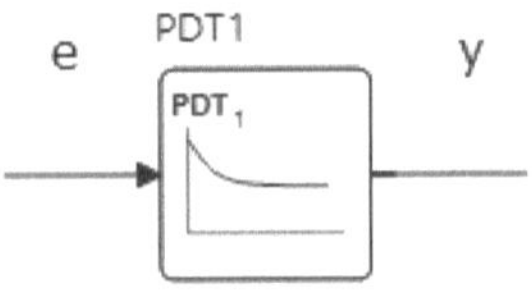

Bild 6.6
Screenshot des PDT_1-Reglers

Da auch bei einem PD-Regler eine integrale Komponente fehlt, verhält er sich in Bezug auf die Regelabweichung wie ein P-Regler und ist deshalb nur begrenzt einsetzbar. Seine eigentliche Stärke besteht darin, eine dominierende Zeitkonstante im Nenner der Strecke eliminieren zu können. Dies wird bei einigen Reglereinstellungsverfahren (siehe Abschnitt 7.3) genutzt.

6.3 I-Regler

Bei Strecken mit Ausgleich (d. h. ohne integralen Bestandteil) ist zur Beseitigung einer bleibenden Regelabweichung ein I-Anteil im Regler notwendig. Am einfachsten ist die Verwendung eines reinen I-Reglers (Bild 6.7). Der zeitliche Verlauf bei dessen Einsatz soll hier näher beleuchtet werden.

Bei einer Integration im Regler wird der Ausgang, also die Stellgröße, immer größer (linear ansteigend), wenn die Regelabweichung konstant bleibt. Verschwindet die Regelabweichung, bleibt der Ausgang konstant und fällt nicht wie bei einem P-Regler auf 0 (Bild 6.8).

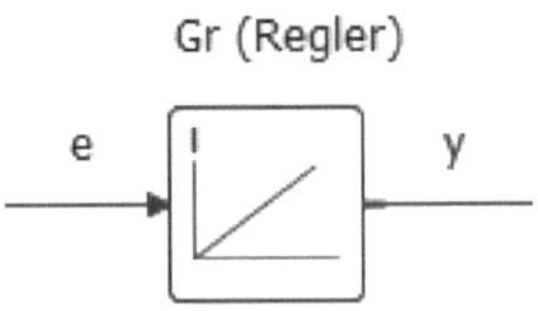

Bild 6.7
Screenshot des I-Reglers

$$y(t) = K_{\mathrm{iR}} \cdot \int e(t) \cdot dt$$

bzw.

$$y(s) = \frac{K_{\mathrm{iR}}}{s} \cdot e(s)$$

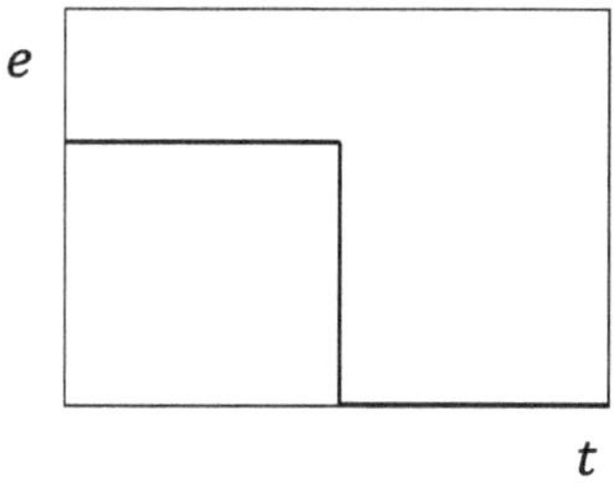

$$G_{RI}(s) = \frac{y(s)}{e(s)} = \frac{K_{iR}}{s}$$

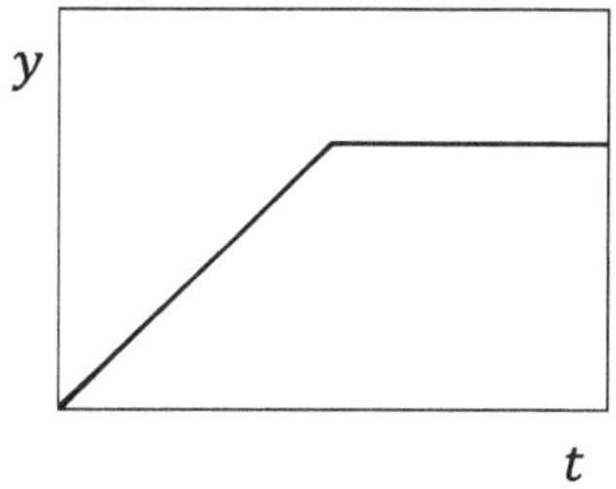

Bild 6.8 Zeitverläufe *e* und *y* des I-Reglers

Es sei vergleichend nochmals darauf hingewiesen, dass bei einem I-Regler bei $e = 0$ die Stellgröße konstant ist. Bei einem P-Regler mit $e = 0$ ist auch $y = 0$ (d. h. Ventil zu, Motor stromlos). Dass die Stellgröße zu null wird, ist aber nur sinnvoll, wenn es keine Wechselwirkung zur Umwelt (wie Energieaustausch, Reibung usw.) gibt.

Video 22: I-Regler Totzeitelement

Dass ein reiner I-Regler relativ langsam ist und eine hohe Schwingneigung besitzt, wird in diesem Video am Beispiel eines Regelkreises mit einem Totzeitelement als Strecke vorgeführt.

6.4 PI-Regler

Bekanntermaßen beseitigt eine Integration im Regler bei einem Führungsgrößensprung die bleibende Regelabweichung. Ein reiner I-Regler ist jedoch relativ langsam, da sich die Stellgröße durch das Aufsummieren (Integration) erst aufbauen muss, und hat außerdem eine hohe Schwingneigung. Ein PI-Regler vereinigt die Vorteile von P-Reglern (= schnell) und I-Reglern (= keine bleibende Regelabweichung).

6.4.1 Klassischer PI-Regler

Bei einem klassischen PI-Regler wird die Regelabweichung jeweils separat verstärkt beziehungsweise integriert, und die beiden Ergebnisse werden addiert. Bild 6.9 zeigt den Aufbau.

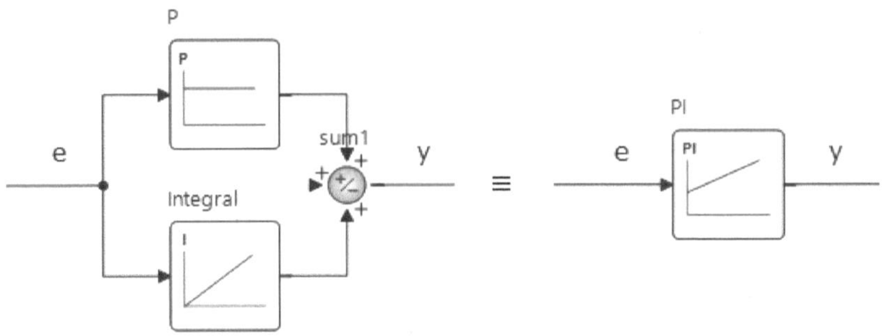

Bild 6.9 Screenshot des PI-Reglers

$$y(t) = K_R \cdot e(t) + K_{iR} \cdot \int e(t) \cdot dt$$

bzw.

$$y(s) = K_R \cdot e(s) + \frac{K_{iR}}{s} \cdot e(s)$$

$$G_{RPI}(s) = \frac{y(s)}{e(s)} = K_R + \frac{K_{iR}}{s}$$

Zum besseren Handling der Übertragungsfunktion wird eine Nachstellzeit T_N eingeführt: $T_N = \frac{K_R}{K_{iR}}$. Damit wird $G_{RPI}(s) = \frac{y(s)}{e(s)} = K_R \cdot (1 + \frac{1}{T_N \cdot s})$ bzw. $G_{RPI}(s) = \frac{y(s)}{e(s)} = \frac{K_R \cdot (1+s \cdot T_N)}{s \cdot T_N}$ (Bild 6.10).

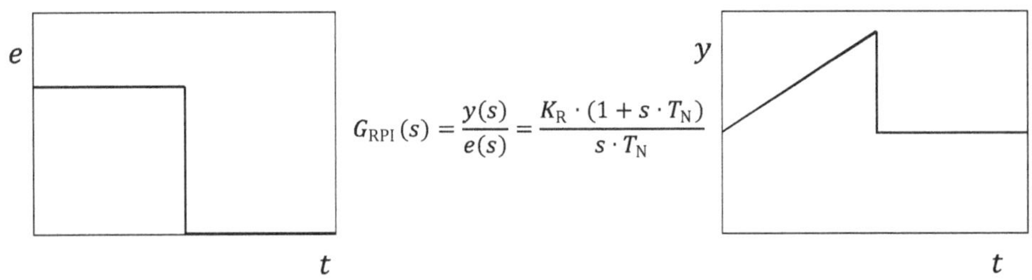

Bild 6.10 Zeitverläufe *e* und *y* des PI-Reglers

Der Vorteil eines PI-Reglers zeigt sich im Vergleich mit dem reinen I-Regler.

Gegeben ist Folgendes:

$$w = K_R = K_S = 1;\ K_{iR} = 1\ \mathrm{s}^{-1};\ T_N = T_1 = 1\ \mathrm{s}$$

In Bild 6.11 sind der schnellere Verlauf und die geringere Schwingneigung des PI-Reglers deutlich zu erkennen.

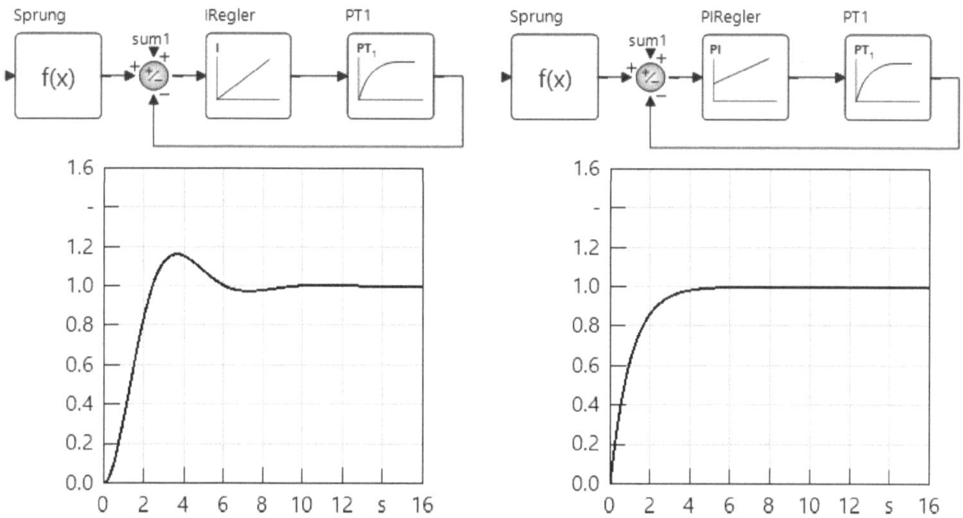

Bild 6.11 Vergleich des Zeitverhaltens von I- und PI-Regler

Übung 15

Gegeben ist der in Bild 6.12 dargestellte Regelkreis mit

$$G_R = \frac{K_R \cdot (1 + s \cdot T_N)}{s \cdot T_N} = \frac{0.5 \cdot (1 + s \cdot 5\,\mathrm{s})}{s \cdot 5\,\mathrm{s}};\; G_{S1} = \frac{K_i}{s} = \frac{2\,\mathrm{s}^{-1}}{s};$$

$$G_{S2} = \frac{K_S}{1 + s \cdot T_1} = \frac{1}{1 + s \cdot 10\,\mathrm{s}}$$

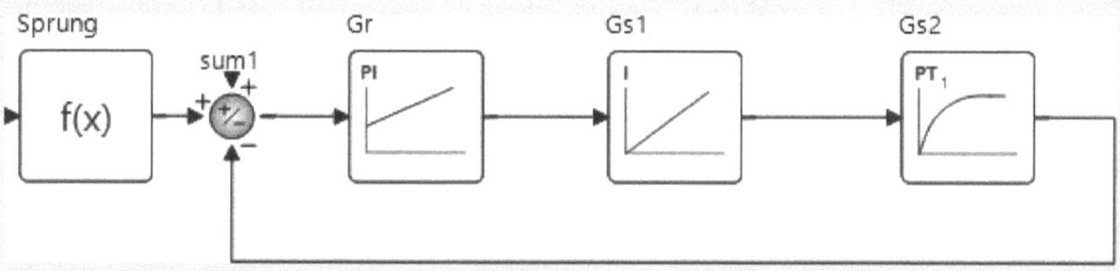

Bild 6.12 Screenshot des Regelkreises

a) Ermitteln Sie die bleibende Regelabweichung bei einem Eingangssprung von

$w = 0.1 \cdot E(t)$

b) Simulieren Sie den Regelkreis, und treffen Sie eine Aussage über den Verlauf der Regelgröße *x*.

6.4.2 PI-Regler ohne Integration

Schaltungstechnisch kann man das Übertragungsverhalten eines PI-Reglers auch durch die Mitkopplung eines PT_1-Gliedes im Rückführzweig erreichen. Dabei repräsentiert die Zeitkonstante des PT_1-Gliedes die Nachstellzeit T_N des Reglers. Bild 6.13 zeigt den Aufbau.

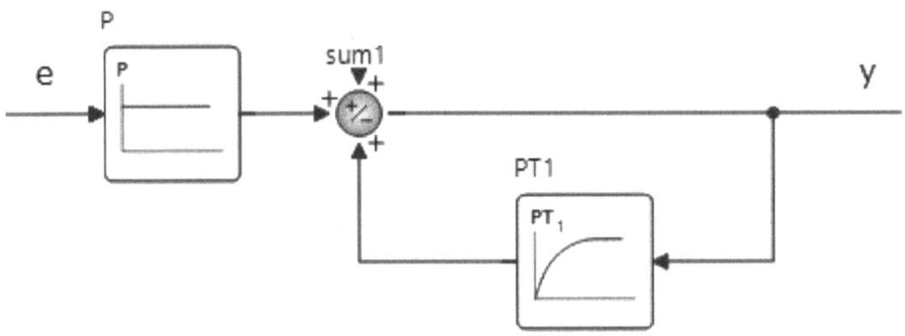

Bild 6.13 Screenshot des PI-Reglers ohne Integration

$$G_{\mathrm{RPI}}(s) = \frac{y(s)}{e(s)} = K_{\mathrm{R}} \cdot \frac{1}{1 - \frac{1}{1+s \cdot T_{\mathrm{N}}}} = K_{\mathrm{R}} \cdot \frac{1 + s \cdot T_{\mathrm{N}}}{s \cdot T_{\mathrm{N}}}$$

Diese Reglerstruktur wird zumeist bei der Lösung spezieller Regelungsprobleme, wie dem Wind-up-Effekt oder dem Auftreten totzeitdominierter Strecken, verwendet.

Video 23: Windup-Effekt

In diesem Video wird der Windup-Effekt und seine Verhinderung mithilfe eines PI-Reglers ohne Integration am Beispiel der Regelung einer PT_2-Strecke demonstriert.

Video 24: PI-Regler totzeitdominierte Strecke

In diesem Video wird die Anwendung eines modifizierten PI-Reglers ohne Integration auf eine totzeitdominierte Strecke demonstriert.

Übung 16

Gegeben ist der in Bild 6.14 dargestellte Regelkreis. Welches Systemverhalten hat der Regelkreis, wenn die beiden Totzeiten und die beiden Zeitkonstanten der PT_1-Glieder gleich groß sind und der Verstärkungsfaktor des PT_1-Gliedes im Rückführzweig sowie das Produkt der beiden anderen Verstärkungsfaktoren gleich 1 sind?

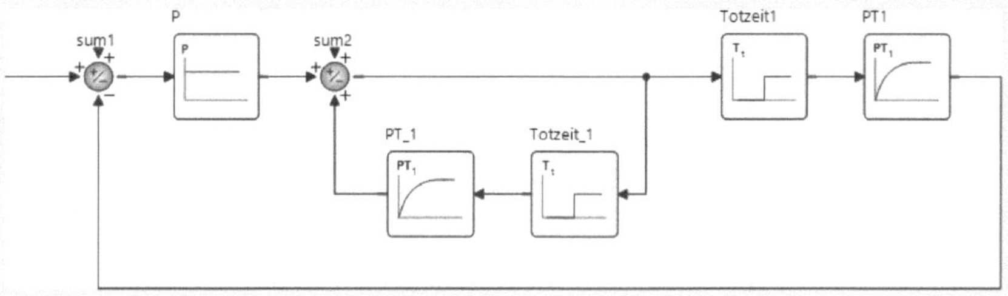

Bild 6.14 Screenshot des Regelkreises

6.5 PID-Regler

Der PID-Regler verbindet die Vorteile des P-, I- und des D-Anteils und ist somit der klassische Standardregler. Bekanntermaßen macht der P-Anteil den Regler schnell, und der I-Anteil verhindert eine bleibende Regelabweichung. Der D-Anteil wird dazu genutzt, um eine dominierende Streckenzeitkonstante zu kompensieren. Insgesamt wird durch den Einsatz eines PID-Reglers der Regelkreis schneller, und die Stabilität nimmt zu. Der PID-Regler tritt in zwei Varianten auf, die im Folgenden vorgestellt werden.

6.5.1 PID-Regler in additiver Form

In der additiven Form werden der P-, I- und D- Anteil parallelgeschaltet. Bild 6.15 zeigt den Aufbau.

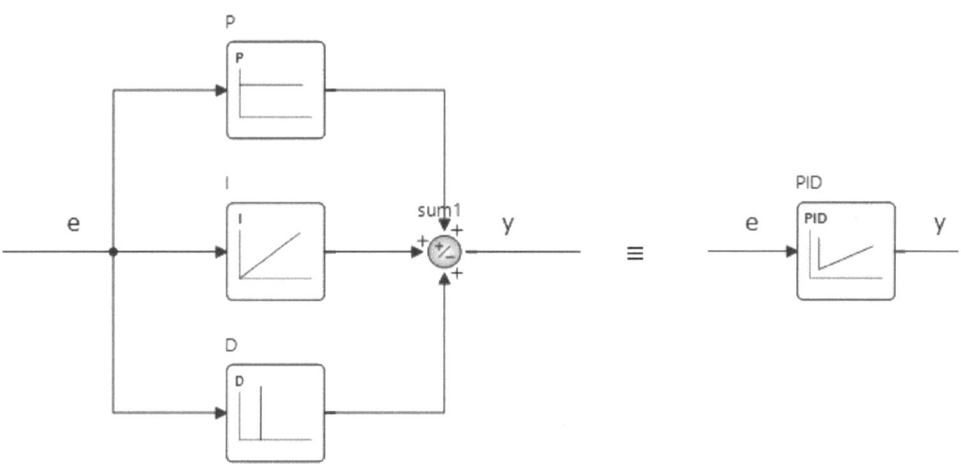

Bild 6.15 Screenshot des PID-Reglers additive Form

Es gilt:

$$y(t) = K_R \cdot e(t) + K_i \cdot \int e(t) \cdot dt + K_D \cdot \frac{de(t)}{dt}$$

bzw.

$$y(s) = K_R \cdot e(s) + \frac{K_i}{s} \cdot e(s) + K_D \cdot s \cdot e(s)$$

$$G_{RPID} = \frac{y(s)}{e(s)} = K_R \cdot \left(1 + \frac{K_i}{K_R \cdot s} + \frac{K_D \cdot s}{K_R}\right)$$

Zum besseren Handling der Übertragungsfunktion werden wieder die Nachstellzeit T_N und die Vorhaltezeit T_V eingeführt: $T_N = \frac{K_R}{K_i}$ und $T_V = \frac{K_D}{K_R}$. Damit wird $G_{RPID} = \frac{y(s)}{e(s)} = K_R \cdot (1 + \frac{1}{s \cdot T_N} + s \cdot T_V)$ bzw. $G_{RPID} = \frac{K_R \cdot (1+s \cdot T_N+s^2 \cdot T_N \cdot T_V)}{s \cdot T_N}$ (Bild 6.16).

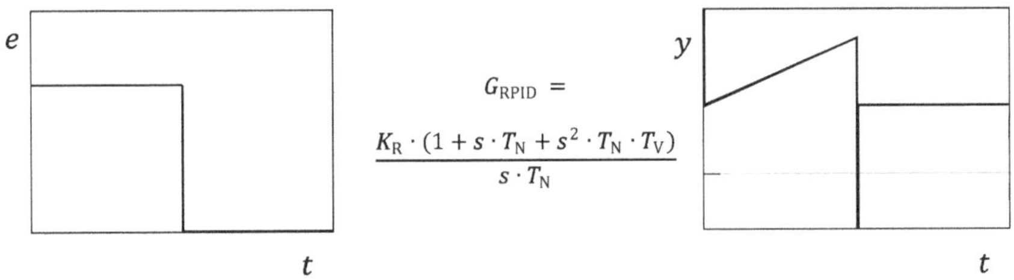

Bild 6.16 Zeitverläufe *e* und *y* des PID-Reglers

Genau wie ein realer PD-Regler hat ein realer PID-Regler immer eine Tiefpasskomponente und ist eigentlich ein $PIDT_1$-Element (Bild 6.17).

$$G_{RPIDT1}(s) = \frac{y(s)}{e(s)} = \frac{K_R \cdot (1 + s \cdot T_N + s^2 \cdot T_N \cdot T_V)}{s \cdot T_N \cdot (1 + s \cdot T_1)}$$

Die Zeitkonstante T_1 wird dabei so klein wie möglich gemacht. Auch in SimulationX sollte immer das $PIDT_1$-Element verwendet werden.

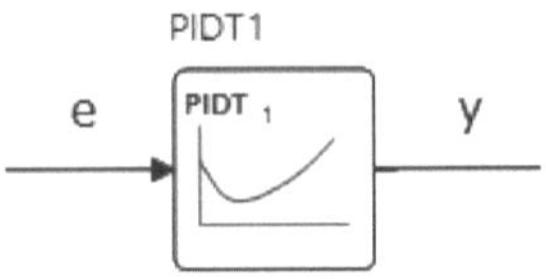

Bild 6.17
Screenshot des $PIDT_1$-Reglers in additiver Form

Der Vorteil des Reglers in additiver Form besteht darin, dass durch Zu- und Abschalten der einzelnen Komponenten aus einem vorhandenen PID-Regler auch ein P-, I-, PI- oder PD-Regler gemacht werden kann. Aus diesem Grund wird der PID-Regler in additiver Form als Basisregler in SPS-Steuerungen verwendet. In Bild 6.18 ist beispielsweise das Blockschaltbild des Basisreglers einer Siemens S7-Steuerung zu sehen. Durch die Schalter P_SEL, I_SEL und D_SEL lassen sich die einzelnen Komponenten des Reglers auswählen.

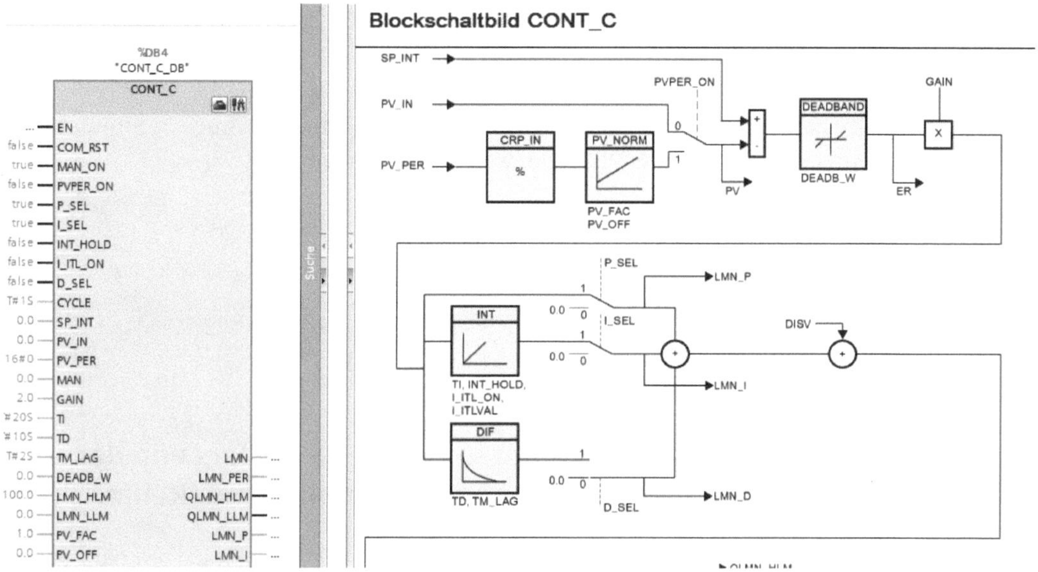

Bild 6.18 Ansicht und Blockschaltbild der Simatic Cont_C (Quelle: Siemens TIA-Portal)

6.5.2 PID-Regler in multiplikativer Form

In der multiplikativen Form sind ein PI- und ein PD-Regler in Reihe geschaltet und müssen auch in SimulationX so aufgebaut werden. Bild 6.19 zeigt den Aufbau.

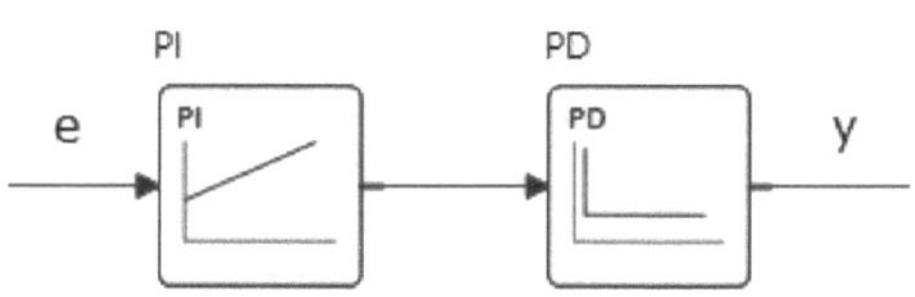

Bild 6.19 Screenshot des PID-Reglers in multiplikativer Form

Mit Kenntnis des PI- und PD-Reglers gilt:

$$G_{\mathrm{RPID}} = \frac{K_{\mathrm{R}} \cdot (1 + s \cdot T_{\mathrm{N}}) \cdot (1 + \cdot s \cdot T_{\mathrm{V}})}{s \cdot T_{\mathrm{N}}}$$

$$G_{\mathrm{RPID}} = \frac{K_{\mathrm{R}} \cdot (1 + s \cdot (T_{\mathrm{N}} + T_{\mathrm{V}}) + s^2 \cdot T_{\mathrm{N}} \cdot T_{\mathrm{V}})}{s \cdot T_{\mathrm{N}}}$$

Der Vorteil des PID-Reglers in multiplikativer Form besteht darin, beim Einsatz anspruchsvoller Reglereinstellungsverfahren (siehe Abschnitt 7.3.1 und Abschnitt 8.6) leichter parametriert werden zu können.

Auch hier hat der reale PID-Regler immer eine Tiefpasskomponente und ist eigentlich ein $PIDT_1$-Element (Bild 6.20).

$$G_{RPIDT1}(s) = \frac{y(s)}{e(s)} = \frac{K_R \cdot (1 + s \cdot (T_N + T_V) + s^2 \cdot T_N \cdot T_V)}{s \cdot T_N \cdot (1 + s \cdot T_1)}$$

Die Zeitkonstante T_1 wird wieder so klein wie möglich gemacht. Auch in SimulationX sollten immer das PI- und das PDT_1-Element verwendet werden.

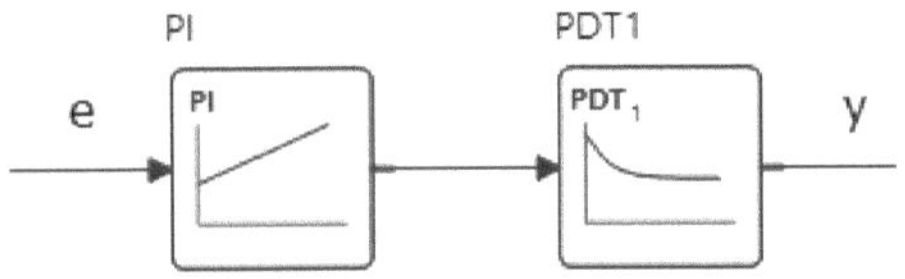

Bild 6.20
Screenshot des $PIDT_1$-Reglers in multiplikativer Form

6.5.3 Umrechnung der Parameter eines PID-Reglers von der additiven in die multiplikative Form und umgekehrt

Vergleicht man beide Übertragungsfunktionen, wird klar, dass die prinzipielle Struktur übereinstimmt, doch die a_1-Parameter sind nicht gleich ($T_N \neq T_N + T_V$). Deswegen müssen die Parameter entsprechend ihrer Form gekennzeichnet werden.

Additive Form:

$$G_{RPID} = \frac{K_R \cdot (1 + s \cdot T_N + s \cdot T_N \cdot T_V)}{s \cdot T_N}$$

wird zu

$$G_{RPIDa} = \frac{K_{Ra} \cdot (1 + s \cdot T_{Na} + s^2 \cdot T_{Na} \cdot T_{Va})}{s \cdot T_{Na}}$$

Multiplikative Form:

$$G_{RPID} = \frac{K_R \cdot (1 + s \cdot T_N) \cdot (1 + \cdot s \cdot T_V)}{s \cdot T_N}$$

wird zu

$$G_{RPIDm} = \frac{K_{Rm} \cdot (1 + s \cdot (T_{Nm} + T_{Vm}) + s^2 \cdot T_{Nm} \cdot T_{Vm})}{s \cdot T_{Nm}}$$

Eine Umrechnung ist ebenfalls notwendig, wenn die Parameter der einen Form in die andere umgewandelt werden sollen. Die Rechenregeln sind Tabelle 6.1 zu entnehmen.

Tabelle 6.1 Umrechnung der PID-Parameter

PID-Regler – multiplikative Form	PID-Regler – additive Form
ideal: $G_{\text{RPIDm}} = \frac{K_{\text{Rm}} \cdot (1 + s \cdot (T_{\text{Nm}} + T_{\text{Vm}}) + s^2 \cdot T_{\text{Nm}} \cdot T_{\text{Vm}})}{s \cdot T_{\text{Nm}}}$	ideal: $G_{\text{RPIDa}} = \frac{K_{\text{Ra}} \cdot (1 + s \cdot T_{\text{Na}} + s^2 \cdot T_{\text{Na}} \cdot T_{\text{Va}})}{s \cdot T_{\text{Na}}}$
$K_{\text{Rm}} = \frac{K_{\text{Ra}}}{2} \cdot \left(1 + \sqrt{1 - 4 \cdot \frac{T_{\text{Va}}}{T_{\text{Na}}}}\right)$	$K_{\text{Ra}} = K_{\text{Rm}} \cdot \frac{T_{\text{Nm}} + T_{\text{Vm}}}{T_{\text{Nm}}}$
$T_{\text{Nm}} = \frac{T_{\text{Na}}}{2} \cdot \left(1 + \sqrt{1 - 4 \cdot \frac{T_{\text{Va}}}{T_{\text{Na}}}}\right)$	$T_{\text{Na}} = T_{\text{Nm}} + T_{\text{Vm}}$
$T_{\text{Vm}} = \frac{T_{\text{Na}}}{2} \cdot \left(1 - \sqrt{1 - 4 \cdot \frac{T_{\text{Va}}}{T_{\text{Na}}}}\right)$	$T_{\text{Va}} = \frac{T_{\text{Nm}} \cdot T_{\text{Vm}}}{T_{\text{Nm}} + T_{\text{Vm}}}$
Voraussetzung: $T_{\text{Na}} > T_{\text{Nm}}$ und T_{N}; $T_{\text{V}} \gg T_1$	

Video 25: PID-Regler in additiver/multiplikativer Form

In diesem Video werden die Auswirkungen der Manipulation der Reglerparameter bei einem PID-Regler in additiver Form und bei einem PID-Regler in multiplikativer Form anhand der entstehenden Regelgrößenverläufe demonstriert.

Übung 17

Gegeben ist folgende Strecke:

$$G_{\text{S}} = \frac{0.2}{1 + s \cdot 2\,\text{s} + s^2 \cdot 2\,\text{s}^2}$$

a) Diese bildet jeweils mit einem P-, PI- und PID-Regler (additive Form) einen Regelkreis. Für die Reglerparameter gelten folgende Vorgaben:
   $K_{\text{Ra}} = 5$
   $T_{\text{Na}} = 2\ \text{s}$
   $T_{\text{Va}} = 0.5\ \text{s}$
   Simulieren Sie die Regelkreise als Folgewertregelungen, und vergleichen Sie die Zeitverläufe.

b) Zeichnen Sie das Bode-Diagramm vom PID-Regler in additiver Form.

c) Wandeln Sie den additiven PID-Regler in die multiplikative Form um, und zeigen Sie simulativ die Übereinstimmung der Zeitverläufe.

7 Reglereinstellungen

Die Auswahl einer Reglerstruktur bzw. eines Reglers erfolgt hauptsächlich nach dem Gesichtspunkt der Vermeidung einer bleibenden Regelabweichung. Ob ein Regler einen integralen Bestandteil benötigt, hängt von der zu regelnden Strecke (Strecke mit oder ohne Ausgleich) und der Art der Regelung (Führungsgrößen- oder Störgrößenregelung) ab. Die Wahl zwischen PI- und PID-Regler ist nur eine der notwendigen Performances.

Nachdem Sie sich auf eine Reglerstruktur festgelegt haben, müssen als Nächstes die Reglerparameter (K_R; T_N; T_V) eingestellt werden. Dafür gibt es zahllose Verfahren, von denen in diesem Kapitel nur einige vorgestellt werden können. Die Dimensionierung hängt grundsätzlich von die Dynamik beeinflussenden Größen ab. Eine einfache Forderung lautet beispielsweise, dass die Regelgröße kein Überschwingen zeigt. Bei besseren Reglereinstellungsverfahren wird die gewünschte Dämpfung D, die Eigenfrequenz ω_0 oder die Überschwinghöhe $\ddot{u}_{\%}$ vorgegeben. Bei anderen ist zusätzlich die gewünschte Anregelzeit t_{anr} Grundlage der Reglerparametrierung. In Bild 7.1 sind die Dynamikparameter in einen Regelgrößenverlauf eingezeichnet.

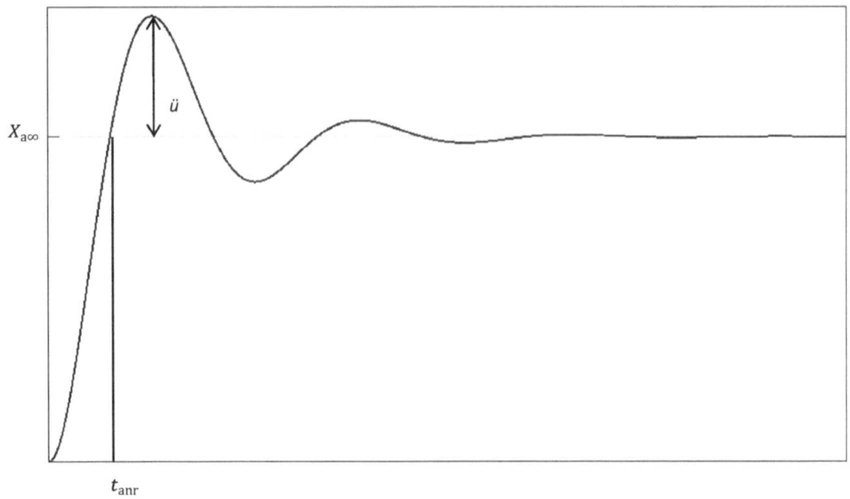

Bild 7.1 Typischer Regelgrößenverlauf

Dabei gilt:

$$ü_{\%} = \frac{ü}{X_{a\infty}} \cdot 100\ \%;\ D = \frac{1}{\sqrt{1 + \left(\frac{\pi}{\ln \frac{ü}{X_{a\infty}}}\right)^2}};\ \omega_0 = \frac{\pi - \arccos D}{t_{anr} \cdot \sqrt{1 - D^2}}$$

Die verschiedenen Verfahren differieren in der Komplexität der Parameterberechnung und der praktischen Handhabbarkeit. Am einfachsten anzuwenden sind die sogenannten Online- und Offline-Faustformelverfahren. Andere Reglereinstellungen erfolgen im Frequenzbereich bzw. mithilfe des Bode-Diagramms.

7.1 Online-Faustformelverfahren zur Reglereinstellung

Bei den Online-Verfahren ist der gesamte Regelkreis aufgebaut, und die Einstellung erfolgt in einer Testphase.

7.1.1 Schwingungsverfahren nach Ziegler und Nichols

Das Schwingungsverfahren nach John G. Ziegler und Nathaniel B. Nichols wurde bereits 1942 vorgestellt. Es wurde hauptsächlich für verfahrenstechnische Anlagen konzipiert. Eine abgegrenzte Streckenidentifikation ist bei solch komplexen Anlagen nur schwer möglich. Des Weiteren zeichnen sich diese Systeme durch große Zeitkonstanten (z. B. Temperatur- oder Füllstandsstrecken) und vorhandene Totzeitelemente, wie Rohre, Schläuche oder Förderbänder, aus. Dies wiederum ermöglicht es, die Regelkreise von Hand an die Stabilitätsgrenze ($D = 0$) zu fahren, da jeder Regelkreis mit einem Totzeitelement prinzipiell instabil werden kann.

Das Vorgehen umfasst die folgenden fünf Schritte:

1. Aufbauen des Regelkreises mit einem P-Regler
2. Erhöhung von K_R beginnend mit kleinen Werten, bis die Regelgröße x zu schwingen beginnt
3. weiteres Erhöhen von K_R bis zur Stabilitätsgrenze (ungedämpfte Dauerschwingung) und Ablesen von K_{Rkrit}
4. Messung der Periodendauer T_{krit} der ungedämpften Dauerschwingung
5. Berechnung der Reglerparameter (K_R; T_N; T_V) entsprechend den Regeln aus Tabelle 7.1

Tabelle 7.1 Einstellwerte nach dem Schwingungsverfahren von Ziegler und Nichols

	K_R	T_N	T_V
P-Regler	$K_{Rkrit} \cdot 0.5$	–	–
PI-Regler	$K_{Rkrit} \cdot 0.45$	$0.83 \cdot T_{krit}$	–
PID-Regler	$K_{Ra} = K_{Rkrit} \cdot 0.6$	$T_{Na} = 0.5 \cdot T_{krit}$	$T_{Va} = 0.125 \cdot T_{krit}$

Video 26: Online-Reglereinstellung nach Ziegler und Nichols (siehe auch *19_Video26_Durchfluss_Hyd*)

In diesem Video wird die Online-Reglereinstellung nach Ziegler und Nichols an einem allgemeinen Regelungsbeispiel und einer Durchflussregelung demonstriert.

Der Vorteil dieses Einstellverfahrens besteht darin, dass keinerlei Streckenkenntnis erforderlich ist. Eine eigentliche Streckenidentifikation findet nicht statt. Dieses rein experimentelle Vorgehen hat aber auch Schwächen. Da ist zum einen die praktische Durchführbarkeit. Nur wenige technische Systeme können gefahrlos an die Stabilitätsgrenze gebracht werden. Auch der Schwingversuch kann – bedingt durch die großen Zeitkonstanten – recht zeitaufwendig werden. Zum anderen ist die Güte der Regelungen nicht optimal. Bei nach Ziegler und Nichols eingestellten Regelkreisen tritt fast immer ein Überschwingen der Regelgröße auf. Neuere Online-Verfahren versuchen diese Nachteile zu beseitigen.

7.1.2 Einstellregeln von Åström und Hägglund nach der Relay-Feedback-Methode

Die Relay-Feedback-Methode nach Karl Johan Åström und Tore Hägglund ermöglicht die Ermittlung der kritischen Regelkreisverstärkung K_{Rkrit} und der zugehörigen Periodendauer T_{krit}, ohne das System an seine Stabilitätsgrenze zu fahren, wie es von Ziegler und Nichols vorgeschlagen wurde.

Vorbedingung

Das Verfahren eignet sich nur für Strecken mit Totzeit und Strecken mit Ausgleich höherer Ordnung.

Ansatz

Anstatt den Regelkreis in der Testphase mit einem P-Regler zu betreiben, wie John G. Ziegler und Nathaniel B. Nichols, aber auch Mohammad Shamsuzzoha und Sigurd Skogestad (siehe Abschnitt 7.1.3) vorgeschlagen haben, wird als Regler ein schaltendes Zweipunktglied verwendet (Bild 7.2). Solche Elemente haben nur zwei Ausgangszustände (y_0; y_1), je nachdem, ob der Eingang über (dann y_1) oder unter (dann y_0) einer Grenze (Schaltschwelle) liegt.

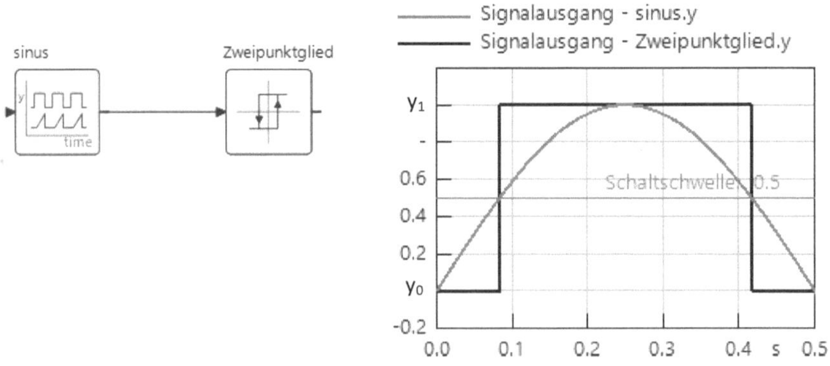

Bild 7.2 Screenshot des Zweipunktgliedes und Zeitverlauf

Vorgehen

Der Regelkreis wird zur Bestimmung von K_{Rkrit} und T_{krit} mit einem Zweipunktglied ohne Hysterese betrieben (Bild 7.3).

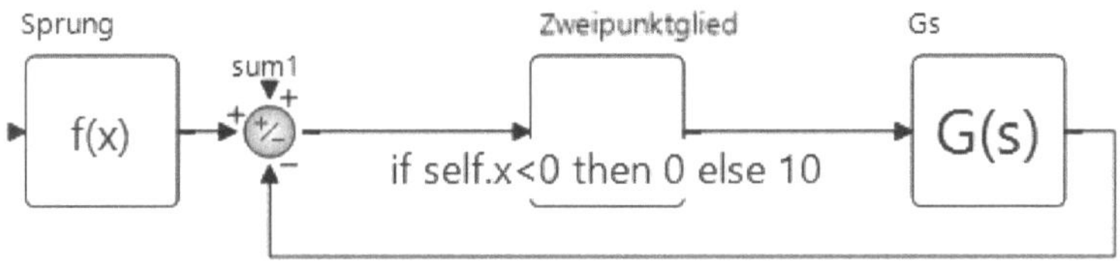

Bild 7.3 Screenshot eines Regelkreises mit Zweipunktglied

Dies sind die Vorteile des Vorgehens:

- Der Prozess bleibt im stabilen Bereich.
- Der Sollwert entfernt sich nur wenig vom Arbeitspunkt.
- Bei Strecken mit großen Zeitkonstanten benötigt die Identifikation weniger Zeit.

Zur Auswertung wird der Regelgrößenverlauf aufgezeichnet. Typischerweise hat der Verlauf die in Bild 7.4 dargestellte Form.

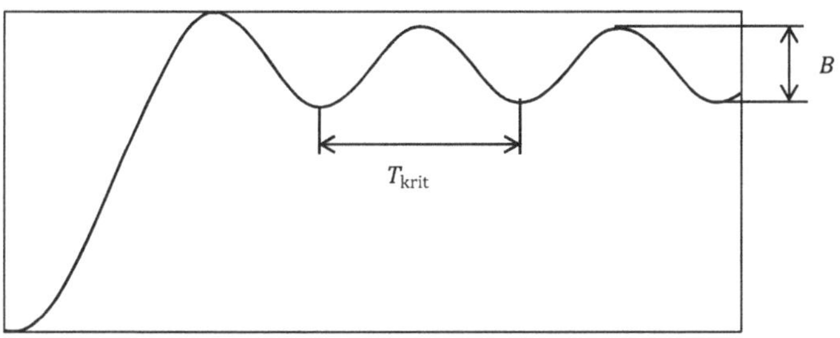

Bild 7.4 Typischer Regelgrößenverlauf nach einem Relay-Feedback-Versuch

Aus der Kurve werden dann die Periodendauer T_{krit} sowie die eingeschwungene Schwankungsbreite B ausgelesen. Mit der Differenz d der beiden Stellgrößenwerte y_0 und y_1 kann die kritische Reglerverstärkung K_{Rkrit} ermittelt werden:

$$K_{Rkrit} = \frac{4 \cdot d}{\pi \cdot B}$$

Mit den erhaltenen Werten K_{Rkrit} und T_{krit} kann man nun einen Regler nach Tabelle 7.1 bemessen.

Video 27: Relay-Feedback-Methode (siehe auch *20_Video27_RelayFeedback_Feder_Masse_Dämpfer_komplex.isx*)

In diesem Video wird die Anwendung der Relay-Feedback-Methode zur Reglereinstellung anhand der Lageregelung eines komplexen Feder-Masse-Dämpfungssystems demonstriert.

Für totzeitdominierte Prozesse haben Karl Johan Åström und Tore Hägglund 1988 eine eigene Methode entwickelt, wie aus K_{Rkrit} und T_{krit} die Parameter für einen PI- oder einen PID-Regler berechnet werden können. Dazu muss allerdings die Streckenverstärkung K_S bekannt sein. K_S kann man mittels folgender Formel berechnen.

$$K_S = \frac{W_0 \cdot B}{y_0 \cdot (W_0 - x_{mineingeschw}) + y_1 \cdot (x_{maxeingeschw} - W_0)}$$

Nun lassen sich die Reglerparameter (PID in additiver Form) nach Tabelle 7.2 berechnen.

Tabelle 7.2 Einstellwerte nach Åström und Hägglund

	K_R	T_N	T_V
PI	$K_{Rkrit} \cdot 0.16$	$\frac{K_{Rkrit} \cdot K_S \cdot T_{krit}}{K_{Rkrit} \cdot K_S + 4.5}$	–
PID	$(0.3 - 0.1 \cdot (K_{Rkrit} \cdot K_S)^{-4}) \cdot K_{Rkrit}$	$\frac{0.6 \cdot K_{Rkrit} \cdot K_S \cdot T_{krit}}{K_{Rkrit} \cdot K_S + 2}$	$\frac{0.15 \cdot (K_{Rkrit} \cdot K_S - 1) \cdot T_{krit}}{K_{Rkrit} \cdot K_S - 0.95}$

Übung 18

Bemessen Sie mithilfe von SimulationX einen PID-Regler für folgende Strecke nach Åström und Hägglund:

$$G(s) = \frac{3}{1 + s \cdot 1.6\ s + \cdot s^2 \cdot 0.65\ s^2 + s^3 \cdot 0.1\ s^3}$$

Zur Bestimmung von K_{Rkrit} und T_{krit} sollen die beiden Stellgrößen $y_0 = 0$ und $y_1 = 1$ sowie die Führungsgröße 1.5 sein.

7.1.3 Setpoint-Overshoot-Methode

Eine schnellere Methode zur Ermittlung günstiger Reglerparameter durch die Auswertung von Sollwertsprung-Versuchen im geschlossenen Regelkreis wurde 2010 durch Mohammad Shamsuzzoha und Sigurd Skogestad eingeführt. Voraussetzung ist dabei, dass es sich bei der zu regelnden Strecke um eine Strecke mit Ausgleich (PT_n) handelt.

Sie schlugen folgende Vorgehensweise vor:

1. Der Regelkreis wird mit einem P-Regler betrieben, und die Führungsgröße wird ausreichend groß gewählt. Dies bedeutet, die Sprungamplitude muss groß genug sein, um den Versuch auswerten zu können, soll aber nicht zu großen Störungen im Produktionsprozess führen.

2. Die Reglerverstärkung soll dabei so eingestellt werden, dass sich ein Überschwingen von 10...60 % ergibt (30 % ist ein anzustrebender Wert). Ein geeigneter Wert der Reglerverstärkung K_{test} lässt sich im Allgemeinen in ein bis zwei Schritten experimentell finden.

Bild 7.5 zeigt beispielhaft den resultierenden Verlauf der Regelgröße x.

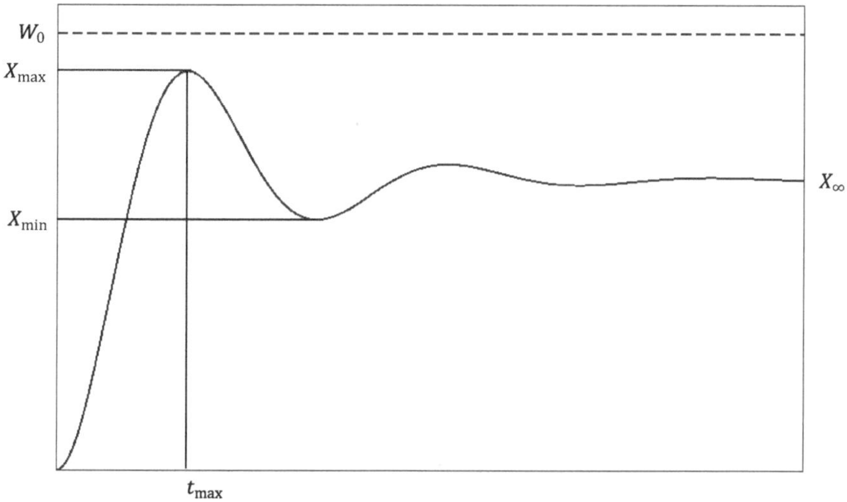

Bild 7.5 Typischer Regelgrößenverlauf nach einem Setpoint-Overshoot-Versuch

Aus dem aufgezeichneten Zeitverlauf werden folgende Kennwerte bestimmt:

- die Überschwingweite

$$ü = \frac{X_{max} - X_\infty}{X_\infty}$$

- die Zeit t_{max} bis zum Erreichen des Maximalwertes der Regelgröße
- der Verstärkungsfaktor der Regelung

$$K_{RK} = \frac{W_0}{X_\infty}$$

Um nicht die möglicherweise lange Zeit bis zum Erreichen des neuen stationären Zustands abwarten zu müssen, kann man den Versuch nach Erreichen des ersten Unterschwingens abbrechen und X_∞ aus der Beziehung $X_\infty = 0.45 \cdot (X_{max} + X_{min})$ abschätzen.

Mit den gewonnenen Werten lassen sich nun die Parameter für einen langsamen PI- oder PID-Regler (kein Überschwingen) in additiver Form mithilfe von Tabelle 7.3 ermitteln.

Tabelle 7.3 Einstellwerte nach Shamsuzzoha und Skogestad für eine langsame Regelung

PI-Regler	PID-Regler (additive Form)
$a_{PI} = 1.152 \cdot ü^2 - 1.607 \cdot ü + 1$	$a_{PID} = 1.55 \cdot ü^2 - 2.159 \cdot ü + 1.35$
$K_R = K_{test} \cdot a_{PI}$	$K_{Ra} = K_{test} \cdot a_{PID}$
$T_N = \min\left\{\begin{matrix} 0.86 \cdot a_{PI} \cdot \left\lvert\frac{K_{RK}}{1-K_{RK}}\right\rvert \cdot t_{max}; \\ 2.44 \cdot t_{max} \end{matrix}\right\}$	$T_{Na} = \min\left\{\begin{matrix} 0.645 \cdot a_{PID} \cdot \left\lvert\frac{K_{RK}}{1-K_{RK}}\right\rvert \cdot t_{max}; \\ 2.44 \cdot t_{max} \end{matrix}\right\}$
	$T_{Va} = 0.14 \cdot t_{max}$

Für einen schnellen PI- oder PID-Regler in additiver Form wird die Berechnung nach Tabelle 7.4 vorgeschlagen.

Tabelle 7.4 Einstellwerte nach Shamsuzzoha und Skogestad für eine schnelle Regelung

PI-Regler	PID-Regler (additive Form)
$a_{PI} = 1.152 \cdot ü^2 - 1.607 \cdot ü + 1$	$a_{PID} = 1.55 \cdot ü^2 - 2.159 \cdot ü + 1.35$
$K_R = 1.5 \cdot K_{test} \cdot a_{PI}$	$K_{Ra} = 1.5 \cdot K_{test} \cdot a_{PID}$
$T_N = \min\left\{\begin{matrix} 0.86 \cdot a_{PI} \cdot \left\lvert\frac{K_{RK}}{1-K_{RK}}\right\rvert \cdot t_{max}; \\ 1.63 \cdot t_{max} \end{matrix}\right\}$	$T_{Na} = \min\left\{\begin{matrix} 0.43 \cdot a_{PID} \cdot \left\lvert\frac{K_{RK}}{1-K_{RK}}\right\rvert \cdot t_{max}; \\ 1.63 \cdot t_{max} \end{matrix}\right\}$
	$T_{Va} = 0.14 \cdot t_{max}$

Aus dem beschriebenen Experiment kann auch ein PT_1T_{tot}-Modell der Strecke abgeschätzt werden.

Mit

$$b = \frac{W_0 - X_\infty}{X_\infty}$$

und

$$c = \frac{2 \cdot a_{PI}}{b}$$

ergeben sich die Kennwerte dieses Modells zu

$$K_S = \frac{1}{K_{test} \cdot b};\; T_{tot} = t_{max} \cdot \left(0.309 + 0.209 \cdot e^{-0.61 \cdot c}\right);\; T_1 = c \cdot T_{tot}$$

Übung 19

1. Bemessen Sie mithilfe von SimulationX einen langsamen PI-Regler und einen schnellen PID-Regler nach der Setpoint-Overshoot-Methode für folgende Strecke:

   $$G_S(s) = \frac{2}{1 + s \cdot 10\,\mathrm{s}} \cdot e^{-s \cdot 2\,\mathrm{s}}$$

   Die Simulationszeit ist mit 15 s vorgegeben.
2. Gegeben ist folgende Strecke:

   $$G_S(s) = \frac{3}{1 + s \cdot 1.6\,\mathrm{s} + s^2 \cdot 0.65\,\mathrm{s}^2 + s^3 \cdot 0.1\,\mathrm{s}^3}$$

   Ermitteln Sie das PT_1T_{tot}-Modell für die vorangehend aufgeführte Strecke nach Shamsuzzoha und Skogestad.
3. Ermitteln Sie einen PI-Regler mithilfe des Schwingversuchs von Ziegler und Nichols und einen schnellen und langsamen PI-Regler mithilfe der Setpoint-Overshoot-Methode für das Modell aus der SimulationX-Datei *DCM+SHfürzini undsetpoint.isx*.

7.2 Offline-Faustformelverfahren zur Reglereinstellung

Bei den Offline-Verfahren ist die Regelstrecke identifiziert, und die Einstellung erfolgt anhand der Streckenparameter.

7.2.1 Offline-Verfahren nach Ziegler und Nichols

Beim Offline-Verfahren nach John G. Ziegler und Nathaniel B. Nichols geht man davon aus, dass die Strecke eine PT_1T_{tot}-Strecke ist. In der Verfahrenstechnik (lange Rohrleitungen) trifft dies auch häufig zu. Die Identifizierung erfolgt zumeist aus der Sprungantwort, wie in Bild 7.6 zu sehen ist.

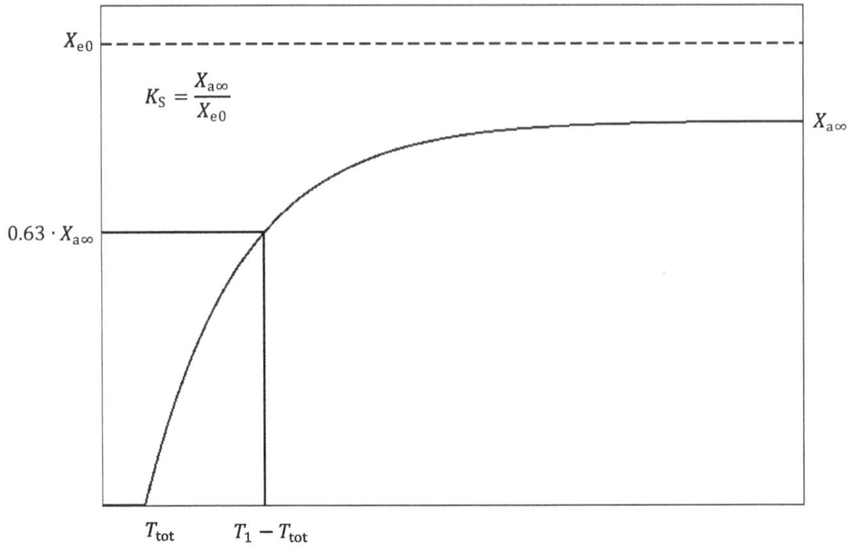

Bild 7.6 Sprungantwort des PT_1T_{tot}-Gliedes

Mit der Kenntnis der Parameter K_S, T_1 und T_{tot} lassen sich nun die Reglerparameter K_R, T_N und T_V mittels Tabelle 7.5 leicht berechnen.

Tabelle 7.5 Einstellwerte nach dem Offline-Verfahren von Ziegler und Nichols

	K_R	T_N	T_V
P-Regler	$\frac{T_1}{K_S \cdot T_{tot}}$	–	–
PI-Regler	$\frac{0.9 \cdot T_1}{K_S \cdot T_{tot}}$	$3.33 \cdot T_{tot}$	–
PID-Regler (additive Form)	$\frac{1.2 \cdot T_1}{K_S \cdot T_{tot}}$	$2.0 \cdot T_{tot}$	$0.5 \cdot T_{tot}$

Video 28: Offline-Reglereinstellung nach Ziegler und Nichols (siehe auch *21_Video28_Hyd_Totzeit_ZiNi2.isx*)

Unter Verwendung des Offline-Reglereinstellungsverfahrens nach Ziegler und Nichols wird in diesem Video eine Durchflussregelung entworfen und parametriert.

7.2.2 Verfahren nach Chien, Hrones und Reswick (CHR)

Ähnlich dem Offline-Verfahren nach Ziegler und Nichols gehen Chien, Hrones und Reswick vor. Auch hier muss die Sprungantwort der Strecke vorliegen. Während bei Ziegler und Nichols Strecken vom Typ PT_1T_{tot} betrachtet wurden, wird nun davon ausgegangen, dass nichtschwingende PT_n-Strecken vorliegen (Bild 7.7).

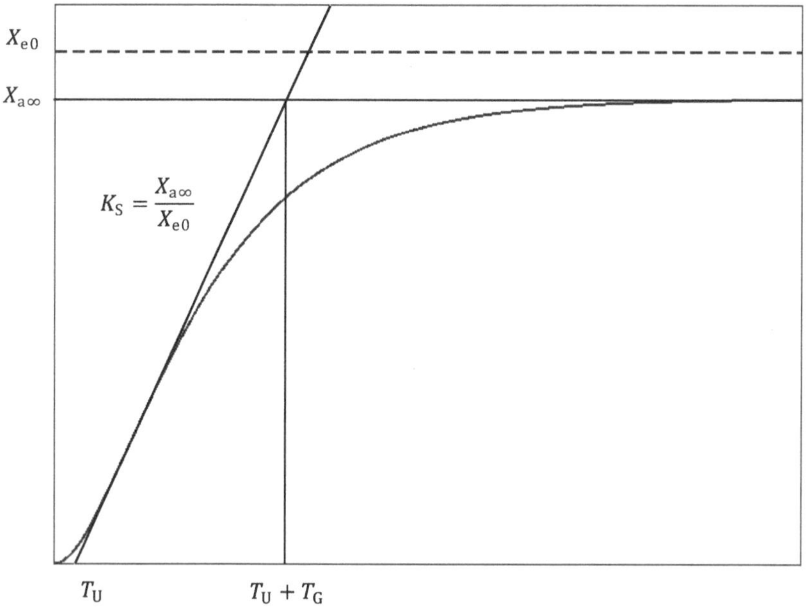

Bild 7.7 Sprungantwort der nicht schwingenden PT_n-Strecke

Von der Strecke müssen bei der Identifikation neben dem Verstärkungsfaktor K_S nur die Verzugszeit T_U und die Ausgleichszeit T_G mithilfe des Wendetangentenverfahrens (siehe Abschnitt 4.2) bestimmt werden. Es ist nicht erforderlich, die Streckenzeitkonstanten $T_1 \ldots T_n$ zu ermitteln.

Zur Berechnung der Reglerparameter stehen Tabelle 7.6 bis Tabelle 7.9 zur Verfügung. Vorab ist eine Entscheidung über die vorliegende Regelungsart, den gewünschten Regler und die angestrebte Dynamik zu treffen.

Einschränkend muss noch darauf hingewiesen werden, dass für ein befriedigendes Ergebnis

$$\frac{T_G}{T_U} > 3$$

sein sollte.

Tabelle 7.6 Einstellwerte nach Chien, Hrones und Reswick: Teil 1

Führungsgrößen- und Laststörgrößenregelung mit 0 % Überschwingen			
Regler	K_R	T_N	T_V
P-Regler	$\frac{0.3 \cdot T_G}{K_S \cdot T_U}$	–	–
PI-Regler	$\frac{0.35 \cdot T_G}{K_S \cdot T_U}$	$1.2 \cdot T_G$	–
PID-Regler	$\frac{0.6 \cdot T_G}{K_S \cdot T_U}$	$1.0 \cdot T_G$	$0.5 \cdot T_U$

PID-Regler in additiver Form

Tabelle 7.7 Einstellwerte nach Chien, Hrones und Reswick: Teil 2

Führungsgrößen- und Laststörgrößenregelung mit 20 % Überschwingen			
Regler	K_R	T_N	T_V
P-Regler	$\frac{0.7 \cdot T_G}{K_S \cdot T_U}$	–	–
PI-Regler	$\frac{0.6 \cdot T_G}{K_S \cdot T_U}$	$1.0 \cdot T_G$	–
PID-Regler	$\frac{0.95 \cdot T_G}{K_S \cdot T_U}$	$1.34 \cdot T_G$	$0.47 \cdot T_U$

PID-Regler in additiver Form

Tabelle 7.8 Einstellwerte nach Chien, Hrones und Reswick: Teil 3

Versorgungsstörgrößenregelung mit 0 % Überschwingen			
Regler	K_R	T_N	T_V
P-Regler	$\frac{0.3 \cdot T_G}{K_S \cdot T_U}$	–	–
PI-Regler	$\frac{0.6 \cdot T_G}{K_S \cdot T_U}$	$4.0 \cdot T_U$	–
PID-Regler	$\frac{0.95 \cdot T_G}{K_S \cdot T_U}$	$2.4 \cdot T_U$	$0.42 \cdot T_U$

PID-Regler in additiver Form

Tabelle 7.9 Einstellwerte nach Chien, Hrones und Reswick: Teil 4

Versorgungsstörgrößenregelung mit 20 % Überschwingen			
Regler	K_R	T_N	T_V
P-Regler	$\frac{0.7 \cdot T_G}{K_S \cdot T_U}$	–	–
PI-Regler	$\frac{0.7 \cdot T_G}{K_S \cdot T_U}$	$2.3 \cdot T_U$	–
PID-Regler	$\frac{1.2 \cdot T_G}{K_S \cdot T_U}$	$2.0 \cdot T_U$	$0.42 \cdot T_U$

PID-Regler in additiver Form

Das Vorgehen wird im Folgenden am Beispiel einer Druckregelung (siehe *22_ST_Druck_Druckkessel.isx*) demonstriert. Dabei soll der Druck im zweiten Behälter (volume2) geregelt werden (Bild 7.8).

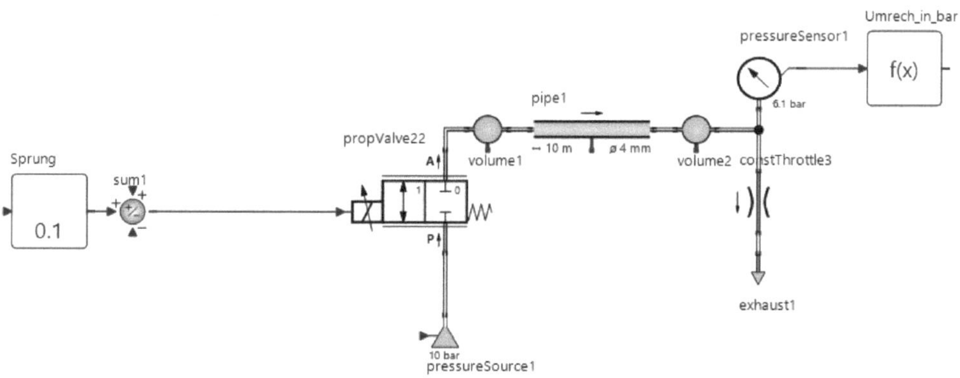

Bild 7.8 Screenshot *22_ST_Druck_Druckkessel.isx*

Zunächst wird die Strecke identifiziert. Ein Eingangssprung (Ventil 10 % geöffnet) erzeugt den in Bild 7.9 dargestellten Zeitverlauf des relativen Ausgangsdrucks.

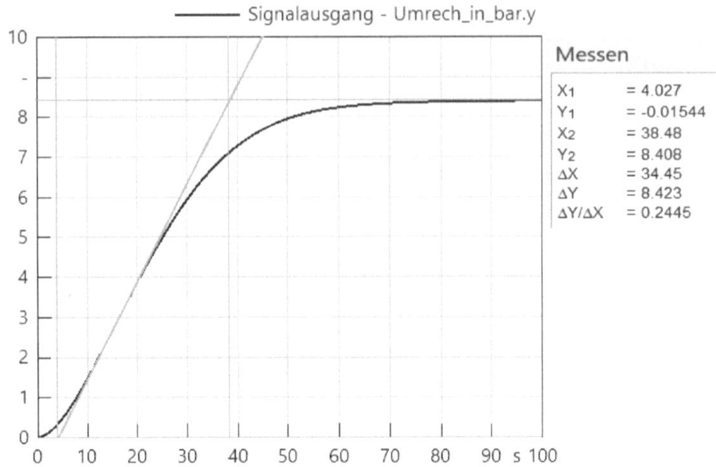

Bild 7.9 Sprungantwort der Pneumatikstrecke mit Wendetangente

Ausgelesen wird Folgendes:

$$T_U = (X_1) = 4.03\ \text{s};\ T_G = (\Delta X) = 34.45\ \text{s};\ K_S = \frac{(Y_2)}{0.1} = \frac{8.4\ \text{bar}}{0.1} = 84\ \text{bar}$$

Der Regelkreis kann nun erstellt werden (Bild 7.10, siehe auch *23_RK_Druck_Druckkessel.isx*).

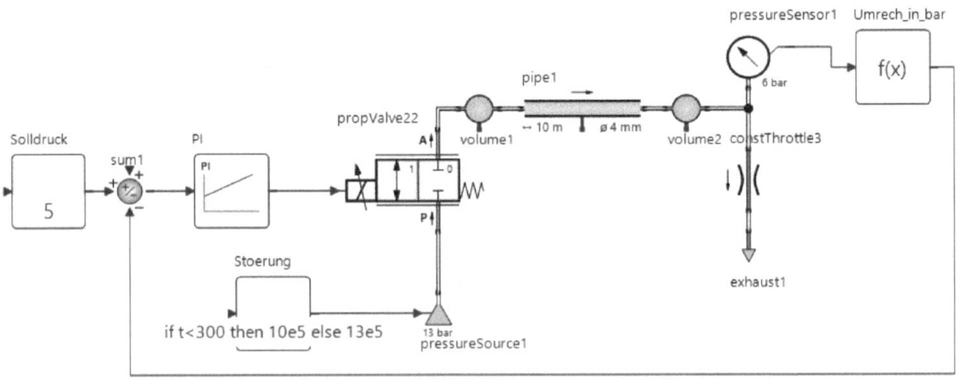

Bild 7.10 Screenshot *23_RK_Druck_Druckkessel.isx*

Danach kann die Reglerauswahl und -parametrierung durchgeführt werden. Dazu müssen einige Vorgaben gemacht werden:

- Die Regelung soll keine bleibende Regelabweichung besitzen (→ mindestens PI-Regler).

- Die Reglung soll im ersten Fall möglichst schnell sein und im zweiten Fall kein Überschwingen aufweisen (→ 20 % bzw. 0 % Überschwingen).
- Einmal soll der Druck neu eingestellt und einmal soll die Schwankung der Druckquelle ausgeregelt werden (→ Führungsgrößenregelung bzw. Versorgungsstörgrößenregelung).

Anhand der Vorgaben gibt es nun vier verschiedene Reglereinstellungen, die im Folgenden aufgeführt sind.

Fall 1: schneller Führungsgrößenregler

$$K_R = \frac{0.6 \cdot T_G}{K_S \cdot T_U} = \frac{0.6 \cdot 34.45\ \mathrm{s}}{84 \cdot 4.03\ \mathrm{s}} = 0.06$$

$$T_N = 1.0 \cdot T_G = 1.0 \cdot 34.45\ \mathrm{s} = 34.45\ \mathrm{s}$$

Fall 2: Führungsgrößenregler ohne Überschwingen

$$K_R = \frac{0.35 \cdot T_G}{K_S \cdot T_U} = \frac{0.35 \cdot 34.45\ \mathrm{s}}{84 \cdot 4.03\ \mathrm{s}} = 0.035$$

$$T_N = 1.2 \cdot T_G = 1.2 \cdot 34.45\ \mathrm{s} = 41\ \mathrm{s}$$

Fall 3: schneller Versorgungsstörgrößenregler

$$K_R = \frac{0.7 \cdot T_G}{K_S \cdot T_U} = \frac{0.7 \cdot 34.45\ \mathrm{s}}{84 \cdot 4.03\ \mathrm{s}} = 0.071$$

$$T_N = 2.3 \cdot T_U = 2.3 \cdot 4.03\ \mathrm{s} = 9.3\ \mathrm{s}$$

Fall 4: Versorgungsstörgrößenregler ohne Überschwingen

$$K_R = \frac{0.6 \cdot T_G}{K_S \cdot T_U} = \frac{0.6 \cdot 34.45\ \mathrm{s}}{84 \cdot 4.03\ \mathrm{s}} = 0.06$$

$$T_N = 4.0 \cdot T_U = 4.0 \cdot 4.03\ \mathrm{s} = 16\ \mathrm{s}$$

Die resultierenden Regelgrößenverläufe sind in Bild 7.11 und Bild 7.12 zu sehen.

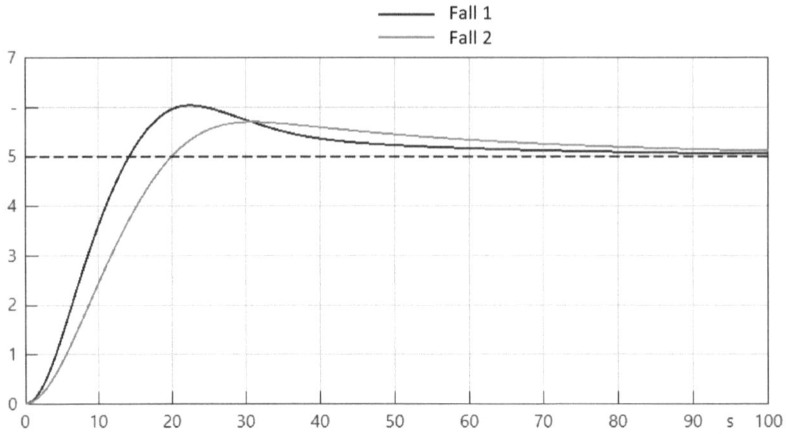

Bild 7.11 Regelgrößenverlauf für Fall 1 und Fall 2

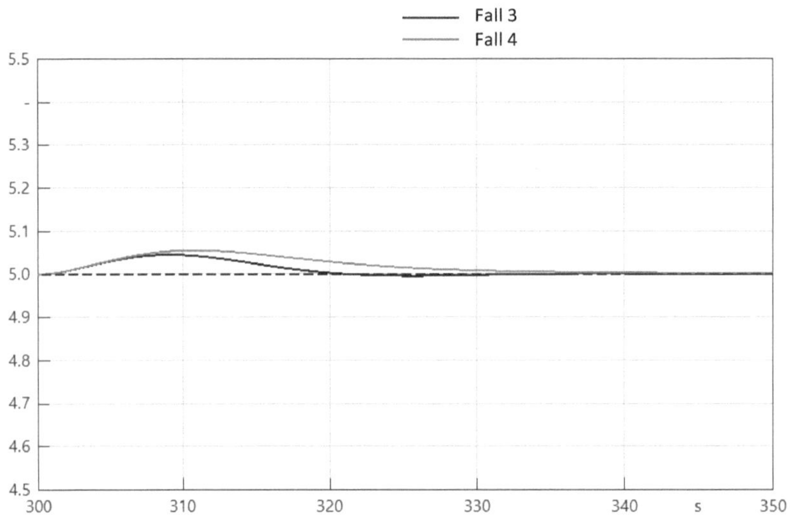

Bild 7.12 Regelgrößenverlauf für Fall 3 und Fall 4

Dass der Fall 2 die Forderung nach 0 % Überschwingen nicht erfüllt, liegt zum einen an den nichtlinearen Komponenten (Ventil, Rohr) der Strecke und zum anderen daran, dass das Chien-Hrones-Reswick-Verfahren immer noch ein Faustformelverfahren ist.

Das Chien-Hrones-Reswick-Verfahren kann näherungsweise auch auf andere Strecken als PT_n (nicht schwingend) angewendet werden:

1.	PT_3 (oder höhere Ordnung)	→ gleicher Ablauf über Wendetangente
2.	PT_2 (schwingend)	→ Wendetangente zeichnen, $T_G = t_{anr}$ (Anregelzeit)
3.	PT_1T_{tot}	→ bekannter Ansatz $T_G = T_1$; $T_U = T_{tot}$
4.	PT_nT_{tot}	→ T_U wird zu $T_U + T_{tot}$
5.	IT_1	→ $\frac{1}{K_i} = \frac{T_G}{K_S}$ und $T_1 = T_U$

Video 29: Reglerparametrierung nach CHR-Verfahren (siehe auch *22_Video29_CHR_Hydpumpe_Hydmotor.isx*)

Für ein mobilhydraulisches System werden in diesem Video ein Drehzahl- und ein Positionsregler nach dem Verfahren von Chien, Hrones und Reswick parametriert.

Übung 20

Nutzen Sie SimulationX zur Bestimmung von T_G und T_U sowie zur Überprüfung Ihrer Ergebnisse. Folgende Strecke liegt vor:

$$G_S(s) = \frac{2}{(1 + s \cdot 1\,\mathrm{s}) \cdot (1 + s \cdot 2\,\mathrm{s}) \cdot (1 + s \cdot 4\,\mathrm{s})} = \frac{2}{1 + s \cdot 7\,\mathrm{s} + s^2 \cdot 14\,\mathrm{s}^2 + s^3 \cdot 8\,\mathrm{s}^3}$$

a) Gesucht ist ein schneller PI-Regler für sich ändernde Sollwert nach CHR.

b) Gesucht ist ein PID-Regler in multiplikativer Form nach CHR, welcher möglichst ohne Schwingungen und vorhandene Versorgungsschwankung die Führungsgröße konstant hält.

7.2.3 Verfahren nach Kuhn (T-Summen-Regel)

In Abhängigkeit vom einzusetzenden Regler wird beim Verfahren nach Kuhn davon ausgegangen, dass jede nichtschwingende PT_nT_{tot}-Strecke durch eine PT_2-Strecke mit zwei gleichen Zeitkonstanten (bei einem eingesetzten PI-Regler) oder eine PT_3-Strecke mit drei gleichen Zeitkonstanten (bei einem eingesetzten PID-Regler) angenähert werden kann.

7.2.3.1 Streckennäherung

Die gleichen Zeitkonstanten berechnen sich dabei aus der Summe aller Zeitkonstanten T_Σ durch die gewählte Ordnung der Näherung (Bild 7.13 und Bild 7.14).

$$G(s) = \frac{K_S}{b_0 + s \cdot b_1 + \ldots + s^{n-1} \cdot b_{n-1} + s^n \cdot b_n} \cdot \mathrm{e}^{-s \cdot T_{\mathrm{tot}}}$$

bzw.

$$G(s) = \frac{K_S}{(1 + s \cdot T_1) \cdot (1 + s \cdot T_2) \cdot \ldots \cdot (1 + s \cdot T_n)} \cdot e^{-s \cdot T_{\mathrm{tot}}}$$

wird zu

$$G(s) \approx \frac{K_S}{\left(1 + s \cdot \frac{T_\Sigma}{m}\right)^m} \quad \text{mit} \quad T_\Sigma = T_1 + T_2 + \ldots + T_n + T_{\mathrm{tot}}$$

$$\text{und} \quad m = \left\{ \begin{array}{l} 2, \text{ bei PT}_2\text{-Näherung} \\ 3, \text{ bei PT}_3\text{-Näherung} \end{array} \right\}$$

Ein Beispiel soll dies verdeutlichen.

$$G(s) = \frac{2}{1 + s \cdot 6\,\mathrm{s} + s^2 \cdot 11\,\mathrm{s}^2 + s^3 \cdot 6\,\mathrm{s}^3} \cdot \mathrm{e}^{-s \cdot 1\,\mathrm{s}}$$

$$= \frac{2}{(1 + s \cdot 1\,\mathrm{s}) \cdot (1 + s \cdot 2\,\mathrm{s}) \cdot (1 + s \cdot 3\,\mathrm{s})} \cdot \mathrm{e}^{-s \cdot 1\,\mathrm{s}}$$

Mit

$$K_S = 2; \; T_\Sigma = 1\,\mathrm{s} + 2\,\mathrm{s} + 3\,\mathrm{s} + 1\,\mathrm{s} = 7\,\mathrm{s}$$

wird

$$G_{\mathrm{PT2gen\ddot{a}hert}}(s) \approx \frac{2}{\left(1 + s \cdot \frac{7\,\mathrm{s}}{2}\right)^2} = \frac{2}{(1 + s \cdot 3.5\,\mathrm{s})^2}$$

bzw.

$$G_{\mathrm{PT3gen\ddot{a}hert}}(s) \approx \frac{2}{\left(1 + s \cdot \frac{7\,\mathrm{s}}{3}\right)^3} = \frac{2}{(1 + s \cdot 2.33\,\mathrm{s})^3}$$

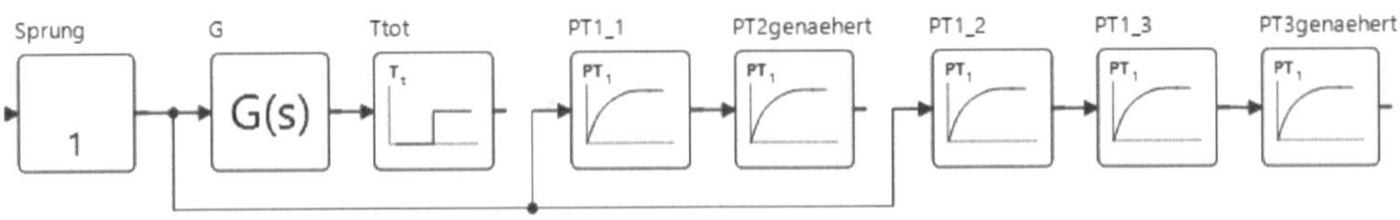

Bild 7.13 Screenshot von PT_nT_{tot} und Näherungen

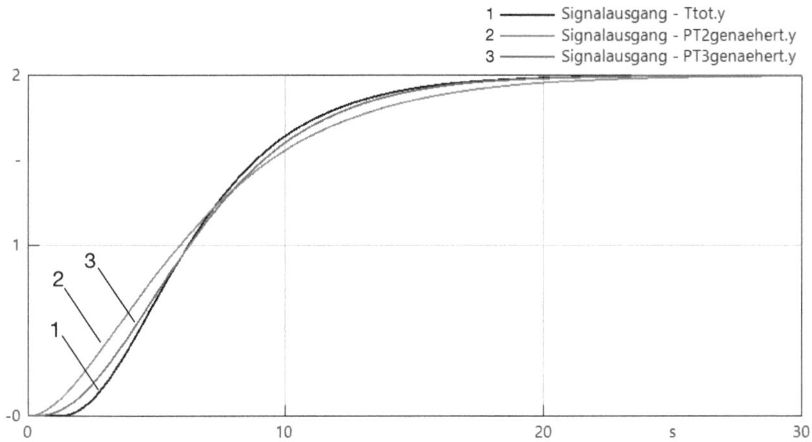

Bild 7.14 Sprungantwort von PT_nT_{tot} und Näherungen

7.2.3.2 Reglerbemessung

Die Grundlage der Reglerbemessung bilden nun die genäherten Streckenmodelle. Damit kann eine Kompensation der Zeitkonstanten erfolgen. Diese Kompensation wird auch in anderen Reglereinstellungsverfahren benutzt und soll deshalb genauer betrachtet werden.

Ansatz

Ein PI-Regler wird auf die PT_2-Näherung und ein PID-Regler in multiplikativer Form wird auf die PT_3-Näherung angewendet. Dabei erhalten T_N und T_V den Wert der gleichen Zeitkonstanten.

PI-Regler angewendet auf die PT_2-Näherung

$$G_R \cdot G_S = \frac{K_R \cdot (1 + s \cdot T_N)}{s \cdot T_N} \cdot \frac{K_S}{\left(1 + s \cdot \frac{T_\Sigma}{2}\right)^2}$$

Mit der Kompensation

$$T_N = \frac{T_\Sigma}{2}$$

folgt

$$G_R \cdot G_S = \frac{K_R \cdot K_S}{s \cdot \frac{T_\Sigma}{2} \cdot \left(1 + s \cdot \frac{T_\Sigma}{2}\right)}$$

PID-Regler multiplikativer Form, angewendet auf die PT_3-Näherung

$$G_R \cdot G_S = \frac{K_R \cdot (1 + s \cdot T_N) \cdot (1 + s \cdot T_V)}{s \cdot T_N} \cdot \frac{K_S}{\left(1 + s \cdot \frac{T_\Sigma}{3}\right)^3}$$

Mit der Kompensation

$$T_N = T_V = \frac{T_\Sigma}{3}$$

folgt

$$G_R \cdot G_S = \frac{K_R \cdot K_S}{s \cdot \frac{T_\Sigma}{3} \cdot \left(1 + s \cdot \frac{T_\Sigma}{3}\right)}$$

Anhand der Kompensationsforderung sind nun schon die Reglerzeitkonstanten parametriert. Die Dimensionierung des Reglerverstärkungsfaktors wird jetzt genutzt, um Dynamikanforderungen umzusetzen. Dabei muss der gesamte Regelkreis betrachtet werden.

PI-Regler angewendet auf die PT_2-Näherung

$$G_W = \frac{G_R \cdot G_S}{1 + G_R \cdot G_S} = \frac{\frac{K_R \cdot K_S}{s \cdot \frac{T_\Sigma}{2} \cdot \left(1 + s \cdot \frac{T_\Sigma}{2}\right)}}{1 + \frac{K_R \cdot K_S}{s \cdot \frac{T_\Sigma}{2} \cdot \left(1 + s \cdot \frac{T_\Sigma}{2}\right)}} = \frac{K_R \cdot K_S}{s \cdot \frac{T_\Sigma}{2} \cdot \left(1 + s \cdot \frac{T_\Sigma}{2}\right) + K_R \cdot K_S}$$

$$= \frac{1}{1 + s \cdot \frac{T_\Sigma}{2 \cdot K_R \cdot K_S} + s^2 \cdot \frac{T_\Sigma{}^2}{4 \cdot K_R \cdot K_S}}$$

PID-Regler multiplikative Form, angewendet auf die PT_3-Näherung

$$G_W = \frac{G_R \cdot G_S}{1 + G_R \cdot G_S} = \frac{\frac{K_R \cdot K_S}{s \cdot \frac{T_\Sigma}{3} \cdot \left(1 + s \cdot \frac{T_\Sigma}{3}\right)}}{1 + \frac{K_R \cdot K_S}{s \cdot \frac{T_\Sigma}{3} \cdot \left(1 + s \cdot \frac{T_\Sigma}{3}\right)}} = \frac{K_R \cdot K_S}{s \cdot \frac{T_\Sigma}{3} \cdot \left(1 + s \cdot \frac{T_\Sigma}{3}\right) + K_R \cdot K_S}$$

$$= \frac{1}{1 + s \cdot \frac{T_\Sigma}{3 \cdot K_R \cdot K_S} + s^2 \cdot \frac{T_\Sigma{}^2}{9 \cdot K_R \cdot K_S}}$$

Allgemein gilt:

$$G_W = \frac{K}{1 + s \cdot \frac{2 \cdot D}{\omega_0} + s^2 \cdot \frac{1}{\omega_0{}^2}}$$

Diese PT_2-Systeme sollen nun eine Dämpfung von

$$D = \frac{1}{\sqrt{2}} \rightarrow 4.3\,\%\ \text{Überschwingen}$$

besitzen. Der Koeffizientenvergleich (siehe Abschnitt 2.5.2) liefert dazu die nötigen Gleichungen.

PI-Regler angewendet auf die PT_2-Näherung

$$\frac{1}{{\omega_0}^2} = \frac{{T_\Sigma}^2}{4 \cdot K_R \cdot K_S} \rightarrow \omega_0 = \frac{2 \cdot \sqrt{K_R \cdot K_S}}{T_\Sigma}$$

und

$$\frac{2 \cdot D}{\omega_0} = \frac{2 \cdot D}{\frac{2 \cdot \sqrt{K_R \cdot K_S}}{T_\Sigma}} = \frac{T_\Sigma}{2 \cdot K_R \cdot K_S}$$

Damit ergibt sich

$$D = \frac{1}{2 \cdot \sqrt{K_R \cdot K_S}} \xrightarrow{\text{Forderung}} = \frac{1}{\sqrt{2}}$$

PID-Regler multiplikative Form, angewendet auf die PT_3-Näherung

$$\frac{1}{{\omega_0}^2} = \frac{{T_\Sigma}^2}{9 \cdot K_R \cdot K_S} \rightarrow \omega_0 = \frac{3 \cdot \sqrt{K_R \cdot K_S}}{T_\Sigma}$$

und

$$\frac{2 \cdot D}{\omega_0} = \frac{2 \cdot D}{\frac{3 \cdot \sqrt{K_R \cdot K_S}}{T_\Sigma}} = \frac{T_\Sigma}{3 \cdot K_R \cdot K_S}$$

Damit ergibt sich

$$D = \frac{1}{2 \cdot \sqrt{K_R \cdot K_S}} \xrightarrow{\text{Forderung}} = \frac{1}{\sqrt{2}}$$

In beiden Fällen ist dann

$$K_R = \frac{1}{2 \cdot K_S}$$

Neben den so gewonnenen Einstellungen gibt Kuhn auch eine Parametrierung für rund 10 % Überschwingen an.

In Tabelle 7.10 und Tabelle 7.11 sind die Einstellregeln zusammengefasst.

Tabelle 7.10 Einstellwerte nach T-Summen-Verfahren: Teil 1

Einstellung für 4.3 % Überschwingen			
Regler	K_R	T_N	T_V
PI-Regler	$\frac{1}{2 \cdot K_S}$	$\frac{T_\Sigma}{2}$	–
PID-Regler(multiplikative Form)	$\frac{1}{2 \cdot K_S}$	$\frac{T_\Sigma}{3}$	$\frac{T_\Sigma}{3}$
PID-Regler (additive Form)	$\frac{1}{K_S}$	$\frac{2 \cdot T_\Sigma}{3}$	$\frac{T_\Sigma}{6}$

Tabelle 7.11 Einstellwerte nach T-Summen-Verfahren: Teil 2

Einstellung für rund 10 % Überschwingen		
K_R	T_N	T_V
$\frac{1}{K_S}$	$0.7 \cdot T_\Sigma$	–
$\frac{1.173}{K_S}$	$0.469 \cdot T_\Sigma$	$0.331 \cdot T_\Sigma$
$\frac{2}{K_S}$	$0.8 \cdot T_\Sigma$	$0.194 \cdot T_\Sigma$

Der Vorteil für weitere Reglereinstellungen besteht nun offensichtlich darin, nur zwei Parameter, nämlich K_S und T_Σ (ähnlich K_S, T_G und T_U beim Chien-Hrones-Reswick-Verfahren) zur Berechnung der Parameter zu benötigen. Liegt die Übertragungsfunktion der Strecke nicht vor, müssen K_S und T_Σ experimentell (Blackbox) aus der Sprungantwort ermittelt werden.

7.2.3.3 Identifikation von K_S und T_Σ

Die Bestimmung von K_S erfolgt weiterhin über

$$K_S = \frac{X_{a\infty}}{X_{e0}}$$

Bei der Bestimmung der Summenzeitkonstanten T_Σ nutzt man folgenden geometrischen Sachverhalt:

$$\text{Fläche } A = \int_0^\infty (K_S \cdot X_{e0} - x_a(t))dt = X_{e0} \cdot \int_0^\infty (K_S - G_S \cdot E(t))dt$$

$$= X_{e0} \cdot K_S \cdot T_\Sigma = X_{a\infty} \cdot T_\Sigma$$

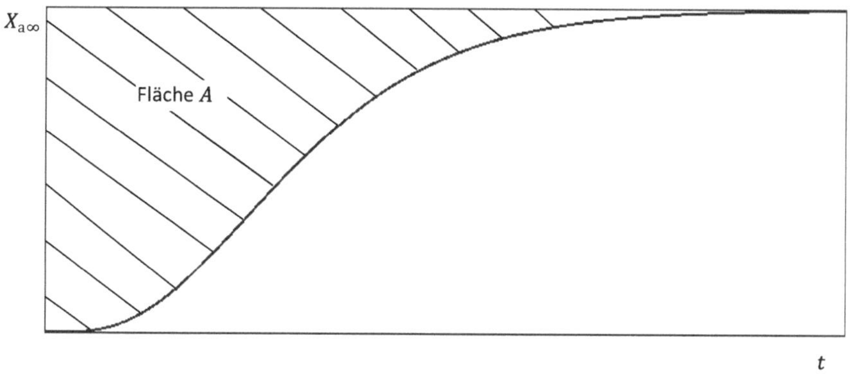

Bild 7.15 Sprungantwort von PT_nT_{tot}

Wenn man die Teilflächen A_1 und A_2, wie in Bild 7.16 zu sehen, gleich groß teilt, ist die vertikale Trennlinie gleich der Summenzeitkonstanten T_Σ.

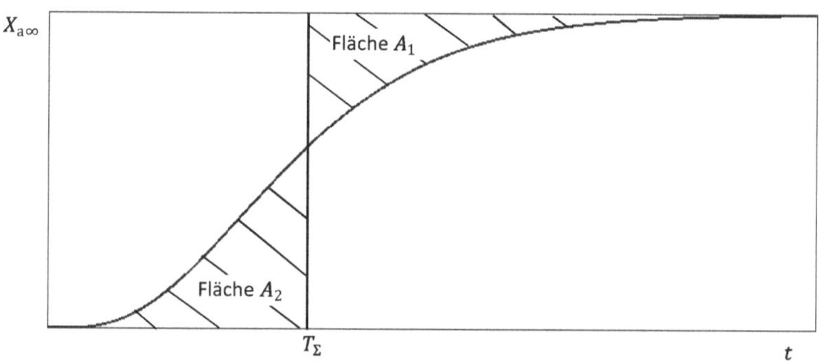

Bild 7.16 Sprungantwort von PT_nT_{tot} und T_Σ

Vorgehen

In der Sprungantwort wird eine Parallele zur y-Achse so lange verschoben, bis die Fläche A_1 gleich der Fläche A_2 ist. Damit ist die Summenzeitkonstante T_Σ bestimmt.

Video 30: Temperaturregelung nach Kuhn (siehe auch *23_Video30_Kuhn_Heizkreis.isx*)

In diesem Video wird die abgestrahlte Temperatur eines Heizkörpers mithilfe eines nach Kuhn eingestellten PI-Reglers geregelt.

Übung 21

Gegeben ist folgende Strecke:

$$G(s) = \frac{3}{1 + s \cdot 8.5\ \text{s} + s^2 \cdot 22.5\ \text{s}^2 + s^3 \cdot 18\ \text{s}^3}$$

a) Bemessen Sie für diese Strecke einen PI-Regler mit möglichst geringer Schwingneigung nach Kuhn. Bestimmen Sie dazu die notwendigen Streckenparameter rechnerisch und aus der Sprungantwort mithilfe von SimulationX.

b) Der Strecke wird noch eine Totzeit von 0.5 s hinzugefügt. Bemessen Sie für diese neue Strecke einen schnellen PID-Regler in additiver Form nach Kuhn.

7.3 Reglereinstellungsverfahren bei guter Streckenkenntnis

Die Grundlage der nachfolgenden Einstellregeln ist immer eine gute Streckenkenntnis. Das bedeutet, dass von der zu regelnden Strecke die vollständige Übertragungsfunktion vorliegt.

7.3.1 Reglereinstellung nach Reinisch (Betragsoptimum Typ 1)

Das Verfahren nach Karl Reinisch liefert dieselben Einstellregeln wie beim Vorgehen nach dem Betragsoptimum Typ 1, nur ist die Herleitung der Regeln nach Reinisch verständlicher, da die Betrachtung nicht im Frequenzbereich durchgeführt wird.

Ansatz

Bei einer vorgegebenen Übertragungsfunktion des geschlossenen Kreises G_w berechnet sich die Übertragungsfunktion des offenen Kreises G_o über

$$G_W = \frac{G_O}{1 + G_O} = \frac{G_R \cdot G_S}{1 + G_R \cdot G_S}$$

mit $G_O = G_R \cdot G_S$ als Übertragungsfunktion des offenen Kreises.

Umgestellt nach G_o zu

$$G_O = \frac{G_W}{1 - G_W}$$

G_w des geschlossenen Kreises soll der Übertragungsfunktion einer schwingenden PT_2-Strecke mit dem Verstärkungsfaktor $K = 1$ ($e_{stat} = 0$) entsprechen.

$$G_{W\text{gewünscht}} = \frac{1}{1 + s \cdot \frac{2 \cdot D}{\omega_0} + s^2 \cdot \frac{1}{\omega_0{}^2}}$$

und damit

$$G_{\text{ogewünscht}} = \frac{G_{\text{wgewünscht}}}{1 - G_{\text{wgewünscht}}} = \frac{\frac{1}{1+s\cdot\frac{2\cdot D}{\omega_0}+s^2\cdot\frac{1}{\omega_0{}^2}}}{1 - \frac{1}{1+s\cdot\frac{2\cdot D}{\omega_0}+s^2\cdot\frac{1}{\omega_0{}^2}}}$$

$$G_{\text{ogewünscht}} = \frac{1}{s\cdot\frac{2\cdot D}{\omega_0} + s^2\cdot\frac{1}{\omega_0{}^2}} = \frac{1}{s\cdot\frac{2\cdot D}{\omega_0}\cdot\left(1+s\cdot\frac{1}{2\cdot D\cdot\omega_0}\right)} \rightarrow \text{IT}_1$$

Es entstehen zwei Zeitkonstanten:

$$T_{\text{i}} = \frac{2\cdot D}{\omega_0} \text{ und } T_{\text{gewünscht}} = \frac{1}{2\cdot D\cdot\omega_0}$$

Um eine von beiden eliminieren zu können, wird ein Einstellfaktor a eingeführt:

$$T_{\text{i}} = a\cdot T_{\text{gewünscht}} \text{ bzw. } a = \frac{T_{\text{i}}}{T_{\text{gewünscht}}} = \frac{\frac{2\cdot D}{\omega_0}}{\frac{1}{2\cdot D\cdot\omega_0}} = 4\cdot D^2$$

Der Einstellfaktor a ist also nur von der Dämpfung D abhängig und kann so als Gütefaktor verwendet werden.

Bedenke:

$$a = 2 \rightarrow D = \sqrt{\frac{a}{4}} = \frac{1}{\sqrt{2}} \rightarrow \text{ü}_{\%} = 4.3\,\%$$

Aperiodischer Grenzfall:

$$a = 4 \rightarrow D = 1 \rightarrow \text{ü}_{\%} = 0\,\%$$

Mit dem Einstellfaktor a wird $G_{\text{ogewünscht}}$ zu

$$G_{\text{ogewünscht}} = \frac{1}{s\cdot a\cdot T_{\text{gewünscht}}\cdot\left(1+s\cdot T_{\text{gewünscht}}\right)} = G_{\text{R}}\cdot G_{\text{S}}$$

Dieser Ansatz wird nun genutzt, um den Regler auf einen bestimmten Streckentyp anzupassen. Nachfolgend werden die unterschiedlichen Strecken separat betrachtet.

PT_2-Strecke mit $T_1 > T_2$

$$G_{\text{R}} = \frac{G_{\text{ogewünscht}}}{G_{\text{S}}} = \frac{\frac{1}{s\cdot a\cdot T_{\text{gewünscht}}\cdot\left(1+s\cdot T_{\text{gewünscht}}\right)}}{\frac{K_{\text{S}}}{(1+s\cdot T_1)\cdot(1+s\cdot T_2)}}$$

$$G_{\text{R}} = \frac{1}{s\cdot a\cdot T_{\text{gewünscht}}\cdot\left(1+s\cdot T_{\text{gewünscht}}\right)}\cdot\frac{(1+s\cdot T_1)\cdot(1+s\cdot T_2)}{K_{\text{S}}}$$

Nun wird als $T_{\text{gewünscht}}$ die kleinere Zeitkonstante T_2 gewählt, um den Regelungsvorgang möglichst schnell zu machen. Damit wird der Regler bei $T_{\text{gewünscht}} = T_2$ zu

$$G_R = \frac{1}{s \cdot a \cdot T_2 \cdot (1 + s \cdot T_2)} \cdot \frac{(1 + s \cdot T_1) \cdot (1 + s \cdot T_2)}{K_S} = \frac{(1 + s \cdot T_1)}{s \cdot a \cdot T_2 \cdot K_S}$$

Die Struktur entspricht der eines PI-Reglers:

$$G_R = \frac{(1 + s \cdot T_1)}{s \cdot a \cdot T_2 \cdot K_S} = \frac{K_R \cdot (1 + s \cdot T_N)}{s \cdot T_N}$$

Nun liefert der Koeffizientenvergleich die Parametrierungsvorschrift

$$T_N = T_1$$

sowie

$$\frac{K_R}{T_N} = \frac{1}{a \cdot T_2 \cdot K_S}$$

und damit

$$K_R = \frac{T_N}{a \cdot T_2 \cdot K_S} = \frac{T_1}{a \cdot T_2 \cdot K_S}$$

Das Verfahren nach Reinisch gibt also für bestimmte Streckentypen die Reglerstruktur und die Parametrierungsvorschrift vor. Außerdem kann anhand des Einstellwertes a die Dämpfung des resultierenden schwingenden PT_2-Systems vorgegeben werden.

Beispiel:

$G_S = \frac{3}{(1+s\cdot 10\,\text{s})\cdot(1+s\cdot 5\,\text{s})}$ → Es wird ein PI-Regler (Bild 7.17) benötigt, mit $K_R = \frac{T_N}{a\cdot T_2 \cdot K_S}$ und $T_N = T_1$.

Gefordert: $a = 2$

$$K_R = \frac{T_1}{a \cdot T_2 \cdot K_S} = \frac{10\,\text{s}}{2 \cdot 5\,\text{s} \cdot 3} = \frac{1}{3}$$

und

$$T_N = T_1 = 10\,\text{s}$$

Gefordert: $a = 4$

$$K_R = \frac{T_1}{a \cdot T_2 \cdot K_S} = \frac{10\,\text{s}}{4 \cdot 5\,\text{s} \cdot 3} = \frac{1}{6}$$

und

$$T_N = T_1 = 10\,\text{s}$$

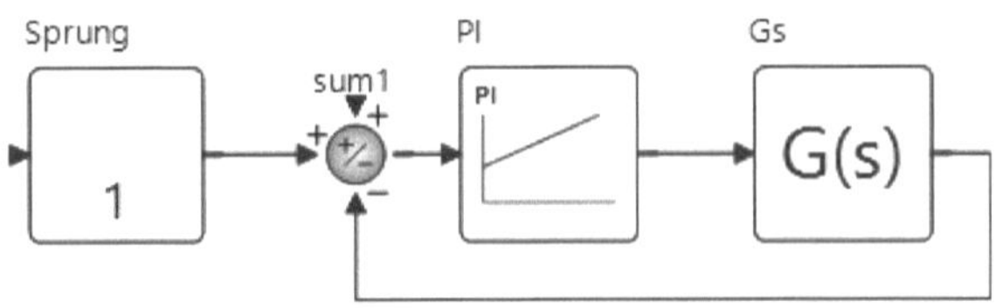

Bild 7.17
Screenshot des Regelkreises mit PI-Regler

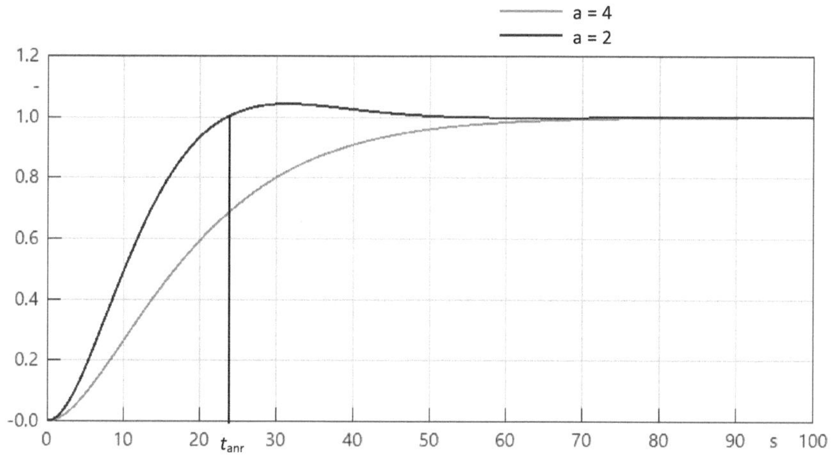

Bild 7.18 Sprungantworten am Beispiel einer PT_2-Strecke

Ähnlich wie bei Kuhn wird hier die dominierende Zeitkonstante mithilfe der Forderung von $T_N = T_{1(\text{größte})}$ kompensiert. Die Kennkreisfrequenz ω_0 des geschlossenen Kreises ergibt sich bei $T_{\text{gewünscht}} = T_2$ aus

$$G_{w\text{gewünscht}} = \frac{G_{o\text{gewünscht}}}{1 + G_{o\text{gewünscht}}} = \frac{\frac{1}{s \cdot a \cdot T_2 \cdot (1 + s \cdot T_2)}}{1 + \frac{1}{s \cdot a \cdot T_2 \cdot (1 + s \cdot T_2)}}$$

$$G_{w\text{gewünscht}} = \frac{1}{1 + s \cdot a \cdot T_2 + s^2 \cdot a \cdot T_2{}^2} = \frac{1}{1 + s \cdot \frac{2 \cdot D}{\omega_0} + s^2 \cdot \frac{1}{\omega_0{}^2}}$$

Der Koeffizientenvergleich ergibt

$$\omega_0 = \frac{1}{\sqrt{a} \cdot T_2}$$

und mit $a = 4 \cdot D^2$ ist

$$t_{\text{anr}} = \frac{\pi - \arccos D}{\omega_0 \cdot \sqrt{1 - D^2}} = \frac{\pi - \arccos D}{\frac{1}{\sqrt{a} \cdot T_2} \cdot \sqrt{1 - D^2}} = \frac{2 \cdot D \cdot (\pi - \arccos D)}{\sqrt{1 - D^2}} \cdot T_2$$

Bei einem $a = 2$ ist dann $t_{\text{anr}} = 4.7 \cdot T_2$.

Beim Verfahren nach Reinisch kann über den Einstellwert a die Dämpfung der Regelung vorgegeben werden. Die Schnelligkeit der Regelung hängt jedoch von der kleinsten verbliebenen Zeitkonstante ab.

PT$_3$-Strecke mit $T_1 > T_2 > T_3$

$$G_R = \frac{G_{o\text{gewünscht}}}{G_S} = \frac{\frac{1}{s \cdot a \cdot T_{\text{gewünscht}} \cdot (1+s \cdot T_{\text{gewünscht}})}}{\frac{K_S}{(1+s \cdot T_1) \cdot (1+s \cdot T_2) \cdot (1+s \cdot T_3)}} = \frac{1}{s \cdot a \cdot T_{\text{gewünscht}} \cdot (1+s \cdot T_{\text{gewünscht}})}$$

$$\cdot \frac{(1+s \cdot T_1) \cdot (1+s \cdot T_2) \cdot (1+s \cdot T_3)}{K_S}$$

Nun wird als $T_{\text{gewünscht}}$ die kleinste Zeitkonstante T_3 gewählt, um den Regelungsvorgang möglichst schnell zu machen. Damit wird der Regler bei $T_{\text{gewünscht}} = T_3$ zu

$$G_R = \frac{1}{s \cdot a \cdot T_3 \cdot (1+s \cdot T_3)} \cdot \frac{(1+s \cdot T_1) \cdot (1+s \cdot T_2) \cdot (1+s \cdot T_3)}{K_S}$$

$$= \frac{(1+s \cdot T_1) \cdot (1+s \cdot T_2)}{s \cdot a \cdot T_3 \cdot K_S}$$

Die Struktur entspricht der eines PID-Reglers in multiplikativer Form:

$$G_R = \frac{(1+s \cdot T_1) \cdot (1+s \cdot T_2)}{s \cdot a \cdot T_3 \cdot K_S} = \frac{K_R \cdot (1+s \cdot T_N) \cdot (1+s \cdot T_V)}{s \cdot T_N}$$

Mit folgender Parametrierungsvorschrift

$$T_N = T_1; \; T_V = T_2$$

sowie

$$\frac{K_R}{T_N} = \frac{1}{a \cdot T_3 \cdot K_S}$$

und damit

$$K_R = \frac{T_N}{a \cdot T_3 \cdot K_S} = \frac{T_1}{a \cdot T_3 \cdot K_S}$$

Sonderfall PT$_1$-Strecke

Folgt man der vorangegangenen Herleitung, dann wird der Regler bei $T_{\text{gewünscht}} = T_1$ zu

$$G_R = \frac{1}{s \cdot a \cdot T_{\text{gewünscht}} \cdot (1+s \cdot T_{\text{gewünscht}})} \cdot \frac{(1+s \cdot T_1)}{K_S}$$

$$G_R = \frac{1}{s \cdot a \cdot T_1 \cdot K_S} \rightarrow \text{I-Regler mit } K_{iR} = \frac{1}{a \cdot T_1 \cdot K_S}$$

Auch hier gilt dann bei $a = 2$: $t_{anr} = 4.7 \cdot T_1$. Dies bedeutet, die Regelung wäre fast fünfmal langsamer als die Strecke.

Man kann aber auch – unter Nutzung der Kompensationsvorgaben $T_N = T_1$ – auf eine PT_1-Strecke einen PI-Regler anwenden.

$$G_o = G_R \cdot G_S = \frac{K_R \cdot (1 + s \cdot T_N)}{s \cdot T_N} \cdot \frac{K_S}{(1 + s \cdot T_1)} = \frac{K_R \cdot K_S}{s \cdot T_1} \rightarrow \text{I-System}$$

Für den geschlossenen Kreis heißt dies:

$$G_W = \frac{G_R \cdot G_S}{1 + G_R \cdot G_S} = \frac{\frac{K_R \cdot K_S}{s \cdot T_1}}{1 + \frac{K_R \cdot K_S}{s \cdot T_1}} = \frac{K_R \cdot K_S}{s \cdot T_1 + K_R \cdot K_S} = \frac{1}{1 + s \cdot \frac{T_1}{K_R \cdot K_S}} \rightarrow PT_1$$

Die resultierende Zeitkonstante ist damit über die Reglerverstärkung frei wählbar.

$$T_{\text{gewünscht}} = \frac{T_1}{K_R \cdot K_S}$$

bzw.

$$K_R = \frac{T_1}{K_S \cdot T_{\text{gewünscht}}}$$

Theoretisch ist es so möglich, jede Regelung beliebig schnell zu machen. Doch zum einen wird eine kleine gewünschte Zeitkonstante über eine große Reglerverstärkung erkauft, was wiederum hohe, praktisch meist nicht erreichbare Stellgrößen bedeutet, und zum anderen ist die Schwingneigung bei ungenauer Streckenidentifikation sehr hoch. Deshalb wird dieses Vorgehen nur in unterlegten Regelkreisen verwendet (siehe Abschnitt 9.5).

Video 31: Reglereinstellung nach Reinisch (siehe auch *24_Video31_Reinisch_DCM.isx*)

In diesem Video wird das Vorgehen zur Reglereinstellung nach Reinisch anhand einer Drehzahlregelung demonstriert. Dabei wird auch auf das Problem einer Stellgrößenbegrenzung eingegangen.

IT_1-Strecken

$$G_R = \frac{G_{o\text{gewünscht}}}{G_S} = \frac{\frac{1}{s \cdot a \cdot T_{\text{gewünscht}} \cdot \left(1 + s \cdot T_{\text{gewünscht}}\right)}}{\frac{K_i}{s \cdot (1 + s \cdot T_1)}}$$

$$G_R = \frac{1}{s \cdot a \cdot T_{\text{gewünscht}} \cdot \left(1 + s \cdot T_{\text{gewünscht}}\right)} \cdot \frac{s \cdot (1 + s \cdot T_1)}{K_i}$$

Nun wird als $T_{\text{gewünscht}}$ die einzige Zeitkonstante T_1 gewählt.

$$G_R = \frac{1}{s \cdot a \cdot T_1 \cdot (1 + s \cdot T_1)} \cdot \frac{s \cdot (1 + s \cdot T_1)}{K_i} = \frac{1}{a \cdot K_i \cdot T_1} \quad \rightarrow \text{ P-Regler}$$

Mit folgender Parametrierungsvorschrift:

$$K_R = \frac{1}{a \cdot K_i \cdot T_1}$$

Mit dieser Reglereinstellung gibt es bei einer Versorgungsstörung eine bleibende Regelabweichung.

IT_2-Strecken mit $T_1 > T_2$

$$G_R = \frac{G_{o\text{gewünscht}}}{G_S} = \frac{\frac{1}{s \cdot a \cdot T_{\text{gewünscht}} \cdot (1 + s \cdot T_{\text{gewünscht}})}}{\frac{K_i}{s \cdot (1 + s \cdot T_1) \cdot (1 + s \cdot T_2)}}$$

$$= \frac{1}{s \cdot a \cdot T_{\text{gewünscht}} \cdot (1 + s \cdot T_{\text{gewünscht}})} \cdot \frac{s \cdot (1 + s \cdot T_1) \cdot (1 + s \cdot T_2)}{K_i}$$

Nun wird als $T_{\text{gewünscht}}$ die kleinere Zeitkonstante T_2 gewählt, um den Regelungsvorgang möglichst schnell zu machen. Damit wird der Regler zu

$$G_R = \frac{1}{s \cdot a \cdot T_2 \cdot (1 + s \cdot T_2)} \cdot \frac{s \cdot (1 + s \cdot T_1) \cdot (1 + s \cdot T_2)}{K_i} = \frac{(1 + s \cdot T_1)}{a \cdot K_i \cdot T_2} \quad \rightarrow \text{ PD-Regler}$$

mit folgender Parametrierungsvorschrift:

$$T_V = T_1; \; K_R = \frac{1}{a \cdot K_i \cdot T_2}$$

Mit dieser Reglereinstellung gibt es bei einer Versorgungsstörung eine bleibende Regelabweichung.

Strecken höherer Ordnung

Bei Strecken höherer Ordnung findet vorab der Satz von der Summe der kleinen Zeitkonstanten Anwendung. Der Satz besagt, dass bei Strecken mit einer oder zwei dominierenden Zeitkonstanten die restlichen Zeitkonstanten additiv zu einer Ersatzzeitkonstanten zusammengefasst werden können.

Beispiel:

$$G(s) = \frac{K}{(1 + s \cdot T_1) \cdot (1 + s \cdot T_2) \cdot (1 + s \cdot T_3) \cdot (1 + s \cdot T_4)} \text{ mit } T_1 \gg T_2; T_3; T_4$$

kann genähert werden zu

$$G(s) \approx \frac{K}{(1+s\cdot T_1)\cdot(1+s\cdot T_E)} \text{ mit } T_E = T_2 + T_3 + T_4$$

Strecken mit Totzeit

Ist die Totzeit klein gegenüber der dominierenden Zeitkonstante, kann ein Totzeitelement durch ein PT_1-Glied mit $T_1 = T_{tot}$ ersetzt werden.

Beispiel:

$$G(s) = \frac{K}{(1+s\cdot T_1)\cdot(1+s\cdot T_2)}\cdot e^{-s\cdot T_{tot}} \text{ mit } T_1 \gg T_2; T_{tot}$$

kann genähert werden zu

$$G(s) \approx \frac{K}{(1+s\cdot T_1)\cdot(1+s\cdot T_2)\cdot(1+s\cdot T_{tot})}$$

Die Reglereinstellung nach Reinisch ist in Tabelle 7.12 zusammengefasst.

Tabelle 7.12 Einstellwerte nach Reinisch

Regelstrecke		Regler		
Typ	Übertragungsfunktion	**Typ**	Übertragungsfunktion	Parameter $a = 4\cdot D^2$
PT_1	$G_S(s) = \frac{K_S}{1+s\cdot T_1}$	**I**	$G_R(s) = \frac{K_{iR}}{s}$	$K_{iR} = \frac{1}{a\cdot K_S\cdot T_1}$
PT_1	$G_S(s) = \frac{K_S}{1+s\cdot T_1}$ nur als Folgeregler in einer Kaskade	**PI**	$G_R(s) = \frac{K_R\cdot(1+s\cdot T_N)}{s\cdot T_N}$	$K_R = \frac{T_1}{K_S\cdot T_{gewünscht}}$ $T_N = T_1$
PT_2	$G_S(s) = \frac{K_S}{(1+s\cdot T_1)\cdot(1+s\cdot T_2)}$ $T_1 > T_2$	**PI**	$G_R(s) = \frac{K_R\cdot(1+s\cdot T_N)}{s\cdot T_N}$	$K_R = \frac{T_1}{a\cdot K_S\cdot T_2}$ $T_N = T_1$
PT_n	$G_S(s) = \frac{K_S}{(1+s\cdot T_1)\cdot(1+s\cdot T_E)}$ $T_1 > T_E;\ T_E = \sum_{i=2}^{n} T_i$	**PI**	$G_R(s) = \frac{K_R\cdot(1+s\cdot T_N)}{s\cdot T_N}$	$K_R = \frac{T_1}{a\cdot K_S\cdot T_E}$ $T_N = T_1$
PT_n	$G_S(s) = \frac{K_S}{(1+s\cdot T_1)\cdot(1+s\cdot T_2)\cdot(1+s\cdot T_E)}$ $T_1 > T_2 > T_E;\ T_E = \sum_{i=3}^{n} T_i$	**PID**	$G_R(s) = \frac{K_R\cdot(1+s\cdot T_N)\cdot(1+s\cdot T_V)}{s\cdot T_N}$	$K_R = \frac{T_1}{a\cdot K_S\cdot T_E}$ $T_N = T_1;\ T_V = T_2$

Tabelle 7.12 Einstellwerte nach Reinisch *(Fortsetzung)*

Regelstrecke		Regler		
IT$_n$	$G_S(s) = \frac{K_i}{s \cdot (1 + s \cdot T_E)}$; $T_E = \sum_{i=1}^{n} T_i$	**P**	$G_R(s) = K_R$	$K_R = \frac{1}{a \cdot K_i \cdot T_E}$
IT$_n$	$G_S(s) = \frac{K_i}{s \cdot (1 + s \cdot T_1) \cdot (1 + s \cdot T_E)}$ $T_1 > T_E$; $T_E = \sum_{i=2}^{n} T_i$	**PD**	$G_R(s) = K_R \cdot (1 + s \cdot T_V)$	$K_R = \frac{1}{a \cdot K_i \cdot T_E}$ $T_V = T_1$

Übung 22

Gegeben ist eine Strecke mit folgender Übertragungsfunktion:

$$G_S(s) = \frac{5}{1 + s \cdot 13\,\mathrm{s} + s^2 \cdot 32\,\mathrm{s}^2 + s^3 \cdot 20\,\mathrm{s}^3} \cdot \mathrm{e}^{-s \cdot 0.5\,\mathrm{s}}$$

Bemessen Sie einen PI- und einen PID-Regler nach Reinisch für einen aperiodischen Regelgrößenverlauf, und überprüfen Sie Ihr Ergebnis mithilfe von SimulationX.

7.3.2 Verfahren nach dem symmetrischen Optimum

Bei der Reglereinstellung nach Reinisch besteht das Problem, dass bei einer vorliegenden Strecke mit I-Anteil der vorgeschlagene P- oder PD-Regler bei einer Versorgungsstörgrößenregelung eine bleibende Regelabweichung bringt (siehe Abschnitt 5.2.3). Für diese Problemstellung liefert die Reglereinstellung nach dem symmetrischen Optimum eine befriedigende Lösung.

Ansatz

Um bei einer Versorgungsstörgrößenregelung einer IT$_n$-Strecke die bleibende Regelabweichung zu null werden zu lassen, wird ein PI-Regler eingesetzt. Dass dieser Ansatz bei einem Eingangssprung richtig ist, soll nachfolgende Rechnung verdeutlichen.

$$G_S(s) = \frac{K_i}{s \cdot (1 + s \cdot T_E)} \text{ mit } \sum_{i=1}^{n} T_i = T_E$$

$$G_{z1}(s) = \frac{G_S}{1 + G_R \cdot G_S} = \frac{\frac{K_i}{s \cdot (1+s \cdot T_E)}}{1 + \frac{K_R \cdot (1+s \cdot T_N)}{s \cdot T_N} \cdot \frac{K_i}{s \cdot (1+s \cdot T_E)}}$$

$$= \frac{K_i \cdot s \cdot T_N}{s \cdot T_N \cdot s \cdot (1 + s \cdot T_E) + K_R \cdot K_i \cdot (1 + s \cdot T_N)}$$

$$G_{z1stat}(s=0) = \frac{0}{K_R \cdot K_i} = 0$$

und damit auch

$$e_{stat} = 0$$

Zur Reglerbemessung darf nun nicht mit $T_N = T_E$ kompensiert werden, da so wegen

$$G_o = \frac{K_R \cdot (1 + s \cdot T_N)}{s \cdot T_N} \cdot \frac{K_i}{s \cdot (1 + s \cdot T_E)} = \frac{K_R \cdot K_i}{s^2 \cdot T_N}$$

und damit

$$G_w = \frac{G_o}{1 + G_o} = \frac{\frac{K_R \cdot K_i}{s^2 \cdot T_N}}{1 + \frac{K_R \cdot K_i}{s^2 \cdot T_N}} = \frac{K_R \cdot K_i}{s^2 \cdot T_N + K_R \cdot K_i} = \frac{1}{1 + s^2 \cdot \frac{T_N}{K_R \cdot K_i}} \rightarrow D = 0$$

eine ungedämpfte Dauerschwingung erzeugt werden würde.

Die Forderung muss wie folgt lauten: $T_N > T_E$ bzw. $T_N = b \cdot T_E$ mit $b > 1$.

Damit stellt sich nur noch die Frage, wie K_R und b möglichst optimal gewählt werden. Als Optimierungskriterium gilt nun, dass der Betrag des Frequenzgangs des geschlossenen Kreises möglichst lange 1 ist. Zum Verständnis dieses Kriteriums muss man die Betrachtungen in den Amplitudengang verlegen. Bei $|F_w(j\omega)| = 1$ wäre über alle Frequenzen die Regelgröße gleich der Führungsgröße. Da aber eigentlich immer Verzögerungen in Form von Energiespeichern im System sind, knickt jeder Amplitudengang (siehe Abschnitt 3.3) irgendwann nach unten ab (Bild 7.19). Je weiter rechts der erste Knick nach unten im Bode-Diagramm liegt, desto optimaler wird die Regelung.

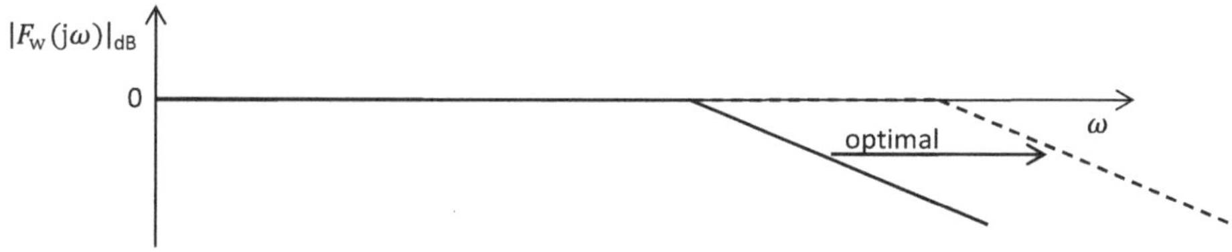

Bild 7.19 Amplitudengang mit Knick

So kann übrigens auch erklärt werden, warum in anderen Verfahren die dominierende Zeitkonstante eliminiert wird, eben weil dann nur noch kleine Zeitkonstanten bzw. hohe Knickfrequenzen existieren.

Nun wird bestimmt, mit welchen K_R und b die Forderung nach $|F_w(j\omega)| = 1$ am besten erfüllt wird. Dazu wird zuerst die Formel für den Frequenzgang des geschlossenen Kreises ermittelt.

$$G_W(s) = \frac{G_R \cdot G_S}{1 + G_R \cdot G_S} = \frac{\frac{K_R \cdot (1+s \cdot T_N)}{s \cdot T_N} \cdot \frac{K_i}{s \cdot (1+s \cdot T_E)}}{1 + \frac{K_R \cdot (1+s \cdot T_N)}{s \cdot T_N} \cdot \frac{K_i}{s \cdot (1+s \cdot T_E)}}$$

$$G_W(s) = \frac{K_R \cdot K_i \cdot (1 + s \cdot T_N)}{s^2 \cdot T_N \cdot (1 + s \cdot T_E) + K_R \cdot K_i \cdot (1 + s \cdot T_N)}$$

und mit

$$T_N = b \cdot T_E$$

$$G_W(s) = \frac{K_R \cdot K_i \cdot (1 + s \cdot b \cdot T_E)}{s^2 \cdot T_N \cdot (1 + s \cdot T_E) + K_R \cdot K_i \cdot (1 + s \cdot b \cdot T_E)}$$

$$= \frac{K_R \cdot K_i \cdot (1 + s \cdot b \cdot T_E)}{K_R \cdot K_i + s \cdot K_R \cdot K_i \cdot b \cdot T_E + s^2 \cdot b \cdot T_E + s^3 \cdot b \cdot {T_E}^2}$$

$$G_W(s) = \frac{1 + s \cdot b \cdot T_E}{1 + s \cdot b \cdot T_E + s^2 \cdot \frac{b \cdot T_E}{K_R \cdot K_i} + s^3 \cdot \frac{b \cdot {T_E}^2}{K_R \cdot K_i}}$$

bzw.

$$F_W(j\omega) = \frac{1 + j\omega \cdot b \cdot T_E}{1 + j\omega \cdot b \cdot T_E - \omega^2 \frac{b \cdot T_E}{K_R \cdot K_i} - j\omega^3 \frac{b \cdot {T_E}^2}{K_R \cdot K_i}}$$

Nun wird bei der weiteren Betrachtung $1 + j\omega \cdot b \cdot T_E$ aus dem Zähler mit 1 ersetzt, da der Zähler später durch einen PT_1-Vorfilter kompensiert wird.

$$F_W{}^*(j\omega) = \frac{1}{1 + j\omega \cdot b \cdot T_E - \omega^2 \frac{b \cdot T_E}{K_R \cdot K_i} - j\omega^3 \frac{b \cdot {T_E}^2}{K_R \cdot K_i}}$$

$$= \frac{1}{1 - \omega^2 \frac{b \cdot T_E}{K_R \cdot K_i} + j\left(\omega \cdot b \cdot T_E - \omega^3 \frac{b \cdot {T_E}^2}{K_R \cdot K_i}\right)}$$

Wegen $|F_W{}^*(j\omega)| = \sqrt{\mathrm{Re}(F_W{}^*)^2 + \mathrm{Im}(F_W{}^*)^2}$ wird nun zur Bestimmung von Real- und Imaginärteil konjugiert komplex erweitert:

$$F_W{}^*(j\omega) = \frac{1}{1 - \omega^2 \frac{b \cdot T_E}{K_R \cdot K_i} + j\left(\omega \cdot b \cdot T_E - \omega^3 \frac{b \cdot {T_E}^2}{K_R \cdot K_i}\right)}$$

$$\cdot \frac{1 - \omega^2 \frac{b \cdot T_E}{K_R \cdot K_i} - j\left(\omega \cdot b \cdot T_E - \omega^3 \frac{b \cdot {T_E}^2}{K_R \cdot K_i}\right)}{1 - \omega^2 \frac{b \cdot T_E}{K_R \cdot K_i} - j\left(\omega \cdot b \cdot T_E - \omega^3 \frac{b \cdot {T_E}^2}{K_R \cdot K_i}\right)}$$

$$F_w{}^*(\mathrm{j}\omega) = \frac{1-\omega^2\frac{b\cdot T_E}{K_R\cdot K_i}}{\left(1-\omega^2\frac{b\cdot T_E}{K_R\cdot K_i}\right)^2+\left(\omega\cdot b\cdot T_E-\omega^3\frac{b\cdot T_E{}^2}{K_R\cdot K_i}\right)^2}$$

$$-\mathrm{j}\frac{\omega\cdot b\cdot T_E-\omega^3\frac{b\cdot T_E{}^2}{K_R\cdot K_i}}{\left(1-\omega^2\frac{b\cdot T_E}{K_R\cdot K_i}\right)^2+\left(\omega\cdot b\cdot T_E-\omega^3\frac{b\cdot T_E{}^2}{K_R\cdot K_i}\right)^2}$$

Der Betrag ist dann

$$|F_w{}^*(\mathrm{j}\omega)| = \sqrt{\left(\frac{1-\omega^2\frac{b\cdot T_E}{K_R\cdot K_i}}{\left(1-\omega^2\frac{b\cdot T_E}{K_R\cdot K_i}\right)^2+\left(\omega\cdot b\cdot T_E-\omega^3\frac{b\cdot T_E{}^2}{K_R\cdot K_i}\right)^2}\right)^2+\left(\frac{\omega\cdot b\cdot T_E-\omega^3\frac{b\cdot T_E{}^2}{K_R\cdot K_i}}{\left(1-\omega^2\frac{b\cdot T_E}{K_R\cdot K_i}\right)^2+\left(\omega\cdot b\cdot T_E-\omega^3\frac{b\cdot T_E{}^2}{K_R\cdot K_i}\right)^2}\right)^2}$$

$$|F_w{}^*(\mathrm{j}\omega)| = \sqrt{\frac{1}{\left(1-\omega^2\frac{b\cdot T_E}{K_R\cdot K_i}\right)^2+\left(\omega\cdot b\cdot T_E-\omega^3\frac{b\cdot T_E{}^2}{K_R\cdot K_i}\right)^2}}$$

$$= \sqrt{\frac{1}{1+\omega^2\left(b^2\cdot T_E{}^2-\frac{2\cdot b\cdot T_E}{K_R\cdot K_i}\right)+\omega^4\left(\frac{b^2\cdot T_E{}^2}{K_R{}^2\cdot K_i{}^2}-\frac{2\cdot b^2\cdot T_E{}^3}{K_R\cdot K_i}\right)+\omega^6\frac{b^2\cdot T_E{}^4}{K_R{}^2\cdot K_i{}^2}}}$$

Um nun $|F_w(\mathrm{j}\omega)| = 1$ zu erhalten, müsste Folgendes gelten:

$$b^2\cdot T_E{}^2-\frac{2\cdot b\cdot T_E}{K_R\cdot K_i}=0;\quad \frac{b^2\cdot T_E{}^2}{K_R{}^2\cdot K_i{}^2}-\frac{2\cdot b^2\cdot T_E{}^3}{K_R\cdot K_i}=0;\quad \frac{b^2\cdot T_E{}^4}{K_R{}^2\cdot K_i{}^2}=0$$

Nur die ersten beiden Gleichungen können zur Bestimmung von K_R und b genutzt werden.

$$b^2\cdot T_E{}^2-\frac{2\cdot b\cdot T_E}{K_R\cdot K_i}=0$$

Umgestellt:

$$K_R=\frac{2}{b\cdot T_E\cdot K_i}$$

Sowie

$$\frac{b^2\cdot T_E{}^2}{K_R{}^2\cdot K_i{}^2}-\frac{2\cdot b^2\cdot T_E{}^3}{K_R\cdot K_i}=0$$

Mit

$$K_R = \frac{2}{b \cdot T_E \cdot K_i}$$

folgt

$$\frac{b^4 \cdot T_E{}^4 \cdot K_i{}^2}{4 \cdot K_i{}^2} - \frac{b^3 \cdot T_E{}^4 \cdot K_i}{K_i} = \frac{b^4 \cdot T_E{}^4}{4} - b^3 \cdot T_E{}^4 = 0$$

Umgestellt: $b = 4$

Damit werden die Reglerparameter berechnet:

$$K_R = \frac{2}{b \cdot T_E \cdot K_i} = \frac{2}{4 \cdot T_E \cdot K_i} = \frac{1}{2 \cdot T_E \cdot K_i}$$

und

$$T_N = b \cdot T_E = 4 \cdot T_E$$

Abschließend kann nun noch durch einen Vorfilter der ersetzte Term $1 + j\omega \cdot b \cdot T_E$ aus dem Zähler kompensiert werden.

Beispiel

Gegeben ist der in Bild 7.20 gezeigter Regelkreis mit

$$G_S(s) = \frac{3\,s^{-1}}{s \cdot (1 + s \cdot 10\,s) \cdot (1 + s \cdot 5\,s)}; \; T_E = 10\,s + 5\,s = 15\,s$$

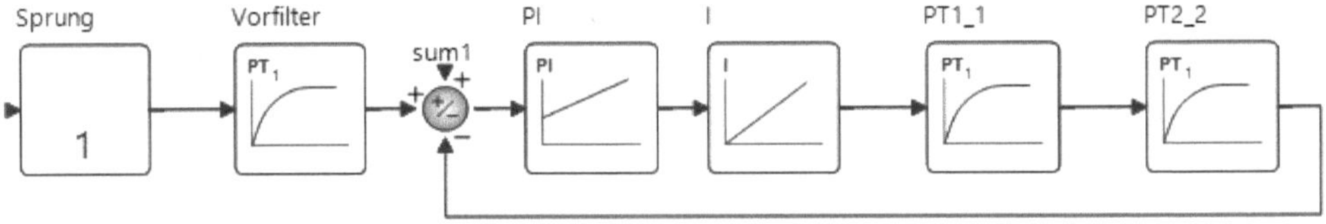

Bild 7.20 Screenshot des Regelkreises mit PI-Regler und Vorfilter

Reglerbemessung:

PI-Regler, mit $K_R = \frac{1}{2 \cdot T_E \cdot K_i} = 0.011$ und $T_N = 4 \cdot T_E = 60\,s$

Vorfilter: $\frac{1}{1+s \cdot 4 \cdot 15\,s} = \frac{1}{1+s \cdot 60\,s}$

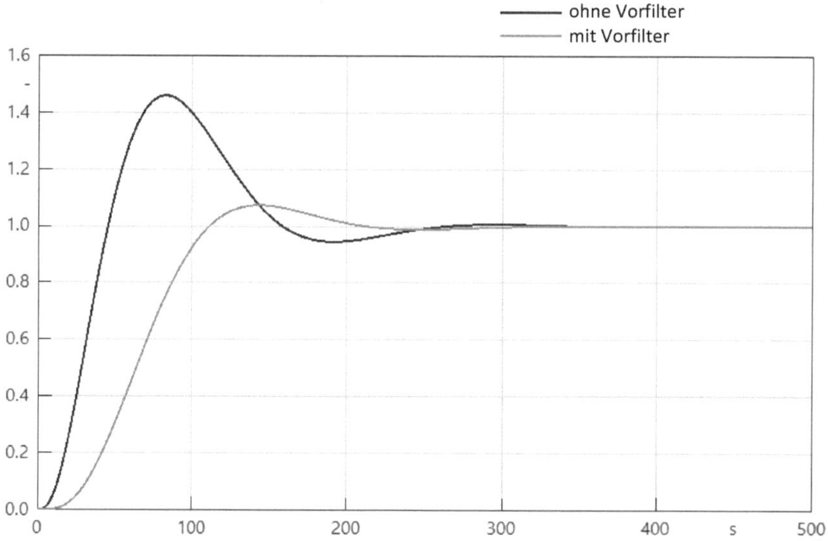

Bild 7.21 Sprungantworten am Beispiel einer IT_2-Strecke

Eine Regelung ohne Vorfilter ist schneller, besitzt aber eine geringere Dämpfung. Es gilt:

- ohne Vorfilter: $ü_{\%} = 43.3\,\%$; $t_{anr} = 3.1 \cdot T_E$
- mit Vorfilter: $ü_{\%} = 8.1\,\%$; $t_{anr} = 7.6 \cdot T_E$

Die Herleitung ging zur Parametrierung eines PI-Reglers von einer IT_1-Strecke aus, das Verfahren ist aber auch auf andere Streckentypen nach dem symmetrischen Optimum anwendbar, wenn man die im Folgenden aufgeführten Modifikationen einhält.

Bei IT_n-Strecken mit einer dominierenden Zeitkonstante kann diese mithilfe des PD-Anteils eines PID-Reglers in multiplikativer Form kompensiert werden. Des Weiteren können PT_n-Strecken mit einer dominierenden Zeitkonstante in erster Näherung als IT_n-Strecken aufgefasst werden.

$$G_S(s) = \frac{1}{(1 + s \cdot T_1) \cdot (1 + s \cdot T_2)} \text{ mit } T_1 \gg T_2$$

wird genähert

$$G_S(s) \approx \frac{1}{s \cdot T_1 \cdot (1 + s \cdot T_2)}$$

Somit kann das Verfahren nach dem symmetrischen Optimum auch auf PT_n-Strecken angewendet werden.

Die Reglereinstellung nach dem symmetrischen Optimum ist in Tabelle 7.13 zusammengefasst.

Tabelle 7.13 Einstellwerte nach dem symmetrischen Optimum

Regelstrecke		Regler		
Typ	Übertragungsfunktion	**Typ**	Übertragungsfunktion	Parameter
PT$_n$	$G_S(s) = \dfrac{K_S}{(1+s\cdot T_1)\cdot(1+s\cdot T_E)}$ $T_1 > T_E;\ T_E = \sum_{i=2}^{n} T_i$	**PI**	$G_R(s) = \dfrac{K_R\cdot(1+s\cdot T_N)}{s\cdot T_N}$	$K_R = \dfrac{T_1}{2\cdot K_S\cdot T_E}$ $T_N = 4\cdot T_E$
PT$_n$	$G_S(s) = \dfrac{K_S}{(1+s\cdot T_1)\cdot(1+s\cdot T_2)\cdot(1+s\cdot T_E)}$ $T_1 > T_2 > T_E;\ T_E = \sum_{i=3}^{n} T_i$	**PID**	$G_R(s) = \dfrac{K_R\cdot(1+s\cdot T_N)\cdot(1+s\cdot T_V)}{s\cdot T_N}$	$K_R = \dfrac{T_1}{2\cdot K_S\cdot T_E}$ $T_N = 4\cdot T_E$ $T_V = T_2$
IT$_n$	$G_S(s) = \dfrac{K_I}{s\cdot(1+s\cdot T_E)}$ $T_E = \sum_{i=1}^{n} T_i$	**PI**	$G_R(s) = \dfrac{K_R\cdot(1+s\cdot T_N)}{s\cdot T_N}$	$K_R = \dfrac{1}{2\cdot K_I\cdot T_E}$ $T_N = 4\cdot T_E$
IT$_n$	$G_S(s) = \dfrac{K_I}{s\cdot(1+s\cdot T_1)\cdot(1+s\cdot T_E)}$ $T_1 > T_E;\ T_E = \sum_{i=2}^{n} T_i$	**PID**	$G_R(s) = \dfrac{K_R\cdot(1+s\cdot T_N)\cdot(1+s\cdot T_V)}{s\cdot T_N}$	$K_R = \dfrac{1}{2\cdot K_I\cdot T_E}$ $T_N = 4\cdot T_E$ $T_V = T_1$

Natürlich können auch beim Verfahren nach dem symmetrischen Optimum der Satz von der Summe der kleinen Zeitkonstanten und die Näherung von Totzeitelementen Anwendung finden.

Video 32: Verfahren nach symmetrischem Optimum (siehe auch *25_Video32_SymOpt_DCM.isx*)

Anhand des Vergleichs zur Reglereinstellung nach Reinisch werden in diesem Video die Vorteile, aber auch die Grenzen des Verfahrens nach dem symmetrischen Optimum demonstriert.

Übung 23

Gegeben ist eine Strecke mit folgender Übertragungsfunktion:

$$G_S(s) = \frac{3\,s^{-1}}{s + s^2\cdot 1.2\,s + s^3\cdot 0.21\,s^2 + s^4\cdot 0.01\,s^3}\cdot e^{-s\cdot 0.05\,s}$$

Bemessen Sie einen PI- und einen PID-Regler in additiver Form nach dem symmetrischen Optimum mit dem entsprechenden Vorfilter, und überprüfen Sie Ihr Ergebnis mithilfe von SimulationX.

8 Stabilitätsbetrachtung von Regelkreisen

Aufbauend auf den Verfahren zur Stabilitätsbestimmung werden in diesem Kapitel grafische Regler-Einstellungsmethoden abgeleitet.

8.1 Vorbetrachtung

In Kapitel 7 („Reglereinstellungen") wurden einige Vorgaben zur Gestaltung der Dynamik getroffen. So werden in manchen Verfahren Vorgaben zur Regelungsgüte gemacht. Häufig wird beispielsweise die Überschwingweite als Einstellungskriterium vorgegeben. Beim Einsatz eines klassischen PID-Reglers kann oft folgende Aussage getroffen werden: Je höher der Verstärkungsfaktor und je kleiner die Nachstellzeit, desto höher die Überschwingweite. Diese Erhöhung kann bei manchen Strecken bis zur Instabilität getrieben werden.

Am Beispiel einer Positionierregelung mit Gleichstrommotor und eines Triebes (siehe *24_RK_Position_DCM.isx*) soll dies verdeutlicht werden (Bild 8.1).

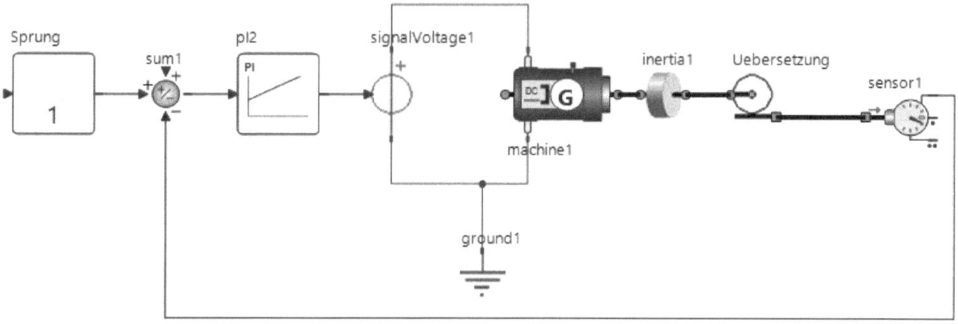

Bild 8.1 Screenshot *24_RK_Position_DCM.isx*

Fall 1: K_R wird erhöht (T_N = 0.6 s) (Bild 8.2).

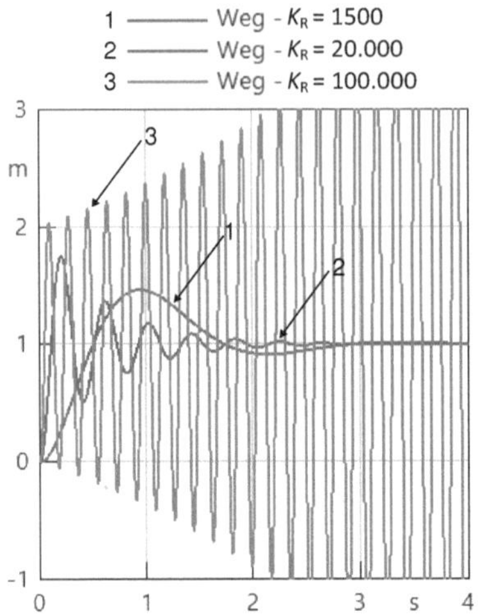

Bild 8.2
Sprungantwort mit veränderten K_R

Fall 2: T_N wird erhöht (K_R = 1500) (Bild 8.3).

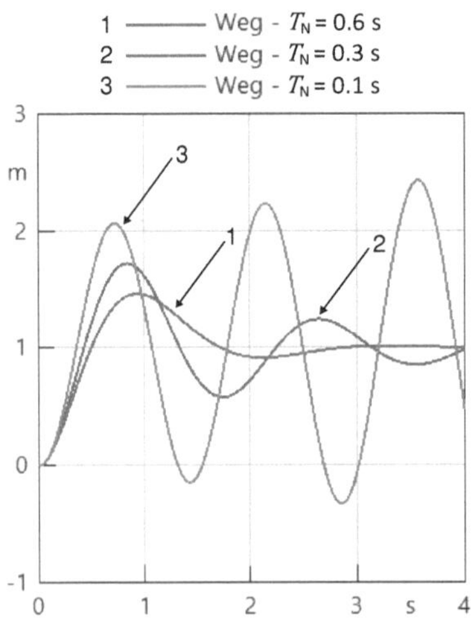

Bild 8.3
Sprungantwort mit veränderten T_N

Für dieses Beispiel bedeutet eine instabile Reglereinstellung, dass der Schlitten immer schneller hin und her fährt, bis er die jeweiligen Anschläge zerstört. Instabilität muss prinzipiell verhindert werden, da es sonst meist in einer Katastrophe endet. Dabei kann die Ursache vielfältig sein. Praktische Gründe für eine Instabilität können eine fehlerhafte Reglereinstellung, eine ungeeignete Reglerstruktur, ein fehlerhafter Regelkreisaufbau oder eine nicht berücksichtigte Totzeit sein.

8.2 Mathematische Stabilitätsdefinition

Prinzipiell wird Stabilität als eine Systemeigenschaft angesehen, die besagt, dass ein System in seine feste Ruhelage zurückkehrt, wenn alle Anregungen wieder weggenommen werden. Anders ausgedrückt heißt das: Ein System gilt als stabil, wenn die Impulsantwort bei $t \to \infty$ zu null wird. Exemplarisch soll dies an einer schwingenden PT_2-Strecke betrachtet werden.

$$G(s) = \frac{1}{1 + \frac{2D}{\omega_0} \cdot s + \frac{s^2}{{\omega_0}^2}} = \frac{{\omega_0}^2}{s^2 + 2D\omega_0 \cdot s + {\omega_0}^2}$$

$x_e(t) = \delta(t)$	$\circ\overset{1}{-}\bullet$	$x_e(s) = 1$
$x_a(s) = \frac{{\omega_0}^2}{s^2 + 2D\omega_0 \cdot s + {\omega_0}^2} \cdot 1$	$\bullet\overset{27}{-}\circ$	$x_a(t) = \frac{\omega_0}{\sqrt{1-D^2}} \cdot e^{-D\omega_0 t} \cdot \sin(\omega_0 \cdot \sqrt{1-D^2} \cdot t)$

Unter der Annahme, dass es keine negativen Kennkreisfrequenzen gibt, wird deutlich, dass die Funktion von $x_a(t)$ nur dann zu null abklingt und damit stabil ist, wenn D nicht negativ ist.

Um die Betrachtung nun zu verallgemeinern, werden anstatt der Dämpfung die Nullstellen der charakteristischen Gleichung (Nennerpolynom = 0) betrachtet (siehe Abschnitt 2.3.4).

$$s^2 + 2D\omega_0 \cdot s + {\omega_0}^2 = 0 \;\longrightarrow\; s_{1/2} = -D\omega_0 \pm \sqrt{D^2\omega_0^2 - \omega_0^2} = -D\omega_0 \pm \omega_0\sqrt{D^2 - 1}$$

Eine positive Dämpfung sorgt dafür, dass die Realteile der Nullstellen immer negativ sind. Dies mündet in folgende Definition: Ein System ist stabil, wenn alle Nullstellen der charakteristischen Gleichung negative Realteile haben. Als System kann dabei eine Strecke oder ein Regelkreis angesehen werden. Es gibt auch instabile Strecken wie das inverse Pendel oder den Magnetschwebekörper. Hier sollen aber nur beispielhaft Regelkreise als Systeme betrachtet werden.

Beispiel 1: Gegengekoppelter Regelkreis

$$G_R = K_R;\; G_S = \frac{K_i}{s \cdot (1 + s \cdot T_1)}$$

Gegenkopplung (Bild 8.4):

$$G_w = \frac{G_R \cdot G_S}{1 + G_R \cdot G_S} = \frac{\frac{K_R \cdot K_i}{s \cdot (1 + s \cdot T_1)}}{1 + \frac{K_R \cdot K_i}{s \cdot (1 + s \cdot T_1)}} = \frac{K_R \cdot K_i}{K_R \cdot K_i + s + s^2 \cdot T_1}$$

Charakteristische Gleichung:

$$K_R \cdot K_i + s + s^2 \cdot T_1 = 0 = s^2 + s \cdot \frac{1}{T_1} + \frac{K_R \cdot K_i}{T_1}$$

Gelöst (Bild 8.4):

$$s_{1/2} = -\frac{1}{2 \cdot T_1} \pm \sqrt{\frac{1}{4 \cdot {T_1}^2} - \frac{K_R \cdot K_i}{T_1}} \rightarrow \operatorname{Re}\left(s_{1/2}\right) < 0 \rightarrow \text{stabil}$$

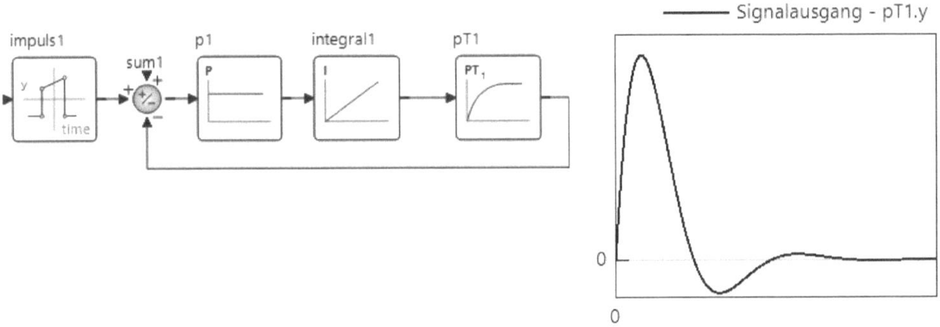

Bild 8.4 Screenshot des gegengekoppelten Systems und der Impulsantwort des stabilen gegengekoppelten Systems

Beispiel 2: Mitgekoppelter Regelkreis

$$G_R = K_R;\; G_S = \frac{K_i}{s \cdot (1 + s \cdot T_1)}$$

Mitkopplung (Bild 8.5):

$$G_w = \frac{G_R \cdot G_S}{1 - G_R \cdot G_S} = \frac{\frac{K_R \cdot K_i}{s \cdot (1+s \cdot T_1)}}{1 - \frac{K_R \cdot K_i}{s \cdot (1+s \cdot T_1)}} = \frac{K_R \cdot K_i}{K_R \cdot K_i - s + s^2 \cdot T_1}$$

Charakteristische Gleichung:

$$K_R \cdot K_i - s + s^2 \cdot T_1 = 0 = s^2 - s \cdot \frac{1}{T_1} + \frac{K_R \cdot K_i}{T_1}$$

Gelöst (Bild 8.5):

$$s_{1/2} = \frac{1}{2 \cdot T_1} \pm \sqrt{\frac{1}{4 \cdot {T_1}^2} - \frac{K_R \cdot K_i}{T_1}} \rightarrow \operatorname{Re}\left(s_{1/2}\right) > 0 \rightarrow \text{instabil}$$

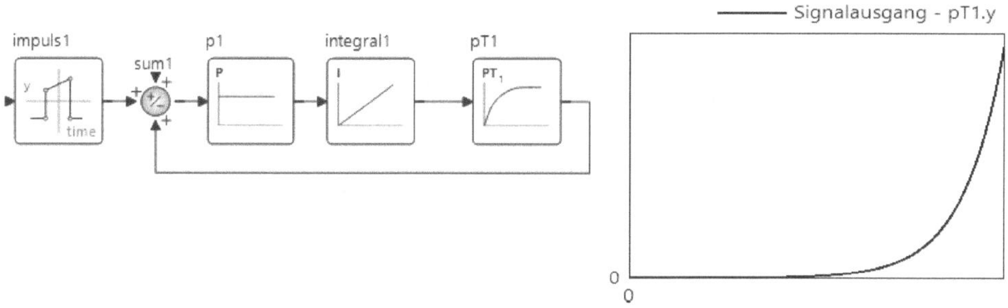

Bild 8.5 Screenshot des mitgekoppelten Systems und der Impulsantwort des instabilen mitgekoppelten Systems

8.3 Pol-Nullstellen-Plan

Bei Strecken mit einem Polynom im Zähler können auch Zählernullstellen berechnet werden. Darum wurde der Sprachgebrauch aus der Mathematik übernommen und die Nullstellen des Zählers wurden als Nullstellen des Systems und die Nullstellen der charakteristischen Gleichung (Nenner) als Polstellen des Systems bezeichnet. Am Beispiel eines rückgekoppelten, Padé-approximierten Totzeitgliedes (siehe Abschnitt 3.3.7.2) soll dies nochmals verdeutlicht werden (Bild 8.6).

$$G_{\text{tot2}*} = \frac{1 - \frac{s \cdot T_{\text{tot}}}{2} + \frac{(s \cdot T_{\text{tot}})^2}{12}}{1 + \frac{s \cdot T_{\text{tot}}}{2} + \frac{(s \cdot T_{\text{tot}})^2}{12}}$$

$$G_{\text{w}} = \frac{G_{\text{tot2}*}}{1 + G_{\text{tot2}*}} = \frac{\frac{1 - \frac{s \cdot T_{\text{tot}}}{2} + \frac{(s \cdot T_{\text{tot}})^2}{12}}{1 + \frac{s \cdot T_{\text{tot}}}{2} + \frac{(s \cdot T_{\text{tot}})^2}{12}}}{1 + \frac{1 - \frac{s \cdot T_{\text{tot}}}{2} + \frac{(s \cdot T_{\text{tot}})^2}{12}}{1 + \frac{s \cdot T_{\text{tot}}}{2} + \frac{(s \cdot T_{\text{tot}})^2}{12}}} = \frac{1 - \frac{s \cdot T_{\text{tot}}}{2} + \frac{(s \cdot T_{\text{tot}})^2}{12}}{1 + \frac{s \cdot T_{\text{tot}}}{2} + \frac{(s \cdot T_{\text{tot}})^2}{12} + 1 - \frac{s \cdot T_{\text{tot}}}{2} + \frac{(s \cdot T_{\text{tot}})^2}{12}}$$

$$= \frac{1 - \frac{s \cdot T_{\text{tot}}}{2} + \frac{(s \cdot T_{\text{tot}})^2}{12}}{2 + \frac{(s \cdot T_{\text{tot}})^2}{6}}$$

Nullstellen:

$$1 - \frac{s \cdot T_{\text{tot}}}{2} + \frac{(s \cdot T_{\text{tot}})^2}{12} = 0 = s^2 - s \cdot \frac{6}{T_{\text{tot}}} + \frac{12}{T_{\text{tot}}^2} \rightarrow s_{1/2} = +\frac{3}{T_{\text{tot}}} \pm \sqrt{\frac{9}{T_{\text{tot}}^2} - \frac{12}{T_{\text{tot}}^2}}$$

$$= +\frac{3}{T_{\text{tot}}} \pm \text{j} \cdot \sqrt{\frac{3}{T_{\text{tot}}^2}}$$

Polstellen (Nullstellen der charakteristischen Gleichung):

$$2 + \frac{(s \cdot T_{tot})^2}{6} = 0 \rightarrow s_{1/2} = \pm \frac{\sqrt{-12}}{T_{tot}} = \pm j \cdot \frac{\sqrt{12}}{T_{tot}} \rightarrow$$

$$\mathrm{Re}\left(s_{1/2}\right) = 0 \rightarrow \text{instabil (Dauerschwingung)}$$

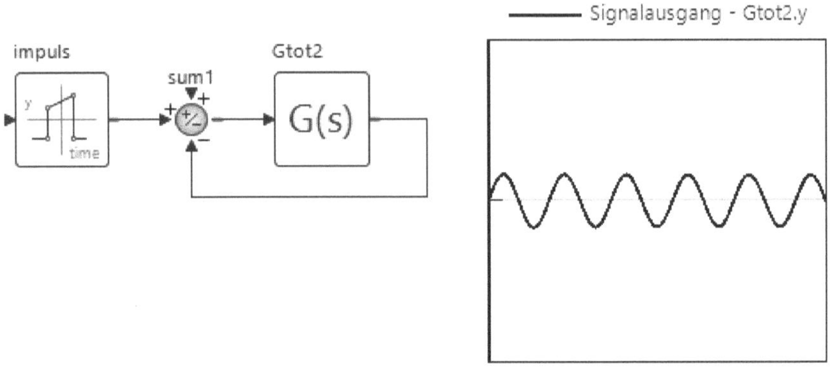

Bild 8.6 Screenshot des rückgekoppelten G_{tot2} und der Impulsantwort

Die Pol- und Nullstellen werden grafisch in einem Pol-Nullstellen-Plan dargestellt. Dabei werden Pole als Kreuze und Nullstellen als Kreis in die komplexe Ebene gezeichnet. In Bild 8.7 ist der PN-Plan für die rückgekoppelte Padé-approximierte Totzeit mit T_{tot} = 1 s dargestellt.

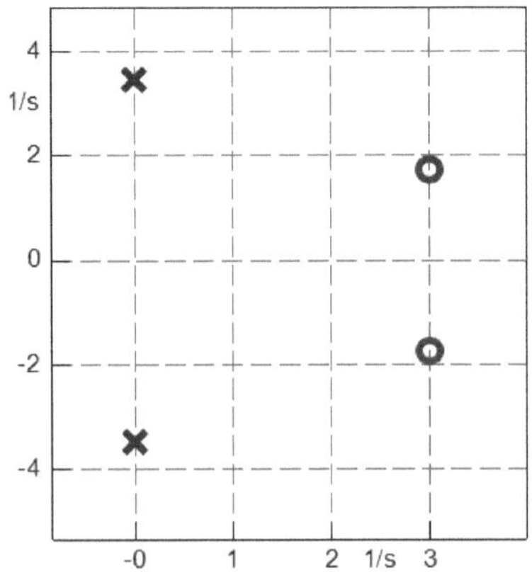

Bild 8.7 PN-Plan für die rückgekoppelte Padé-approximierte Totzeit

Video 33: Pol-/Nullstellen-Pläne DCM (siehe auch *26_Video33_Motorfür PNPlan.isx*)

In diesem Video wird der Nutzen der Pol-/Nullstellen-Pläne bei Stabilitätsuntersuchungen am Beispiel des rückgekoppelten Padé-approximierten Totzeitgliedes und einer Drehzahlregelung aufgezeigt.

Übung 24

Bei welcher Dämpfung sind bei einem schwingenden PT_2-System die Real- und Imaginärteile der Pole betragsmäßig genau gleich?

8.4 Stabilitätsbestimmung des Regelkreises über den offenen Kreis

Um die Stabilität eines Regelkreises mathematisch zu bestimmen, muss bei gegebenem Regler und gegebener Strecke erst die Übertragungsfunktion des geschlossenen Kreises berechnet werden, ehe die Pole der charakteristischen Gleichung bestimmt werden können. Der einfachere Weg wäre, direkt aus der Übertragungsfunktion des offenen Kreises ($G_o = G_R \cdot G_S$) die Stabilität des geschlossenen Kreises abzuschätzen. Dies kann mithilfe der Nyquist-Ortskurve (siehe Abschnitt 3.2) und des Bode-Diagramms (siehe Abschnitt 3.3) durchgeführt werden.

8.4.1 Grundlage des Bode- bzw. Nyquist-Stabilitätskriteriums

Wie kommt es nun zu einer Instabilität? Vereinfacht gesagt tritt eine Instabilität immer dann auf, wenn aus der Gegenkopplung eine Mitkopplung wird. In Bild 8.8 wird dieser Sachverhalt beispielhaft demonstriert.

Beispiel:

$$G(s) = \frac{0.02\ \mathrm{s}^{-1}}{s + s^2 \cdot 5\ \mathrm{s}}$$

Durch die Mitkopplung wird der Ausgang fortlaufend aufsummiert.

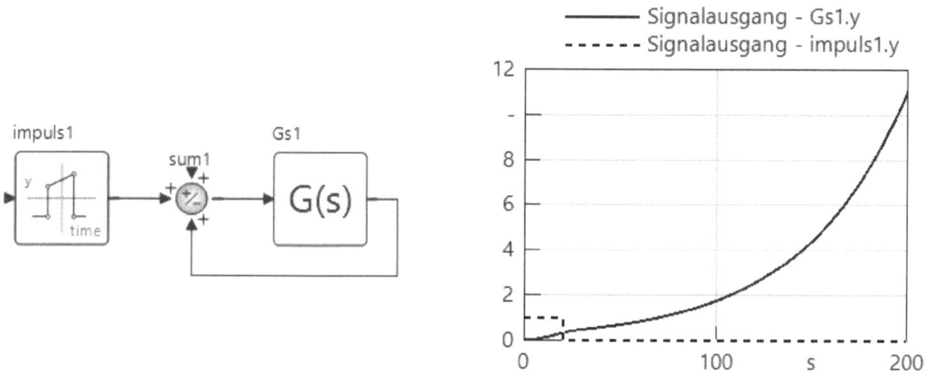

Bild 8.8 Screenshot des mitgekoppelten $G(s)$ und der Impulsantwort

Zur näheren Betrachtung der Instabilität muss nun gedanklich in den Frequenzbereich gewechselt werden. Als Erstes muss man sich klarmachen, dass jedes Signal aus der Summe einer unendlichen Anzahl von Sinusschwingungen (Frequenzspektrum) mit unterschiedlicher Amplitude besteht. In Bild 8.9 ist zur Verdeutlichung dessen ein Rechteckimpuls in sein Frequenzspektrum zerlegt worden.

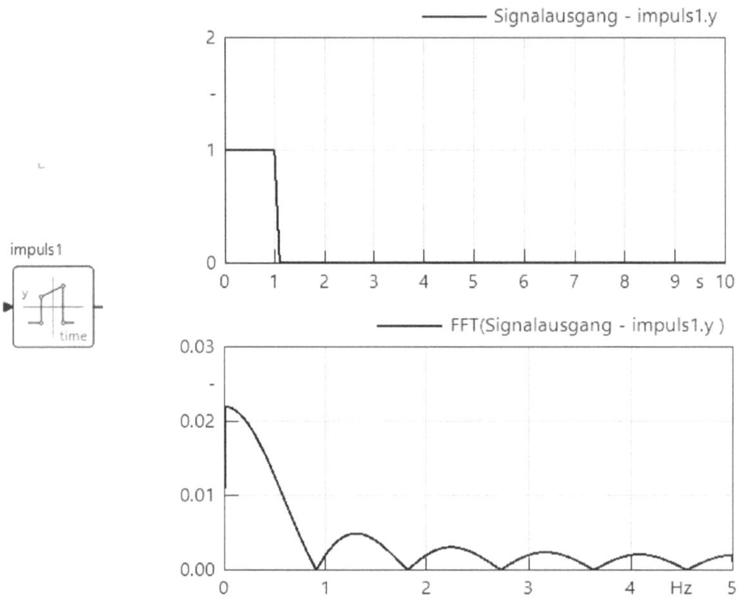

Bild 8.9 Impuls und Frequenzspektrum des Impulses

Dieser Sachverhalt bedeutet Folgendes: Bei einem Rechteckimpuls als Führungsgröße des Regelkreises gibt man zum Zeitpunkt $t = 0$ Schwingungen mit allen Frequenzen auf den Eingang, da dieser Impuls eigentlich aus der Überlagerung von unzähligen Wellen entsteht.

Denkt man nun weiter „in Frequenzen", ist aus der Wechselstromtechnik bekannt, dass Systeme nicht nur den Durchsatz der Amplitude in Abhängigkeit von der Frequenz beeinflussen (Beispiel: Tiefpass), sondern auch eine Phasenverschiebung in Abhängigkeit von der jeweiligen Frequenz erzeugen (Bild 8.10).

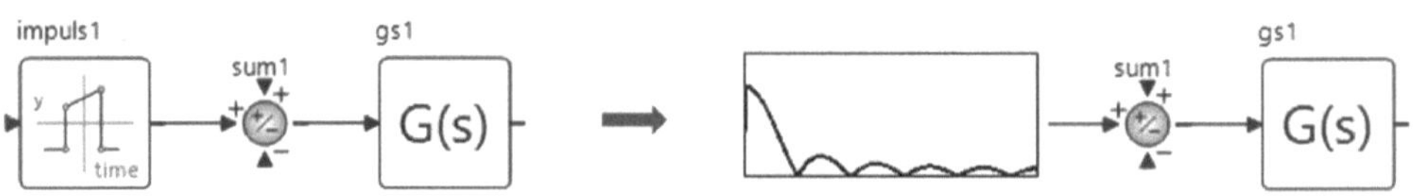

Bild 8.10 Zusammenhang der Zeit- und Frequenzbetrachtungen

Dieser Zusammenhang wird mithilfe des Bode-Diagramms in Bild 8.11 dargestellt.

Beispiel:

$$G(s) = \frac{4}{(1 + s \cdot 1\,\mathrm{s})^2 \cdot (1 + s \cdot 10\,\mathrm{s})}$$

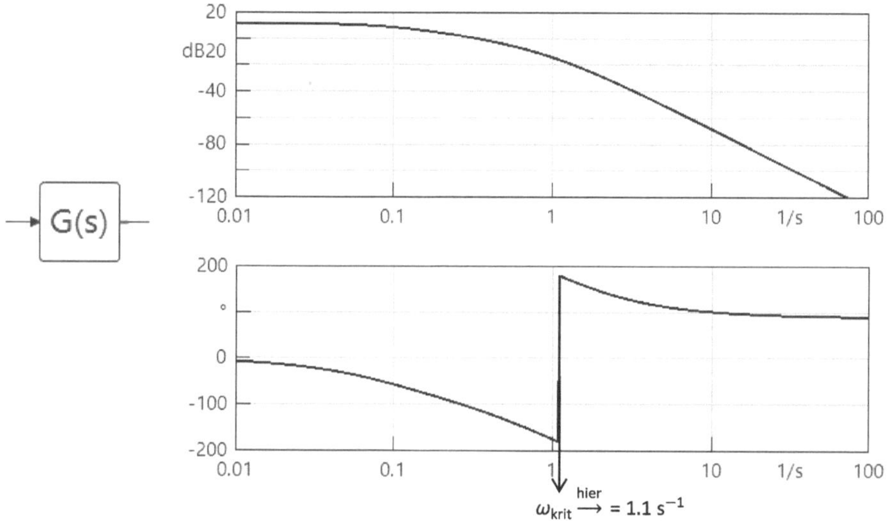

Bild 8.11 Bode-Diagramm des Beispiels

Nun gibt es Systeme, die eine Phasenverschiebung von –180° bei einer bestimmten Eingangskreisfrequenz erzeugen. Im Simulationstool ist dies leicht ablesbar, da SimulationX Phasenwinkel φ, die kleiner als –180° sind, als 360° + φ zeichnet. Im Phasengang ist dieser Sprung gut zu erkennen. Diese bestimmte Kreisfrequenz wird als kritische Kreisfrequenz ω_{krit} bezeichnet. Sie wird als kritisch bezeichnet, weil diese Frequenz im Regelkreis *mit*gekoppelt wird.

Zum besseren Verständnis des Mitkopplungseffekts ist in Bild 8.12 die Subtraktion der Gegenkopplung als Addition eines negierenden Blocks dargestellt.

Bedenke:

$$A - B = A + (-1 \cdot B)$$

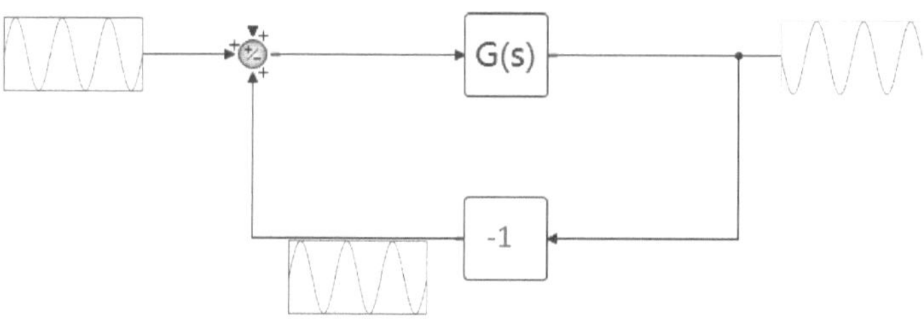

Bild 8.12 Rückkopplung einer Welle

Die kritische Kreisfrequenz wird durch das System $G(s)$ um –180° phasenverschoben, d. h., aus einer positiven Amplitude wird eine negative. Diese Phasendrehung wird durch die Multiplikation mit –1 wieder rückgängig gemacht (aus der negativen Amplitude wird wieder eine positive). Die kritische Kreisfrequenz wird also mit- statt gegengekoppelt. Nach dem Einschaltzeitpunkt löschen sich alle Frequenzen (bis auf eine) des Eingangsimpulses wegen der Rückkopplung wieder aus. Nur die kritische Kreisfrequenz summiert sich weiter auf.

Instabil ist der Regelkreis dann, wenn $G(s)$ diese Sinusschwingung mit einem Faktor > 1 verstärkt. Ob dies der Fall ist, wird bei der Betrachtung des Frequenzgangs ersichtlich. Für Instabilität muss der Betrag von $F(j\omega)$ an der Stelle ω_{krit} größer als 1 sein. Nur die Sinusschwingung mit kritischer Kreisfrequenz wird mitgekoppelt, dann verstärkt, zurückgeführt und wieder verstärkt usw. Der Regelkreis schwingt sich mit ω_{krit} auf (Bild 8.13). Er ist instabil. So lässt sich erklären, warum sich manche Regelkreise sogar bei einem Eingangsimpuls aufschwingen.

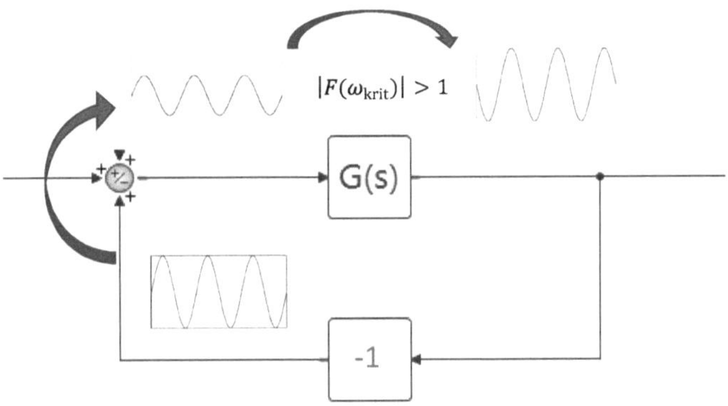

Bild 8.13 Aufschwingen einer Sinusschwingung

Es sei nochmals darauf hingewiesen, dass zur Bestimmung der Stabilität des geschlossenen Regelkreises nur der offene Kreis ($G(s) \rightarrow G_o(s)$) betrachtet wurde.

Allgemein müssen zwei Bedingungen für den offenen Kreis vorhanden sein, um die Instabilität des geschlossenen Regelkreises festzustellen:

- Eine kritische Kreisfrequenz $\omega_{krit} = \omega(\varphi = -180°)$ muss existieren.
- Diese Frequenz muss mit einem Wert > 1 durch $G(s)$ verstärkt werden ($|F(\omega_{krit})| > 1$).

8.4.2 Stabilitätsbetrachtungen in Nyquist-Ortskurven

Ob ein geschlossener Regelkreis stabil oder instabil ist, kann nun relativ einfach anhand der Nyquist-Ortskurve (siehe Abschnitt 3.2) des offenen Kreises abgelesen werden.

8.4.2.1 Einfaches Nyquist-Stabilitätskriterium

Zuerst wird ein kritischer Punkt definiert, der die vorangehend genannte Erkenntnis repräsentiert. Voraussetzung dafür ist, dass überhaupt eine kritische Kreisfrequenz existiert. In der Ortskurve entspricht eine Phasenverschiebung von –180° einer Spiegelung an der imaginären Achse (Bild 8.14).

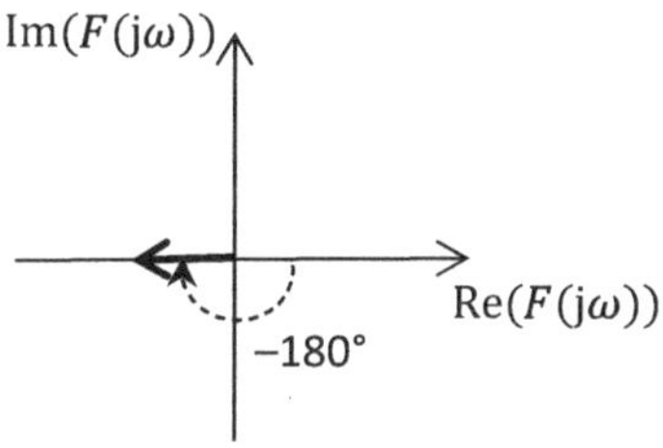

Bild 8.14
Ein um -180° verschobener Zeiger in komplexer Ebene

In Bezug auf die Stabilitätsbestimmung bedeutet dies für die Ortskurve von $G(s)$, dass sie die negative reelle Achse der komplexen Ebene durchlaufen muss, um überhaupt instabil werden zu können. Anhand der Ortskurve kann so zuerst einmal gezeigt werden, welche Systeme rückgekoppelt überhaupt instabil werden können. In Tabelle 8.1 sind einige Systeme danach kategorisiert worden.

Tabelle 8.1 Ortskurven rückgekoppelter, potenziell stabiler und instabiler Systeme

Kann rückgekoppelt nicht instabil werden	Kann rückgekoppelt instabil werden
PT_2 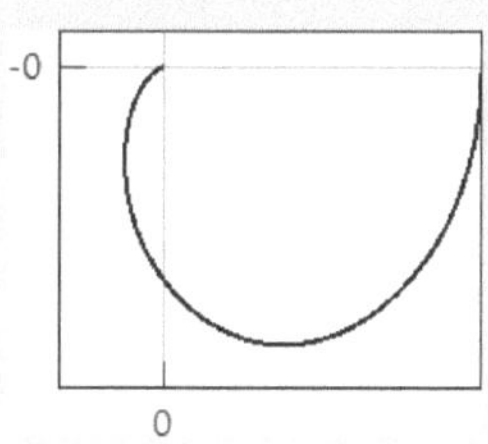	PT_3 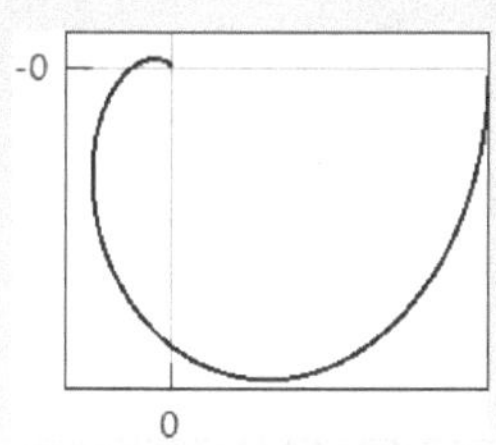

Tabelle 8.1 Ortskurven rückgekoppelter, potenziell stabiler und instabiler Systeme *(Fortsetzung)*

Kann rückgekoppelt nicht instabil werden	Kann rückgekoppelt instabil werden
IT_1 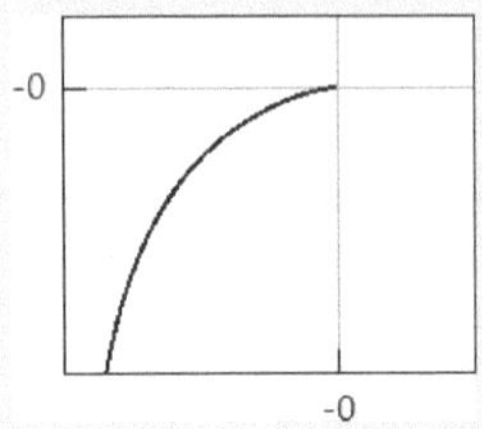	IT_2 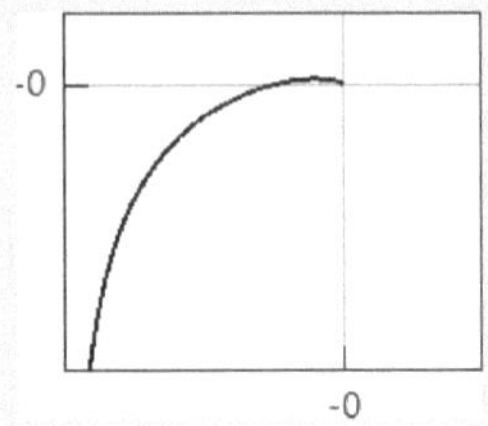
	PT_1T_t 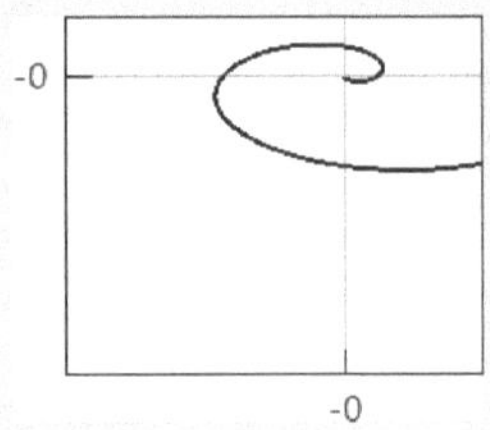

Als weitere Bedingung muss der Betrag des Zeigers am Durchtrittspunkt durch die negative reelle Achse größer als 1 sein, um auf ein rückgekoppelt instabiles Verhalten schließen zu können (Bild 8.15).

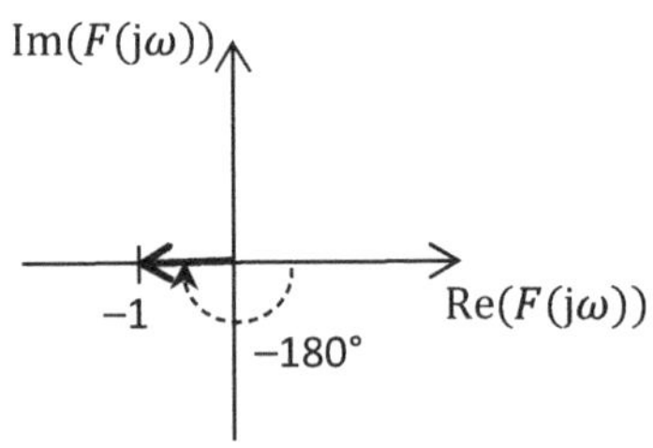

Bild 8.15
Ein um −180° verschobener Zeiger mit Betrag 1

In der komplexen Ebene ist der kritische Punkt bei (−1,0j). Durchläuft die Ortskurve die negative reelle Achse links vom kritischen Punkt, so ist die Verstärkung der kritischen Welle größer als 1, und der Regelkreis wäre damit instabil.

Oder anders ausgedrückt: Ein Regelkreis ist dann stabil, wenn der kritische Punkt (−1,0j) links vom Schnittpunkt der Ortskurve von $G_o(s)$ mit der reellen negativen Achse liegt.

Dies soll am Beispiel einer PT_3-Strecke mit unterschiedlichen Verstärkungsfaktoren verdeutlicht werden (Bild 8.16 bis Bild 8.19).

$$G(s) = \frac{K}{(1 + s \cdot 1\,\mathrm{s})^3}$$

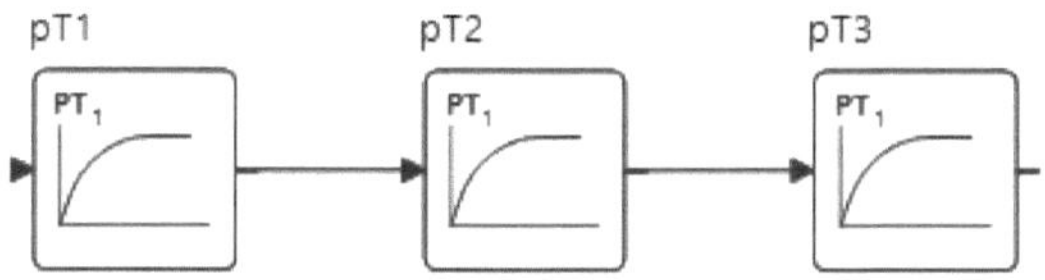

Bild 8.16 Screenshot der PT_3-Strecke

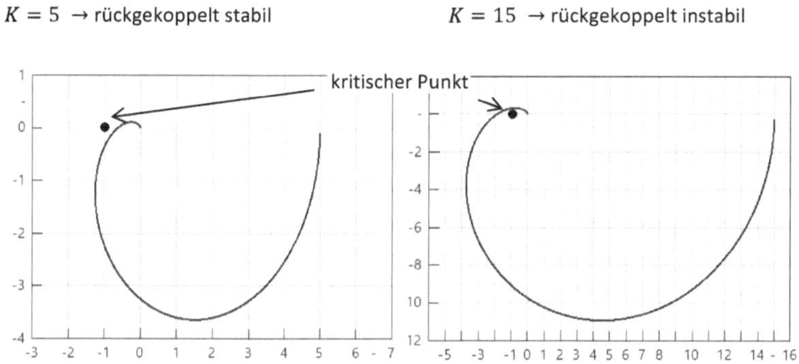

Bild 8.17 Ortskurven der PT_3-Strecke

Die rückgekoppelte PT_3-Strecke (Bild 8.16) zeigt die Sprungantworten von Bild 8.16.

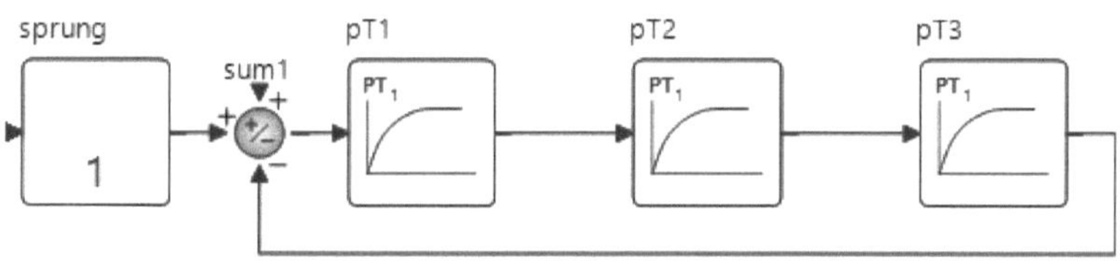

Bild 8.18 Screenshot der rückgekoppelten PT_3-Strecke

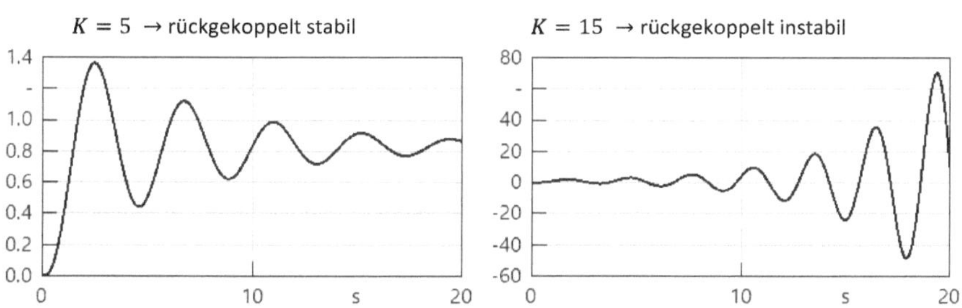

Bild 8.19 Sprungantworten der rückgekoppelten PT_3-Strecke

Übung 25

Bei welchem Verstärkungsfaktor *K* von *G*(*s*) läuft die Ortskurve exakt durch den kritischen Punkt?

$$G(s) = \frac{K}{(1 + s \cdot 1\,\mathrm{s})^3}$$

8.4.2.2 Erweiterte Dynamikbetrachtung mithilfe der Nyquist-Ortskurve

Anhand der Lage der Ortskurve zum kritischen Punkt (–1,0j) kann nicht nur die Stabilität abgeschätzt werden, sondern es können auch Aussagen über die Dämpfung des rückgekoppelten Systems getroffen werden. Dafür werden zwei neue Größen eingeführt: die Amplituden- und die Phasenreserve.

Amplitudenreserve A_R

Die Amplitudenreserve ist der Faktor, mit welchem der offene Kreis multipliziert werden müsste, um rückgekoppelt an die Stabilitätsgrenze zu gelangen. Er ist also eine Art Sicherheitsfaktor, der größer als 1 sein sollte. In der Ortskurve ist A_R^{-1} der Abstand zwischen dem Koordinatenursprung und dem Schnittpunkt mit der negativen reellen Achse.

Als anschauliches Beispiel dient erneut eine PT_3-Strecke (Bild 8.20).

$$G(s) = \frac{5}{(1 + s \cdot 1s)^3}$$

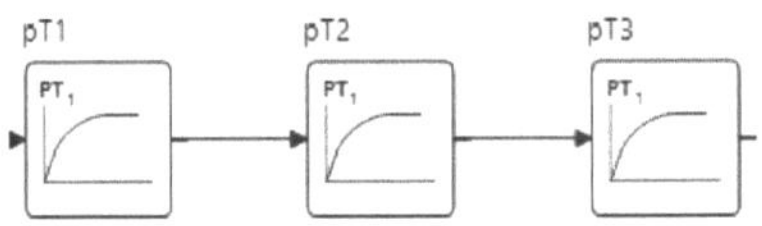

Bild 8.20 Screenshot der PT_3-Strecke

Bild 8.21 zeigt die Ortskurve.

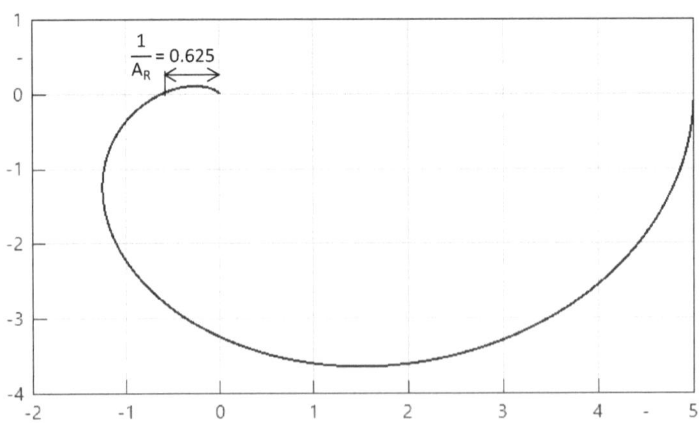

Bild 8.21 Ortskurve der PT_3-Strecke

Abgelesen:

$$\frac{1}{A_{\mathrm{R}}} = 0.625 \;\longrightarrow\; A_{\mathrm{R}} = 1.6$$

bzw. (siehe Übung 25)

$$K \cdot A_{\mathrm{R}} = K_{krit} \xrightarrow{\text{hier}} 5 \cdot 1.6 = 8$$

Phasenreserve φ_{R}

Die Phasenreserve (auch Phasenrand genannt) ist ebenfalls ein Sicherheitspuffer. Sie gibt an, wie viel zusätzliche Phasenverschiebung bis zur Stabilitätsgrenze möglich ist. Um die Phasenreserve aus der Ortskurve ablesen zu können, wird ein Einheitskreis um den Koordinatenursprung gezeichnet. Der Winkel zwischen dem Schnittpunkt der Ortskurve mit dem Einheitskreis und der negativen reellen Achse ist φ_{R}.

Erneut dient eine PT_3-Strecke als anschauliches Beispiel (Bild 8.22). Die Phasenreserve φ_{R} des offenen Kreises ist dabei ein Maß für die Dämpfung D des geschlossenen Kreises.

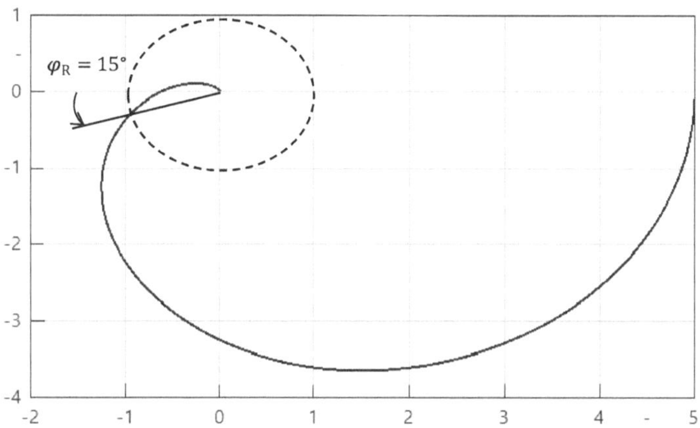

Bild 8.22 Ortskurve der PT_3-Strecke und Einheitskreis

Es gilt der folgende etwas komplizierte Zusammenhang:

$$\varphi_{\mathrm{R}} = \arctan \frac{2 \cdot D}{\sqrt{-2 \cdot D^2 + \sqrt{4 \cdot D^4 + 1}}}$$

und

$$D = \frac{1}{\sqrt{1 + \left(\frac{\pi}{\ln(\ddot{u})}\right)^2}}$$

Folgende Faustformel hat sich etabliert:

$$\ddot{u}_{\%} = 70 - \varphi_{\mathrm{R}}$$

Hier ist

$$\ddot{u}_{\%} \approx 70 - 15^{\circ} \approx 55\ \%$$

Zur Überprüfung wurde in Bild 8.23 die Sprungantwort der rückgekoppelten PT_3-Strecke aufgenommen. Dabei wird die durch die Phasenreserve vorausgesagte Überschwinghöhe bestätigt.

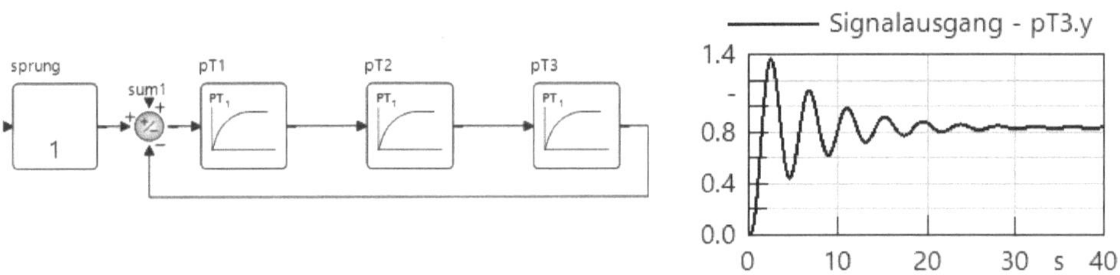

Bild 8.23 Screenshot der rückgekoppelten PT_3-Strecke und der Sprungantwort

Video 34: Stabilitätsbetrachtung mit Nyquist-Ortskurve (siehe auch *27_Video34_Ortskurve_Motor_Totzeit.isx*)

Am Beispiel einer Positionierregelung wird in diesem Video die Stabilitätsbetrachtung mithilfe der Nyquist-Ortskurve demonstriert.

8.4.3 Stabilitätsbetrachtungen im Bode-Diagramm

Ob ein geschlossener Regelkreis stabil oder instabil ist, kann noch einfacher anhand des Bode-Diagramms (siehe Abschnitt 3.3) des offenen Kreises abgelesen werden.

8.4.3.1 Einfaches Bode-Stabilitätskriterium

Das Bode-Stabilitätskriterium ist dadurch sehr anschaulich, dass sich die beiden allgemeinen Bedingungen zur Stabilitätsbestimmung direkt im Bode-Diagramm ablesen lassen. Diese lauten für die Übertragungsfunktion des offenen Kreises $G_o(s)$ wie folgt:

- Eine kritische Kreisfrequenz $\omega_{krit} = \omega(\varphi = -180^{\circ})$ muss existieren.
- Diese Frequenz muss mit einem Wert > 1 durch $G(s)$ verstärkt werden ($|F(\omega_{\mathrm{krit}})| > 1$).

Wie schon bei den Nyquist-Ortskurven wird das Beispiel der PT_3-Strecke mit $T_1 = T_2 = T_3 = 1$ s und unterschiedlichen Verstärkungsfaktoren genutzt. Im Bode-Diagramm ist ω_{krit} leicht anhand des Phasensprungs von –180° auf 180° ablesbar. Wechselt man nun, wie in Bild 8.24 gezeigt, vom Phasen- in den Amplitudengang, kann $|F(\omega_{krit})|$ bestimmt werden.

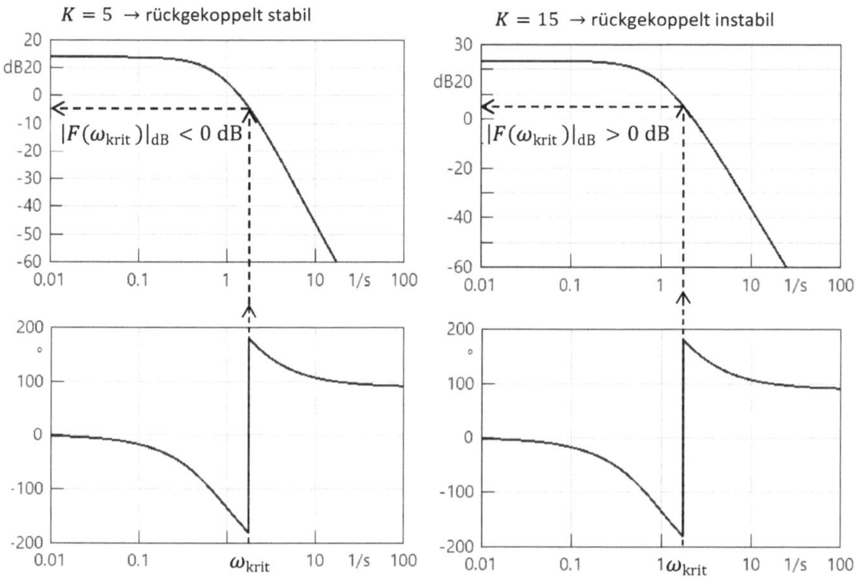

Bild 8.24 Bode-Diagramme der PT_3-Strecke

Da eine Verstärkung von 1 im logarithmisch geteilten Bode-Diagramm 0 dB entsprechen, kann Folgendes formuliert werden: Liegt der Betrag von $F(j\omega_{krit})_{dB}$ unterhalb der 0-dB-Linie, ist das System rückgekoppelt stabil. Im anderen Fall wird die kritische Kreisfrequenz mit einem Faktor > 1 verstärkt. Bei einer Rückkopplung entsteht so instabiles Verhalten.

Übung 26

Von zwei Systemen liegen die in Bild 8.25 und Bild 8.26 gezeigten Bode-Diagramme vor. Sind die beiden Systeme rückgekoppelt stabil oder instabil? Überprüfen Sie Ihre Aussage, indem Sie die Übertragungsfunktion aus dem Bode-Diagramm auslesen und die Rückkopplung mit SimulationX simulieren.

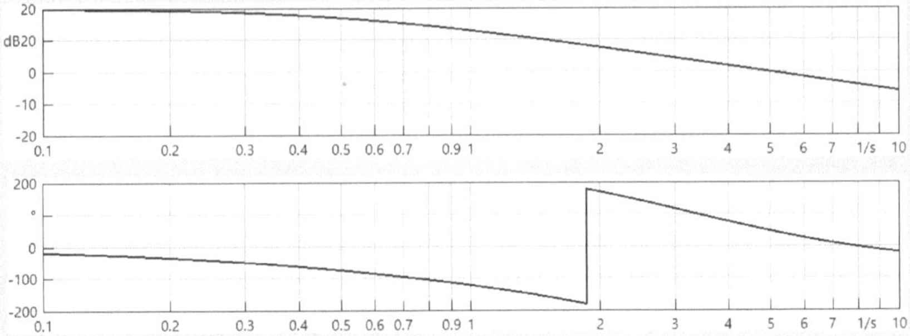

Bild 8.25 Bode-Diagramm von System 1

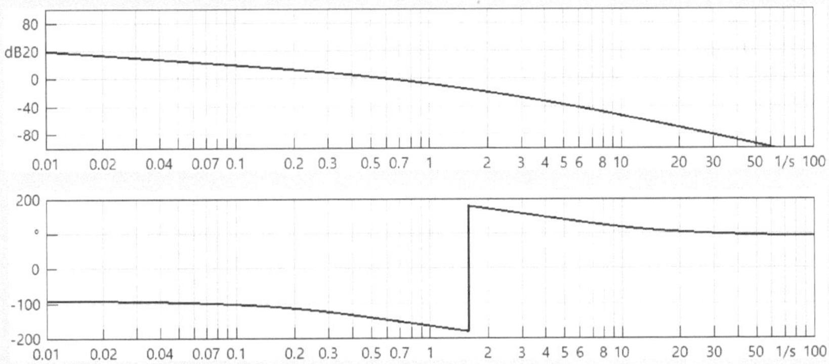

Bild 8.26 Bode-Diagramm von System 2

8.4.3.2 Erweiterte Dynamikbetrachtung mithilfe des Bode-Diagramms

Auch anhand des Bode-Diagramms lassen sich Aussagen über die Dynamik des rückgekoppelten Systems treffen. Dabei werden wieder die Amplituden- und die Phasenreserve als beschreibende Größen genutzt.

Amplitudenreserve A_R

Die Amplitudenreserve ist auch hier der Faktor, mit dem das System zusätzlich multipliziert werden müsste, um die Stabilitätsgrenze rückgekoppelt zu erreichen. Um A_R aus dem Bode-Diagramm zu ermitteln, muss der Betrag an der Stelle ω_{krit} abgelesen werden (Bild 8.27). Dieser Wert wird dann vom Logarithmus- in den Normalbereich umgewandelt und invertiert.

$$A_R = \frac{1}{10^{\frac{|F(\omega_{krit})|_{dB}}{20dB}}}$$

Zur Veranschaulichung wird wieder das Beispiel der PT_3-Strecke genutzt.

$$G(s) = \frac{K}{(1 + s \cdot 1\,\mathrm{s})^3}$$

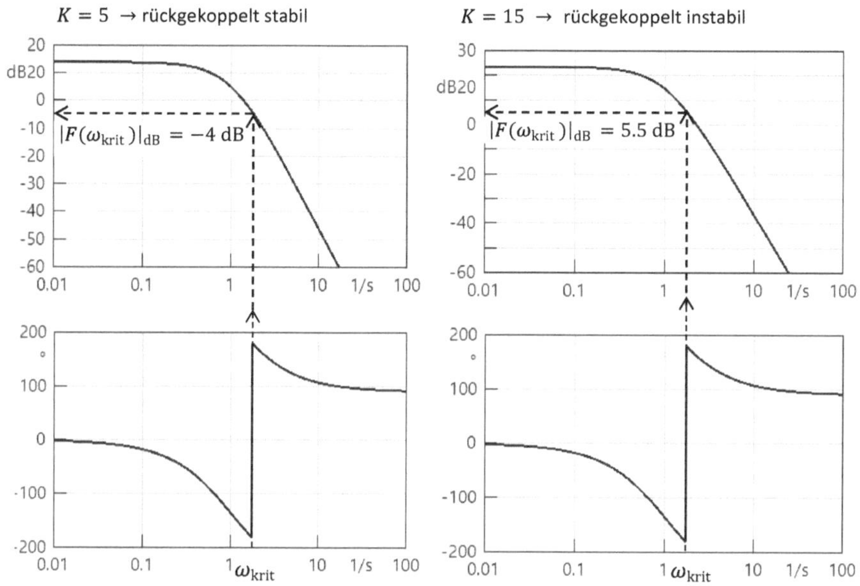

Bild 8.27 Bode-Diagramme zur Bestimmung der Amplitudenreserve

$$A_R = \frac{1}{10^{\frac{|F(\omega_{krit})|_{dB}}{20\,dB}}} = \frac{1}{10^{\frac{-4\,dB}{20\,dB}}} = 1.58$$

$$A_R = \frac{1}{10^{\frac{|F(\omega_{krit})|_{dB}}{20\,dB}}} = \frac{1}{10^{\frac{5.5\,dB}{20\,dB}}} = 0.53$$

Natürlich gilt wieder Folgendes: Ist die Amplitudenreserve kleiner 1 (d.h. $|F(\omega_{krit})|_{dB} > 0dB$), zeigt das System rückgekoppelt instabiles Verhalten.

Phasenreserve φ_R

Die Phasenreserve kann im Bode-Diagramm bei der Durchtrittskreisfrequenz ω_D abgelesen werden (Bild 8.28). Dabei ist ω_D die Kreisfrequenz, bei der der Amplitudengang die 0-dB-Linie „durchtritt". Die Phasenreserve ist dann der Abstand zu –180° an der Stelle ω_D.

$$\varphi_R = 180° + \varphi(\omega_D)$$

Zur Veranschaulichung wird wieder das Beispiel der PT_3-Strecke genutzt.

$$G(s) = \frac{K}{(1 + s \cdot 1\,\mathrm{s})^3}$$

Im Bode-Diagramm ist eine positive Phasenreserve somit leicht als der Abstand von $\varphi(\omega_D)$ zu –180° ablesbar. Noch einmal sei erwähnt, dass die Phasenreserve ein Maß für die Dämpfung des rückgekoppelten Systems ist.

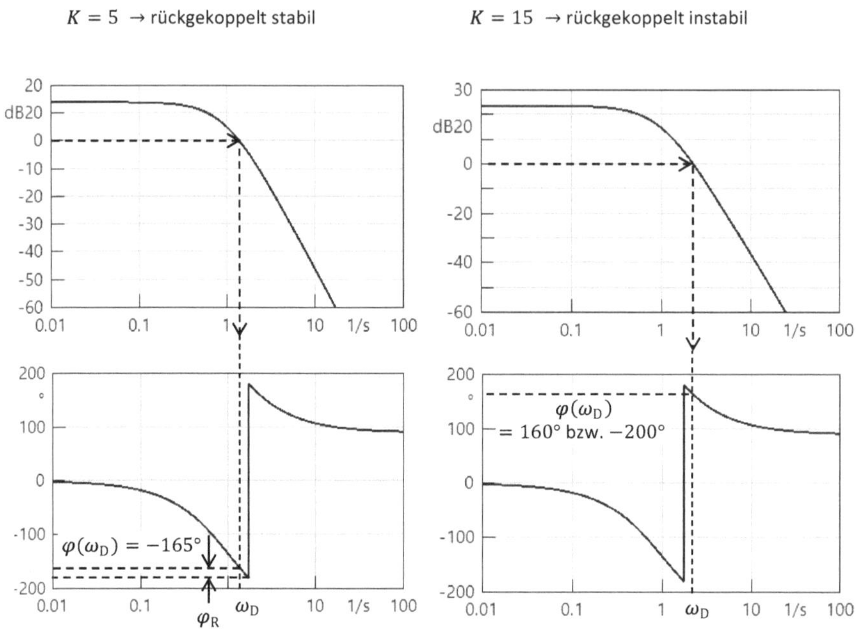

$\varphi_R = 180 + \varphi(\omega_D) = 180° + (-165°)$

$= 15°$

$\varphi_R = 180 + \varphi(\omega_D) = 180° + (-200°)$

$= -20°$

Bild 8.28 Bode-Diagramme zur Bestimmung der Phasenreserve

Übung 27

Bestimmen Sie die Amplituden- und Phasenreserve für die beiden Systeme aus Übung 26.

8.5 Nutzung des Bode-Stabilitätskriteriums zur P-Regler-Einstellung

Die Amplituden- und Phasenreserve von offenen Regelkreisen geben einen Puffer bis zur Stabilitätsgrenze des geschlossenen Regelkreises an. Dabei ist die Phasenreserve ein direktes Maß für die Dämpfung bzw. die Überschwingweite.

Die Schwingneigung (Überschwinghöhe) des Kreises steigt mit kleiner werdender Phasenreserve der Strecke.

Als einfacher Zusammenhang hat sich folgende bekannte Faustformel (siehe Abschnitt 8.4.2.2) etabliert:

$$\varphi_\mathrm{R} + \ddot{u}_{\%} \approx 70 \text{ mit } \ddot{u}_{\%} = \frac{\ddot{u}}{x_{\mathrm{a}\infty}} \cdot 100\,\%$$

Diesen Zusammenhang nutzt man, um zu ermitteln, welcher zusätzliche Verstärkungsfaktor in Form eines P-Reglers der Strecke vorgeschaltet werden muss, um rückgekoppelt die gewünschte Überschwinghöhe zu erzielen.

Konkret stellt man sich folgende Frage: Wie weit muss der Amplitudengang senkrecht verschoben werden, um die gewünschte Phasenreserve zu erhalten?

Vorgehen:

- **Schritt (1):** Bode-Diagramm des Systems zeichnen
- **Schritt (2):** gewünschte Phasenreserve φ_Rsoll einzeichnen und $\omega(-180° + \varphi_\mathrm{Rsoll})$ bestimmen
- **Schritt (3):** in den Amplitudengang wechseln und am Schnittpunkt der Betragskennlinie mit $\omega(-180° + \varphi_\mathrm{Rsoll})$ waagerecht eine neue 0-dB-Linie einzeichnen und $|F(\omega(-180° + \varphi_\mathrm{Rsoll}))| = K_\mathrm{dB}{}^*$ ablesen
- **Schritt (4):** K_R berechnen

Diese Abfolge zur P-Reglerbemessung unter der Vorgabe einer gewünschten Phasenreserve soll an zwei Beispielen demonstriert werden.

Beispiel 1

$$G_1(s) = \frac{0.4\ \mathrm{s}^{-1}}{s \cdot (1 + s \cdot 1\ \mathrm{s})^2}$$

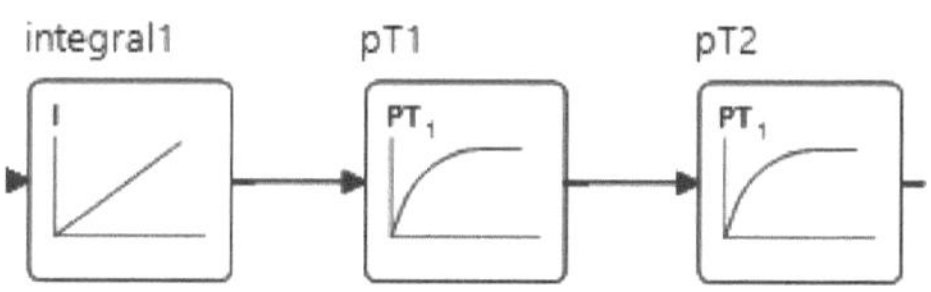

Bild 8.29 Screenshot der IT_2-Strecke

Vorgabe: $\ddot{u}_{\%} = 30\,\%$; damit: $\varphi_\mathrm{Rsoll} \approx 70 - \ddot{u}_{\%} \approx 40°$

Der Wert von $K_\mathrm{dB}{}^*$ gibt an, wie weit der Amplitudengang betragsmäßig (y-Richtung) verschoben werden muss, um die gewünschte Phasenreserve zu erhalten. In Beispiel 1 müsste der Amplitudengang von $G_1(s)$ um 4 dB nach oben verschoben werden (siehe kleine Pfeile in Bild 8.30). Andersherum kann man auch sagen, dass die 0-dB-Linie um –4 dB, sprich um K_{dB}^*, nach unten verschoben werden muss.

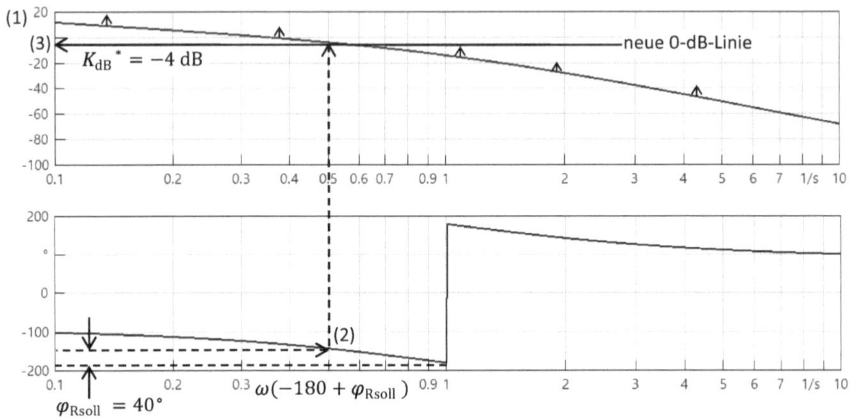

Bild 8.30 Bode-Diagramme von G_1 zur Ermittlung von K_{dB}^*

Wechselt man aus dem dB-Bereich in den Normalbereich, entsteht K^* über

$$K^* = 10^{\frac{K_{dB}^*}{20\,dB}} \xrightarrow{\text{hier}} = 10^{\frac{-4\,dB}{20\,dB}} = 0.63$$

Die Verschiebefunktion wird im Normalbereich dadurch erzielt, dass man der Strecke einen Verstärkungsfaktor in Form eines P-Gliedes (bzw. P-Reglers) hinzumultipliziert. **Bedenke:** Beim Wechsel vom dB-Bereich in den Normalbereich wird aus einer Addition eine Multiplikation.

Schritt (4): K_R bestimmen

Da bei einem negativen K_{dB}^* nach oben verschoben bzw. verstärkt werden muss, gilt:

$$K_R = \frac{1}{K^*} = \frac{1}{10^{\frac{K_{dB}^*}{20\,dB}}} \xrightarrow{\text{hier}} = \frac{1}{0.63} = 1.59$$

Damit hat man einen Verstärkungsfaktor ermittelt, welcher ein Überschwingen der Regelgröße in Höhe der geforderten Überschwingweite erzielt. In Bild 8.32 sind die in Beispiel 1 gewünschten 30 % Überschwingweite deutlich ablesbar.

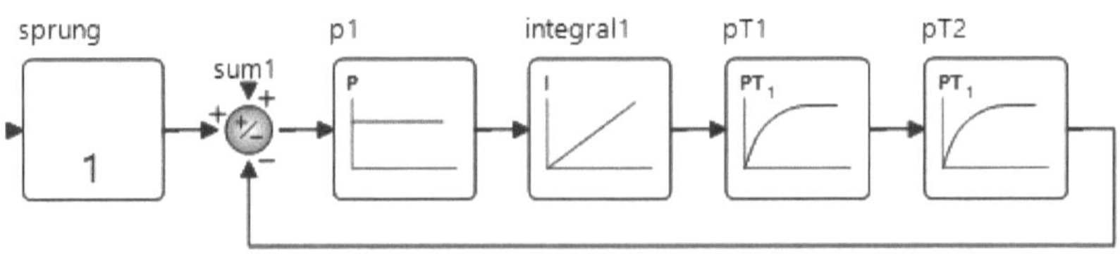

Bild 8.31 Screenshot des P-Reglers und G_1 (rückgekoppelt)

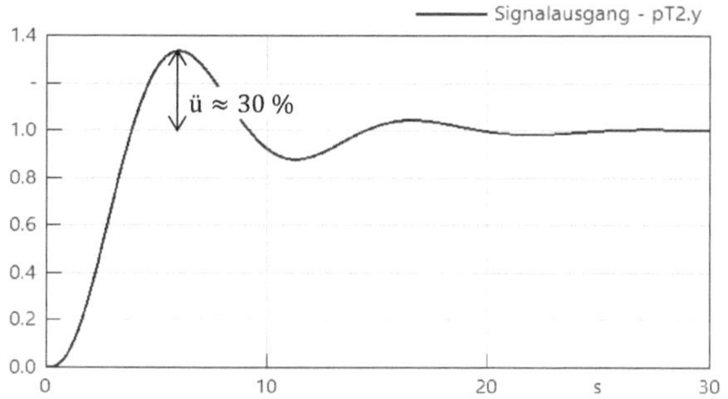

Bild 8.32 Sprungantwort des P-Reglers und G_1 (rückgekoppelt)

Beispiel 2

$$G_2(s) = \frac{1.2\ \mathrm{s}^{-1}}{s \cdot (1 + s \cdot 1\ \mathrm{s})^2}$$

Vorgabe: $ü_{\%} = 10\,\%$; damit: $\varphi_{\mathrm{Rsoll}} \approx 70 - ü_{\%} \approx 60°$

In Beispiel 2 muss die 0-dB-Linie, wie in Bild 8.33 zu sehen, um 11 dB, sprich um K_{dB}^*, nach oben verschoben werden.

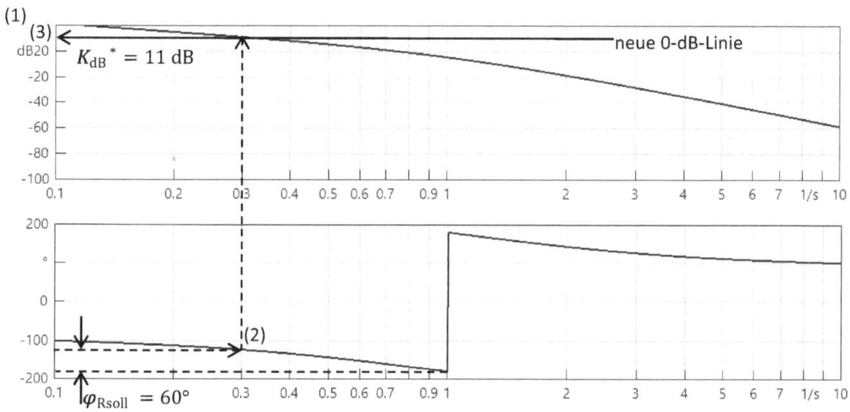

Bild 8.33 Bode-Diagramme von G_2 zur Ermittlung von K_{dB}^*

Schritt (4): K_{R} bestimmen

$$K_{\mathrm{R}} = \frac{1}{K^*} = \frac{1}{10^{\frac{K_{\mathrm{dB}}^*}{20\ \mathrm{dB}}}} \xrightarrow{\text{hier}} = \frac{1}{10^{\frac{11\ \mathrm{dB}}{20\ \mathrm{dB}}}} = \frac{1}{3.55} = 0.28$$

Wie in Bild 8.35 zu sehen, hat man damit einen Verstärkungsfaktor ermittelt, welcher ein Überschwingen der Regelgröße von 10 % liefert.

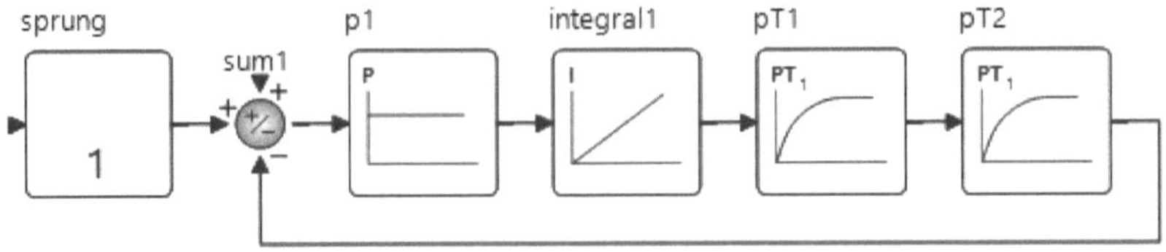

Bild 8.34 Screenshot des P-Reglers und G_2 (rückgekoppelt)

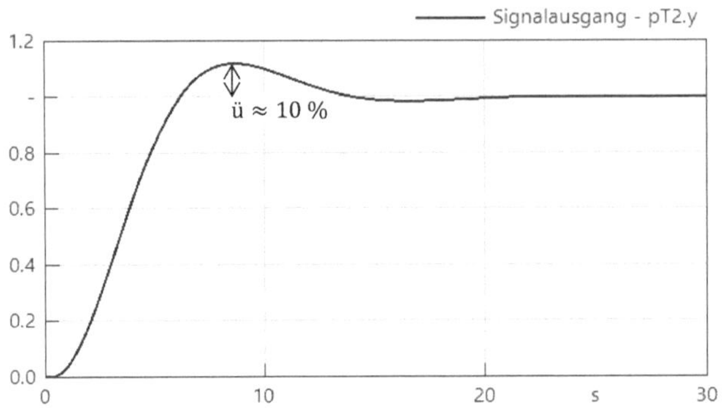

Bild 8.35 Sprungantwort des P-Reglers und G_2 (rückgekoppelt)

Video 35: P-Reglereinstellung mit Bode-Diagramm (siehe auch *28_Video35_ZylinderausfürBode_P-Reg.isx*)

Die P-Reglereinstellung mithilfe des Bode-Diagramms wird in diesem Video am Beispiel einer hydraulischen Positionierregelung demonstriert. Dabei wird auch auf die Probleme mit nichtlinearen Regelkreiskomponenten eingegangen.

8.6 Kompensationsverfahren

Das Verfahren zur P-Reglereinstellung über das Bodediagramm hat ganz offensichtliche Grenzen in der Anwendung, da P-Regler, außer auf IT_n-Strecken angewendet, eine bleibende Regelabweichung bringen.

In der Anwendung auf PT_n-Strecken muss das Verfahren erweitert werden. Bekanntermaßen benötigen Regler, die auf PT_n-Strecken angewendet werden, einen I-Anteil, welchen PI- und PID-Regler besitzen. Zuerst soll der Einsatz eines PI-Reglers betrachtet werden.

$$G_{\mathrm{RPI}} = \frac{K_{\mathrm{R}} \cdot (1 + s \cdot T_{\mathrm{N}})}{s \cdot T_{\mathrm{N}}}$$

Als Erweiterung des P-Reglereinstellungsverfahrens über das Bode-Diagramm stellt sich nun die Frage, wie der Parameter T_N bemessen wird. Hier kommt erneut die schon bekannte Kompensation (siehe Abschnitt 7.3.1) ins Spiel. Konkret handelt es sich dabei wieder um die Kompensation der dominanten Zeitkonstante. Um dies zu erreichen, wird T_N des Reglers gleich der größten Streckenzeitkonstanten gesetzt ($T_N = T_{Sgrößte}$). Bei der Multiplikation von G_R und G_S entsteht ein IT_n-System, auf welches dann das P-Reglereinstellungsverfahren über das Bodediagramm angewendet werden kann.

Bei einer vorliegenden PT_2-Strecke hat dieses Vorgehen folgende Form:

$$G_S(s) = \frac{K_S}{(1 + s \cdot T_1) \cdot (1 + s \cdot T_2)} \text{ mit } T_1 > T_2$$

Dann folgt für den PI-Regler:

$$G_{RPI} = \frac{K_R \cdot (1 + s \cdot T_N)}{s \cdot T_N} \text{ mit } T_N = T_1$$

ist

$$G_{RPI} = \frac{K_R \cdot (1 + s \cdot T_1)}{s \cdot T_1}$$

Die Übertragungsfunktion des offenen Kreises ist dann

$$G_o = G_{RPI} \cdot G_S = \frac{K_R \cdot (1 + s \cdot T_1)}{s \cdot T_1} \cdot \frac{K_S}{(1 + s \cdot T_1) \cdot (1 + s \cdot T_2)} = K_R \cdot \frac{K_S}{s \cdot T_1 \cdot (1 + s \cdot T_2)}$$

und mit

$$\frac{K_S}{T_1} = K_{iS}$$

folgt

$$G_o = K_R \cdot \frac{K_{iS}}{s \cdot (1 + s \cdot T_2)}$$

Vom IT_n-System

$$\frac{K_{iS}}{s \cdot (1 + s \cdot T_2)}$$

wird nun das Bode-Diagramm gezeichnet und K_R über die Vorgabe einer Phasenreserve parametriert.

Beispiel 1

Am konkreten Beispiel eines PI-Reglers für eine PT_3-Strecke soll die Reglerparametrierung nach dem Kompensationsverfahren schrittweise demonstriert werden. Als Vorgabe soll die resultierende Regelgröße ein Überschwingen von 20 % aufweisen.

Gegeben ist Folgendes:

$$G_S = \frac{3}{(1+s\cdot 2\,s)\cdot(1+s\cdot 4\,s)\cdot(1+s\cdot 6\,s)}$$

Schritt (1): $\boldsymbol{T_N = T_{\text{Sgrößte}}}$ **(hier 6 s) setzen**

$$G_{RPI} = \frac{K_R\cdot(1+s\cdot T_N)}{s\cdot T_N} = \frac{K_R\cdot(1+s\cdot 6\,s)}{s\cdot 6\,s}$$

Schritt (2): $\boldsymbol{G_o = G_{RPI}\cdot G_S}$ **berechnen**

$$G_o = G_{RPI}\cdot G_S = \frac{K_R\cdot(1+s\cdot 6\,s)}{s\cdot 6\,s}\cdot\frac{3}{(1+s\cdot 2\,s)\cdot(1+s\cdot 4\,s)\cdot(1+s\cdot 6\,s)}$$

$$G_o = K_R\cdot\frac{3}{s\cdot 6\,s\cdot(1+s\cdot 2\,s)\cdot(1+s\cdot 4\,s)} = K_R\cdot\frac{0.5\,s^{-1}}{s\cdot(1+s\cdot 2\,s)\cdot(1+s\cdot 4\,s)}$$

Schritt (3): Das Bode-Diagramm vom $\boldsymbol{IT_n}$-System (ohne $\boldsymbol{K_R}$) zeichnen (Bild 8.36)

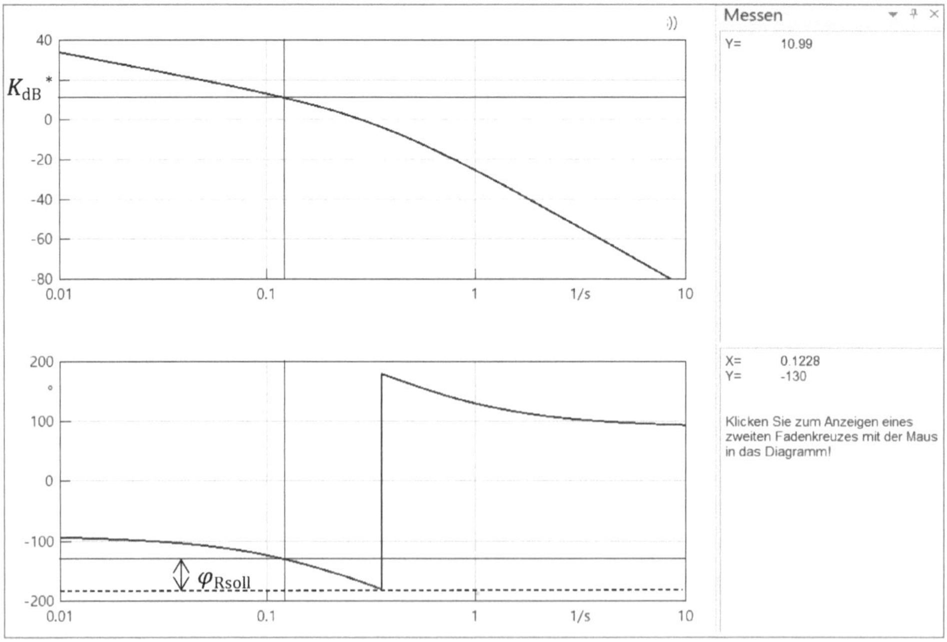

Bild 8.36 Bode-Diagramm für IT_2 aus dem Beispiel

Schritt (4): Unter der Vorgabe der Phasenreserve K_{dB}^* und K^* ermitteln

Wegen $\varphi_{Rsoll} + ü \approx 70$ ist $\varphi_{Rsoll} \approx 70 - 20\,\% \approx 50°$.

Abgelesen:

$$K_{dB}^* = 11\text{ dB}$$

Und damit ist

$$K^* = 10^{\frac{11\text{ dB}}{20\text{ dB}}} = 3.55$$

Schritt (5): K_R ermitteln

$$K_R = \frac{1}{K^*} = \frac{1}{3.55} = 0.28$$

Damit ist der Regler bemessen mit

$$K_R = 0.28 \text{ und } T_N = 6\text{ s};\; G_R = \frac{0.28 \cdot (1 + s \cdot 6\text{ s})}{s \cdot 6\text{ s}}$$

Wie in Bild 8.35 und Bild 8.35 zu sehen, hat man damit einen PI-Regler ermittelt, welcher ein Überschwingen der Regelgröße von 20 % liefert.

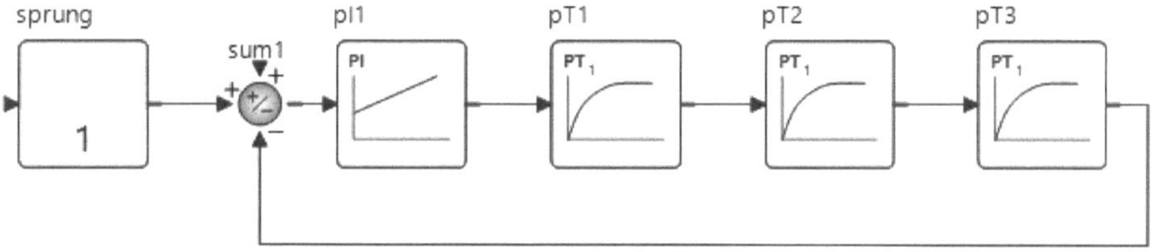

Bild 8.37 Screenshot des PI-Reglers und PT_3 (rückgekoppelt)

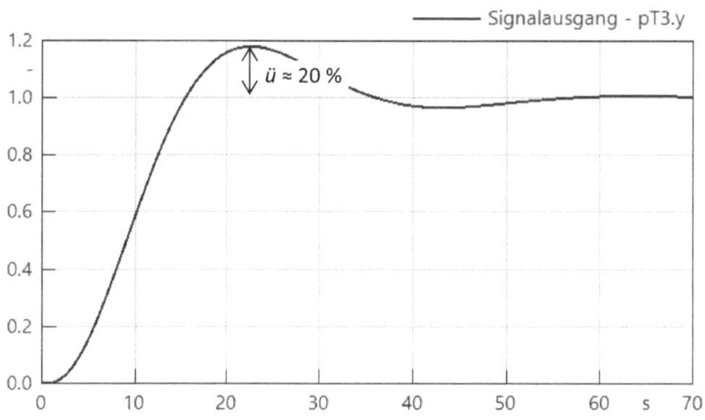

Bild 8.38 Sprungantwort des PI-Reglers und PT_3 (rückgekoppelt)

Beispiel 2

Eine Verbesserung der Reglung kann erzielt werden, wenn statt des PI- ein PID-Regler in multiplikativer Form verwendet wird.

$$G_{\mathrm{RPID}} = \frac{K_{\mathrm{R}} \cdot (1 + s \cdot T_{\mathrm{N}}) \cdot (1 + s \cdot T_{\mathrm{V}})}{s \cdot T_{\mathrm{N}}}$$

Dann wird einfach T_{N} gleich der größten und T_{V} gleich der zweitgrößten Streckenzeitkonstanten gesetzt.

$$T_{\mathrm{N}} = T_{\mathrm{Sgrößte}}$$

$$T_{\mathrm{V}} = T_{\mathrm{Szweitgrößte}}$$

Zur Verdeutlichung der Regelungsverbesserung wird auf die PT_3-Strecke aus Beispiel 1 ein PID-Regler angewendet. Auch die Vorgabe von 20 % Überschwingen für die Regelgröße bleibt gleich.

Gegeben ist Folgendes:

$$G_{\mathrm{S}}(s) = \frac{3}{(1 + s \cdot 2\,\mathrm{s}) \cdot (1 + s \cdot 4\,\mathrm{s}) \cdot (1 + s \cdot 6\,\mathrm{s})}$$

Schritt (1): T_{N} gleich $T_{\mathrm{Sgrößte}}$ (hier 6 s) und T_{V} gleich $T_{\mathrm{Szweitgrößte}}$ (hier 4 s) setzen

$$G_{\mathrm{RPID}} = \frac{K_{\mathrm{R}} \cdot (1 + s \cdot T_{\mathrm{N}}) \cdot (1 + s \cdot T_{\mathrm{V}})}{s \cdot T_{\mathrm{N}}} = \frac{K_{\mathrm{R}} \cdot (1 + s \cdot 6\,\mathrm{s}) \cdot (1 + s \cdot 4\,\mathrm{s})}{s \cdot 6\,\mathrm{s}}$$

Schritt (2): $G_{\mathrm{o}} = G_{\mathrm{RPID}} \cdot G_{\mathrm{S}}$ berechnen

$$G_{\mathrm{o}} = G_{\mathrm{RPID}} \cdot G_{\mathrm{S}} = \frac{K_{\mathrm{R}} \cdot (1 + s \cdot 6\,\mathrm{s}) \cdot (1 + s \cdot 4\,\mathrm{s})}{s \cdot 6\,\mathrm{s}} \cdot \frac{3}{(1 + s \cdot 2\,\mathrm{s}) \cdot (1 + s \cdot 4\,\mathrm{s}) \cdot (1 + s \cdot 6\,\mathrm{s})}$$

$$= K_{\mathrm{R}} \cdot \frac{3}{s \cdot 6\,\mathrm{s} \cdot (1 + s \cdot 2\,\mathrm{s})} = K_{\mathrm{R}} \cdot \frac{0.5\,\mathrm{s}^{-1}}{s \cdot (1 + s \cdot 2\,\mathrm{s})}$$

Schritt (3): Das Bode-Diagramm vom IT_N-System (ohne K_R) zeichnen (Bild 8.39)

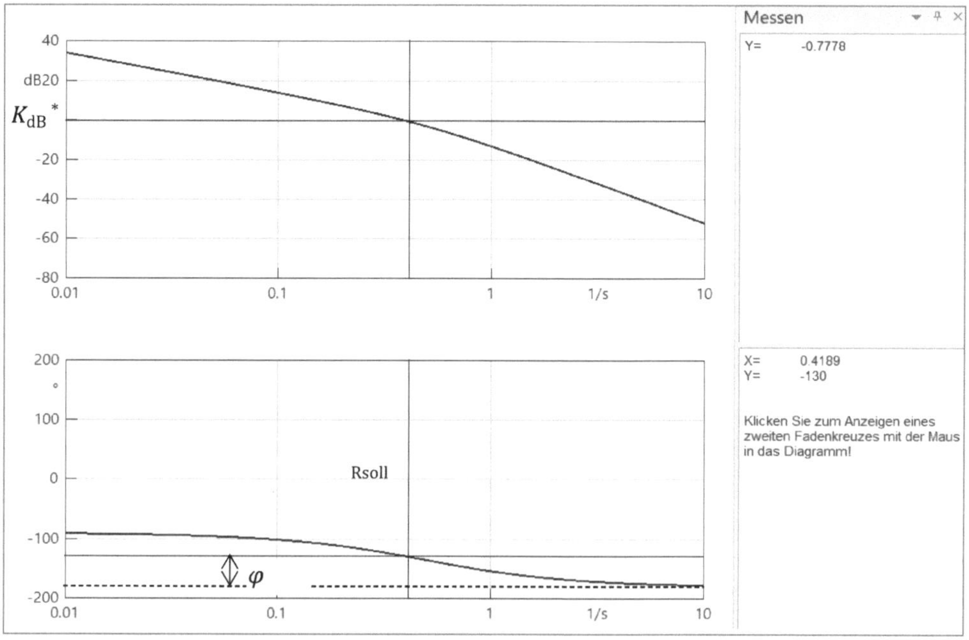

Bild 8.39 Bode-Diagramm eines IT1-Systems

Schritt (4): Unter der Vorgabe der Phasenreserve $K_{dB}{}^*$ und K^* ermitteln

Wegen φ_{Rsoll} + ü ≈ 70 gilt wieder $\varphi_{Rsoll} \approx 70 - 20\,\% \approx 50°$.

Abgelesen:

$$K_{dB}{}^* = 0.7778\ \text{dB}$$

Und damit ist

$$K^* = 10^{\frac{-0.7778\ \text{dB}}{20\ \text{dB}}} = 0.91$$

Schritt (5): K_R ermitteln

$$K_R = \frac{1}{K^*} = \frac{1}{0.91} = 1.1$$

Damit ist der Regler bemessen mit

$$K_R = 1.1;\ T_N = 6\ \text{s und } T_V = 4\ \text{s};\ G_R = \frac{1.1 \cdot (1 + s \cdot 6\ \text{s}) \cdot (1 + s \cdot 4\ \text{s})}{s \cdot 6\ \text{s}}$$

Vergleicht man Bild 8.38 und Bild 8.41 miteinander, ist der schnellere Regelungsverlauf beim Einsatz eines PID-Reglers im Vergleich zum PI-Regler deutlich ablesbar. Die nach der Kompensation verbleibenden Zeitkonstanten bestimmen die Geschwindigkeit der Regelung. Der Verstärkungsfaktor, welcher über das Bode-Diagramm eingestellt wurde, ist nur für die Einhaltung der geforderten Überschwingweite verantwortlich.

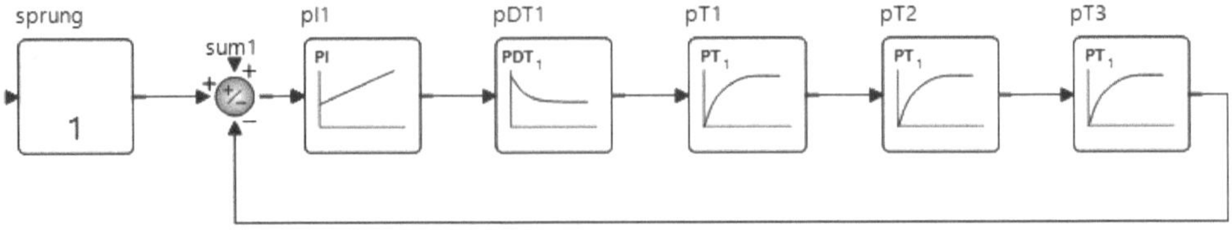

Bild 8.40 Screenshot des PID-Reglers in multiplikativer Form und PT_3 (rückgekoppelt)

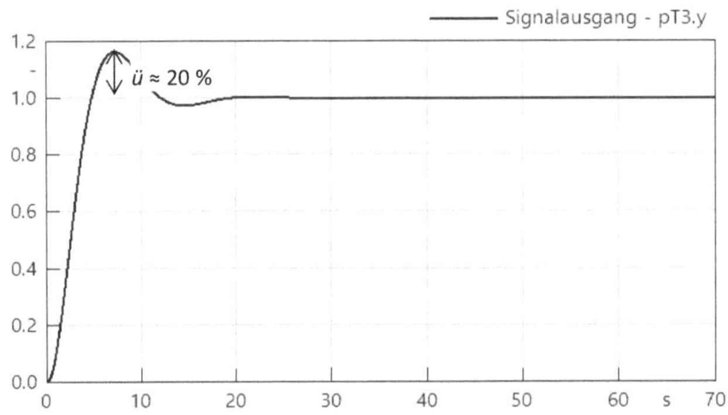

Bild 8.41 Sprungantwort des PID-Reglers in multiplikativer Form und PT_3 (rückgekoppelt)

Video 36: Kompensationsverfahren Temperaturregelung (siehe auch *29_Video36_Komp_Temp.isx*)

Das in diesem Video demonstrierte Kompensationsverfahren wird zur simulativen Reglereinstellung einer Temperaturregelung eines Raumes genutzt.

Übung 28

a) Bestimmen Sie einen PI-Regler für einen nichtschwingenden Regelgrößenverlauf mithilfe des Kompensationsverfahrens für folgende Strecke:

$$G_{S1} = \frac{0.25}{(1 + s \cdot 1\,\text{s}) \cdot (1 + s \cdot 10\,\text{s})}$$

b) Ermitteln Sie mithilfe der Kompensationsmethode einen PID-Regler in additiver Form mit 0 % Überschwingen für folgende Strecke:

$$G_{S2} = \frac{0.1}{(1 + s \cdot 0.1\,\text{s}) \cdot (1 + s \cdot 0.05\,\text{s})} \cdot \mathrm{e}^{-s \cdot 0.02\,\text{s}}$$

9 Regelkreismodifikationen

Für anspruchsvolle Regelungsaufgaben reichen die Möglichkeiten eines klassischen einschleifigen Regelkreises nicht immer aus, um befriedigende Ergebnisse zu erzielen. Eine Verbesserung der Regelung kann man durch gezielte Regelkreiserweiterungen und dem Lösen von der traditionellen PID-Reglerstruktur erreichen.

9.1 Sanftanlauf

Im Regelbetrieb einer Anlage kann es nachteilig sein, eine Führungsgrößenänderung sprunghaft zu vollziehen. Mit anderen Worten: Ein Arbeitspunktwechsel hin zu einer neuen Sollgeschwindigkeit, Sollposition, Solltemperatur usw. sollte sanft erfolgen.

Dieser Sanftwechsel der Führungsgröße ist vor allem dann vorteilhaft, wenn das System bzw. der Regelkreis folgende Eigenschaften aufweist:

- Das System besitzt eine Dämpfung kleiner als 0.4 (stark schwingend).
- Die Systemparameter sind nur grob geschätzt (Modellunsicherheit).
- Die Stellgröße sollte sich nicht sprunghaft ändern (Verhinderung von Momentenschlägen).

Als einfache Lösung des Problems kann ein sogenannter Sanftanläufer verwendet werden. In Bild 9.1 ist diese Regelkreiserweiterung dargestellt. Der Sanftanläufer hat die Aufgabe, aus der sprunghaften Vorgabe des Führungsgrößenwechsels einen sanften stetigen Übergang hin zum neuen Sollwert zu schaffen.

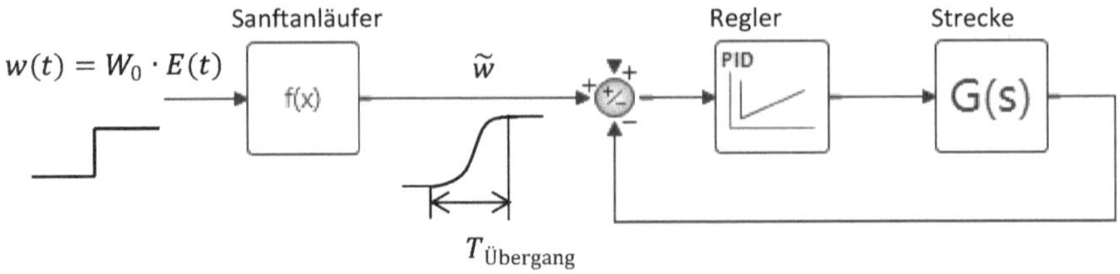

Bild 9.1 Screenshot des Regelkreises mit Sanftanläufer

Als ein Ansatz zur Berechnung von $\tilde{w}$ für die Zeit des Übergangs kann beispielsweise ein Polynom 3. Ordnung gewählt werden.

$$\tilde{w} = a \cdot t^3 + b \cdot t^2 + c \cdot t + d \tag{9.1}$$

und

$$\frac{d\tilde{w}}{dt} = 3a \cdot t^2 + 2b \cdot t + c \tag{9.2}$$

Zur Bestimmung der Parameter a, b, c und d werden folgende Grenzbedingungen vorgegeben:

$$\tilde{w}(t = 0) = W_{0\text{alt}} \tag{9.3}$$

$$\tilde{w}(t = T_{\text{Übergang}}) = W_{0\text{neu}} \tag{9.4}$$

$$\frac{d\tilde{w}\,(t = 0)}{dt} = 0 \tag{9.5}$$

$$\frac{d\tilde{w}\left(t = T_{\text{Übergang}}\right)}{dt} = 0 \tag{9.6}$$

Durch das Einsetzen der Beziehungen (Formel 9.1 bis Formel 9.6) ineinander und etwas Umformung entsteht

$$\tilde{w} = a \cdot t^3 + b \cdot t^2 + c \cdot t + d = -\frac{2 \cdot (W_{0\text{neu}} - W_{0\text{alt}})}{{T_{\text{Übergang}}}^3} \cdot t^3 + \frac{3 \cdot (W_{0\text{neu}} - W_{0\text{alt}})}{{T_{\text{Übergang}}}^2} \cdot t^2 + w_{0\text{alt}}$$

für $0 \leq t \leq T_{\text{Übergang}}$, sonst $\tilde{w} = w_{0\text{neu}}$.

Beispielsweise soll eine Funktion ermittelt werden, welche einen Übergang von 0 auf 0.1 in 0.4 s realisiert: $W_{0\text{alt}} = 0$; $W_{0\text{neu}} = 0.1$; $T_{\text{Übergang}} = 0.4$ s.

Der Sanftanläufer berechnet sich zu

$$\tilde{w} = -\frac{2 \cdot (W_{0\text{neu}} - W_{0\text{alt}})}{{T_{\text{Übergang}}}^3} \cdot t^3 + \frac{3 \cdot (W_{0\text{neu}} - W_{0\text{alt}})}{{T_{\text{Übergang}}}^2} \cdot t^2 + w_{0\text{alt}}$$

$$\tilde{w} = -\frac{2 \cdot (0.1 - 0)}{(0.4\ \text{s})^3} \cdot t^3 + \frac{3 \cdot (0.1 - 0)}{(0.4\ \text{s})^2} \cdot t^2 + 0$$

$$\tilde{w} = -3.125\ \text{s}^{-3} \cdot t^3 + 1.875\ \text{s}^{-2} \cdot t^2$$

Eine mögliche Umsetzung des Sanftanläufers unter SimulationX und der resultierende Zeitverlauf sind in Bild 9.2 dargestellt.

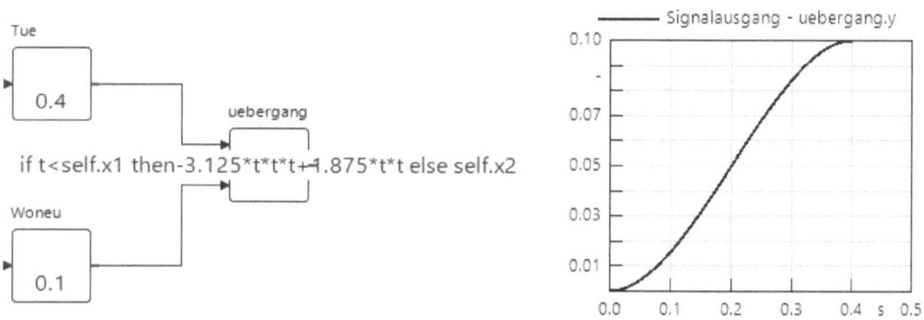

Bild 9.2 Screenshot der Vorfilterfunktion und des Zeitverlaufs

Abschließend erfolgt noch eine gesonderte Betrachtung zur frei wählbaren Übergangszeit $T_{\text{Übergang}}$. Wird sie zu groß gewählt, benötigt die Regelung zu lange, um den Endwert zu erreichen. Ist sie zu kurz, verschwindet der Vorfiltereffekt. Als Kompromiss wird vorgeschlagen, dass sich die Übergangszeit in der Größenordnung der doppelten Überschwingzeit $T_{\text{ü}}$ ohne Sanftanläufer bewegt (Bild 9.3).

$$T_{\text{Übergang}} \approx 2 \cdot T_{\text{ü}}$$

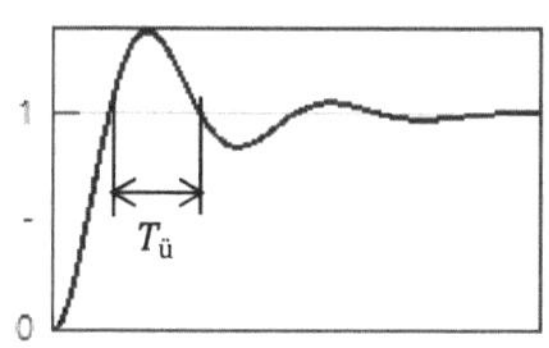

Bild 9.3 Überschwingzeit

Video 37: Sanftanläufer DCM (siehe auch *30_Video37_Sanftanl_DCM.isx*)

Der Nutzen eines Sanftanläufers wird in diesem Video am Beispiel einer Positionierregelung mit einem Gleichstrommotor aufgezeigt.

9.2 PID-Regler in I-PD-Struktur

Um Stellgrößensprünge bei Führungsgrößenänderungen zu verhindern, kann man anstatt eines Sanftanläufers auch einen modifizierten PID-Regler mit der in Bild 9.4 dargestellten Struktur nutzen. Man bezeichnet diese Struktur als I-PD-Struktur. Dabei wird eine Sollwertänderung zuerst nur integriert und somit ein Stellgrößensprung verhindert (**Bedenke:** Sprung integriert = Rampe).

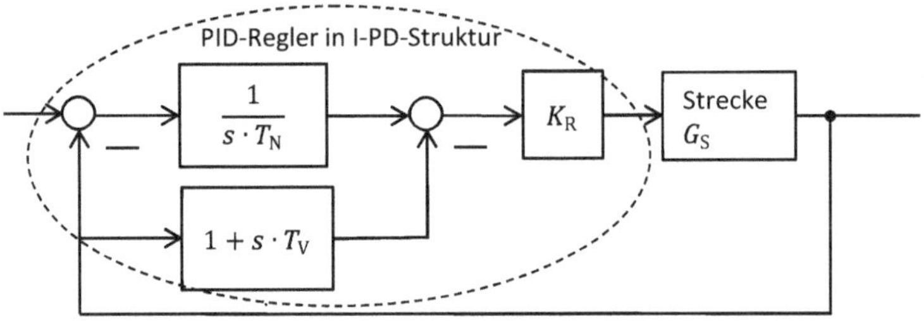

Bild 9.4 PID-Regler in I-PD-Struktur innerhalb eines Regelkreises

Um die Funktionalität dieses Aufbaus näher analysieren zu können, wird das Blockschaltbild aus Bild 9.4 unter Verwendung der Vereinfachungsregeln für Wirkungspläne (siehe Abschnitt 2.1) umgezeichnet. Zuerst legt man mithilfe der Regel 5 die Integration vor die erste Vergleichsstelle, sodass Bild 9.5 entsteht.

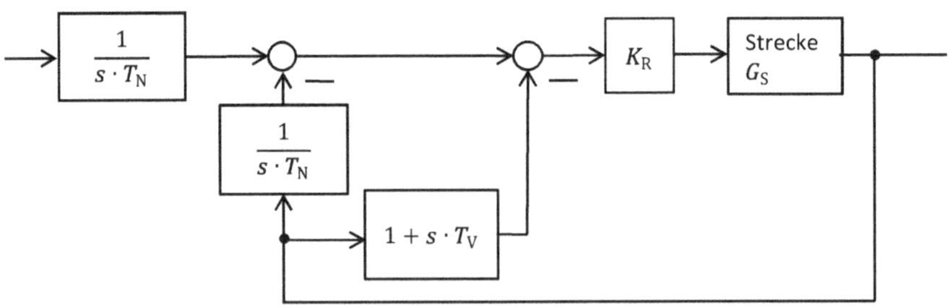

Bild 9.5 I-PD-Struktur (umgewandelt 1)

Mit dem Umzeichnen der Summationsstelle ergibt sich Bild 9.6.

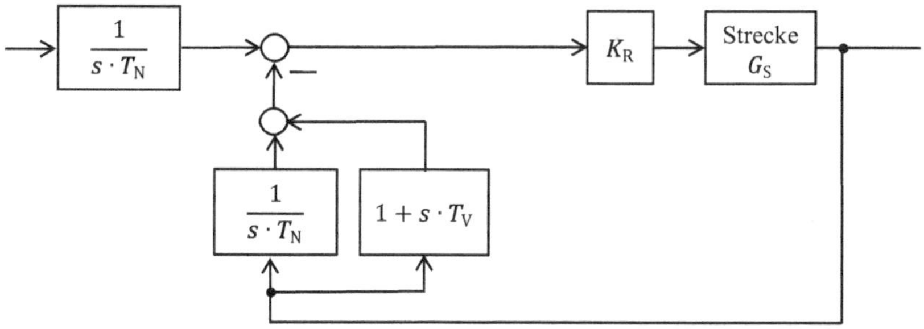

Bild 9.6 I-PD-Struktur (umgewandelt 2)

Die Parallelverzweigung wird durch eine Addition zusammengefasst zu

$$\frac{1}{s \cdot T_N} + 1 + s \cdot T_V = \frac{1 + s \cdot T_N + s^2 \cdot T_N \cdot T_V}{s \cdot T_N}$$

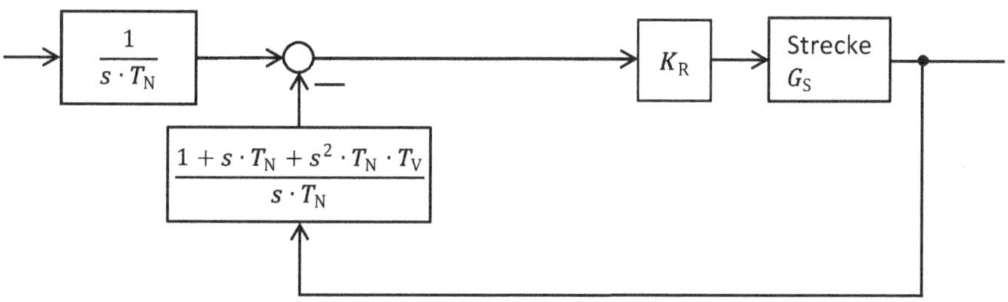

Bild 9.7 I-PD-Struktur (umgewandelt 3)

Unter Verwendung der Regel 7 zur Vereinfachung von Wirkungsplänen entsteht Bild 9.8.

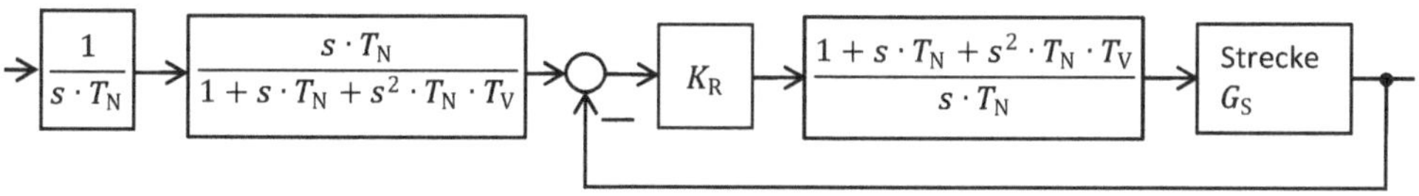

Bild 9.8 I-PD-Struktur (umgewandelt 4)

Durch das Kürzen entsteht ein Regelkreis mit Sollwertfilter und klassischem PID-Regler (Bild 9.9).

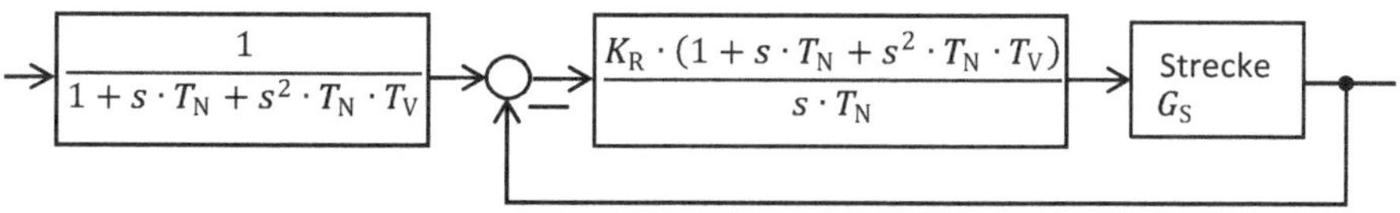

Bild 9.9 I-PD-Struktur (umgewandelt 5)

Mit anderen Worten: PID-Regler in I-PD-Struktur haben denselben Aufbau wie PID-Regler in additiver Form – mit dem Unterschied, dass zusätzlich ein Tiefpassfilter 2. Ordnung auf die Führungsgröße wirkt. Damit wird vermieden, dass eine sprunghafte Führungsgröße an der Vergleichsstelle des Regelkreises wirkt.

Video 38: I-PD-Regler Durchflussregelung (siehe auch *31_Video38_PID_IPD_Durchfluss.isx*)

Die Verhinderung von sprunghaften Stellgrößen durch den Einsatz eines I-PD-Reglers wird in diesem Video exemplarisch anhand eines Durchflussregelung demonstriert.

Zusammenfassend kann gesagt werden: In Regelkreisen mit PID-Regler in I-PD-Struktur werden Stellgrößensprünge verhindert. Dies geht aber zulasten einer größeren Anregelzeit. Außerdem ist die praktische Umsetzung aufwendig.

9.3 ReDuS-Regler

Ein weiteres Reglungskonzept, das mit der klassischen Struktur eines PID-Reglers bricht, ist der ReDuS-Regler. ReDuS steht dabei für **Re**gelung mit einstellbarer **D**ämpfung **u**nd **S**chnelligkeit. Diese Art der Regelung erlaubt die Vorgabe einer Dämpfung und einer Anregelzeit für P-, PT_1-, PT_2-, I- und IT_1-Strecken. Die einheitliche Regelkreisstruktur mit einem ReDuS-Regler ist in Bild 9.10 dargestellt.

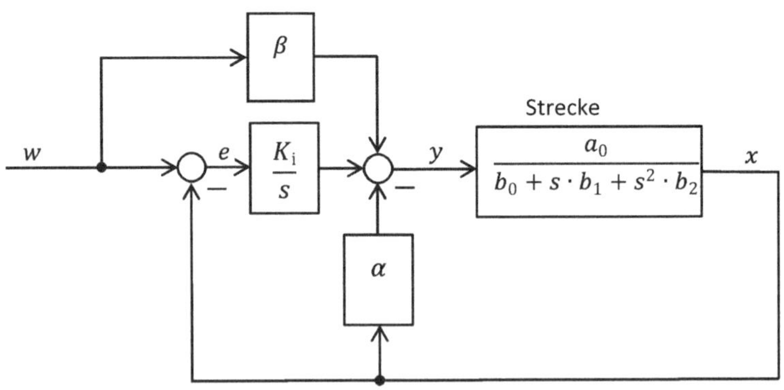

Bild 9.10 Regelkreis mit ReDuS-Regler

Grundlage zur Aufstellung der Übertragungsfunktion des Regelkreises sind folgende drei Gleichungen:

$$e = w - x \tag{9.7}$$

$$y = \frac{K_i}{s} \cdot e + \beta \cdot w - \alpha \cdot x \tag{9.8}$$

$$x = \frac{a_0}{b_0 + s \cdot b_1 + s^2 \cdot b_2} \cdot y \tag{9.9}$$

Ineinander eingesetzt und umgeformt ergibt sich folgende Übertragungsfunktion:

$$G_W = \frac{x}{w} = \frac{a_0 \cdot K_i + s \cdot a_0 \cdot \beta}{a_0 \cdot K_i + s \cdot (b_0 + a_0 \cdot \alpha) + s^2 \cdot b_1 + s^3 \cdot b_2}$$

Die drei Reglerparameter α, β und K_i sollen nun so bemessen werden, dass G_w die Struktur eines schwingenden PT_2-Systems erhält.

$$G_W = \frac{a_0 \cdot K_i + s \cdot a_0 \cdot \beta}{a_0 \cdot K_i + s \cdot (b_0 + a_0 \cdot \alpha) + s^2 \cdot b_1 + s^3 \cdot b_2} = \frac{1}{1 + s \cdot \frac{2 \cdot D}{\omega_0} + s^2 \cdot \frac{1}{\omega_0^2}}$$

Löst man die Brüche durch Überkreuzrechnen auf, entsteht

$$a_0 \cdot K_i + s \cdot a_0 \cdot \beta + s \cdot \frac{a_0 \cdot K_i \cdot 2 \cdot D}{\omega_0} + s^2 \cdot \frac{a_0 \cdot \beta \cdot 2 \cdot D}{\omega_0} + s^2 \cdot \frac{a_0 \cdot K_i}{\omega_0^2} + s^3 \cdot \frac{a_0 \cdot \beta}{\omega_0^2}$$
$$= a_0 \cdot K_i + s \cdot (b_0 + a_0 \cdot \alpha) + s^2 \cdot b_1 + s^3 \cdot b_2$$

bzw.

$$a_0 \cdot K_i + s \cdot \left(a_0 \cdot \beta + \frac{a_0 \cdot K_i \cdot 2 \cdot D}{\omega_0}\right) + s^2 \cdot \left(\frac{a_0 \cdot \beta \cdot 2 \cdot D}{\omega_0} + \frac{a_0 \cdot K_i}{\omega_0^2}\right) + s^3 \cdot \frac{a_0 \cdot \beta}{\omega_0^2}$$
$$= a_0 \cdot K_i + s \cdot (b_0 + a_0 \cdot \alpha) + s^2 \cdot b_1 + s^3 \cdot b_2$$

Der Koeffizientenvergleich liefert nun folgende drei Gleichungen:

$$a_0 \cdot \beta + \frac{a_0 \cdot K_i \cdot 2 \cdot D}{\omega_0} = b_0 + a_0 \cdot \alpha \tag{9.10}$$

$$\frac{a_0 \cdot \beta \cdot 2 \cdot D}{\omega_0} + \frac{a_0 \cdot K_i}{\omega_0^2} = b_1 \tag{9.11}$$

$$\frac{a_0 \cdot \beta}{\omega_0^2} = b_2 \tag{9.12}$$

Mit Formel 9.10 bis Formel 9.12 ergeben sich die Bemessungsformeln für die Reglerparameter.

$$\alpha = \frac{b_2 \cdot \omega_0^2 \cdot (1 - 4 \cdot D^2) + b_1 \cdot \omega_0 \cdot 2 \cdot D - b_0}{a_0}$$

$$\beta = \frac{b_2 \cdot \omega_0^2}{a_0}$$

$$K_\mathrm{i} = \frac{(b_1 - b_2 \cdot \omega_0 \cdot 2 \cdot D) \cdot \omega_0^2}{a_0}$$

Mit diesen drei Formeln lassen sich bei Kenntnis der Streckenparameter und unter Vorgabe der Dämpfung und der Kennkreisfrequenz die Parameter des ReDuS-Reglers berechnen.

An dieser Stelle sei noch einmal auf den Zusammenhang zwischen Überschwingweite und Dämpfung sowie zwischen Kennkreisfrequenz und Anregelzeit verwiesen.

$$D = \frac{1}{\sqrt{1 + \left(\frac{\pi}{\ln \frac{\ddot{u}}{X_{\mathrm{a}\infty}}}\right)^2}}; \ \omega_0 = \frac{\pi - \arccos D}{t_\mathrm{anr} \cdot \sqrt{1 - D^2}}$$

Bei einer festgelegten gewünschten Dämpfung kann die Anregelzeit jedoch nicht beliebig verkleinert bzw. die Kennkreisfrequenz nicht beliebig erhöht werden. Dies liegt an der Berechnungsvorschrift für den Parameter K_i.

Die Integrationskonstante des Reglers muss positiv sein. Bei einem negativen K_i ist eine Nullstelle der charakteristischen Gleichung von G_w positiv und damit das mathematische Stabilitätskriteritum (siehe Abschnitt 8.2) verletzt.

Es muss also gelten:

$$K_\mathrm{i} = \frac{(b_1 - b_2 \cdot \omega_0 \cdot 2 \cdot D) \cdot \omega_0^2}{a_0} \geq 0$$

und mit $a_0 > 0$ kann umgeformt werden zu

$$\omega_0 < \frac{b_1}{b_2 \cdot 2 \cdot D}$$

Nur unter dieser Vorgabe für die gewünschte Kennkreisfrequenz bleibt der Regelkreis stabil. Auch bleibt so der Term $(b_0 + a_0 \cdot \alpha)$ immer positiv, was eine weitere Stabilitätsbedingung ist.

Beispiel

Für folgende IT$_1$-Strecke G_S solle ein ReDuS-Regler bemessen werden (Bild 9.11). Die Regelgröße soll dabei möglichst schnell die Führungsgröße ohne Überschwingen erreichen.

$$G_\mathrm{S} = \frac{3\,\mathrm{s}^{-1}}{s \cdot (1 + s \cdot 2\,\mathrm{s})} = \frac{3}{s \cdot 1\,\mathrm{s} + s^2 \cdot 2\,\mathrm{s}^2} \qquad a_0 = 3;\ b_0 = 0;\ b_1 = 1\,\mathrm{s};\ b_2 = 2\,\mathrm{s}^2$$

Vorbetrachtung:

ohne Überschwingen	$\rightarrow D = 1$
möglichst schnell (nah an Stabilitätsgrenze)	$\rightarrow \omega_0 = 0.9 \cdot \frac{b_1}{b_2 \cdot 2 \cdot D} = 0.9 \cdot \frac{1\,\text{s}}{2\,\text{s}^2 \cdot 2 \cdot 1} = 0.225\,\text{s}^{-1}$

Reglerbemessung:

$$\alpha = \frac{b_2 \cdot \omega_0^2 \cdot \left(1 - 4 \cdot D^2\right) + b_1 \cdot \omega_0 \cdot 2 \cdot D - b_0}{a_0}$$

$$= \frac{2\text{s}^2 \cdot \left(0.225\,\text{s}^{-1}\right)^2 \cdot \left(1 - 4 \cdot 1^2\right) + 1\,\text{s} \cdot 0.225\,\text{s}^{-1} \cdot 2 \cdot 1 - 0}{3} = 0.049$$

$$\beta = \frac{b_2 \cdot \omega_0^2}{a_0} = \frac{2\,\text{s}^2 \cdot \left(0.225\,\text{s}^{-1}\right)^2}{3} = 0.0337$$

$$K_\text{i} = \frac{\left(b_1 - b_2 \cdot \omega_0 \cdot 2 \cdot D\right) \cdot \omega_0^2}{a_0} = \frac{\left(1\text{s} - 2\,\text{s}^2 \cdot 0.225\,\text{s}^{-1} \cdot 2 \cdot 1\right) \cdot \left(0.225\,\text{s}^{-1}\right)^2}{3}$$

$$= 0.00169\,\text{s}^{-1}$$

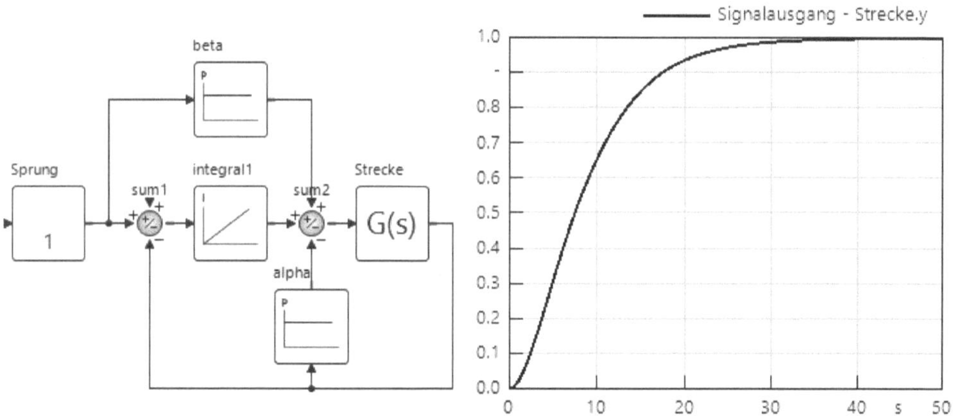

Bild 9.11 Screenshot des Regelkreises mit ReDuS-Regler und der Sprungantwort (siehe *25_RK_ReDuS_IT1.isx*)

Abschließend folgt noch ein Vergleich zu den anderen Reglern und deren Einstellungsverfahren:

- **Aufbau:** Während bei den anderen Verfahren die Reglerstruktur, sprich P-, PI- oder PID-Regler, vorab ausgewählt oder durch die Strecke bestimmt wird, gibt es beim ReDuS-Regler nur eine Struktur, die auf viele Streckenarten (P, PT_1, PT_2, I, IT_1)

angewendet wird. Dabei muss erwähnt werden, dass der ReDuS-Regler explizit auch für schwingende PT_2-Strecken bemessen werden kann. Nachteilig ist dabei aber, dass der Regler nicht die klassische Struktur hat und somit nicht als Kompaktregler oder als Reglerbaustein zur Verfügung steht.

- **Güte:** Die Vorgabe der Dämpfung und der Anregelzeit machen die Reglerdimensionierung sehr komfortabel. Auf PT_n-Strecken angewendet kann der ReDuS-Regler zudem für einen schnelleren Verlauf als andere Verfahren dimensioniert werden. Bei IT_n-Strecken ist der Regelgrößenverlauf, wegen der eigenen Integration, dagegen etwas langsamer. Dafür werden jedoch auch auftretende Versorgungsstörungen ausgeregelt.

Da es nur eine feste Reglerstruktur gibt und bedingt durch die Stabilitätsforderungen neben der gewünschten Dämpfung bzw. Überschwinghöhe nur die Streckenparameter zur Reglereinstellung benötigt werden, scheint der ReDuS-Regler für eine automatisierte Reglerbemessung prädestiniert.

Video 39: Einsatz und Parametrierung Redus-Regler (siehe auch *32_Video39_Redus_allgSt.isx*)

Neben dem Einsatz und der Parametrierung eines Redus-Reglers werden in diesem Video auch fortgeschrittene Methoden zur effizienten Nutzung der Simulationssoftware gezeigt.

Übung 29

Bemessen Sie einen ReDuS-Regler, welcher bei der gegebenen PT_2-Strecke eine Regelgröße mit kleiner Anregelzeit bei 20 % Überschwingen erzeugt. Vergleichen Sie Ihr Ergebnis mit dem Regelgrößenverlauf beim Einsatz eines nach dem Verfahren nach Reinisch eingestellten Reglers.

PT_2-Strecke:

$$G_S(s) = \frac{2}{(1 + s \cdot 0.1\,\text{s}) \cdot (1 + s \cdot 0.5\,\text{s})}$$

9.4 Aufschaltungen

Abschnitt 5.2 zur Berechnung der bleibenden Regelabweichung lieferte zwei Forderungen zur Verhinderung der bleibenden Regelabweichung. Diese lauteten wie folgt:

- Bei einer Führungs- und einer Laststörgrößenregelung genügt es, wenn an beliebiger Stelle des Vorwärtszweiges ($G_R \cdot G_S$) eine Integration vorhanden ist, um die Regelabweichung zu 0 werden zu lassen.
- Bei Versorgungsstörgrößenregelung muss die Integration im Regler bzw. vor der Summationsstelle der Störung liegen.

Diese Erkenntnisse gelten aber nur bei einer **sprungförmig auftretenden Führungsgrößen- oder Störgrößenänderung**. Bei anderen Eingangssignalformen kann auch bei Einhaltung der beiden Forderungen sehr wohl ein Regelfehler auftreten.

Nachfolgend wird gezeigt, wie dieser Regelfehler berechnet und wie durch Signalaufschaltung trotzdem ein befriedigendes Regelungsergebnis erzielt werden kann.

9.4.1 Berechnung des stationären Regelfehlers

Grundlegendes Ziel einer jeden Regelung ist zuallererst, dass die Regelgröße irgendwann gleich der Führungsgröße ist. Ob eine Regelung diese Vorgabe auch bei unterschiedlichen Eingangssignalarten (Impuls, Sprung, Rampe) erfüllt, lässt sich mithilfe des Endwertsatzes der Laplace-Transformation bestimmen.

$$e_{\text{stat}} = \lim_{t \to \infty} e(t) = \lim_{s \to 0} s \cdot e(s)$$

Bei der konkreten Berechnung der Regelabweichung muss man nun wieder zwischen Führungsgrößen- und Störgrößenregelung unterscheiden.

Führungsgrößenregelung ($z_1(s) = z_2(s) = 0$); siehe Abschnitt 2.2.2

$$\begin{aligned} e_{\text{stat}} &= \lim_{s \to 0} s \cdot e(s) = \lim_{s \to 0} s \cdot (w(s) - x(s)) = \lim_{s \to 0} s \cdot (w(s) - G_W(s) \cdot w(s)) \\ &= \lim_{s \to 0} s \cdot w(s) \cdot (1 - G_W(s)) = \lim_{s \to 0} s \cdot w(s) \cdot \left(1 - \frac{G_R(s) \cdot G_S(s)}{1 + G_R(s) \cdot G_S(s)}\right) \end{aligned}$$

$$e_{\text{stat}} = \lim_{s \to 0} s \cdot w(s) \cdot \left(\frac{1}{1 + G_R(s) \cdot G_S(s)}\right)$$

Zwei Beispiele sollen das konkrete Vorgehen aufzeigen.

Beispiel 1: Sprunghafter Eingang w an einen Regelkreis mit P-Regler und PT1-Strecke

Sprung der Höhe W_0:

$$w(s) = \frac{W_0}{s}$$

$$e_{\text{stat}} = \lim_{s \to 0} s \cdot w(s) \cdot \left(\frac{1}{1 + G_R(s) \cdot G_S(s)}\right) = \lim_{s \to 0} s \cdot \frac{W_0}{s} \cdot \left(\frac{1}{1 + \frac{K_R \cdot K_S}{1 + s \cdot T_1}}\right)$$

$$e_{\text{stat}} = \frac{W_0}{1 + K_R \cdot K_S} \quad \rightarrow \text{ bleibende Regelabweichung}$$

Da sich der Laplace-Operator s nach dem Limes immer mit dem aus dem Sprung kürzt, kann sich die Berechnung der bleibenden Regelabweichung bei einem Eingangssprung reduzieren auf

$$e_{\text{stat}} = \lim_{s \to 0} \frac{W_0}{1 + G_R(s) \cdot G_S(s)}$$

Beispiel 2: Rampenhafte Führungsgröße an einen Regelkreis mit I-Regler und PT_1-Strecke

Rampe mit Anstieg $\frac{W_0}{T}$ (Regel 5 der Korrespondenztabelle, siehe Tabelle 2.3):

$$w(s) = \frac{W_0}{T} \cdot \frac{1}{s^2}$$

$$e_{\text{stat}} = \lim_{s \to 0} s \cdot w(s) \cdot \left(\frac{1}{1 + G_R(s) \cdot G_S(s)} \right) = \lim_{s \to 0} s \cdot \frac{W_0}{T} \cdot \frac{1}{s^2} \cdot \left(\frac{1}{1 + \frac{K_{iR} \cdot K_S}{s \cdot (1 + s \cdot T_1)}} \right)$$

$$= \lim_{s \to 0} s \cdot \frac{W_0}{T} \cdot \frac{1}{s^2} \cdot \left(\frac{s \cdot (1 + s \cdot T_1)}{s \cdot (1 + s \cdot T_1) + K_{iR} \cdot K_S} \right)$$

$$e_{\text{stat}} = \frac{W_0}{T} \cdot \frac{1}{K_{iR} \cdot K_S} \quad \rightarrow \text{ bleibende Regelabweichung (Schleppfehler)}$$

Klassischerweise wird das Problem der bleibenden Regelabweichung in Beispiel 1 durch das Hinzufügen eines I-Anteils für den Regler gelöst. Schwieriger ist es, wenn wie in Beispiel 2 trotz Regler mit I-Anteil eine bleibende Regelabweichung auftritt (Bild 9.12).

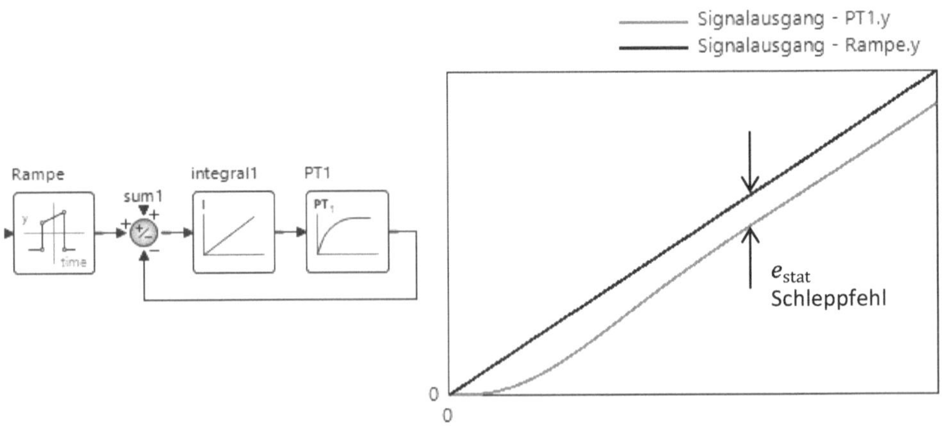

Bild 9.12 Screenshot des Regelkreises des I-Reglers der PT_1-Strecke und der entsprechenden Zeitverläufe

Laststörgrößenregelung ($w(s) = z_1(s)' = 0$); siehe Abschnitt 2.2.4

$$e_{\text{stat}} = \lim_{s\to 0} s \cdot e(s) = \lim_{s\to 0} s \cdot (-x(s)) = \lim_{s\to 0} s \cdot z_2(s) \cdot (-G_{z2})$$

$$e_{\text{stat}} = \lim_{s\to 0} s \cdot z_2(s) \cdot \left(-\frac{1}{1 + G_R(s) \cdot G_S(s)}\right)$$

Da sich die Berechnung von e_{stat} im Vergleich zur Führungsgrößenregelung nur durch das Vorzeichen unterscheidet, treffen alle Aussagen bezüglich des Regelfehlers bei Führungsgrößenregelungen auch bei Laststörgrößenregelungen zu.

Versorgungsstörgrößenregelung ($w(s) = z_2(s) = 0$); siehe Abschnitt 2.2.3

$$e_{\text{stat}} = \lim_{s\to 0} s \cdot e(s) = \lim_{s\to 0} s \cdot (-x(s)) = \lim_{s\to 0} s \cdot z_1(s) \cdot (-G_{z1})$$

$$e_{\text{stat}} = \lim_{s\to 0} s \cdot z_1(s) \cdot \left(-\frac{G_S(s)}{1 + G_R(s) \cdot G_S(s)}\right)$$

Erneut soll die konkrete Berechnung an zwei Beispielen demonstriert werden.

Beispiel 3: Sprunghafte Versorgungsstörung z_1 an einen Regelkreis mit P-Regler und IT_1-Strecke

Sprung der Höhe Z_{10}:

$$z_1(s) = \frac{Z_{10}}{s}$$

$$e_{\text{stat}} = \lim_{s\to 0} s \cdot z_1(s) \cdot \left(-\frac{G_S(s)}{1 + G_R(s) \cdot G_S(s)}\right) = \lim_{s\to 0} s \cdot \frac{Z_{10}}{s} \cdot \left(\frac{\frac{K_i}{s\cdot(1+s\cdot T_1)}}{1 + \frac{K_R \cdot K_i}{s\cdot(1+s\cdot T_1)}}\right)$$

$$= \lim_{s\to 0} Z_{10} \cdot \left(\frac{K_i}{s \cdot (1 + s \cdot T_1) + K_R \cdot K_i}\right)$$

$$e_{\text{stat}} = \frac{Z_{10}}{K_R} \rightarrow \text{bleibende Regelabweichung}$$

Beispiel 4: Rampenförmige Versorgungsstörung z_1 an einen Regelkreis mit PI-Regler und IT_1-Strecke

Rampe mit Anstieg $\frac{Z_{10}}{T}$:

$$z_1(s) = \frac{Z_{10}}{T} \cdot \frac{1}{s^2}$$

$$e_{\text{stat}} = \lim_{s\to 0} s \cdot z_1(s) \cdot \left(-\frac{G_S(s)}{1 + G_R(s) \cdot G_S(s)}\right)$$

$$= \lim_{s\to 0} s \cdot \frac{Z_{10}}{T} \cdot \frac{1}{s^2} \cdot \left(\frac{\frac{K_i}{s\cdot(1+s\cdot T_1)}}{1 + \frac{K_R\cdot(1+s\cdot T_N)}{s\cdot T_N} \cdot \frac{K_i}{s\cdot(1+s\cdot T_1)}}\right)$$

$$e_{stat} = \lim_{s \to 0} s \cdot \frac{Z_{10}}{T} \cdot \frac{1}{s^2} \cdot \left(\frac{K_i \cdot s \cdot T_N}{s^2 \cdot T_N \cdot (1 + s \cdot T_1) + K_R \cdot K_i \cdot (1 + s \cdot T_N)} \right)$$

$$e_{stat} = \frac{Z_{10} \cdot T_N}{T \cdot K_R} \quad \rightarrow \text{ bleibende Regelabweichung}$$

Klassischerweise wird das Problem der bleibenden Regelabweichung in Beispiel 3 durch das Hinzufügen eines I-Anteils für den Regler gelöst (siehe Abschnitt 5.2.3). Schwieriger ist es, wenn wie in Beispiel 4 trotz Regler mit I-Anteil eine bleibende Regelabweichung auftritt (Bild 9.13).

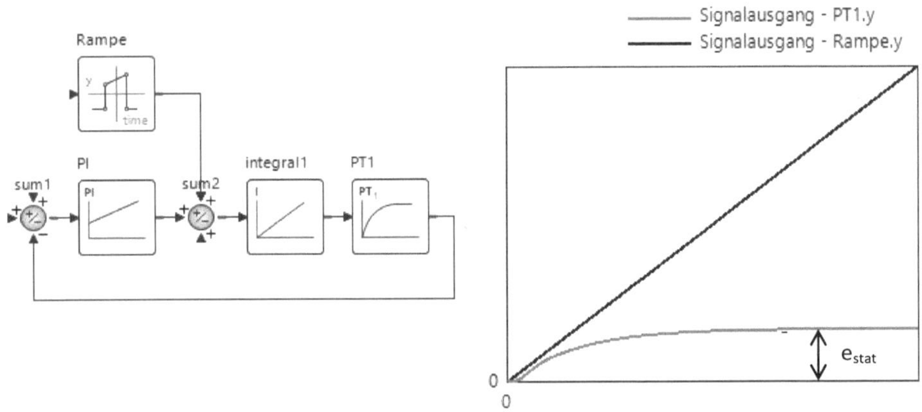

Bild 9.13 Screenshot des Regelkreises des PI-Reglers der IT_1-Strecke und der entsprechenden Zeitverläufe

Das Problem mit der Rampe kann durch einen zweiten I-Anteil im Regler behoben werden. **Achtung:** Zwei Integrale bringen durch die resultierende Phasenverschiebung von –180° immer Stabilitätsprobleme. Bei anderen Eingangssignalen wie einem Sinus oder einer Parabel hilft aber auch das nicht.

Zusammenfassend kann also gesagt werden, dass eine bleibende Regelabweichung nicht nur von der Wahl des Reglers, sondern auch von der Art des Eingangssignals abhängt.

Video 40: Regelabweichung bei nicht sprunghafter Führungsgröße (siehe auch *33_Video40_Schlepp_allg.isx*)

Die auftretende Regelabweichung bei Regelungen mit nicht sprunghafter Führungsgröße wird in diesem Video anhand von drei Beispielen thematisiert.

Übung 30

Ein Regelkreis besteht aus einem PI-Regler und einer PT_1T_{tot}-Strecke (Bild 9.14).

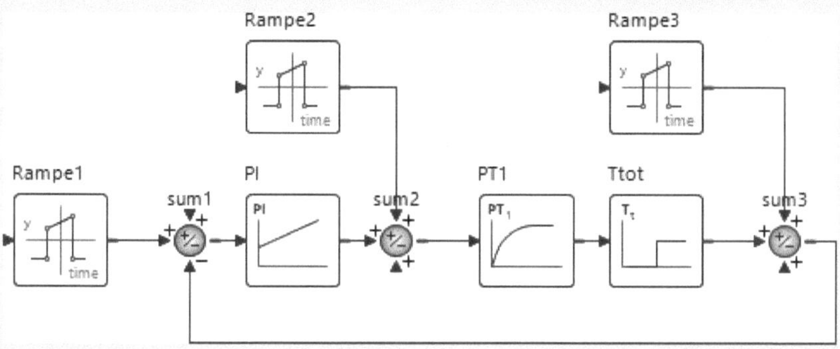

Bild 9.14 Screenshot des Regelkreises

Die Übertragungsfunktionen für Regler und Strecke lauten

$$G_R = \frac{0.8 \cdot (1 + s \cdot 6\,s)}{s \cdot 6\,s};\; G_S = \frac{2}{1 + s \cdot 5\,s} \cdot e^{-s \cdot 1\,s}$$

Bestimmen Sie jeweils die Regelabweichung für eine Rampe als Führungs- und als Störgröße.

$$w(s) = z_1(s) = z_2(s) = \frac{1\,s^{-1}}{s^2}$$

9.4.2 Führungsgrößenaufschaltung (Vorsteuerung)

Eine elegante Möglichkeit, die Regelungsprobleme bei nicht sprunghaften Führungsgrößen zu lösen, ist die Führungsgrößenaufschaltung. Der Grundgedanke ist, dass durch das gezielte Aufschalten eines Stellgrößenzusatzes die Regelabweichung verhindert wird. Des Weiteren besteht die Idee darin, die Führungsgröße zusätzlich über ein Übertragungsglied G_X zu führen und die Hilfsgröße y_0 der eigentlichen Stellgröße y hinzuzuaddieren. In Bild 9.15 ist dieser beschriebene Aufbau grafisch dargestellt.

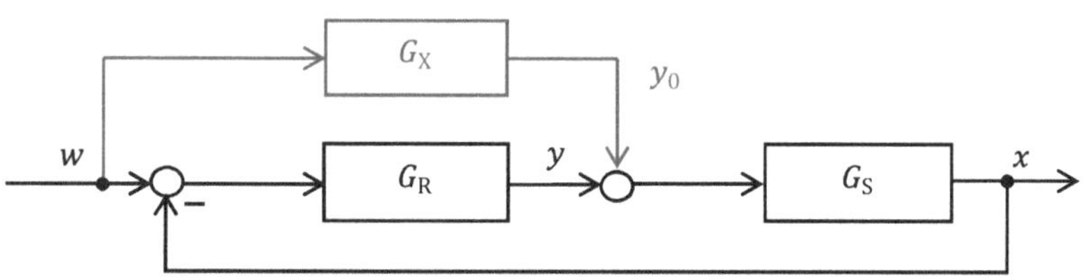

Bild 9.15 Führungsgrößenaufschaltung

Nach dem Überlagerungssatz (siehe Abschnitt 2.2.5) gilt:

$$x = \frac{G_R \cdot G_S}{1 + G_R \cdot G_S} \cdot w + \frac{G_S}{1 + G_R \cdot G_S} \cdot y_0 = \frac{G_R \cdot G_S}{1 + G_R \cdot G_S} \cdot w + \frac{G_S}{1 + G_R \cdot G_S} \cdot G_X \cdot w$$

Für die Regelabweichung gilt dann:

$$e = w - x = w - \frac{G_R \cdot G_S}{1 + G_R \cdot G_S} \cdot w - \frac{G_S}{1 + G_R \cdot G_S} \cdot G_X \cdot w \text{ soll} = 0 \text{ sein}$$

Damit ergibt sich

$$w - \frac{G_R \cdot G_S}{1 + G_R \cdot G_S} \cdot w = \frac{G_S \cdot G_X}{1 + G_R \cdot G_S} \cdot w$$

bzw.

$$\frac{1}{1 + G_R \cdot G_S} \cdot w = \frac{G_S \cdot G_X}{1 + G_R \cdot G_S} \cdot w$$

Gekürzt und umgestellt:

$$G_X = \frac{1}{G_S}$$

Diese Vorgabe kann man auch als Vorsteuerung interpretieren. Betracht man nur den Pfad über G_X und G_S, sieht man in Bild 9.16 eine perfekte Steuerung, da gilt:

$$x = G_X \cdot G_S \cdot w = \frac{1}{G_S} \cdot G_S \cdot w = w$$

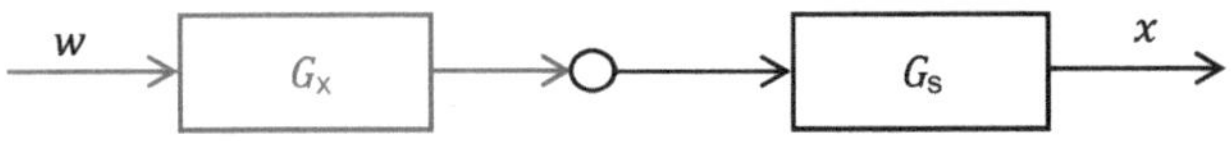

Bild 9.16 Vorsteuerungspfad

Besteht also die Möglichkeit, das reziproke Übertragungsverhalten der Strecke zu erzeugen, wird die Regelabweichung bei einer Regelung mit Vorsteuerung jederzeit zu null. Die Rückkopplung benötigt man dann nur zur Beseitigung von Störungen.

Leider lässt sich die Forderung $G_X = G_S^{-1}$ nur selten exakt erfüllen, sodass die Regelung auch den resultierenden Parameterfehler ausregeln muss. Zwei Beispiele sollen dies verdeutlichen.

Beispiel 1

Ein P-Regler ($K_R = 2$) an einer PT_1-Strecke ($K_S = 4$; $T_1 = 10$ s) bildet ein PT_1-System. Die entstehende bleibende Regelabweichung (siehe Abschnitt 5.2.3) soll durch eine Vorsteuerung verhindert werden.

G_X muss ein PD-Element sein, wegen:

$$G_X = \frac{1}{G_S} = \frac{1 + s \cdot T_1}{K_S} = \frac{1}{K_S} \cdot (1 + s \cdot T_1)$$

Bekanntermaßen existiert ein reines PD-Element nicht (siehe Abschnitt 6.2). Real kann man nur PDT_1-Glieder verwenden.

$$G_{X\text{real}} = \frac{1}{K_S} \cdot \frac{(1 + s \cdot T_1)}{(1 + s \cdot T_1{}^*)}$$

Je kleiner T_1^* gewählt werden kann, desto näher kommt man dem idealen Regelungsverhalten von $x = w$ bei jeder Form der Führungsgröße (Bild 9.17).

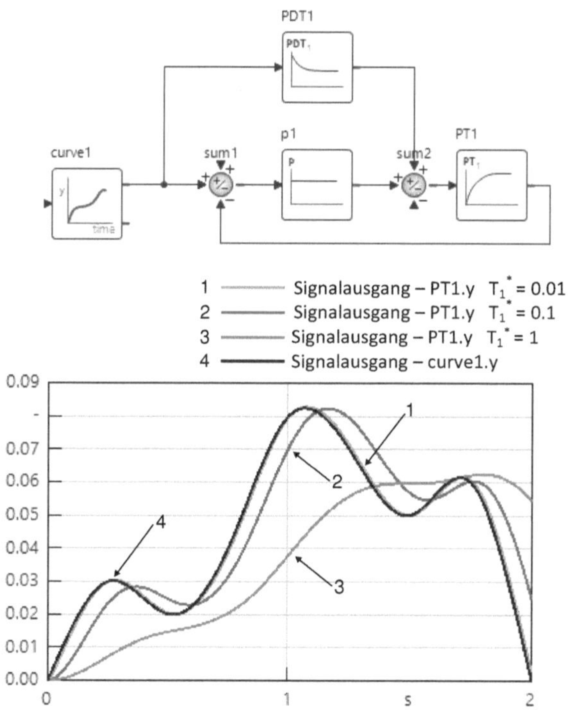

Bild 9.17 Screenshot des Regelkreises mit Vorsteuerung und der Zeitverläufe bei verschiedenen T_1

Beispiel 2

In Beispiel 2 bilden ein I-Regler mit einer Integrationskonstanten von 1 s^{-1} und eine schwingende PT_2-Strecke ($K_S = 4$; $D = 0.5$; $w_0 = 21\ s^{-1}$) einen Regelkreis.

$$G_X = \frac{1}{G_S} = \frac{1 + s \cdot \frac{2 \cdot D}{\omega_0} + s^2 \cdot \frac{1}{\omega_0^2}}{K_S} \quad \text{nicht realisierbar}$$

Die Forderung an G_X sind nur stationär erfüllbar. Man setzt dann für die Vorsteuerung Folgendes an:

$$G_X = \frac{1}{K_S}$$

Mit diesem Ansatz wird der Schleppfehler bei einer Rampe als Führungsgröße, wie in Bild 9.18 zu sehen, ausgeregelt.

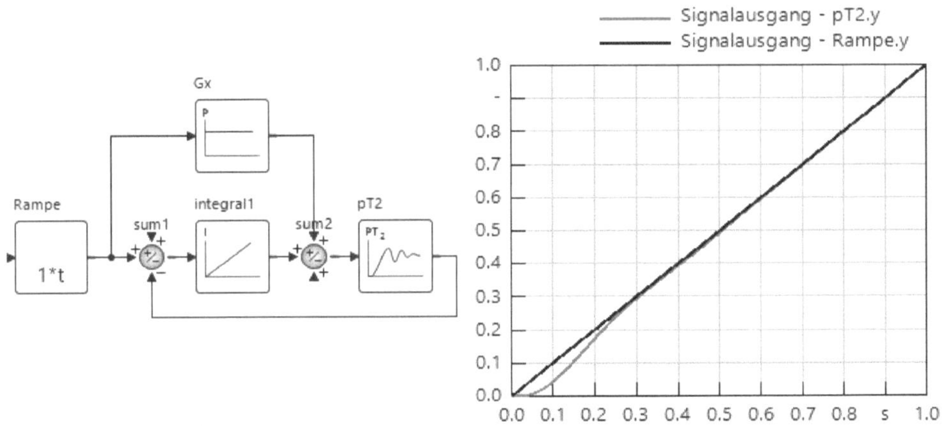

Bild 9.18 Screenshot des Regelkreises mit Vorsteuerung und der Zeitverläufe bei Rampeneingang

Bei einem Signal mit sich ständig änderndem Anstieg entsteht aber ein Nachlauffehler (Bild 9.19).

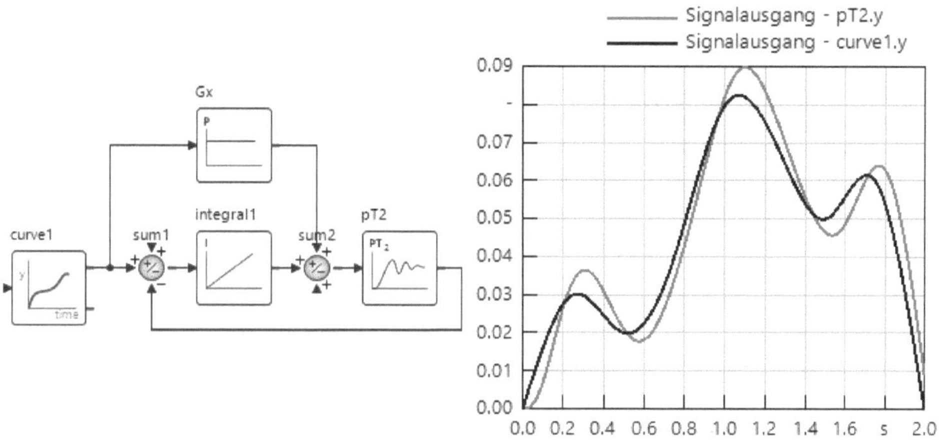

Bild 9.19 Screenshot des Regelkreises mit Vorsteuerung und der Zeitverläufe bei Kurveneingang

Video 41: Vorsteuerung Servomotor (siehe auch *34_Video41_Vorsteuerung_Servomot.isx*)

Am Beispiel einer Positionierregelung mit einem Servomotor wird in diesem Video gezeigt, wie eine Vorsteuerung die Regelung befähigt, auch nichtsprungförmige Führungsgrößen gut auszuregeln.

Abschließend ist noch auf Folgendes hinzuweisen: Bei einer Regelung mit sprungförmiger Führungsgröße bringt eine Vorsteuerung mit nicht exakt bemessenen G_X keine Verbesserung der Regelung. Ganz im Gegenteil: Man kann sogar ein höheres Überschwingen erhalten. Deswegen sollten Vorsteuerungen nur bei Reglungsaufgaben mit sich ständig ändernden Eingangsgrößen wie bei Roboter- oder CNC-Steuerungen Anwendung finden.

9.4.3 Laststörgrößenaufschaltung

Eine ebenfalls elegante Möglichkeit, die Regelungsprobleme bei nicht sprunghaften Laststörungen zu lösen, ist die Laststörgrößenaufschaltung. Auch hier ist der Grundgedanke, dass durch das gezielte Aufschalten eines Stellgrößenzusatzes die Regelabweichung verhindert wird. Des Weiteren besteht die Idee darin, die Laststörgröße zusätzlich über ein Übertragungsglied G_X zu führen und die Hilfsgröße y_0 der eigentlichen Stellgröße y hinzuzuaddieren. Grafisch ist dies in Bild 9.20 dargestellt.

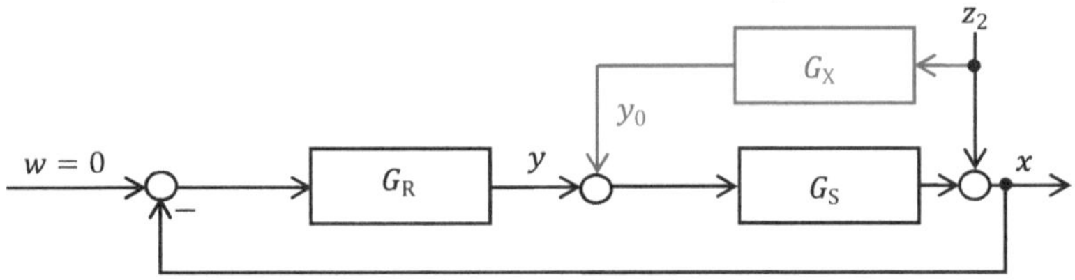

Bild 9.20 Laststörgrößenaufschaltung

Da y_0 als Versorgungsstörung aufgefasst werden kann, gilt:

$$x = -e = \frac{1}{1 + G_R \cdot G_S} \cdot z_2 + \frac{G_S}{1 + G_R \cdot G_S} \cdot G_X \cdot z_2 \text{ soll} = 0 \text{ sein}$$

Umgestellt folgt:

$$G_X = -\frac{1}{G_S}$$

Abgesehen vom Vorzeichen ist die Bemessungsvorschrift für G_X gleich der der Führungsgrößenaufschaltung.

Aus Bild 9.20 ist ersichtlich, dass die Laststörung wie eine negative Führungsgröße wirkt. Alle Aussagen aus Abschnitt 9.4.2 zur Verbesserung der Regelung treffen somit auch hier zu.

Es gibt nur ein praktisches Problem bei einer Störgrößenaufschaltung: Die Störgröße muss messbar sein.

Bei einer Raumtemperaturregelung ist die Außentemperatur eine Laststörung. Diese kann recht einfach gemessen werden. Doch auch die Sonneneinstrahlung wirkt als Laststörung. Die Messung dieses Störeinflusses scheint aber relativ schwierig.

9.4.4 Versorgungsstörgrößenaufschaltung

Die Möglichkeit, die Regelungsprobleme bei nicht sprunghaften Versorgungsstörungen zu beheben, wird Versorgungsstörgrößenaufschaltung genannt. Der Grundgedanke hier ist, dass durch das gezielte Aufschalten eines Regelgrößenzusatzes die Regelabweichung verhindert wird. Die Idee ist nun, die Versorgungsstörgröße zusätzlich über ein Übertragungsglied G_X zu führen und die Hilfsgröße x_0 von der Regelabweichung abzuziehen. Dies ist in Bild 9.21 dargestellt.

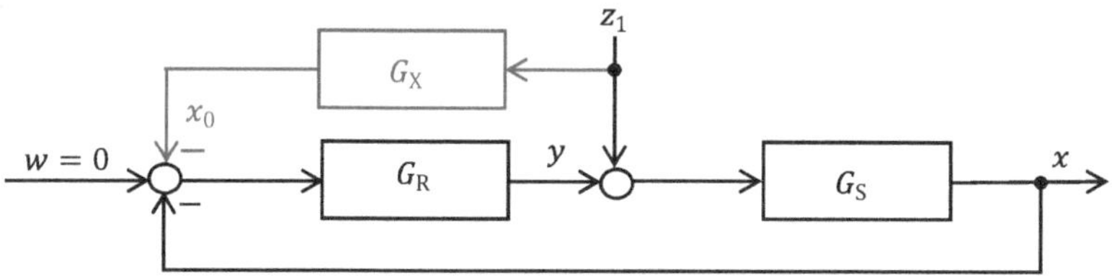

Bild 9.21 Versorgungsstörgrößenaufschaltung

Da x_0 wie ein Führungsgröße wirkt, gilt:

$$x = \frac{G_R \cdot G_S}{1 + G_R \cdot G_S} \cdot (-x_0) + \frac{G_S}{1 + G_R \cdot G_S} \cdot z_1 = \frac{G_R \cdot G_S}{1 + G_R \cdot G_S} \cdot (-G_X \cdot z_1)$$
$$+ \frac{G_S}{1 + G_R \cdot G_S} \cdot z_1 \text{ soll} = 0 \text{ sein}$$

Umgestellt folgt:

$$G_X = \frac{1}{G_R}$$

Besteht also die Möglichkeit, das reziproke Übertragungsverhalten des Reglers zu erzeugen, wird durch eine Versorgungsstörgrößenaufschaltung der Einfluss der Störung komplett kompensiert. Mithilfe der Vereinfachungsregeln für Wirkungspläne (siehe Abschnitt 2.1) wird dies in Bild 9.22 und Bild 9.23 gut ersichtlich.

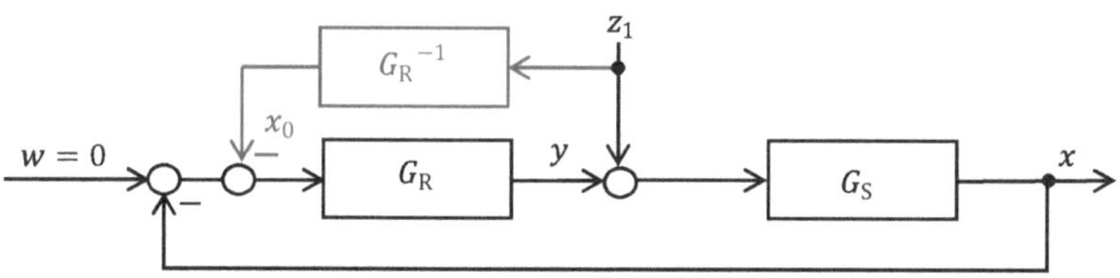

Bild 9.22 Versorgungsstörgrößenaufschaltung mit Kompensationsbedingung

Bild 9.23 zeigt die Kompensation der Versorgungsstörung mithilfe der Anwendung von Regel 7.

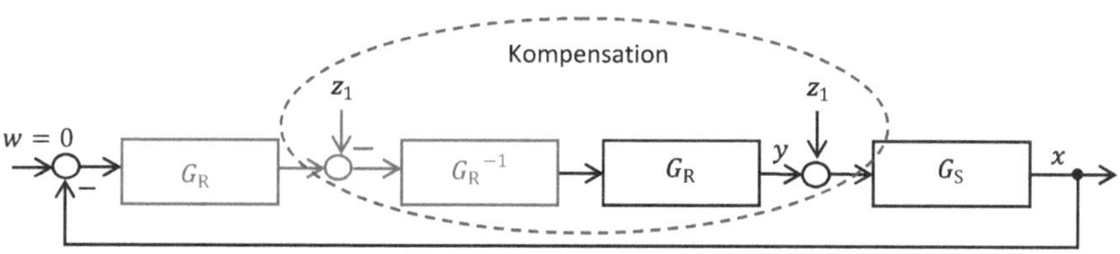

Bild 9.23 Versorgungsstörgrößenaufschaltung (umgezeichnet)

Bei den bekannten klassischen Reglern müssten für G_X folgende Elemente gewählt werden:

P-Regler: $G_X = \frac{1}{K_R}$

I-Regler: $G_X = \frac{s}{K_{iR}}$ genähert $= \frac{s}{K_{iR} \cdot (1 + s \cdot T_1^*)}$ DT_1 mit $K_D = \frac{1}{K_{iR}}$ und $T_1 = T_1^*$

PI-Regler: $G_X = \frac{s \cdot T_N}{K_R \cdot (1 + s \cdot T_N)}$ DT_1 mit $K_D = \frac{T_N}{K_R}$ und $T_1 = T_N$

PID-Regler: $G_X = \frac{s \cdot T_N}{K_R \cdot (1 + s \cdot T_N + s^2 \cdot T_N \cdot T_V)}$ DT_2 mit $K_D = \frac{T_N}{K_R}$

und $T_{1/2} = \frac{T_N}{2}\left[1 \pm \sqrt{1 - 4 \cdot \frac{T_V}{T_N}}\right]$

Beispiel

Der Effekt einer Versorgungsstörgrößenaufschaltung soll an folgendem Beispiel illustriert werden: Ein I-Regler mit einer Integrationskonstanten von 1 s^{-1} und eine schwingende PT_2-Strecke ($K_S = 2$; $D = 0.5$; $w_0 = 21\ s^{-1}$) bilden einen Regelkreis. Es tritt eine sich ständig ändernde Versorgungsstörungen auf.

Vorbetrachtung:

Ohne Versorgungsstörgrößenaufschaltung tritt eine Regelabweichung auf (Bild 9.24).

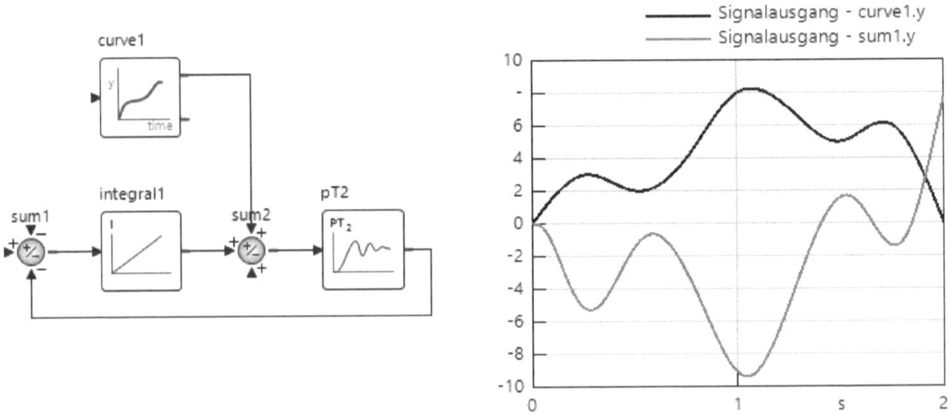

Bild 9.24 Screenshot des Regelkreises mit Versorgungsstörung und der Zeitverläufe bei Kurveneingang

Da reines D-Verhalten praktisch nicht realisierbar ist, wird G_X nun als DT_1 gewählt:

$$G_X = -\frac{s \cdot 1\mathrm{s}}{(1 + s \cdot T_1^*)}$$

Mit kleiner werdendem T_1^* verschwindet die Regelabweichung (Bild 9.25). Kann G_X, wie bei einem PI-Regler, exakt bemessen werden, tritt bei einer beliebigen Versorgungsstörung zu keinem Zeitpunkt ein Regelfehler auf. Doch auch hier gilt folgender praktischer Hinweis: Die Störung muss messbar sein.

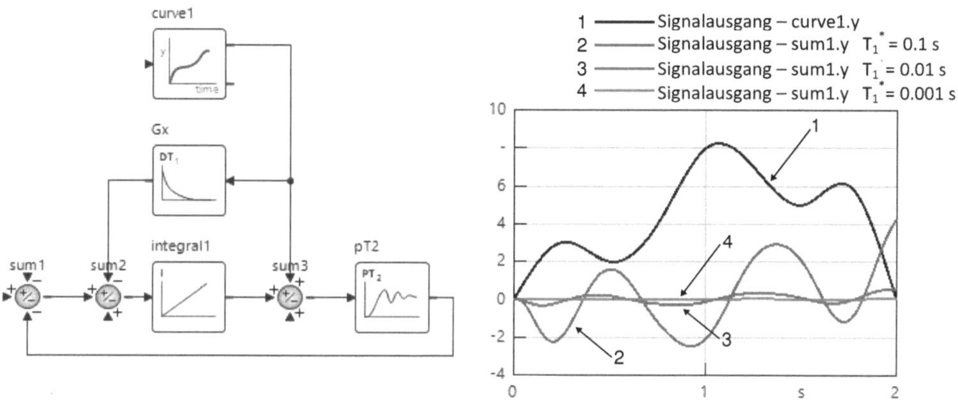

Bild 9.25 Screenshot des Regelkreises mit Versorgungsstörgrößenaufschaltung und der Zeitverläufe bei Kurveneingang

Video 42: Störgrößenaufschaltung für Temperaturregelung (siehe auch *35_Video42_Laststöraufsch_Temp.isx und 36_Video42_Versorgungsstöraufsch_Temp.isx*)

Dass eine Störgrößenaufschaltung gut geeignet ist, bei auftretenden Störungen die Regelung zu verbessern, wird in diesem Video am Beispiel einer Temperaturregelung gezeigt.

9.5 Kaskadenregelung

Eine weitere Möglichkeit, verbessert auf Versorgungsstörungen zu reagieren, aber auch die Regelung prinzipiell schneller zu machen, ist die Kaskadenregelung. Bei Strecken mit mehreren Energiespeichern und entsprechend unterschiedlichen Zeitkonstanten kann bei konventionellen Regelungen auf eine Versorgungsstörung nur langsam reagiert werden, da die Strecke, wie in Bild 9.26 zu sehen, die Störung verzögert.

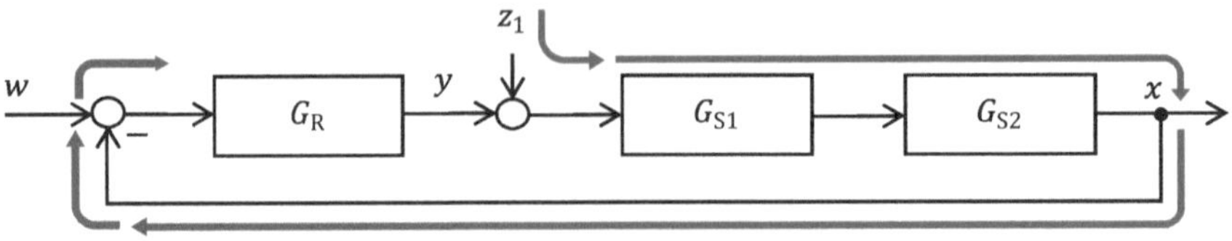

Bild 9.26 Signalweg der Störung durch den Regelkreis

Sind die Zeitkonstanten der Strecke unterschiedlich, kann auf die Störung z_1 schnell reagiert werden, wenn über einen zusätzlichen Hilfsregler nur die Teilstrecke mit der kleineren Zeitkonstante die Störung ausregelt. In Bild 9.27 ist dieser erweiterte Aufbau einer Regelung dargestellt. Diese Struktur mit einem unterlegten Regelkreis wird als Kaskadenregelung bezeichnet. Der Hilfsregler (G_{R1}) wird Folgeregler und Hauptregler (G_{R2}) wird Führungsregler genannt.

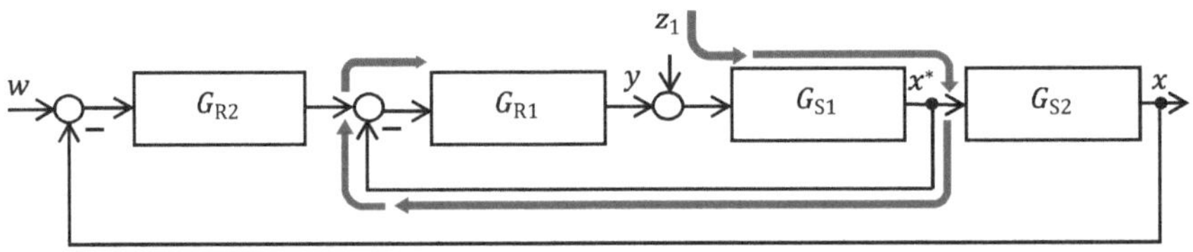

Bild 9.27 Signalweg der Störung durch eine Kaskadenregelung

Um eine Kaskadenreglung verwenden zu können, müssen zwei grundlegende Bedingungen erfüllt sein. Zum einen muss die Zeitkonstante der Strecke des inneren Regelkreises kleiner als die des äußeren Kreises sein und zum anderen muss die Hilfsgröße x^* messbar sein. So wird nicht nur die Versorgungsstörung besser ausgeregelt, sondern durch die geschickte Wahl von G_{R1} wird auch der innere Regelkreis schneller als G_{S1} allein. Damit wird dann auch die gesamte Regelung schneller. Das Vorgehen zur Bemessung der Regler ist dabei immer von innen nach außen. Die Beispiele in Abschnitt 9.5.1 und Abschnitt 9.5.2 sollen dies verdeutlichen.

9.5.1 Beispiel: Regelung einer nichtschwingenden PT_2-Strecke

Eine PT_2-Strecke soll mithilfe einer Kaskadenstruktur und zwei PI-Reglern geregelt werden (Bild 9.28). Dabei soll die Zeitkonstante des inneren Regelkreises zwanzigmal kleiner als die dominierende Streckenzeitkonstante sein.

$$G_S = \frac{5}{(1 + s \cdot 1\,\text{s}) \cdot (1 + s \cdot 10\,\text{s})} \quad \text{mit } T_1 = 1\,\text{s};\ T_2 = 10\,\text{s}$$

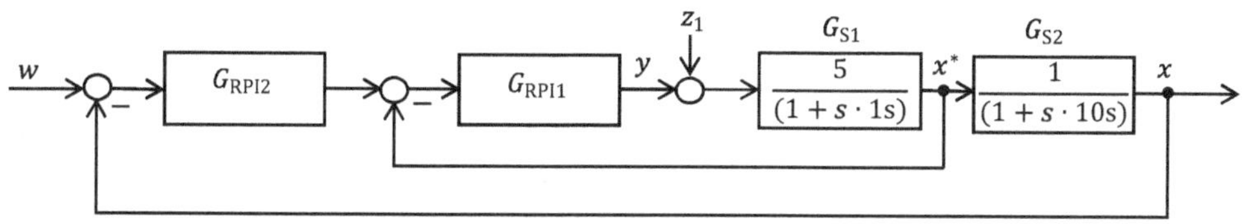

Bild 9.28 Kaskadenregelung von Beispiel 1 – Grundstruktur

Die beiden Regler werden nun in vier Schritten bemessen.

Schritt (1): Bemessung des Folgereglers

Die Parametrierung des Hilfsreglers des inneren Kreises soll mit dem Verfahren nach Reinisch (siehe Abschnitt 7.3.1) durchgeführt werden.

Für PI-Regler auf eine PT_1-Strecke angewendet, ist folgende Berechnungsvorschrift bekannt:

$$K_R = \frac{T_{S1}}{K_{S1} \cdot T_{\text{gewünscht}}} \text{ und } T_N = T_1$$

Eingesetzt ergibt sich

$$K_R = \frac{1\text{s}}{5 \cdot \frac{10\,\text{s}}{20}} = 0.4 \text{ und } T_N = 1\text{ s}$$

Damit wird

$$G_{RPI1} = \frac{0.4 \cdot (1 + s \cdot 1\text{ s})}{s \cdot 1\text{ s}}$$

Schritt (2): G_{w1} berechnen

Der innere Regelkreis hat dann folgende erwartbare Übertragungsfunktion (Bild 9.29):

$$G_{w1} = \frac{G_{RPI1} \cdot G_{S1}}{1 + G_{RPI1} \cdot G_{S1}} = \frac{\frac{0.4 \cdot (1+s \cdot 1\text{ s})}{s \cdot 1\text{ s}} \cdot \frac{5}{(1+s \cdot 1\text{ s})}}{1 + \frac{0.4 \cdot (1+s \cdot 1\text{ s})}{s \cdot 1\text{ s}} \cdot \frac{5}{(1+s \cdot 1\text{ s})}} = \frac{\frac{2}{s \cdot 1\text{ s}}}{1 + \frac{2}{s \cdot 1\text{ s}}} = \frac{1}{1 + s \cdot 0.5\text{ s}}$$

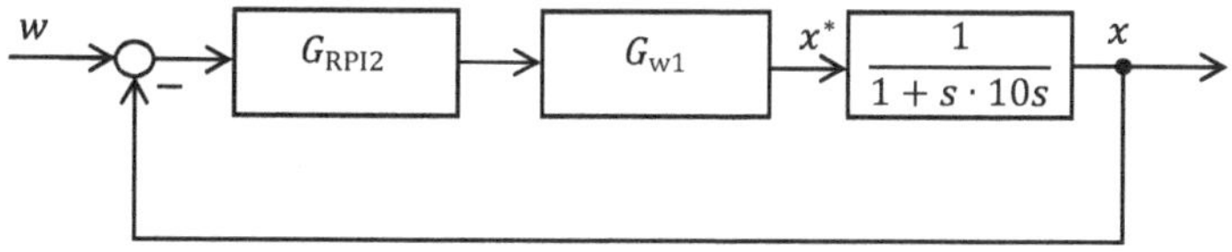

Bild 9.29 Kaskadenregelung von Beispiel 1 (zusammengefasst 1)

Schritt (3): G_{w1} und G_{S2} zusammenfassen (Bild 9.30)

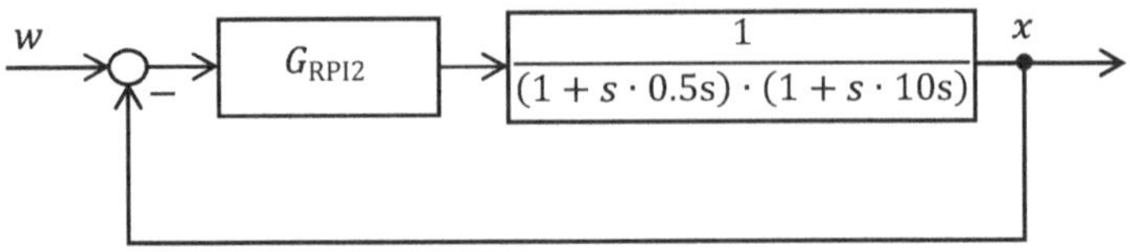

Bild 9.30 Kaskadenregelung von Beispiel 1 (zusammengefasst 2)

Schritt (4): Führungsregler bemessen

Die Parametrierung des Hauptreglers soll erneut mit dem Verfahren nach Reinisch (siehe Abschnitt 7.3.1) durchgeführt werden ($a = 4$). Für PI-Regler auf eine PT_2-Strecke mit $T_1 > T_2$ angewendet, ist folgende Berechnungsvorschrift bekannt:

$$K_R = \frac{T_1}{a \cdot T_2 \cdot K_S} \text{ und } T_N = T_1$$

Eingesetzt ergibt sich

$$K_R = \frac{10\text{ s}}{4 \cdot 0.5\text{ s} \cdot 1} = 5 \text{ und } T_N = 10\text{ s}$$

Damit wird

$$G_{RPI2} = \frac{5 \cdot (1 + s \cdot 10\text{ s})}{s \cdot 10\text{ s}}$$

Zum Vergleich wird G_S nur mit einem PI-Regler G_{RPI}^* nach Reinisch geregelt:

$$K_R^* = \frac{10\text{ s}}{4 \cdot 1\text{ s} \cdot 5} = 0.5 \text{ und } T_N = 10\text{ s}$$

bzw.

$$G_{RPI}^* = \frac{0.5 \cdot (1 + s \cdot 10\text{ s})}{s \cdot 10\text{ s}}$$

In Bild 9.31 (siehe *25_RK_Klassisch_Kaskade.isx*) wird der Regelgrößenverlauf der Kaskadenregelung und dem einer klassischen einschleifigen Regelung bei gleichen Einstellverfahren gegenübergestellt. Die Vorteile der Kaskadenregelung sind deutlich erkennbar. Die Führungsgröße wird schneller erreicht, und die Versorgungsstörung wird besser ausgeregelt.

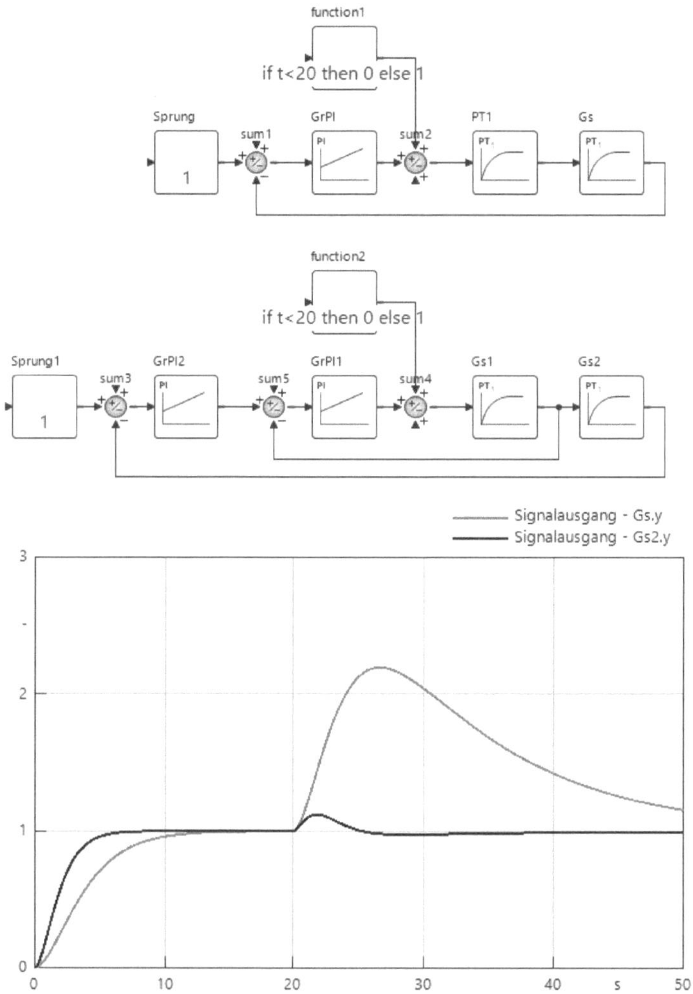

Bild 9.31 Screenshot einer konventionellen Regelung und einer Kaskadenregelung für Beispiel 1 sowie der Zeitverläufe der Regelgröße (*26_RK_Klassisch_Kaskade.isx*)

9.5.2 Beispiel: Drehzahlregelung

Zur Verbesserung einer Drehzahlregelung mit einem Gleichstrommotor soll eine Kaskadenstruktur verwendet werden. Dabei soll der Motorstrom in einem unterlegten Regelkreis geregelt werden. Als Führungsregler ist ein PI-Regler zu verwenden, und der Folgeregler soll als P-Regler ausgeführt werden.

Für die konkrete Bemessung sind folgende Werte für den Motor gegeben:

M_n (Motormoment)	= 1100 Nm
P_n (Motorleistung)	= 345 W
$k_T = k_{EMF}$ (Motorkonstante)	= 0.172 Nm/A = 0.172 Vs
L (Motorinduktivität)	= 0.0007 Vs/A
R_a (Motorwiderstand)	= 0.93 V/A
J_{ges} (Trägheit Motor + Spindel)	= 100 kg cm^2 = 0.01 kg m^2

Die bekannten Formeln für den Gleichstrommotor bilden die Grundlage (siehe Abschnitt 2.3.2):

$$u_q(t) = u_{gegen}(t) + u_R(t) + u_L(t)$$

u_{gegen} = induzierte Gegenspannung
u_R, u_L = Ankerspannung

$$u_L(t) = L \cdot \frac{di_L}{dt} \text{ und } i_L = i_a = \frac{u_R}{R}$$

L = Ankerinduktivität
R = Ankerwiderstand

$$u_{gegen}(t) = k_{EMF} \cdot \omega(t)$$

k_T = 1. Motorkonst.
k_{EMF} = 2. Motorkonst.

$$M = k_T \cdot i_a(t) = J \cdot \alpha(t) = J \cdot \frac{d\omega(t)}{dt}$$

i_a = Strom
J = Trägheit
α = Winkelbeschleunigung

Damit lässt sich ein Blockschaltbild (Bild 9.32) für die Strecke bzw. den Gleichstrommotor erstellen, in welchen der Strom sichtbar ist.

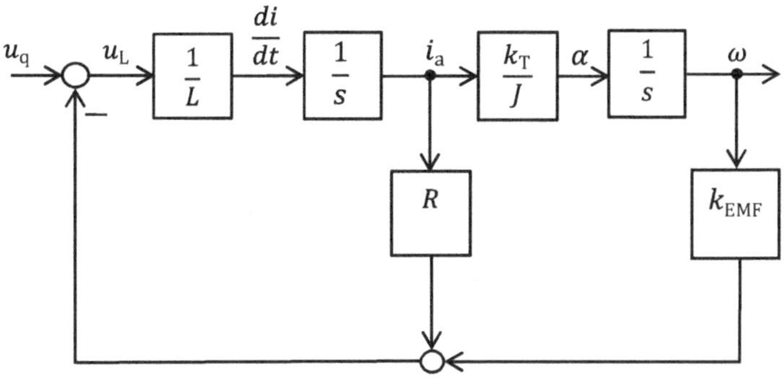

Bild 9.32 Wirkungsplan für den DCM

Der Grundgedanke ist nun wieder, die Größen i und ω von innen nach außen zu regeln. Dazu muss, wie in Bild 9.33 gezeigt, umgezeichnet werden.

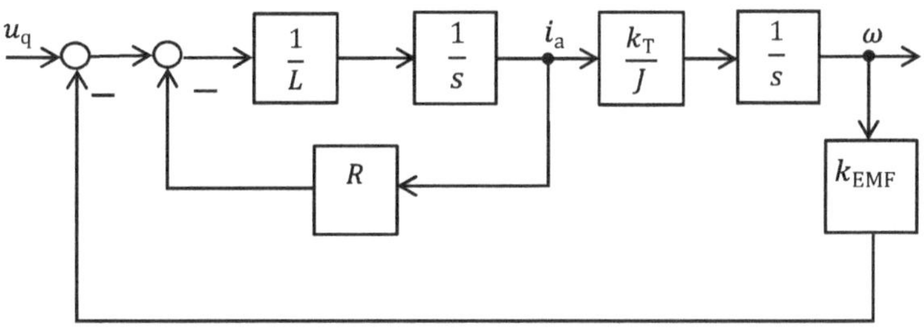

Bild 9.33 Wirkungsplan für den DCM (umgezeichnet)

Der innere Kreis kann zusammengefasst werden zu

$$G_{RKi} = \frac{\frac{1}{L\cdot s}}{1+\frac{R}{L\cdot s}} = \frac{1}{L\cdot s + R} = \frac{\frac{1}{R}}{1+s\cdot\frac{L}{R}} \quad \rightarrow \quad \text{PT}_1 \text{ mit } K_{RKi} = \frac{1}{R} = 1.075\,\frac{\text{A}}{\text{V}} \text{ und } T_{RKi}$$

$$= \frac{L}{R} = 0.753\text{ ms}$$

Damit kann das Blockschaltbild vereinfacht werden und der Folgeregler sowie die Messeinrichtung können eingefügt werden, wie in Bild 9.34 dargestellt wird.

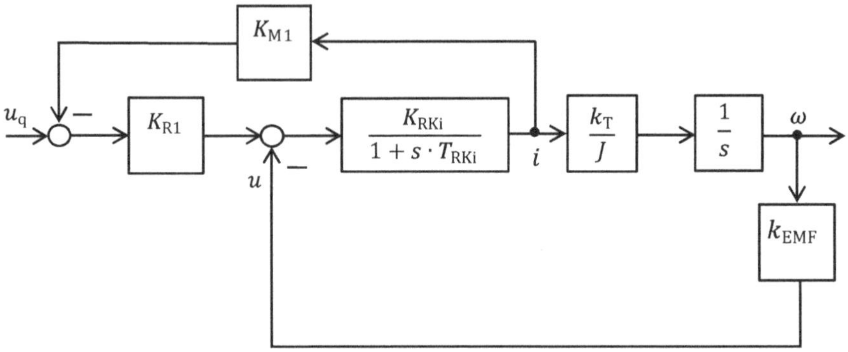

Bild 9.34 Wirkungsplan für den DCM und Folgeregler

Nach dem Verlegen der inneren Summationsstelle entsteht Bild 9.35.

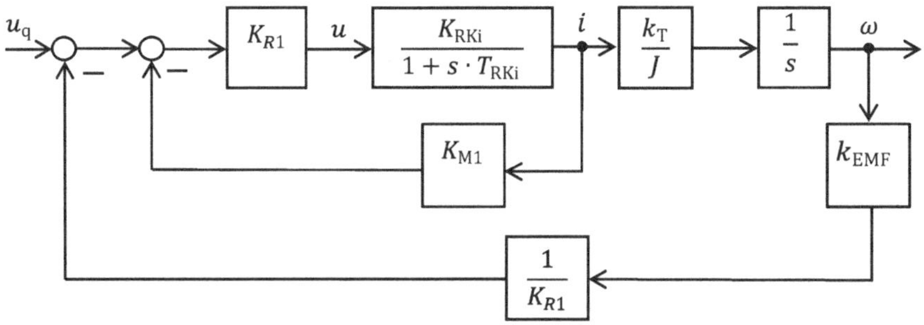

Bild 9.35 Wirkungsplan für den DCM und innerer Regelkreis

Zur einfachen Berechnung wird K_{M1} = 1 V/A angenommen. Als Stromregler soll ein P-Regler Anwendung finden. Dieser soll nur den inneren Kreis schnell machen, d. h., die bleibende Regelabweichung muss nicht 0 werden.

Ansatz:

$$G_{w1}(s) = \frac{K_{R1}\cdot G_{RKi}}{1+K_{R1}\cdot K_{M1}\cdot G_{RKi}} = \frac{K_{R1}\cdot \frac{K_{RKi}}{1+s\cdot T_{RKi}}}{1+K_{R1}\cdot K_{M1}\cdot \frac{K_{RKi}}{1+s\cdot T_{RKi}}} = \frac{K_{R1}\cdot K_{RKi}}{1+s\cdot T_{RKi}+K_{R1}\cdot K_{M1}\cdot K_{RKi}}$$

$$G_{w1}(s) = \frac{K_{R1}\cdot K_{RKi}}{1+K_{R1}\cdot K_{M1}\cdot K_{RKi}}\cdot \frac{1}{1+s\cdot \frac{T_{RKi}}{1+K_{R1}\cdot K_{M1}\cdot K_{RKi}}}$$

Unter der Vorgabe einer gewünschten Zeitkonstante für den inneren Regelkreis von 0.1 ms ergibt sich folgender Ansatz für den Reglerverstärkungsfaktor des Folgereglers:

$$T_{\text{gewünscht}} = \frac{T_{\text{RKi}}}{1 + K_{\text{R1}} \cdot K_{\text{M1}} \cdot K_{\text{RKi}}} = 0.1 \text{ ms}$$

bzw.

$$K_{\text{R1}} = \frac{\frac{T_{\text{RKi}}}{T_{\text{gewünscht}}} - 1}{K_{\text{M1}} \cdot K_{\text{RKi}}} = \frac{T_{\text{RKi}} - T_{\text{gewünscht}}}{T_{\text{gewünscht}} \cdot K_{\text{M1}} \cdot K_{\text{RKi}}} = \frac{0.753 \text{ ms} - 0.1 \text{ ms}}{0.1 \text{ ms} \cdot 1 \frac{\text{V}}{\text{A}} \cdot 1.075 \frac{\text{A}}{\text{V}}} = 6.07$$

Der innere Regelkreis hat damit folgende Übertragungsfunktion:

$$G_{\text{w1}}(s) = \frac{K_{\text{w1}}}{1 + s \cdot T_{\text{w1}}} = \frac{K_{\text{R1}} \cdot K_{\text{RKi}}}{1 + K_{\text{R1}} \cdot K_{\text{M1}} \cdot K_{\text{RKi}}} \cdot \frac{1}{1 + s \cdot \frac{T_{\text{RKi}}}{1 + K_{\text{R1}} \cdot K_{\text{M1}} \cdot K_{\text{RKi}}}} = \frac{0.867 \frac{\text{A}}{\text{V}}}{1 + s \cdot 0.1 \text{ ms}}$$

Die Strecke G_S^* für den Führungsregler hat nun die in Bild 9.36 gezeigte Struktur.

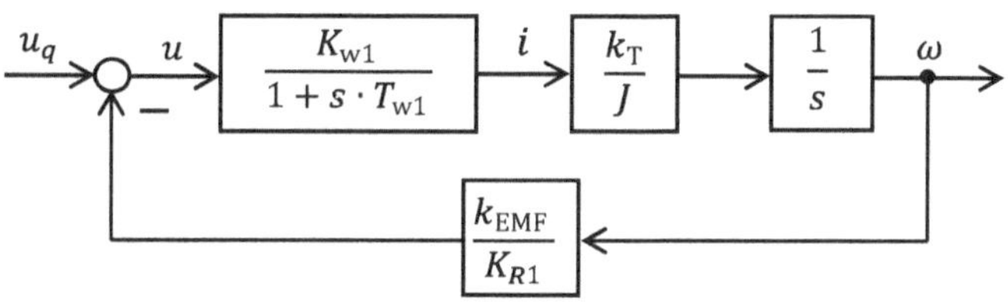

Bild 9.36 Wirkungsplan für den DCM und innerer Regelkreis (zusammengefasst)

Aus Bild 9.36 wird die Übertragungsfunktion für G_S^* abgeleitet:

$$G_S{}^*(s) = \frac{\frac{K_{\text{w1}}}{(1+s \cdot T_{\text{w1}}) \cdot s} \cdot \frac{k_{\text{T}}}{J}}{1 + \frac{K_{\text{w1}}}{(1+s \cdot T_{\text{w1}}) \cdot s} \cdot \frac{k_{\text{T}} \cdot k_{\text{EMF}}}{J \cdot K_{\text{R1}}}} = \frac{K_{\text{w1}} \cdot k_{\text{T}}}{(1 + s \cdot T_{\text{w1}}) \cdot s \cdot J + \frac{K_{\text{w1}} \cdot k_{\text{T}} \cdot k_{\text{EMF}}}{K_{\text{R1}}}}$$

$$G_S{}^*(s) = \frac{K_{\text{w1}} \cdot k_{\text{T}}}{\frac{K_{\text{w1}} \cdot k_{\text{T}} \cdot k_{\text{EMF}}}{K_{\text{R1}}} + s \cdot J + s^2 \cdot T_{\text{w1}} \cdot J}$$

$$G_S{}^*(s) = \frac{K_{\text{R1}}}{k_{\text{EMF}}} \cdot \frac{1}{1 + s \cdot \frac{J \cdot K_{\text{R1}}}{K_{\text{w1}} \cdot k_{\text{T}} \cdot k_{\text{EMF}}} + s^2 \cdot \frac{T_{\text{w1}} \cdot J \cdot K_{\text{R1}}}{K_{\text{w1}} \cdot k_{\text{T}} \cdot k_{\text{EMF}}}}$$

Zur Bestimmung der Zeitkonstanten müssen nun die konkreten Werte eingesetzt werden.

$$G_S^*(s) = \frac{6.07}{0.172\text{Vs}} \cdot \frac{1}{1 + s \cdot \frac{0.01\ \text{kgm}^2 \cdot 6.07}{0.867\ \frac{\text{A}}{\text{V}} \cdot 0.172\ \frac{\text{Nm}}{\text{A}} \cdot 0.172\ \text{Vs}} + s^2 \cdot \frac{0.0001\ \text{s} \cdot 0.01\ \text{kgm}^2 \cdot 6.07}{0.867\ \frac{\text{A}}{\text{V}} \cdot 0.172\ \frac{\text{Nm}}{\text{A}} \cdot 0.172\ \text{Vs}}}$$

$$G_S^*(s) = \frac{35.3\ \frac{1}{\text{Vs}}}{1 + s \cdot 2.366\ \text{s} + s^2 \cdot 2.366 \cdot 10^{-4}\ \text{s}^2} = \frac{35.3\ \frac{1}{\text{Vs}}}{(1 + s \cdot 2.37\ \text{s})\,(1 + s \cdot 0.1\ \text{ms})}$$

Als Führungsregler wird ein PI-Regler festgelegt, welcher, wie in Bild 9.37 zu sehen, auf G_S^* angewendet wird.

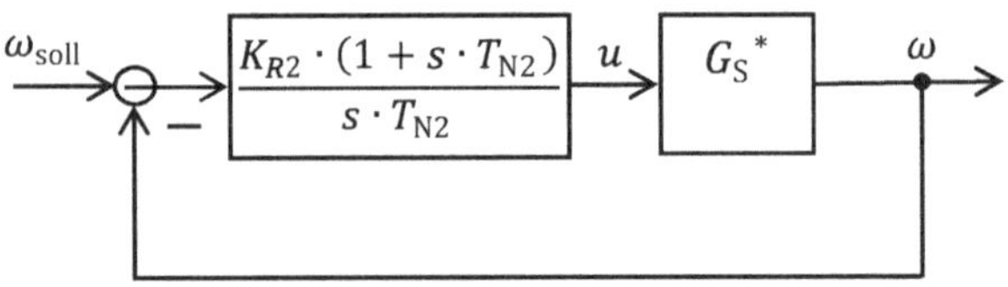

Bild 9.37 Wirkungsplan für den DCM und äußerer Regelkreis

Unter der Vorgabe, kein Überschwingen zuzulassen, ergeben sich die Reglerparameter nach Reinisch zu

$$T_{N2} = T_{\text{größte}} = 2.37\text{s}$$

$$K_{R2} = \frac{T_1}{a \cdot K_S \cdot T_2} = \frac{2.37\ \text{s}}{4 \cdot 35.3\ \frac{1}{\text{Vs}} \cdot 1 \cdot 10^{-4}\ \text{s}} = 168\ \text{Vs}$$

Damit ergibt sich

$$G_{R2} = \frac{K_{R2} \cdot (1 + s \cdot T_{N2})}{s \cdot T_{N2}} = \frac{168\ \text{Vs} \cdot (1 + s \cdot 2.37\ \text{s})}{s \cdot 2.37\ \text{s}}$$

Zum Vergleich wird der DCM nur mit einem PI-Regler G_{RPI}^* nach Reinisch (a = 4) geregelt (Bild 9.38):

$$G_{DCM}(s) = \frac{\omega(t)}{u_q(t)} = \frac{1}{k_{EMF}} \cdot \frac{1}{1 + s \cdot \frac{J \cdot R_a}{k_T \cdot k_{EMF}} + s^2 \cdot \frac{J \cdot L_a}{k_T \cdot k_{EMF}}}$$

$$= \frac{5.81\ \frac{1}{\text{Vs}}}{1 + s \cdot 0.314\ \text{s} + s^2 \cdot 2.37 \cdot 10^{-4}\ \text{s}^2} = \frac{5.81\ \frac{1}{\text{Vs}}}{(1 + s \cdot 0.313\ \text{s}) \cdot (1 + s \cdot 0.756\ \text{ms})}$$

$$T_N^* = T_{\text{größte}} = 0.313\ \text{s};\ K_R^* = \frac{T_1}{a \cdot K_S \cdot T_2} = \frac{0.313\ \text{s}}{4 \cdot 5.81\ \frac{1}{\text{Vs}} \cdot 7.56 \cdot 10^{-4}\ \text{s}} = 17.8\ \text{Vs}$$

bzw.

$$G_{RPI}{}^{*} = \frac{17.8\text{Vs} \cdot (1 + s \cdot 0.313\ \text{s})}{s \cdot 0.313\ \text{s}}$$

Für eine realistische Simulation wird noch eine Stellgrößenbegrenzung von

$$\max\left(u_{\text{stell}}\right) = 500\ \text{V};\ \min\left(u_{\text{stell}}\right) = -500\ \text{V}$$

eingeführt.

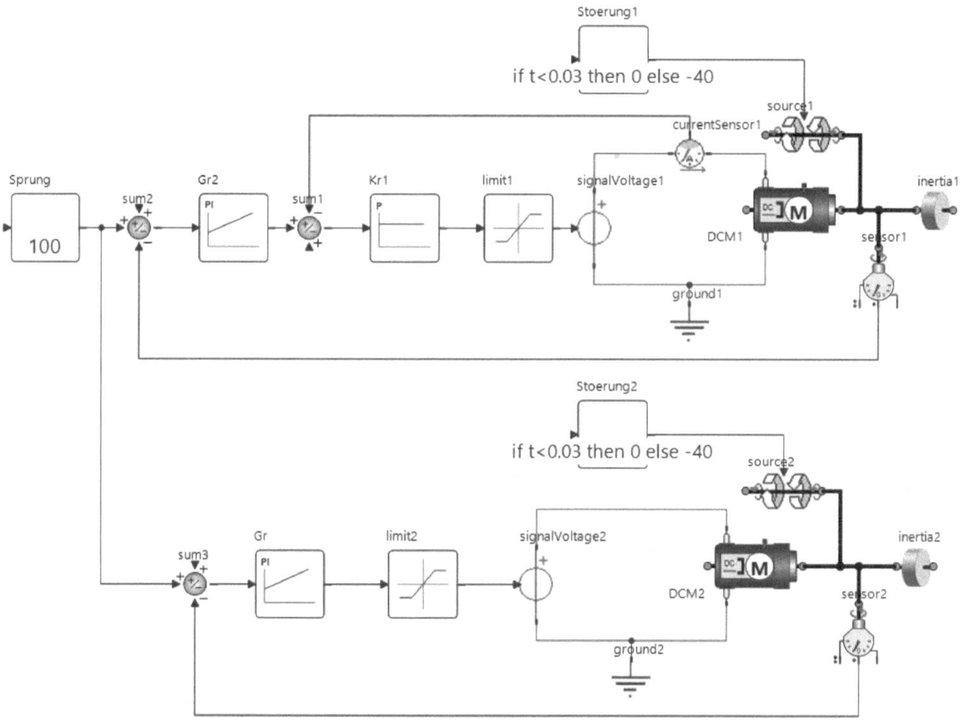

Bild 9.38 Screenshot der Kaskadenregelung/einschleifigen DCM-Regelung

In Bild 9.39 sind die Regel- und Stellgrößenverläufe der Kaskadenregelung und der klassischen einschleifigen Drehzahlregelung gegenübergestellt.

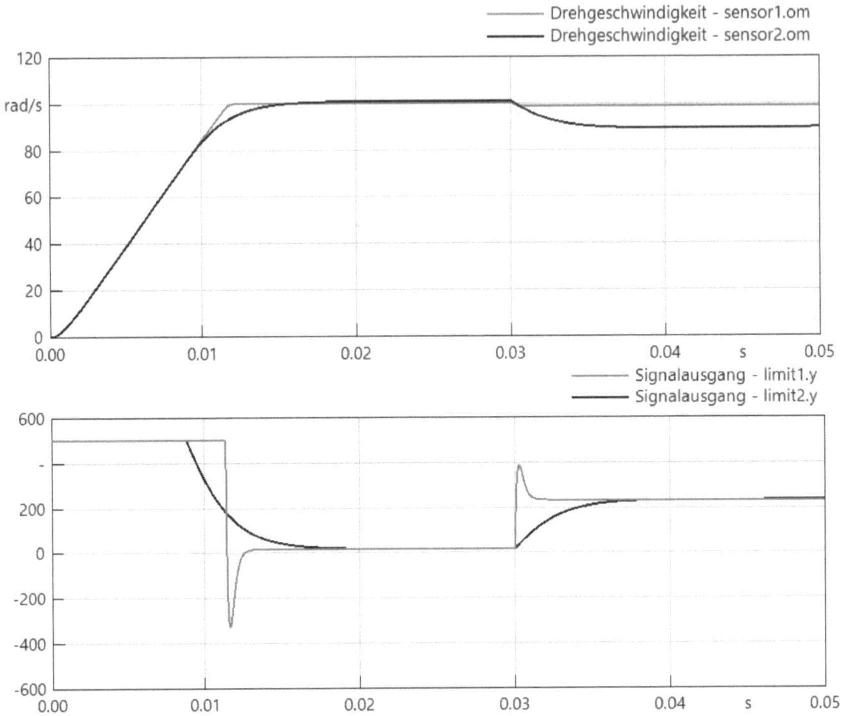

Bild 9.39 Zeitverlauf der Kaskadenregelung/einschleifigen DCM-Regelung (siehe *27_RK_kasakade_DCM.isx*)

Bei der Führungsgrößenregelung ist der schnellere Verlauf der Kaskadenregelung in Bild 9.39 deutlich zu erkennen. Bedingt durch den hohen Verstärkungsfaktor K_{R2} wird die Stellgröße länger an ihrer Begrenzung gehalten. Beim Auftreten einer Störung reagiert die Kaskadenregelung schneller und härter, sodass die Auswirkungen auf die Regelgröße relativ klein sind. Die Ursache davon ist der schnelle innere Regelkreis. Bedingt durch die große Nachstellzeit der PI-Regler in beiden Regelungen wird eine durch die Störung erzeugte Regelabweichung allerdings nur langsam komplett ausgeregelt. Dies fällt jedoch bei der Kaskadenregelung weniger in Gewicht, da die maximale Regelabweichung eben sehr klein ist.

Video 43: Kaskadenregelung für Temperaturregelung (siehe auch *37_Video43_Kaksade_Temp.isx*)

In diesem Video werden die Vorteile einer Kaskadenregelung gegenüber einer klassischen einschleifigen Regelung am Beispiel einer Temperaturregelung aufgezeigt.

Übung 31

Eine Lüftungsanlage hat den in Bild 9.40 gezeigten Aufbau.

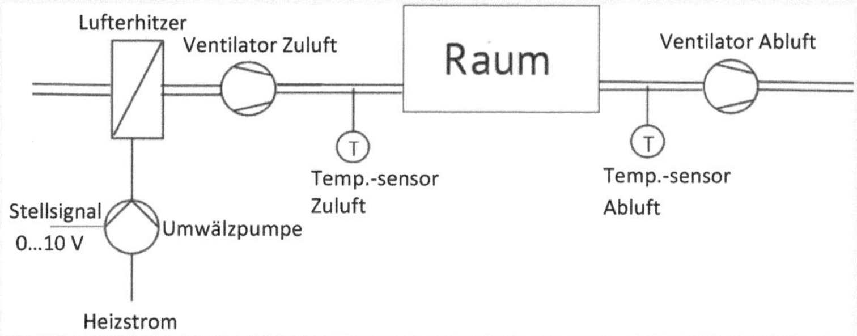

Bild 9.40 Lüftungsanlage

Eine gute Regelbarkeit erreicht man mithilfe der in Bild 9.41 gezeigten Raumtemperatur-Kaskadenregelung.

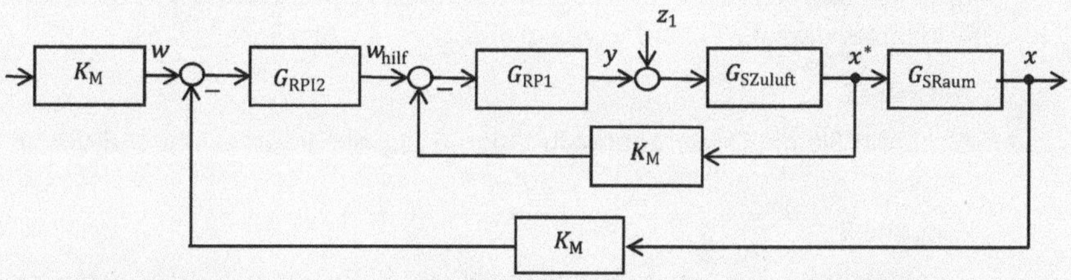

Bild 9.41 Raumtemperatur-Kaskadenregelung

Für die Kaskadenregelung liegen folgende Größen vor:

- Der Verstärkungsfaktor K_M wird durch die beiden gleichen Temperatursensoren bestimmt. Dabei gilt folgende Einstellung: Ein Temperaturbereich von 0 ... 100 °C wird in 0 ... 10 V gewandelt.
- Die unterlagerte Zuluftstrecke $G_{SZuluft}$ ist als PT_1-Glied mit den Parametern $K_{SZuluft}$ = 8 °C/V und $T_{SZuluft}$ = 30 s identifiziert.
- Der P-Regler G_{RP1} des inneren Regelkreises ist mit dem Wert K_{RP1} = 1.25 parametriert.
- Zur Identifikation des Raumes (G_{SRaum}) wurde die Sprungantwort aufgenommen. Auf eine schlagartige Änderung der Zulufttemperatur um 10 °C reagierte die Ablufttemperatur des Raumes mit dem in Bild 9.42 dargestellten Zeitverlauf.

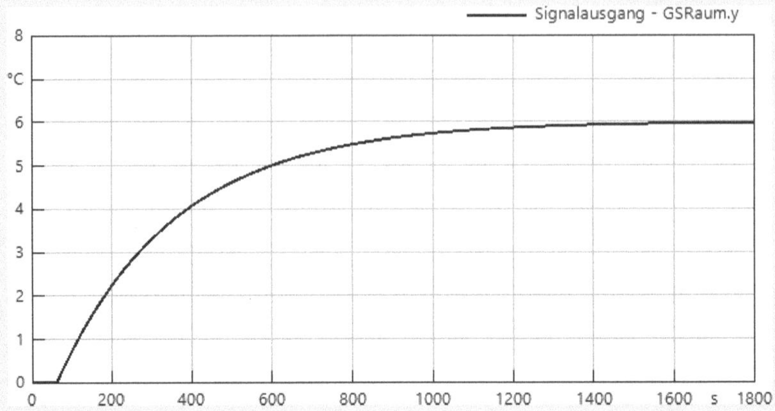

Bild 9.42 Temperaturverlauf

Aufgabe 1

Bestimmen Sie die Übertragungsfunktion G_{w1} des unterlagerten Regelkreises. Ermitteln Sie dabei den korrekten Verstärkungsfaktor und die Zeitkonstante. Wie groß ist die bleibende Regelabweichung des inneren Regelkreises unter der Annahme, dass die Hilfsführungsgröße w_{hilf} = 4 V beträgt?

Aufgabe 2

Ermitteln Sie die Übertragungsfunktion G_{SRaum} des Raumes anhand der Sprungantwort.

Aufgabe 3

Parametrieren Sie den Führungsregler als PI-Regler für 20 % Überschwingen nach der Kompensationsmethode.

10 Regelungen mit einem Zweipunktregler

Ein Zweipunktregler stellt die einfachste Form eines Reglers dar. Er zeichnet sich dadurch aus, dass der Reglerausgang nur zwei Schaltstellungen annehmen kann. Die Realisierung solcher schaltenden Regler ist relativ einfach. Deswegen finden solche Regler auch heute noch Anwendung, wenn keine hohen Anforderungen an die Regelgüte gestellt werden. Beispielsweise können Relais, Bimetallschalter oder Kontaktthermometer als Zweipunktregler eingesetzt werden. Die Funktionsweise eines Zweipunktreglers wird dabei mithilfe der statischen Kennlinie erklärt.

10.1 Statische Kennlinie

Bei einer statischen Kennlinie wird die Ausgangsgröße zur Eingangsgröße aufgetragen, ohne Übergangszeiten zu betrachten. Wie in Bild 10.1 dargestellt, bildet die Eingangsgröße die Abszisse und die Ausgangsgröße die Ordinate.

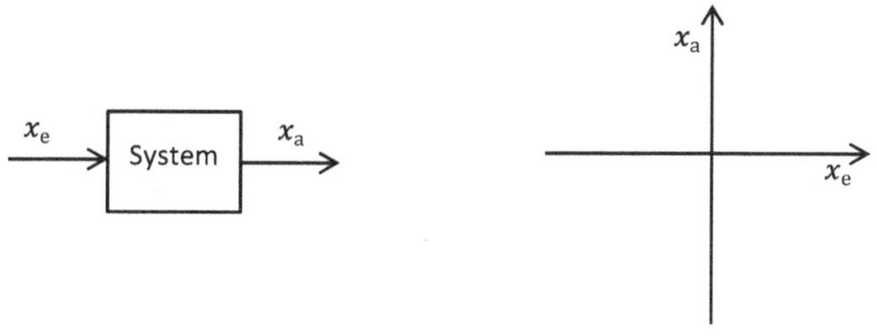

Bild 10.1 Koordinaten einer statischen Kennlinie

Bei einer Strecke mit Ausgleich (PT_n-Strecke) ist die statische Kennlinie immer eine ansteigende Gerade. Der statische Zusammenhang wird nur durch den Verstärkungsfaktor bestimmt. Mit anderen Worten: In die Kennlinie (Bild 10.2) wird bei einem neuen Eingang erst der entsprechende Wert eingetragen, wenn alle Ausgleichsvorgänge abgeschlossen sind.

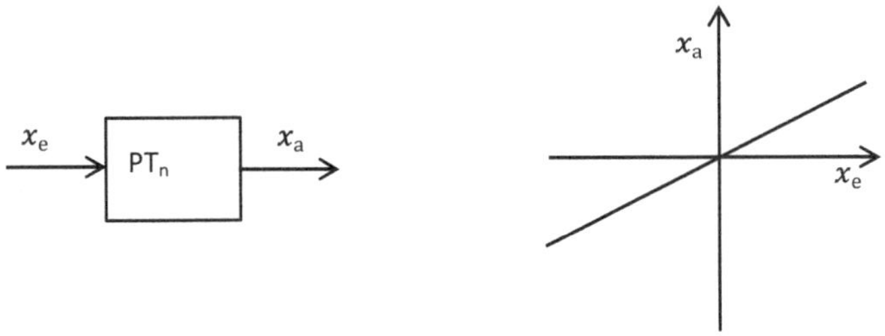

Bild 10.2 Statische Kennlinie einer PT_n-Strecke

10.2 Schaltende Elemente als Zweipunktregler

Ein schaltendes Element wechselt seinen Ausgangszustand nur, wenn der Eingang einen bestimmten Schaltwert über- oder unterschritten hat. In Bild 10.3 ist die Funktionsweise eines schaltenden Elements dargestellt. Dabei fungiert x_1 als Eingangssignal und x_2 als vorgegebener Schaltwert. Im unteren Diagramm von Bild 10.3 ist die statische Kennlinie des schaltenden Elements zu sehen.

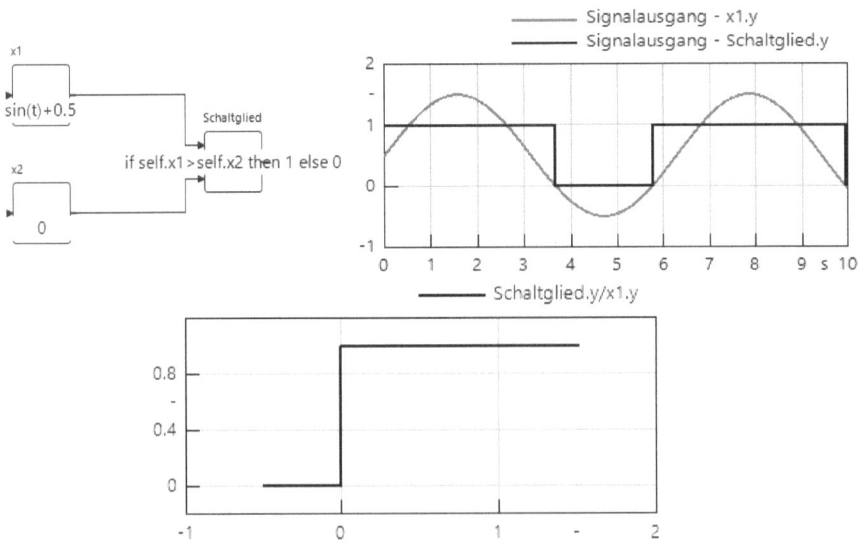

Bild 10.3 Zeitverlauf und statische Kennlinie eines schaltenden Elements

Ein Zweipunktregler ist auch ein schaltendes Element, mit dem Unterschied, dass sein Eingangssignal die Regelabweichung e und sein Ausgangssignal die Stellgröße y ist (Bild 10.4). Im einfachsten Fall hat der Zweipunktregler dabei die Ausgangszustände 0 und 1 bzw. an und aus. Ist die Regelabweichung positiv, d. h., ist w größer als x, wird die Stellgröße 1, ansonsten ist $y = 0$.

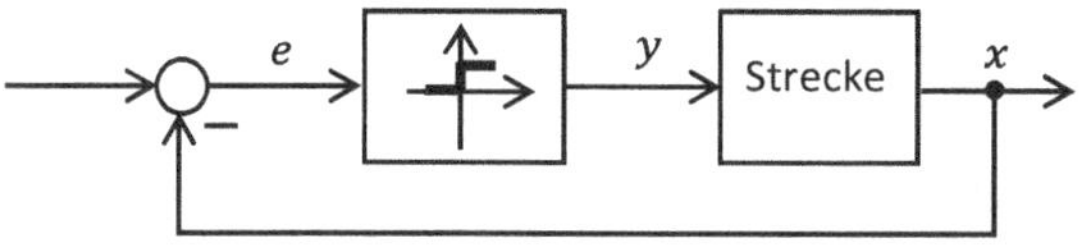

Bild 10.4 Regelkreis mit einem Zweipunktregler

Die Funktionsweise des Regelkreises bzw. der zeitliche Verlauf der Regelgröße x hängen jedoch stark von der zu regelnden Strecke ab. Dabei liefern schaltende Regler nur bei der Anwendung auf Strecken mit einer Totzeit befriedigende Ergebnisse. Ansonsten benötigen sie eine Hysterese.

Video 44: Zweipunktregler (siehe auch *38_Video44_Zweipunkt_Temp.isx*)
Die Wirkungsweise eines Zweipunktreglers und die Notwendigkeit einer Schalthysterese werden in diesem Video an zwei Beispielen demonstriert.

Ein Zweipunktregler mit Hysterese hat die statische Kennlinie aus Bild 10.5.

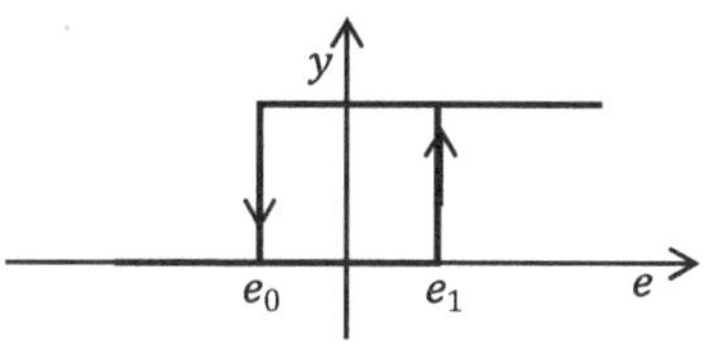

mit
Hysteresebreite $= e_1 - e_0$

Bild 10.5 Statische Kennlinie eines Zweipunktreglers mit Hysterese

Erst mit Erreichen der Regelabweichung e_0 wechselt der Zweipunktregler von „an" zu „aus", und erst bei e_1 wird die Stellgröße wieder auf 1 gesetzt.

Beispiel

An einem Beispiel soll die Funktionsweise eines Zweipunktreglers mit Hysterese verdeutlicht werden (Bild 10.6). Gegeben ist eine PT_1-Strecke mit $K = 8$, $T_1 = 10$ s, $w = 4$, $e_0 = -1$ und $e_1 = 1$ (Hysteresebreite = 2).

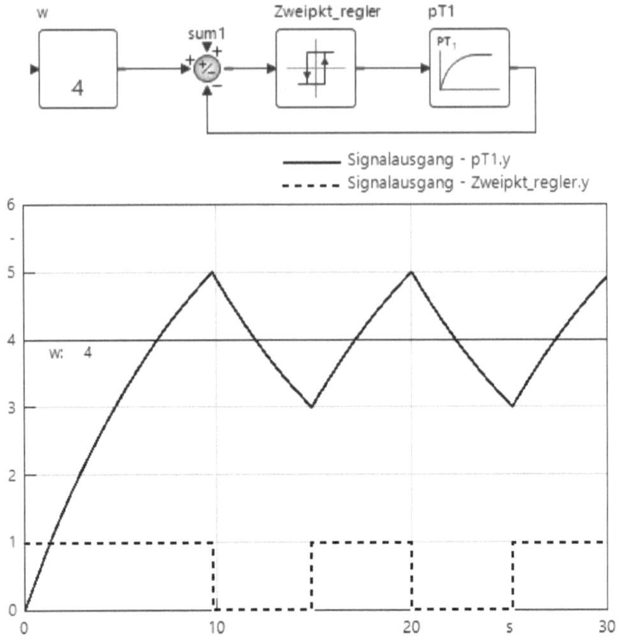

Bild 10.6 Screenshot des Regelkreises mit Zweipunktregler und der Zeitverläufe

Erst wenn $x = w - e_0$ ist, schaltet der Regler ab. In diesem Beispiel wechselt der Regler von 1 auf 0, also erst wenn $x = 4 - (-1) > 5$ ist. Dieser Wert 5 wird als Abschaltpunkt bezeichnet. Erst wenn $x = w - e_1$ ist, schaltet der Regler wieder zu. Im Beispiel wechselt der Regler wieder von 0 auf 1, also erst wenn $x = 4 - 1 < 3$ ist. Dieser Wert 3 wird als Zuschaltpunkt bezeichnet.

Um flexibler auf unterschiedliche Regelungsaufgaben reagieren zu können, ist es bei einigen Zweipunktreglern möglich, das Stellsignal nicht nur ein- und auszuschalten, sondern zwischen zwei Zuständen, die nicht streng als 0 und 1 definiert sind, wechseln zu können. Diese zwei Zustände werden Grundlast und Hauptlast genannt. Der allgemeine Zweipunktregler hat dann die in Bild 10.7 dargestellte statische Kennlinie.

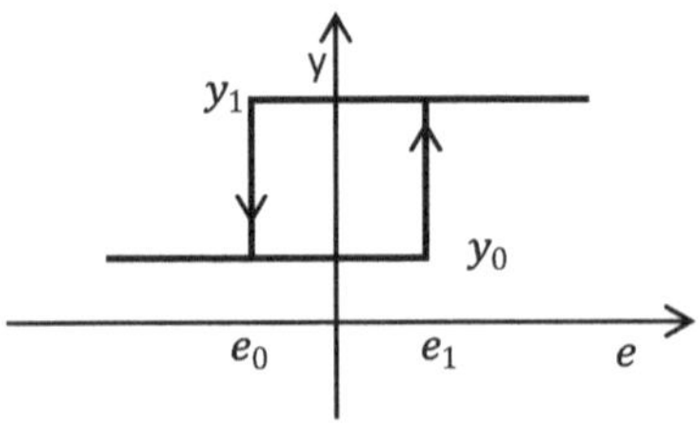

mit
y_0 = Grundlast
y_1 = Hauptlast

Bild 10.7 Statische Kennlinie eines allgemeinen Zweipunktreglers

10.3 Berechnung von Regelkreisen mit Zweipunktreglern

Bei einem Zweipunktregler können nur die Schalthysterese und die Grund- und Hauptlast eingestellt werden. Der daraus resultierende Regel- und Stellgrößenverlauf ist abhängig von der zu regelnden Strecke. Bei Strecken mit integralem Verhalten benötigt man zum Schalten eine negative Grundlast oder könnte bei einer Grundlast gleich null nur auf Versorgungsstörungen reagieren. Besitzt die I-Strecke noch zusätzliche Verzögerungen (IT_n-Strecke), ist der Zweipunktregler gänzlich ungeeignet.

Zweipunktregler werden hauptsächlich auf Strecken mit Ausgleich angewendet und werden deswegen auch nur hier betrachtet. Konkret geht die Berechnung davon aus, dass eine PT_1T_{tot}-Strecke vorliegt. Das heißt, dass von der Strecke der Verstärkungsfaktor K, die Streckenzeitkonstante T_1 und die Totzeit T_{tot} bekannt sein müssen. Strecken höherer Ordnung können mithilfe des Wendetangentenverfahrens und mit dem bekannten Ansatz $T_U \approx T_{tot}$ soll $T_G \approx T_1$ angenähert werden. Der Regelkreis hat damit die in Bild 10.8 dargestellte Struktur.

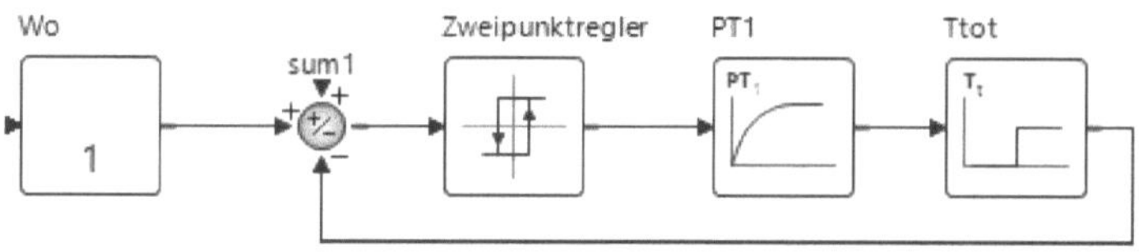

Bild 10.8 Regelkreis mit Zweipunktregler und Strecke mit Ausgleich

Um die Regel- und Stellgrößenverläufe ermitteln zu können, müssen somit acht Größen vorgegeben sein. Dies sind zum einen die Streckenparameter (K; T_1; T_{tot}), die Zweipunktreglerparameter (e_0; e_1; y_0; y_1) und die Höhe der Führungsgröße W_0.

Die Formeln zur Berechnung des Regel- und Stellgrößenverlaufes lauten dann wie folgt:

$$t_1 = T_1 \cdot \ln\left(\frac{K \cdot y_1}{K \cdot y_1 - W_0 + e_0}\right) + 2 \cdot T_{tot}$$ erster Umkehrzeitpunkt

$$X_{max} = x(t_1) = K \cdot y_1 \cdot \left(1 - e^{-\frac{T_{tot}}{T_1}}\right) + (W_0 - e_0) \cdot e^{-\frac{T_{tot}}{T_1}}$$ höchste Auslenkung

$$X_{min} = K \cdot y_0 \cdot \left(1 - e^{-\frac{T_{tot}}{T_1}}\right) + (W_0 - e_1) \cdot e^{-\frac{T_{tot}}{T_1}}$$ niedrigste Auslenkung

$$T_{aus} = T_1 \cdot \ln \frac{K \cdot (y_1 - y_0) \cdot e^{\frac{T_{tot}}{T_1}} - K \cdot y_1 + W_0 - e_0}{W_0 - K \cdot y_0 - e_1}$$ Ausschaltdauer

$T_{ein} = T_1 \cdot \ln \frac{K \cdot (y_1 - y_0) \cdot e^{\frac{T_{tot}}{T_1}} + K \cdot y_0 - W_0 + e_1}{K \cdot y_1 - W_0 + e_0}$	Einschaltdauer
$A = \frac{X_{max} - X_{min}}{2}$	Schwingungsamplitude
$e_{mr} = W_0 - \frac{X_{max} + X_{min}}{2}$	mittlere Regelabweichung

Mit den gewonnenen Werten können der Regel- und Stellgrößenverlauf gezeichnet werden, und es können Voraussagen über die Schwankungsbreite ($2 \cdot A$) und die Peridendauer ($T_{aus} - T_{ein}$) der resultierenden Regelgrößenschwingung getroffen werden.

Beispiel

$$G_S(s) = \frac{4}{1 + s \cdot 300\,\text{s}} \cdot e^{-s \cdot 40\,\text{s}}$$

Zweipunktregler: $e_0 = -0.1$; $e_1 = 0.1$; $y_0 = 0.1$; $y_1 = 0.5$

Führungsgröße: $w(t) = 1 \cdot E(t)$

Damit ergibt sich Folgendes:

$$t_1 = T_1 \cdot \ln\left(\frac{K \cdot y_1}{K \cdot y_1 - W_0 + e_0}\right) + 2 \cdot T_{tot} = 300\,\text{s} \cdot \ln\left(\frac{4 \cdot 0.5}{4 \cdot 0.5 - 1 + (-0.1)}\right) + 2 \cdot 40\,\text{s}$$
$$= 319.5\,\text{s}$$

$$X_{max} = K \cdot y_1 \cdot \left(1 - e^{-\frac{T_{tot}}{T_1}}\right) + (W_0 - e_0) \cdot e^{-\frac{T_{tot}}{T_1}}$$
$$= 4 \cdot 0.5 \cdot \left(1 - e^{-\frac{40\,\text{s}}{300\,\text{s}}}\right) + (1 - (-0.1)) \cdot e^{-\frac{40\,\text{s}}{300\,\text{s}}} = 1.21$$

$$X_{min} = K \cdot y_0 \cdot \left(1 - e^{-\frac{T_{tot}}{T_1}}\right) + (W_0 - e_1) \cdot e^{-\frac{T_{tot}}{T_1}}$$
$$= 4 \cdot 0.1 \cdot \left(1 - e^{-\frac{40\,\text{s}}{300\,\text{s}}}\right) + (1 - 0.1) \cdot e^{-\frac{40\,\text{s}}{300\,\text{s}}} = 0.837$$

$$T_{aus} = T_1 \cdot \ln \frac{K \cdot (y_1 - y_0) \cdot e^{\frac{T_{tot}}{T_1}} - K \cdot y_1 + W_0 - e_0}{W_0 - K \cdot y_0 - e_1}$$

$$= 300\text{s} \cdot \ln \frac{4 \cdot (0.5 - 0.1) \cdot e^{\frac{40\,\text{s}}{300\,\text{s}}} - 4 \cdot 0.5 + 1 - (-0.1)}{1 - 4 \cdot 0.1 - 0.1} = 185.6\,\text{s}$$

$$T_{ein} = T_1 \cdot \ln \frac{K \cdot (y_1 - y_0) \cdot e^{\frac{T_{tot}}{T_1}} + K \cdot y_0 - W_0 + e_1}{K \cdot y_1 - W_0 + e_0}$$

$$= 300\ s \cdot \ln \frac{4 \cdot (0.5 - 0.1) \cdot e^{\frac{40\ s}{300\ s}} - 4 \cdot 0.1 - 1 + 0.1}{4 \cdot 0.5 - 1 + (-0.1)} = 116.8\ s$$

$$A = \frac{X_{max} - X_{min}}{2} = \frac{1.21 - 0.837}{2} = 0.187$$

$$e_{mr} = W_0 - \frac{X_{max} + X_{min}}{2} = 1 - \frac{1.21 + 0.837}{2} = -0.024$$

Gezeichnet ergibt sich der in Bild 10.9 dargestellte Regel- und Stellgrößenverlauf.

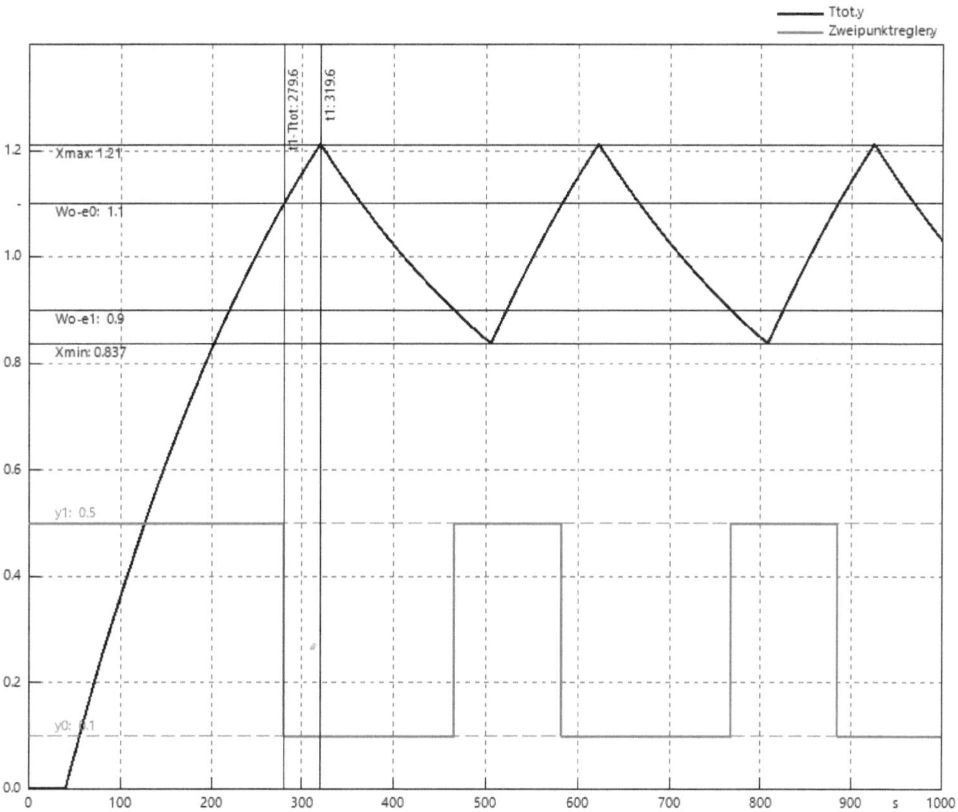

Bild 10.9 Regel- und Stellgrößenverlauf einer Zweipunktregelung

10.4 Zweipunktreglerparametrierung

Die Reglerparametrierung hängt von einigen Vorgaben an den gewünschten Regelgrößenverlauf ab. Die Anforderungen beziehen sich dabei auf die Schwankungsbreite, die Schalthäufigkeit oder die mittlere Regelabweichung.

10.4.1 Einstellung der Schalthysterese

Bei Strecken ohne Totzeit muss der Zweipunktregler eine Schalthysterese besitzen, um ein ständiges Schalten zu verhindern. Der Wert des Schaltabstandes richtet sich dann nach der zulässigen Schwankungsbreite. Da kein Nachlauf durch die Totzeit erfolgt, ist die Schwankungsbreite gleich der Hysteresebreite ($X_{max} - X_{min} = e_1 - e_0$).

Bei Strecken mit Totzeit wird häufig eine minimale Schwankungsbreite gefordert. Besteht die Reglereigenschaft, dass e_1 nicht kleiner als e_0 werden kann, müssen e_1 und e_0 dann auf 0 gesetzt werden. Ansonsten muss mithilfe der Formeln aus Abschnitt 10.3 gerechnet werden oder (was noch besser ist) anhand einer Simulation das Verhalten abgeschätzt werden.

10.4.2 Einstellung von Grund- und Hauptlast

Der Vorteil des Zweipunktreglers liegt bekanntermaßen in seiner einfachen Realisierung als schaltendes Element. Doch diese binäre Logik von 0 und 1 bringt nur unter bestimmten Bedingungen ein befriedigendes Ergebnis.

An nachfolgendem Beispiel soll aufgezeigt werden, wann von der Grundeinstellung $y_0 = 0$ und $y_1 = 1$ abgewichen werden muss.

Beispiel

PT_1T_{tot}-Strecke: $K = 8$; $T_1 = 10$ s; $T_{tot} = 4$ s

Zweipunktregler: $e_0 = 0$; $e_1 = 0$; $y_0 = 0$; $y_1 = 1$, $W_0 = 4$

Der resultierende Kurvenverlauf hat eine kleine Schwankungsbreite bedingt durch $e_0 = 0$; $e_1 = 0$ und zeigt einen symmetrischen Verlauf um die Führungsgröße (Bild 10.10).

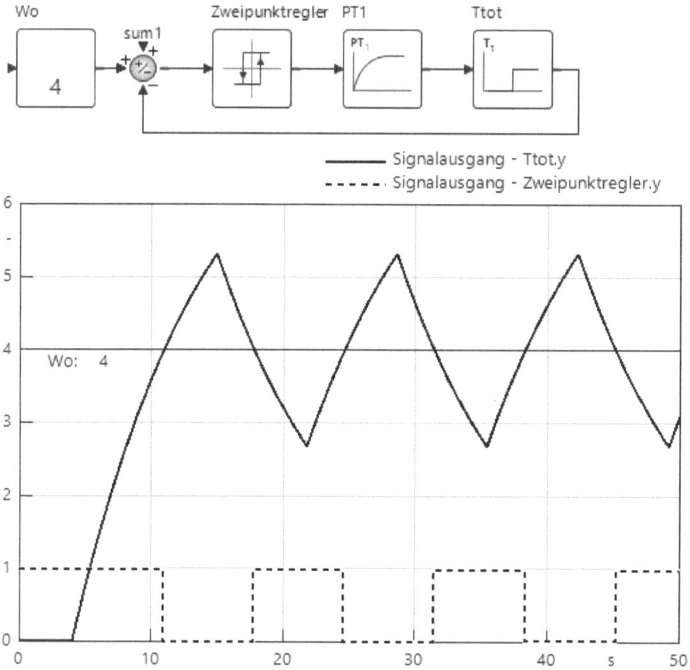

Bild 10.10 Screenshot des Zweipunktregelkreises und des Regel- und Stellgrößenverlaufs bei $W_0 = 4$

Die bleibende mittlere Regelabweichung ist

$$e_{\mathrm{mr}} = W_0 - \frac{X_{\max} + X_{\min}}{2} = 0$$

Dieser ideale Verlauf ist aber nur ein Sonderfall. Verändert man die Führungsgröße, so ist die mittlere Regelabweichung nicht mehr null.

Bei den weiteren Betrachtungen müssen nun zwei Fälle mit einer jeweils eigenen Lösung des Problems unterschieden werden.

Fall 1: $W_0 = 2$

In Bild 10.11 ist deutlich zu erkennen, dass die Regelgröße nicht mehr symmetrisch um die Führungsgröße schwingt. Der berechnete Wert für die mittlere Regelabweichung ist $e_{\mathrm{mr}} = -0.66$. Damit schwingt die Regelgröße nicht wie gewünscht um den Wert 2, sondern um $W_0 - e_{\mathrm{mr}}$, also den Wert 2.66.

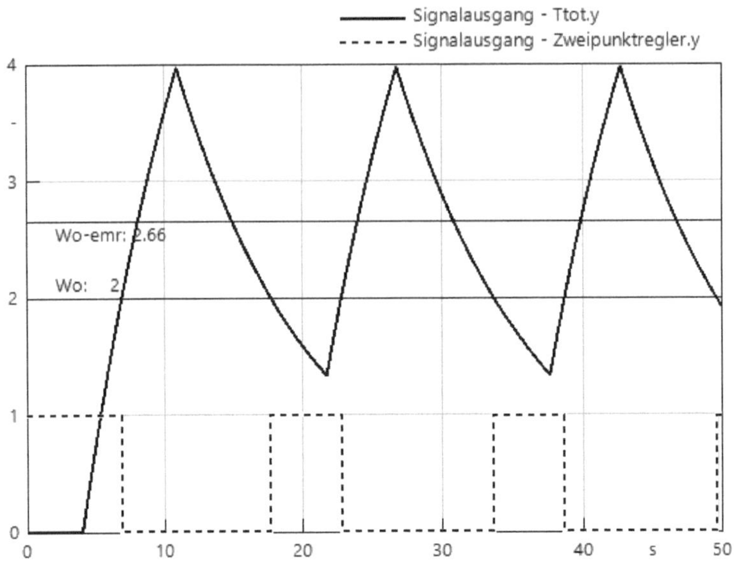

Bild 10.11 Regel- und Stellgrößenverlauf bei $W_0 = 2$ und $y_1 = 1$

Ausweg:

Betrachtet man die Auf- und Entladekennlinie der PT_1T_{tot}-Strecke in Bild 10.12, kann man erkennen, dass im unteren Bereich der Anstieg der Aufladekurve betragsmäßig stärker ist als der Abfall der Entladekurve. Im oberen Bereich fällt dagegen die Entladekurve betragsmäßig stärker ab, als die Aufladekurve steigt.

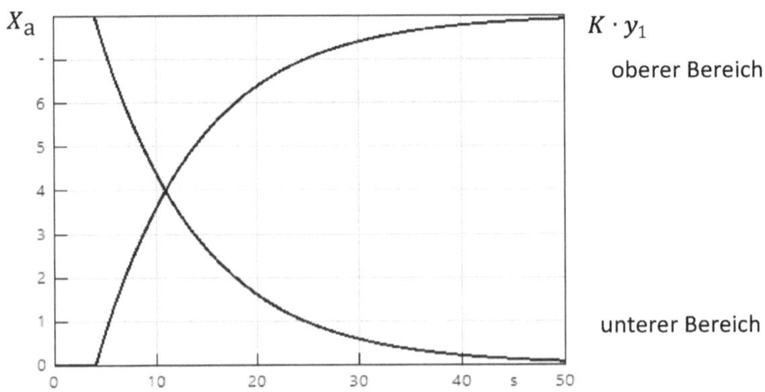

Bild 10.12 Auf- und Entladen einer PT_1T_{tot}-Strecke

Nur an der Stelle

$$X_{asym} = \frac{X_{a\infty}}{2} = \frac{K \cdot X_e}{2}$$

sind die Anstiege betragsmäßig gleich, was wiederum beim gleich langen Zu- und Abschalten an diesem Punkt einen symmetrischen Verlauf erzeugt.

Da im Regelkreis das Eingangssignal der Strecke die Stellgröße y ist, wird aus X_e die Hauptlast y_1. Die Bedingung für einen symmetrischen Verlauf der Regelgröße und damit einer mittleren Regelabweichung von 0 lautet dann

$$X_{\text{asym}} = \frac{K \cdot y_1}{2} = W_0 - e_{\text{mr}}$$

Ein symmetrischer Verlauf beziehungsweise eine mittlere Regelabweichung e_{mr} von 0 entsteht immer dann, wenn die Führungsgröße halb so groß wie der statische Beharrungszustand der Regelstrecke ist. Um den symmetrischen Verlauf bei vorgegebener Führungsgröße zu erhalten, muss die Hauptlast angepasst werden, und zwar mit

$$y_1 = \frac{2 \cdot W_0}{K}$$

Im verwendeten Beispiel mit $W_0 = 2$ (Bild 10.13) wird damit

$$y_1 = \frac{2 \cdot 2}{8} = 0.5$$

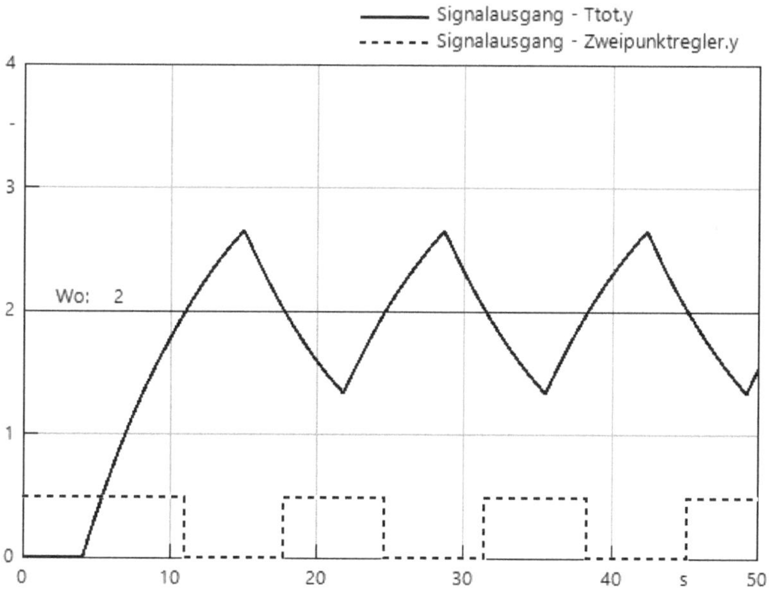

Bild 10.13 Regel- und Stellgrößenverlauf bei $W_0 = 2$ und $y_1 = 0.5$

Fall 2: $W_0 = 6$

In Bild 10.14 ist deutlich zu erkennen, dass die Regelgröße nicht mehr symmetrisch um die Führungsgröße schwingt. Der berechnete Wert für die mittlere Regelabweichung ist $e_{mr} = 0.66$. Damit schwingt die Regelgröße nicht wie gewünscht um den Wert 6, sondern um $W_0 - e_{mr}$, also den Wert 5.34.

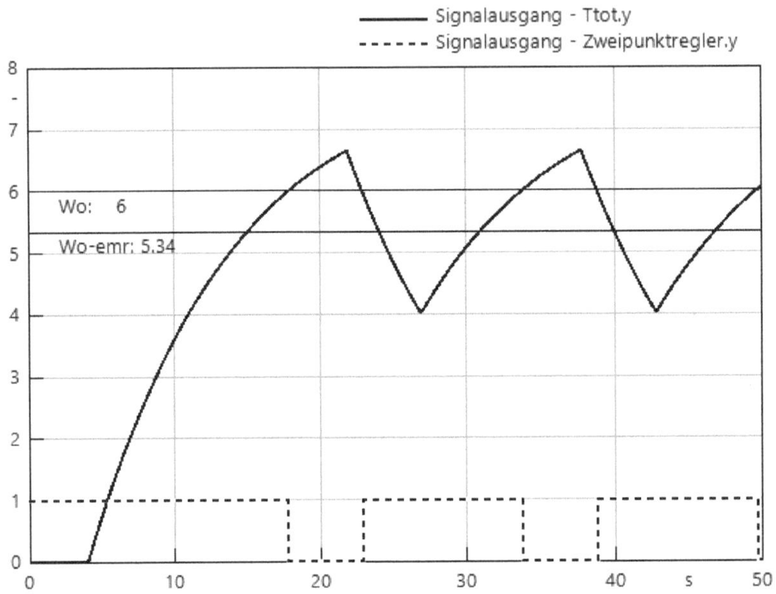

Bild 10.14 Regel- und Stellgrößenverlauf bei $W_0 = 6$ und $y_1 = 1$

Ausweg:

Würde man nun den Ansatz

$$y_1 = \frac{2 \cdot W_0}{K} = \frac{2 \cdot 6}{8} = 1.5$$

aus Fall 1 wählen, wäre eine Hauptlast von 150 % notwendig. Praktisch ist dies selten möglich zu realisieren. Außerdem würde sich die Schwankungsbreite dadurch stark erhöhen (Bild 10.15).

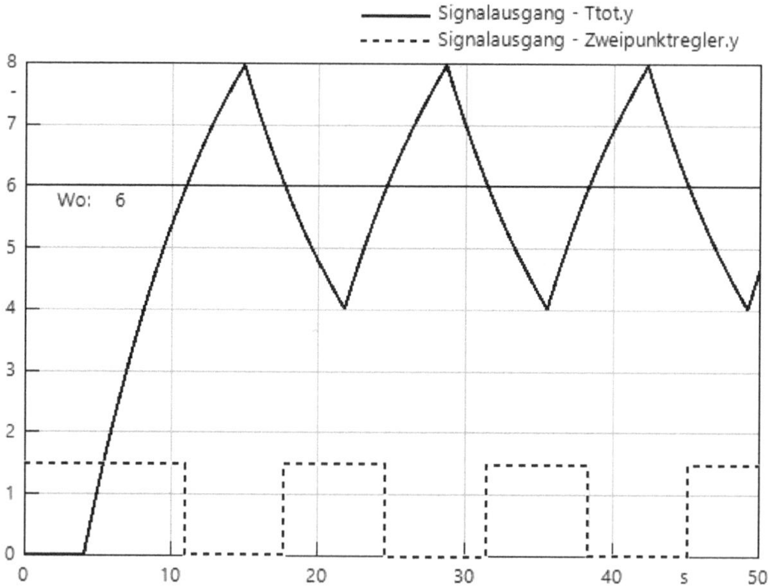

Bild 10.15 Regel- und Stellgrößenverlauf bei $W_0 = 6$ und $y_1 = 1.5$

In diesem Fall ist es besser, nicht die Hauptlast, sondern die Grundlast anzupassen. Bei einer bestehenden Grundlast wird die Entladung einer PT_n-Strecke nicht auf 0, sondern auf den Wert $K \cdot y_0$ zurückgehen und es wird auch ein Ansteigen von diesem Wert beginnen (Bild 10.16).

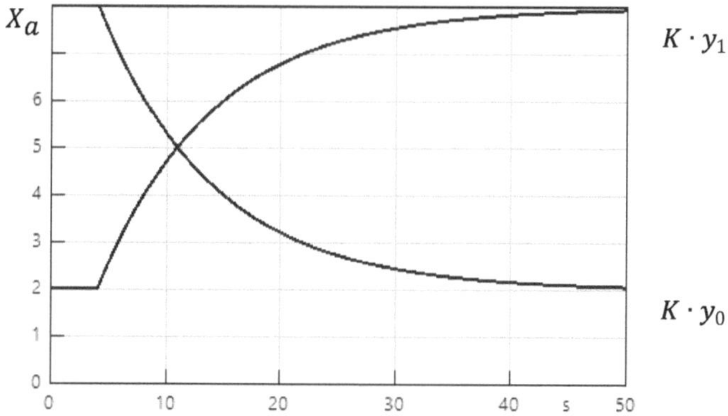

Bild 10.16 Auf- und Entladen einer PT_1T_{tot}-Strecke mit Offset

Auch hier entsteht ein symmetrischer Regelgrößenverlauf, wenn die Führungsgröße genau mittig zwischen den beiden Beharrungspunkten liegt.

Es muss Folgendes gelten:

$$K \cdot y_1 - W_0 = W_0 - K \cdot y_0$$

bzw. umgestellt

$$y_0 = \frac{2 \cdot W_0 - K \cdot y_1}{K}$$

Im verwendeten Beispiel mit $W_0 = 6$ (Bild 10.17) wird damit

$$y_0 = \frac{2 \cdot 6 - 8 \cdot 1}{8} = 0.5$$

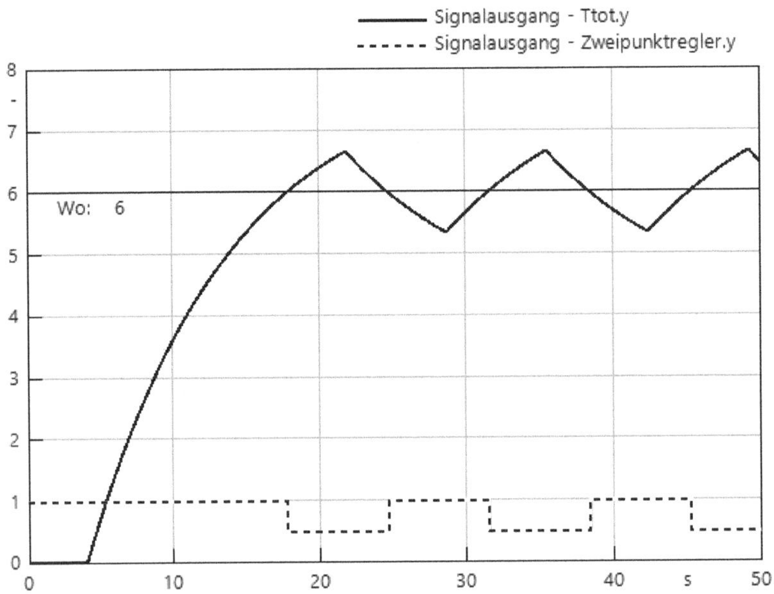

Bild 10.17 Regel- und Stellgrößenverlauf bei $W_0 = 6$, $y_0 = 0.5$ und $y_1 = 1$

> **!** Würde man im Fall 1 den Ansatz
>
> $$y_0 = \frac{2 \cdot W_0 - K \cdot y_1}{K} = \frac{2 \cdot 2 - 8 \cdot 1}{8} = -0.5$$
>
> wählen, wäre eine Grundlast von –50 % notwendig (Bild 10.18). Praktisch ist dies ist ebenfalls selten möglich zu realisieren. Außerdem würde sich die Schwankungsbreite dadurch stark erhöhen.

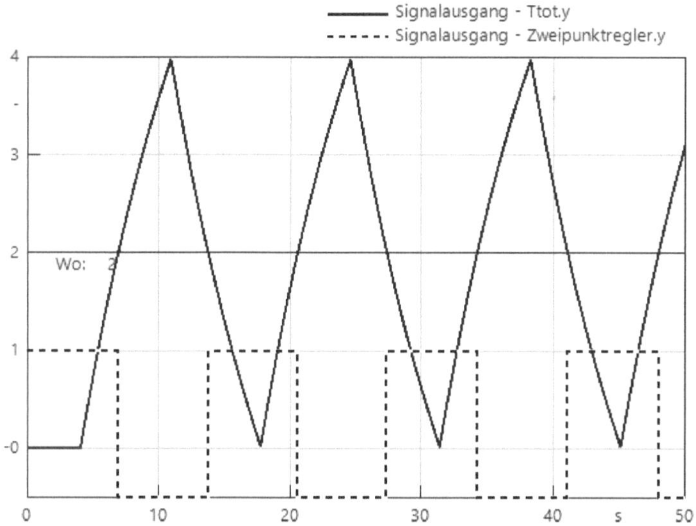

Bild 10.18 Regel- und Stellgrößenverlauf bei $W_0 = 2$, $y_0 = -0.5$ und $y_1 = 1$

Offensichtlich ist die Anpassung der Grundlast nur sinnvoll, wenn die Führungsgröße größer als die Hälfte des maximal erreichbaren Endwertes ist **(Fall 2)**.

$$W_0 > \frac{K \cdot y_1}{2}$$

Eine Anpassung der Hauptlast ist damit nur sinnvoll, wenn die Führungsgröße kleiner als die Hälfte des maximal erreichbaren Endwertes ist **(Fall 1)**.

$$W_0 < \frac{K \cdot y_1}{2}$$

10.4.3 Leistungsüberschuss

Als Kriterium für die Auswahl der Stellgrößenanpassung ist in der Literatur der Begriff des Leistungsüberschusses *Ü* eingeführt worden.

$$\text{Ü} = \frac{K \cdot y_1 - W_0}{W_0} \cdot 100\ \%$$

Der Leistungsüberschuss bei

$$W_0 = \frac{K \cdot y_1}{2}$$

ist

$$Ü = \frac{K \cdot y_1 - W_0}{W_0} \cdot 100\,\% = \frac{K \cdot y_1 - \frac{K \cdot y_1}{2}}{\frac{K \cdot y_1}{2}} \cdot 100\,\% = \frac{\frac{K \cdot y_1}{2}}{\frac{K \cdot y_1}{2}} \cdot 100\,\% = 100\,\%$$

Ein Leistungsüberschuss von 100 % bedeutet, dass die zur Verfügung stehende Stellenergie doppelt so hoch ist wie die notwendige Energie zur Erreichung der Führungsgröße. Gleichzeitig bedeutet Ü = 100 % auch, dass ein symmetrischer Regelgrößenverlauf vorliegt und damit $e_{mr} = 0$ ist. Ist der Leistungsüberschuss kleiner als 100 %, liegt der vorangehend betrachtete Fall 1 vor. Ist der Leistungsüberschuss größer als 100 %, liegt Fall 2 vor.

Damit lässt sich das Kriterium zur Stellgrößenanpassung wie folgt formulieren:

$$Ü = \frac{K \cdot y_1 - W_0}{W_0} \cdot 100\,\% > 100\,\% \;\rightarrow\; \text{Hauptlast anpassen } y_1 = \frac{2 \cdot W_0}{K}$$

$$Ü = \frac{K \cdot y_1 - W_0}{W_0} \cdot 100\,\% < 100\,\% \;\rightarrow\; \text{Grundlast anpassen } y_0 = \frac{2 \cdot W_0 - K \cdot y_1}{K}$$

Übung 32

Eine Trockenkammer wird über ein Warmluftgebläse geheizt. Neben einer Wärmerückgewinnungsanlage, welche die Kammer auf 40 °C vorheizt, muss eine elektrische Zusatzheizung eingesetzt werden. Diese besitzt vier Heizstufen mit je 2 kW. Die technologische Solltemperatur liegt bei 105 °C. Sie darf aber zwischen 100 °C und 110 °C schwanken. Es soll der mögliche Einsatz einer Zweipunktregelung untersucht werden.

Das regelungstechnische Verhalten des Trockenraums durch eine Stufe der elektrischen Zusatzheizung kann für den Regelbereich wie folgt beschrieben werden:

PT_1T_t - Verhalten: $K = 12.5$ °C/kW; $T_1 = 900$ s; $T_{tot} = 120$ s

Als Temperaturregler wurde ein Zweipunktregler mit einer Hysteresebreite von 3 °C ausgewählt.

1. Zwischen welchen Heizstufen muss beim normalen Regelverlauf im Trocknungsprozess geschaltet werden, um eine minimale Schwankungsbreite zu erhalten? Berechnen Sie für diesen Fall die Schwankungsbreite, die mittlere Regeldifferenz sowie die Periodendauer der Regelgröße. Überprüfen Sie, ob die Regelgröße den vorgegebenen Toleranzbereich einhält.
2. Auf welche maximale symmetrische Schaltdifferenz kann der Zweipunktregler eingestellt werden, um gerade so die Toleranzgrenzen einzuhalten?
3. Zeichnen Sie den Regel- und Stellgrößenverlauf mit den aus 2. abgeleiteten Werten.

11 Lösungen der Übungen

Dieses Kapitel liefert die Lösungen zu den Übungsaufgaben des Buches. Die Lösungswege sind als Vorschläge aufzugreifen. Gerade die ersten Zuordnungsaufgaben haben bei der Beantwortung einen gewissen Interpretationsspielraum.

11.1 Übung 1 (Abschnitt 1.3.1)

Ordnen Sie den Gliedern und Signalen des allgemeinen Wirkungsplans einer Steuerung die konkrete Entsprechung einer Füllstandsteuerung zu (siehe *4_ST_Fuellstand_Tank.isx*).

Das Ergebnis ist in Bild 11.1 dargestellt.

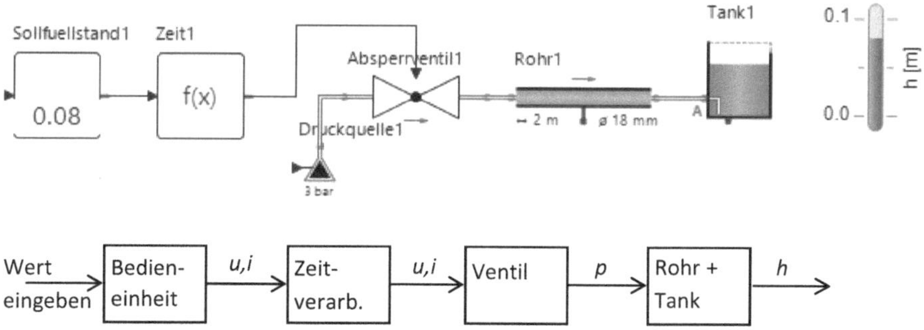

Bild 11.1 Screenshot von *4_ST_Fuellstand_Tank.isx* (oben) und der gefüllte Wirkungsplan (unten)

11.2 Übung 2 (Abschnitt 1.3.2)

Ordnen Sie den Gliedern und Signalen des allgemeinen Wirkungsplans einer Regelung die konkrete Entsprechung einer Füllstandsregelung zu (siehe *8_RK_Fuellstand_Tank.isx*).

Das Ergebnis ist in Bild 11.2 dargestellt.

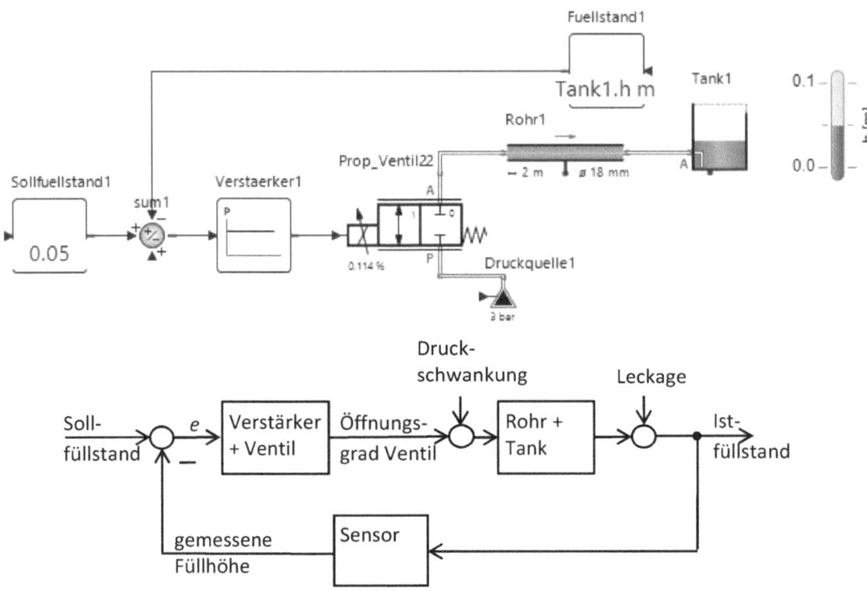

Bild 11.2 Screenshot von *8_RK_Fuellstand_Tank.isx* (oben) und der gefüllte Wirkungsplan (unten)

11.3 Übung 3 (Abschnitt 2.1)

Fassen Sie den Wirkungsplan aus Bild 2.20/Bild 11.3 zusammen (ein Bruchstrich).

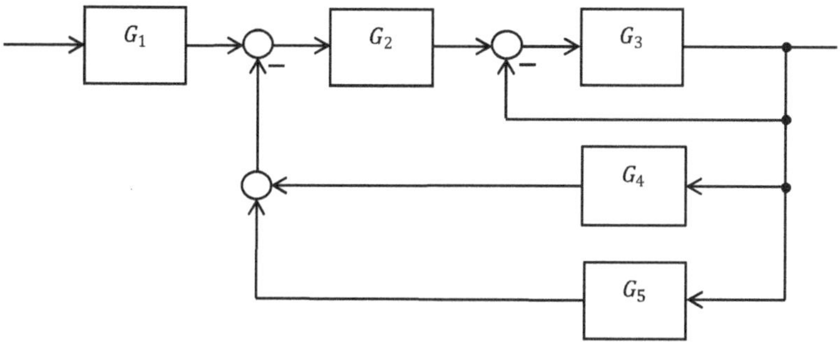

Bild 11.3 Wirkungsplan

Bild 11.4 zeigt den Wirkungsplan nach der Anwendung von Regel 2 und Regel 3.

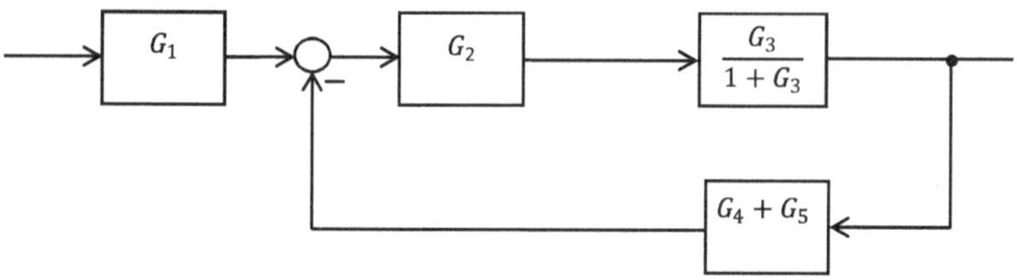

Bild 11.4 Zusammengefasster Wirkungsplan I

Bild 11.5 zeigt den Wirkungsplan nach der Anwendung von Regel 1 und Regel 4.

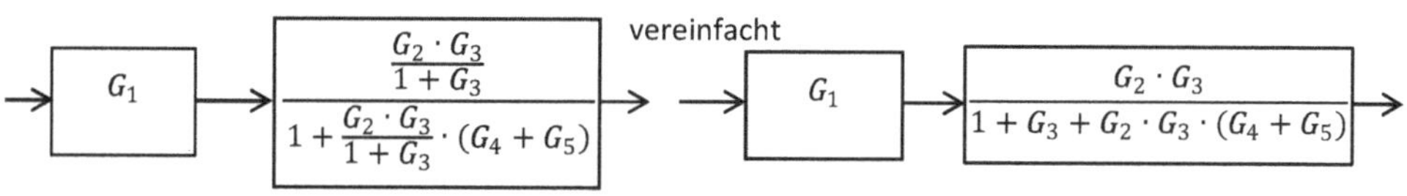

Bild 11.5 Zusammengefasster Wirkungsplan II

Bild 11.6 zeigt den Wirkungsplan nach der Anwendung von Regel 1.

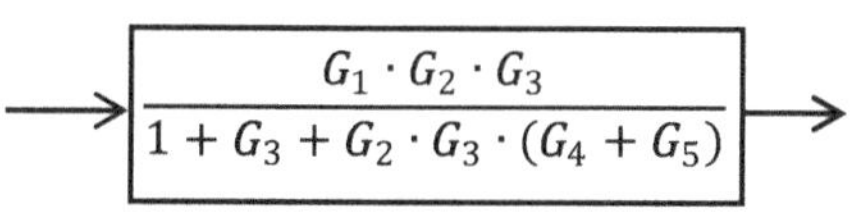

Bild 11.6 Zusammengefasster Wirkungsplan III

11.4 Übung 4 (Abschnitt 2.2.5)

a) Gegeben ist der Regelkreis aus Bild 2.36/Bild 11.7. Wie groß ist die Führungsgröße w?

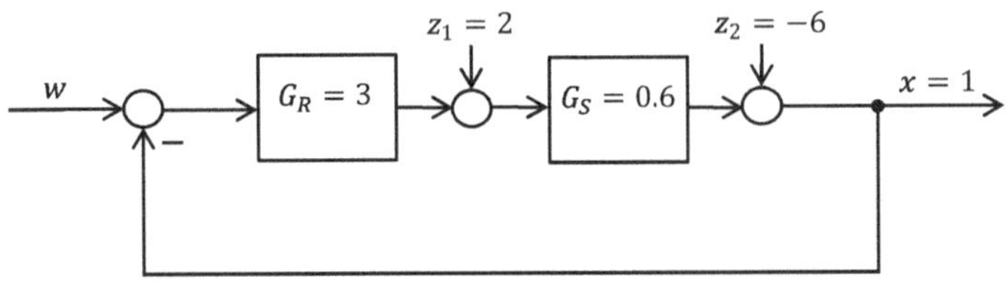

Bild 11.7 Grundlegende Regelkreisstruktur

$$1 = \frac{3 \cdot 0.6}{1 + 3 \cdot 0.6} \cdot w + \frac{0.6}{1 + 3 \cdot 0.6} \cdot 2 + \frac{1}{1 + 3 \cdot 0.6} \cdot (-6)$$

$$w = 4.22$$

b) Gegeben ist der Regelkreis aus Bild 2.37/Bild 11.8. Wie groß ist der Reglerverstärkungsfaktor G_R? Überprüfen Sie Ihre Lösungen mithilfe von SimulationX.

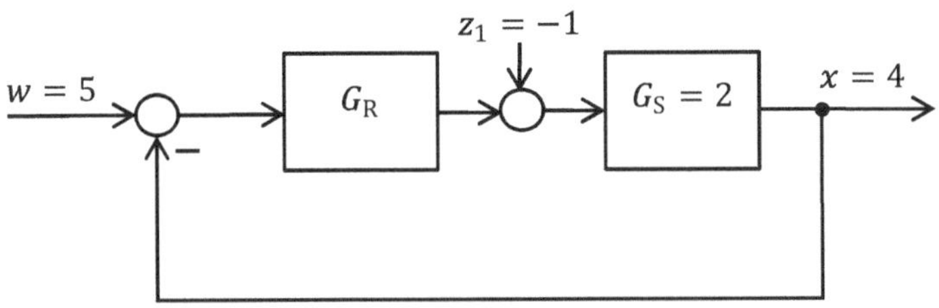

Bild 11.8 Grundlegende Regelkreisstruktur

$$x = \frac{G_R \cdot G_S}{1 + G_R \cdot G_S} \cdot w + \frac{G_S}{1 + G_R \cdot G_S} \cdot z_1$$

$$x \cdot (1 + G_R \cdot G_S) = G_R \cdot G_S \cdot w + G_S \cdot z_1$$

$$x \cdot G_R \cdot G_S - G_R \cdot G_S \cdot w = G_S \cdot z_1 - x$$

$$G_R = \frac{G_S \cdot z_1 - x}{G_S \cdot x - G_S \cdot w} = 3$$

11.5 Übung 5 (Abschnitt 2.2.6)

Erstellen Sie den Wirkungsplan für einen CR-Hochpass, einen Federdämpfer (Eingang → Kraft; Ausgang → Dämpfungskraft) und einen weiteren Federdämpfer (Eingang → Wegvorgabe Ausgang → Weg des Dämpferkolbens).

a) CR-Hochpass (Bild 11.9)

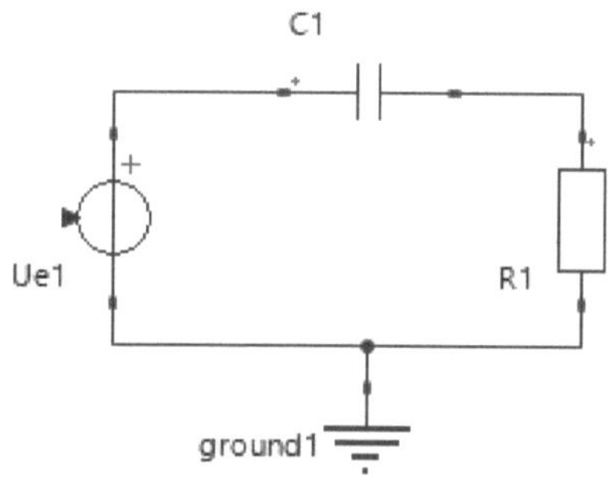

Bild 11.9
Screenshot der CR-Schaltung

Es gilt (Bild 11.10):

$$u_{R1} = u_e - u_{C1}$$

$$i_{R1} = \frac{u_{R1}}{R1}$$

$$u_{C1} = \frac{1}{C1} \cdot \int i_{C1} dt$$

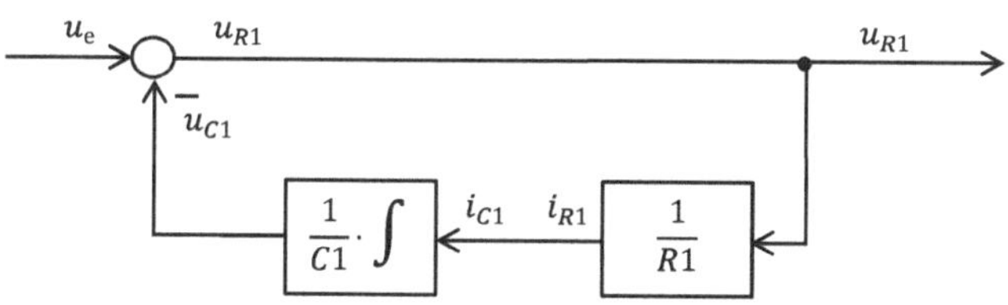

Bild 11.10 Wirkungsplan des CR-Hochpasses

Umgezeichnet gilt die Darstellung in Bild 11.11. Bild 11.11 zeigt die typische Form eines Hochpasses.

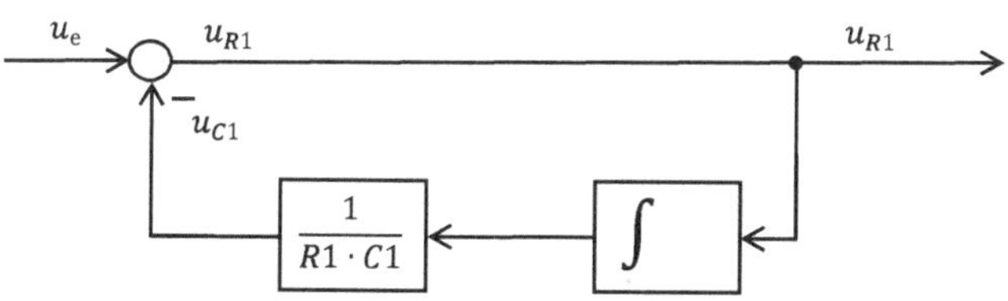

Bild 11.11 Umgezeichneter Wirkungsplan des CR-Hochpasses

b) Federdämpfer (Eingang → Kraft; Ausgang → Dämpfungskraft; Bild 11.12)

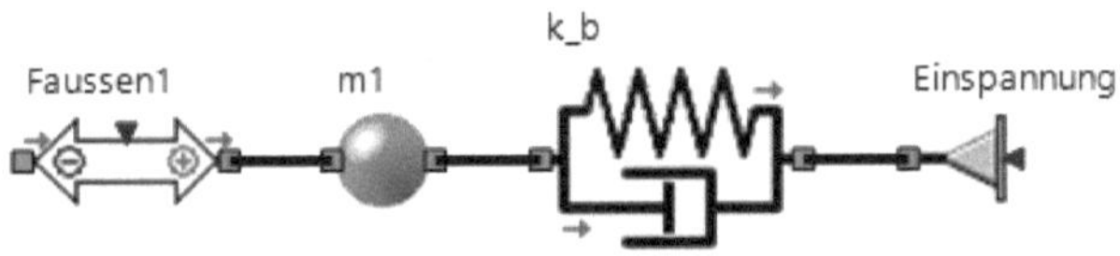

Bild 11.12 Screenshot des Feder-(Masse)-Dämpfungssystems

Es gilt (Bild 11.13):

$$F_d = F_{aussen1} - F_f$$

$$v = \frac{F_d}{b}$$

$$F_f = k \cdot \int v dt$$

Hinweis: Die sehr kleine Masse ist zur Simulation erforderlich.

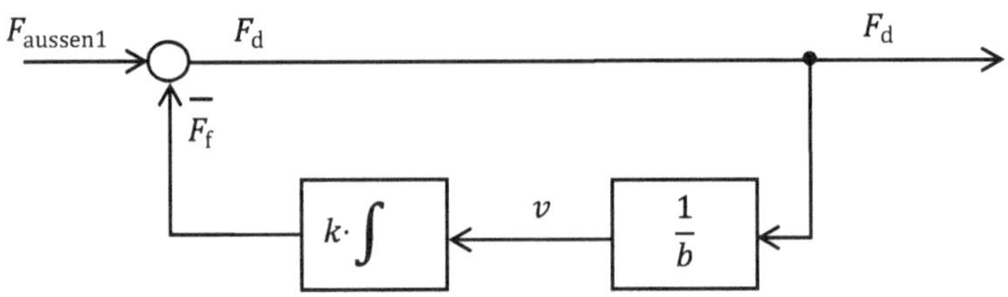

Bild 11.13 Wirkungsplan des Federdämpfers (Eingang → Kraft; Ausgang → Dämpfungskraft)

Umgezeichnet gilt die Darstellung in Bild 11.14. Bild 11.14 zeigt ebenfalls die typische Form eines Hochpasses.

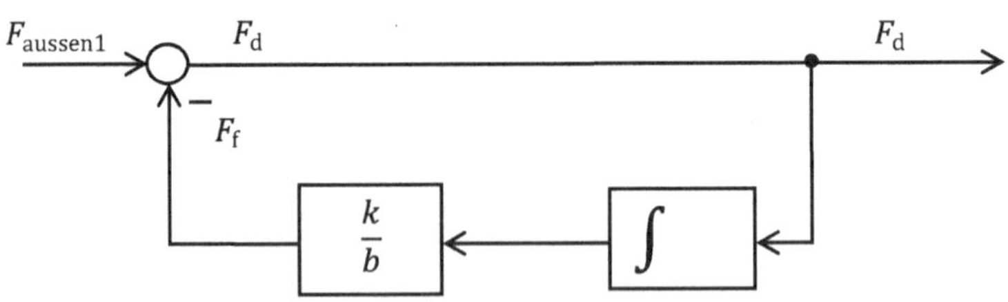

Bild 11.14 Umgezeichneter Wirkungsplan des Federdämpfers (Eingang → Kraft; Ausgang → Dämpfungskraft)

c) Federdämpfer (Eingang → Wegvorgabe Ausgang → Weg des Dämpferkolbens); Bild 11.15)

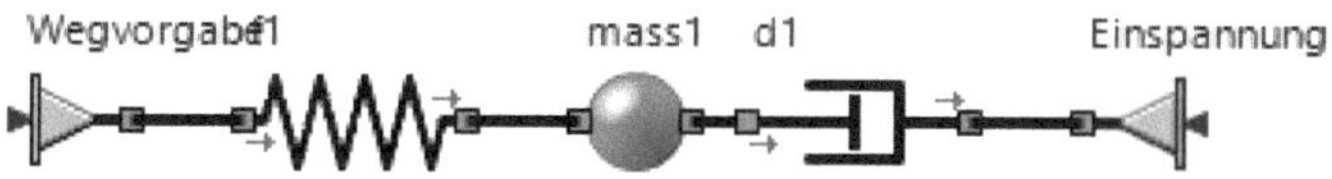

Bild 11.15 Screenshot des Feder-(Masse)-Dämpfungssystems

Es gilt (Bild 11.16):

$$F_{\mathrm{d1}} = F_{\mathrm{f1}} = k \cdot s_{\mathrm{f1}}$$

$$s_{\mathrm{d1}} = \frac{1}{b} \cdot \int F_{\mathrm{d1}} dt$$

wegen $s = \int v dt$

$$s_{\mathrm{f1}} = s_{\mathrm{Vorgabe}} - s_{\mathrm{d1}}$$

Hinweis: Zur Simulation ist eine sehr kleine Masse erforderlich.

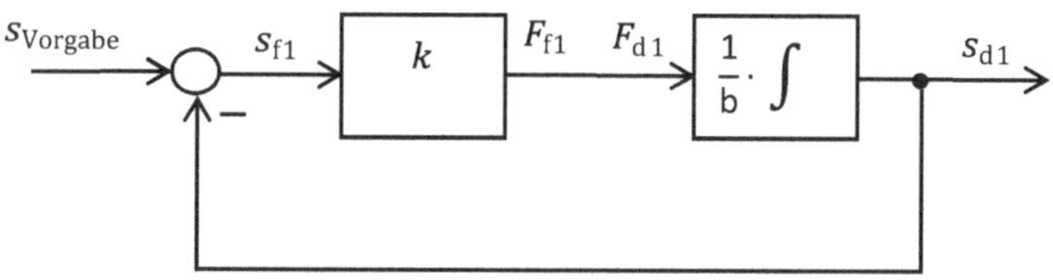

Bild 11.16 Wirkungsplan des Federdämpfers (Eingang → Wegvorgabe Ausgang → Weg des Dämpferkolbens)

Umgezeichnet gilt die Darstellung in Bild 11.17. Bild 11.17 zeigt die typische Form eines Tiefpasses.

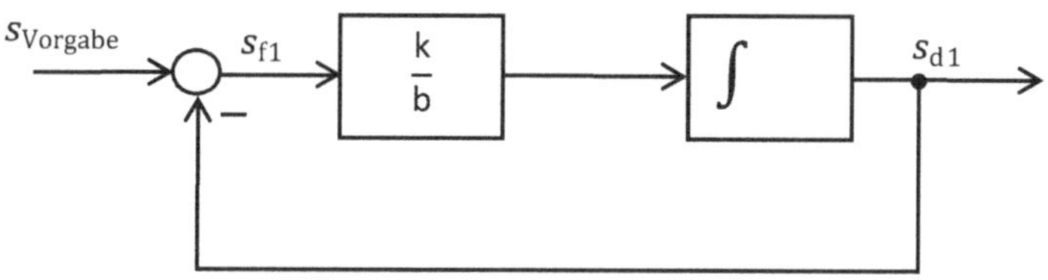

Bild 11.17 Umgezeichneter Wirkungsplan des Federdämpfers (Eingang → Wegvorgabe Ausgang → Weg des Dämpferkolbens)

11.6 Übung 6 (Abschnitt 2.3.2)

Erstellen Sie die Übertragungsfunktion für einen Federdämpfer (Eingang → Kraft; Ausgang → Geschwindigkeit) und einen Reihenschwingkreis mit $U_a = U_{R1}$.

a) Federdämpfer (Eingang → Kraft; Ausgang → Geschwindigkeit; Bild 11.18)

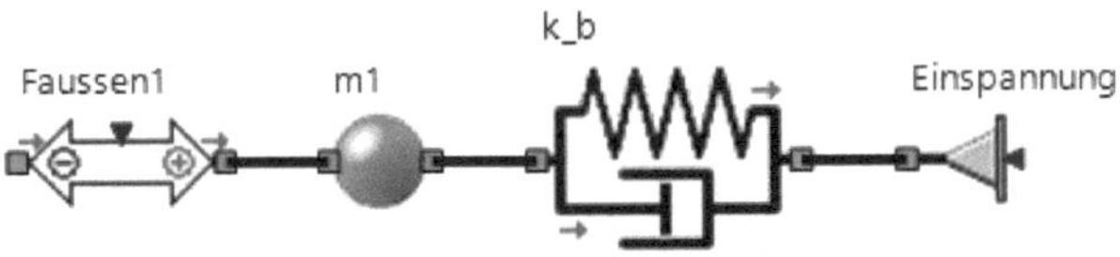

Bild 11.18 Screenshot des Feder-(Masse-)Dämpfungssystems

Es gilt:

$$F_{\text{aussen}} = F_{\text{d}} + F_{\text{f}}$$

$$F_{\text{d}} = v \cdot b$$

$$F_{\text{f}} = k \cdot \int v dt$$

Hinweis: Die sehr kleine Masse ist zur Simulation erforderlich.

$$F_{\text{aussen}} = F_{\text{d}} + F_{\text{f}} = v \cdot b + k \cdot \int vdt \quad \circ\!\!-\!\!\bullet \quad F_{\text{aussen}} = v \cdot b + k \cdot \frac{v}{s} = v \cdot (b + \frac{k}{s})$$

$$G(s) = \frac{v}{F_{\text{aussen}}} = \frac{1}{b + \frac{k}{s}} = \frac{s}{s \cdot b + k}$$

Alternativ gilt die Darstellung in Bild 11.19.

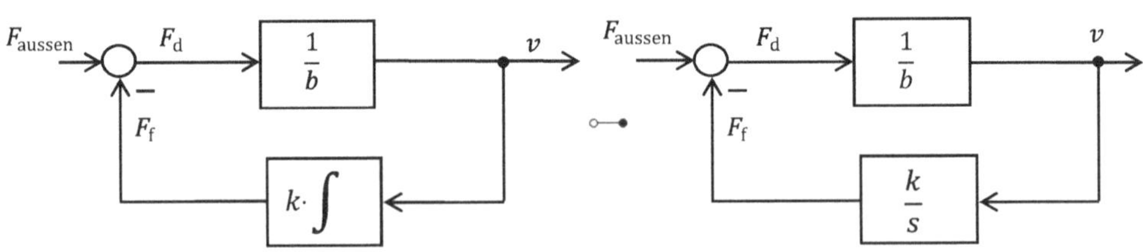

Bild 11.19 Wirkungsplan des Federdämpfers im Original- und Bildbereich

Regel 4:

$$G(s) = \frac{v}{F_{\text{aussen}}} = \frac{\frac{1}{b}}{1 + \frac{1}{b} \cdot \frac{k}{s}} = \frac{1}{b + \frac{k}{s}} = \frac{s}{s \cdot b + k}$$

b) Reihenschwingkreis mit $u_a = u_{R1}$ (Bild 11.20)

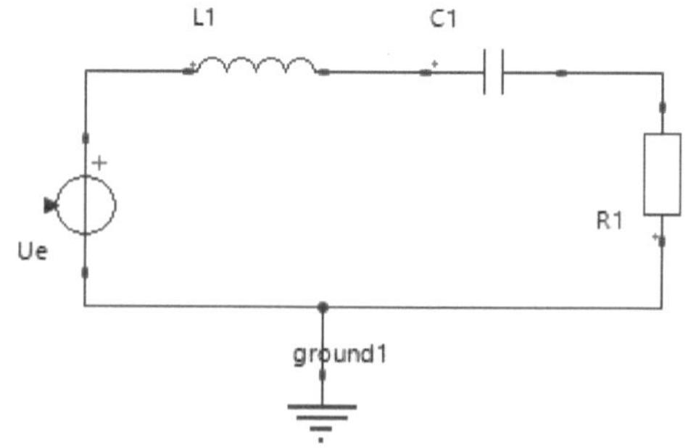

Bild 11.20 Screenshot des Reihenschwingkreises

Es gilt:

$$u_e = u_{L1} + u_{C1} + u_{R1} = u_{L1} + u_{C1} + u_a$$

$$u_{R1} = i_{R1} \cdot R_1 = u_a$$

$$u_{C1} = \frac{1}{C_1} \cdot \int i_{C1} dt$$

$$u_{L1} = L_1 \cdot \frac{di_{L1}}{dt}$$

$$i_{C1} = i_{L1} = i_{R1}$$

Die resultierende Gleichung

$$u_e = L_1 \cdot \frac{di_{L1}}{dt} + \frac{1}{C_1} \cdot \int i_{C1} dt + u_a$$

wird abgeleitet

$$\frac{du_e}{dt} = L_1 \cdot \frac{d^2 i_{L1}}{dt^2} + \frac{1}{C_1} \cdot i_{C1} + \frac{du_a}{dt} = \frac{L_1}{R_1} \cdot \frac{d^2 u_a}{dt^2} + \frac{1}{C_1} \cdot \frac{u_a}{R_1} + \frac{du_a}{dt}$$
$$= \frac{L_1}{R_1} \cdot \frac{d^2 u_a}{dt^2} + \frac{du_a}{dt} + \frac{1}{C_1} \cdot \frac{u_a}{R_1}$$

und in den Bildbereich transformiert ○—●:

$$s \cdot u_\mathrm{e} = \frac{L_1}{R_1} \cdot s^2 \cdot u_\mathrm{a} + s \cdot u_\mathrm{a} + \frac{1}{C_1 \cdot R_1} \cdot u_\mathrm{a}$$

Es entsteht

$$G(s) = \frac{u_\mathrm{a}(s)}{u_\mathrm{e}(s)} = \frac{s}{\frac{L_1}{R_1} \cdot s^2 + s + \frac{1}{C_1 \cdot R_1}} = \frac{s \cdot C_1 \cdot R_1}{1 + s \cdot C_1 \cdot R_1 + s^2 \cdot L_1 \cdot C_1}$$

oder es wird der Spannungsteiler verwendet

$$F(\mathrm{j}\omega) = \frac{u_\mathrm{a}(\mathrm{j}\omega)}{u_\mathrm{e}(\mathrm{j}\omega)} = \frac{R_1}{\mathrm{j}\omega \cdot L_1 + \frac{1}{\mathrm{j}\omega \cdot C_1} + R_1} = \frac{\mathrm{j}\omega \cdot C_1 \cdot R_1}{1 + \mathrm{j}\omega \cdot C_1 \cdot R_1 + (\mathrm{j}\omega)^2 \cdot L_1 \cdot C_1}$$

und damit ist

$$G(s) = \frac{u_\mathrm{a}(s)}{u_\mathrm{e}(s)} = \frac{s \cdot C_1 \cdot R_1}{1 + s \cdot C_1 \cdot R_1 + s^2 \cdot L_1 \cdot C_1}$$

11.7 Übung 7 (Abschnitt 2.3.4)

Stellen Sie für die nachfolgenden elektrischen Schaltungen die Übertragungsfunktion (ein Bruchstrich) auf, und erstellen Sie mithilfe der Reglernormalform das jeweilige Signalflussbild. Überprüfen Sie die Richtigkeit Ihres Blockschaltbildes anhand des Vergleichs der Zeitverläufe der elektrischen Schaltung, des Signalflussbildes und der Übertragungsfunktion mithilfe des Programms SimulationX bei einer Eingangsspannung von 10 V.

Nutzen Sie die eingestellten Default-Werte für alle Bauteile, also $R_1 = R_2 = 1000\ \Omega$, $C_1 = 10\ \mu\mathrm{F}$ und $L_1 = 0.1$ H.

a) Schaltung a (Bild 2.65/Bild 11.21)

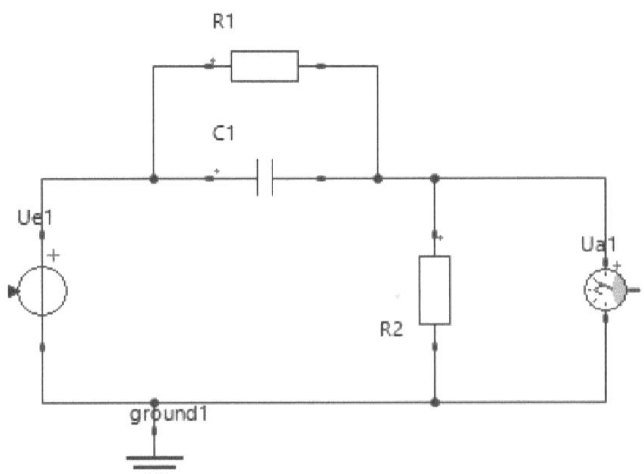

Bild 11.21
Screenshot von Schaltung a

$$F(\mathrm{j}w) = \frac{u_{a1}(\mathrm{j}\omega)}{u_{e1}(\mathrm{j}\omega)} = \frac{R_2}{R_2 + \frac{R_1 \cdot \frac{1}{\mathrm{j}\omega \cdot C_1}}{R_1 + \frac{1}{\mathrm{j}\omega \cdot C_1}}} = \frac{R_2}{R_2 + \frac{R_1}{1+\mathrm{j}\omega \cdot C_1 R_1}} = \frac{R_2 + \mathrm{j}\omega \cdot C_1 R_1 R_2}{R_1 + R_2 + \mathrm{j}\omega \cdot C_1 R_1 R_2}$$

Damit ist

$$G(s) = \frac{u_{a1}(s)}{u_{e1}(s)} = \frac{R_2 + s \cdot C_1 R_1 R_2}{R_1 + R_2 + s \cdot C_1 R_1 R_2}$$

mit $a_0 = R_2$; $a_1 = C_1 R_1 R_2$; $b_0 = R_1 + R_2$; $b_1 = C_1 R_1 R_2$

Bild 11.22 zeigt das entsprechende Blockschaltbild für $G(s)$.

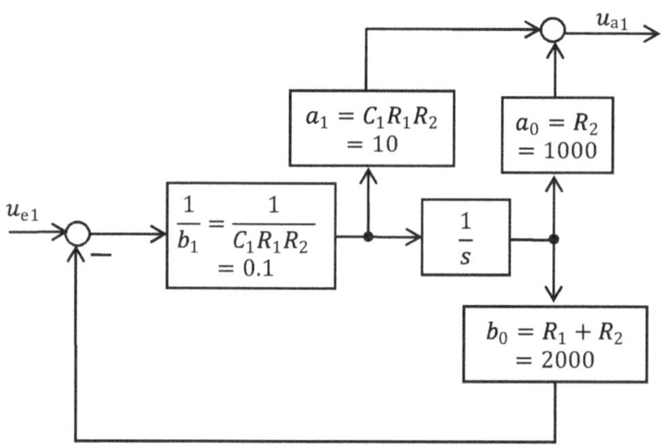

Bild 11.22 Wirkungsplan von Schaltung a (Variante 1)

Oder in einer schöneren Form (Bild 11.23):

$$G^{*}(s) = \frac{u_{a1}(s)}{u_{e1}(s)} = \frac{R_2}{R_1 + R_2} \cdot \frac{1 + s \cdot C_1 R_1}{1 + s \cdot C_1 \frac{R_1 R_2}{R_1 + R_2}} = K \cdot \frac{1 + s \cdot T_v}{1 + s \cdot T_1} \quad \text{mit} \quad T_v \geq T_1$$

$$G^{*}(s) = \text{PDT}_1\text{-Glied; Lead-Element mit } K = \frac{R_2}{R_1 + R_2}; \; a_0^{*} = 1; \; a_1^{*} = C_1 R_1 = T_v;$$

$$b_0^{*} = 1; \; b_1^{*} = C_1 \frac{R_1 R_2}{R_1 + R_2} = T_1$$

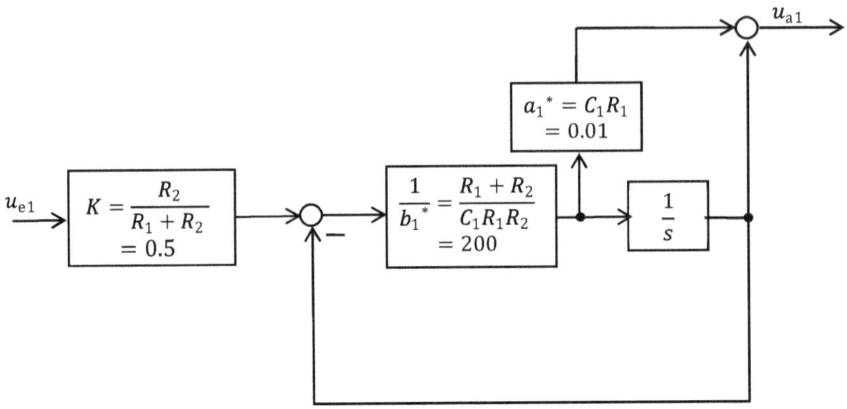

Bild 11.23 Wirkungsplan von Schaltung a (Variante 2)

b) Schaltung b (Bild 2.66/Bild 11.24)

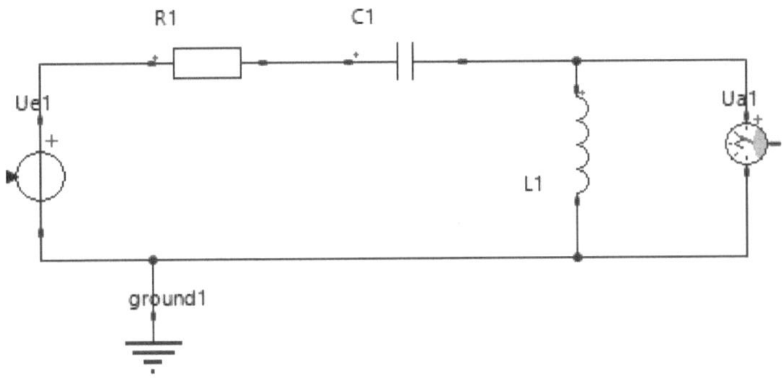

Bild 11.24 Screenshot von Schaltung b

$$F(\mathrm{j}w) = \frac{u_{a1}(\mathrm{j}\omega)}{u_{e1}(\mathrm{j}\omega)} = \frac{\mathrm{j}\omega \cdot L_1}{R_1 + \frac{1}{\mathrm{j}\omega \cdot C_1} + \mathrm{j}\omega \cdot L_1} = \frac{(\mathrm{j}\omega)^2 \cdot L_1C_1}{1 + \mathrm{j}\omega \cdot C_1R_1 + (\mathrm{j}\omega)^2 \cdot L_1C_1}$$

Damit ist

$$G(s) = \frac{u_{a1}(s)}{u_{e1}(s)} = \frac{s^2 \cdot L_1C_1}{1 + s \cdot C_1R_1 + s^2 \cdot L_1C_1} \quad \text{mit} \quad a_2 = L_1C_1;\ b_0 = 1;$$
$$b_1 = C_1R_1;\ \ b_2 = L_1C_1$$

Bild 11.25 zeigt das Blockschaltbild für $G(s)$.

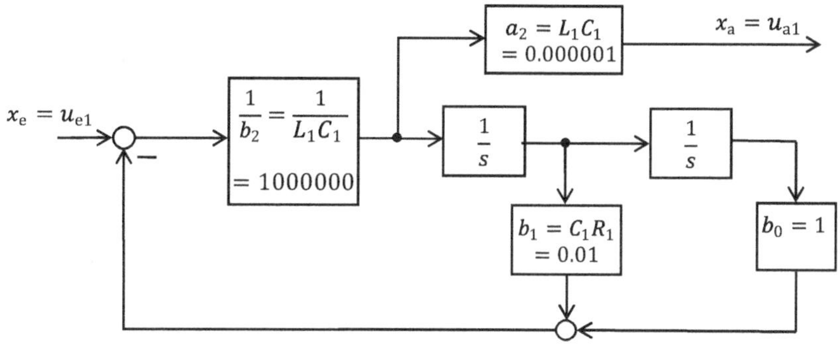

Bild 11.25 Wirkungsplan von Schaltung b

11.8 Übung 8 (Abschnitt 2.5.2)

1. Bestimmen Sie das Übertragungsverhalten und die beschreibenden Parameter.

   a) Bestimmung für Wirkungsplan von Bild 2.78a/Bild 11.26

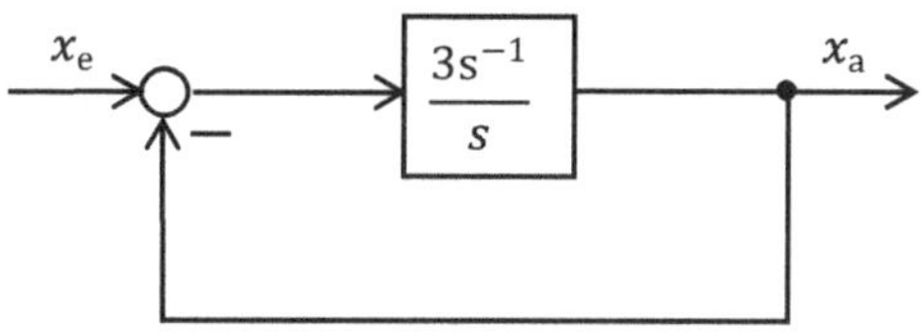

Bild 11.26 Wirkungsplan zu Punkt a)

$$G(s) = \frac{\frac{3\,\mathrm{s}^{-1}}{s}}{1+\frac{3\,\mathrm{s}^{-1}}{s}} = \frac{3\,\mathrm{s}^{-1}}{3\,\mathrm{s}^{-1}+s} = \frac{1}{1+s\cdot\frac{1}{3}\,\mathrm{s}} \qquad \mathrm{PT}_1 \text{ mit } K = 1 \text{ und } T_1 = \frac{1}{3}\,\mathrm{s}$$

   b) Bestimmung für Wirkungsplan von Bild 2.78b/Bild 11.27

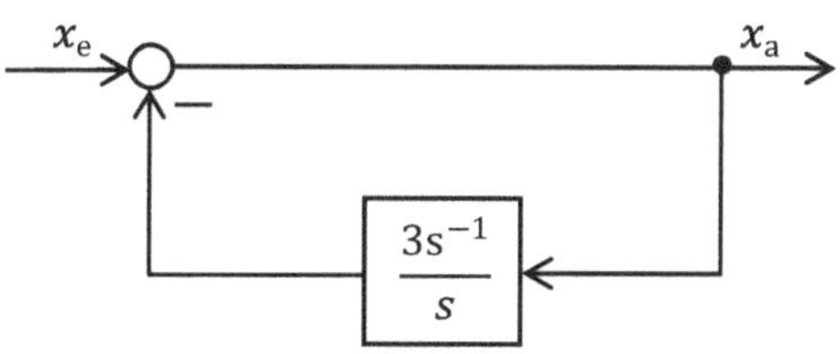

Bild 11.27 Wirkungsplan zu Punkt b)

$$G(s) = \frac{1}{1+\frac{3\,\mathrm{s}^{-1}}{s}} = \frac{s}{3\,\mathrm{s}^{-1}+s} = \frac{1}{3}\,\mathrm{s}\cdot\frac{s}{1+s\cdot\frac{1}{3}\,\mathrm{s}} \qquad \mathrm{DT}_1 \text{ mit } K_D = \frac{1}{3}\,\mathrm{s} \text{ und } T_1 = \frac{1}{3}\,\mathrm{s}$$

c) Bestimmung für Wirkungsplan von Bild 2.79c/Bild 11.28

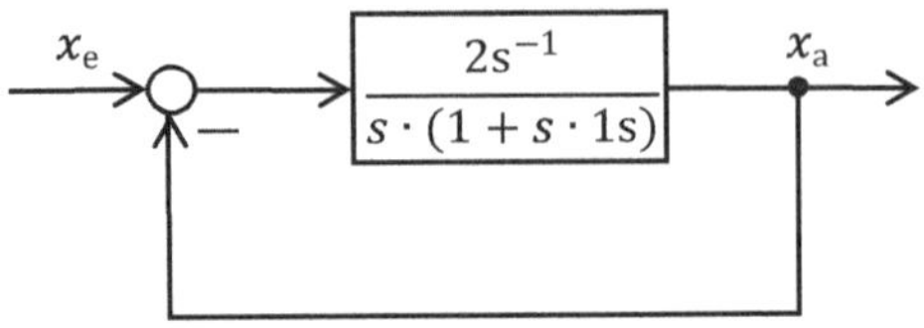

Bild 11.28 Wirkungsplan zu Punkt c)

$$G(s) = \frac{\frac{2\,\text{s}^{-1}}{s\cdot(1+s\cdot 1\,\text{s})}}{1+\frac{2\,\text{s}^{-1}}{s\cdot(1+s\cdot 1\,\text{s})}} = \frac{2\,\text{s}^{-1}}{s\cdot(1+s\cdot 1\,\text{s})+2\,\text{s}^{-1}} = \frac{2\,\text{s}^{-1}}{2\,\text{s}^{-1}+s+s^2\cdot 1\,\text{s}}$$

$$G(s) = \frac{1}{1+s\cdot\frac{1}{2}\,\text{s}+s^2\cdot\frac{1}{2}\,\text{s}^2}\ \text{PT}_2\ \text{mit}\ K = 1; D = \frac{\frac{1}{2}\,\text{s}}{2\cdot\sqrt{\frac{1}{2}\,\text{s}^2}} = 0.35;$$

$$\omega_0 = \frac{1}{\sqrt{\frac{1}{2}\,\text{s}^2}} = \sqrt{2}\,\text{s}^{-1}$$

d) Bestimmung für Wirkungsplan von Bild 2.79d/Bild 11.29

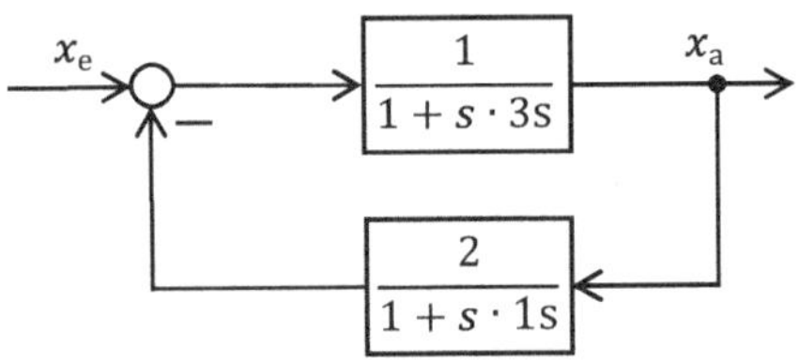

Bild 11.29 Wirkungsplan zu Punkt d)

$$G(s) = \frac{\frac{1}{1+s\cdot 3\,\text{s}}}{1+\frac{2}{1+s\cdot 1\,\text{s}}\cdot\frac{1}{1+s\cdot 3\,\text{s}}} = \frac{1}{1+s\cdot 3\,\text{s}+\frac{2}{1+s\cdot 1\,\text{s}}} = \frac{1+s\cdot 1\,\text{s}}{1+s\cdot 4\,\text{s}+s^2\cdot 3\,\text{s}^2+2}$$

$$G(s) = \frac{1+s\cdot 1\,\text{s}}{3+s\cdot 4\,\text{s}+s^2\cdot 3\,\text{s}^2} = \frac{1}{3}\cdot\frac{1+s\cdot 1\,\text{s}}{1+s\cdot\frac{4}{3}\,\text{s}+s^2\cdot 1\,\text{s}^2}\quad \text{PDT}_2\ \text{mit}\ K = \frac{1}{3}; T_V = 1\,\text{s}$$

D und ω_0 sind nicht bestimmbar, da auch der Zähler einen Einfluss auf die Gesamtdämpfung hat.

2. Gegeben sind die im Folgenden aufgeführten Strecken. Geben Sie das Systemverhalten und die beschreibenden Parameter an.

$$G(s) = \frac{3}{1 + s \cdot 4\,\mathrm{s} + s^2 \cdot 1\,\mathrm{s}^2}$$

$$D = \frac{4\,\mathrm{s}}{2 \cdot \sqrt{1\,\mathrm{s}^2}} = 2$$

$$T_{1/2} = \frac{4\,\mathrm{s}}{2} \pm \sqrt{(4\,\mathrm{s})^2 - 1\,\mathrm{s}^2}$$

$$T_1 = 3.73\,\mathrm{s}; T_2 = 0.27\mathrm{s}$$

$$G(s) = \frac{3}{(1 + s \cdot 3.73\,\mathrm{s}) \cdot (1 + s \cdot 0.27\,\mathrm{s})}$$

$$G(s) = \frac{5}{1 + s \cdot 3\,\mathrm{s} + s^2 \cdot 6\,\mathrm{s}^2}$$

$$D = \frac{3\,\mathrm{s}}{2 \cdot \sqrt{6\,\mathrm{s}^2}} = 0.61$$

$$\omega_0 = \frac{1}{\sqrt{6\,\mathrm{s}^2}} = 0.41\,\mathrm{s}^{-1}$$

3. Gegeben ist ein RSK (Bild 2.80/Bild 11.30). Wie groß muss der Widerstand jeweils gewählt werden, damit der aperiodische Grenzfall und eine ungedämpfte Dauerschwingung eintreten? Überprüfen Sie die Richtigkeit Ihrer Rechnung durch eine Simulation.

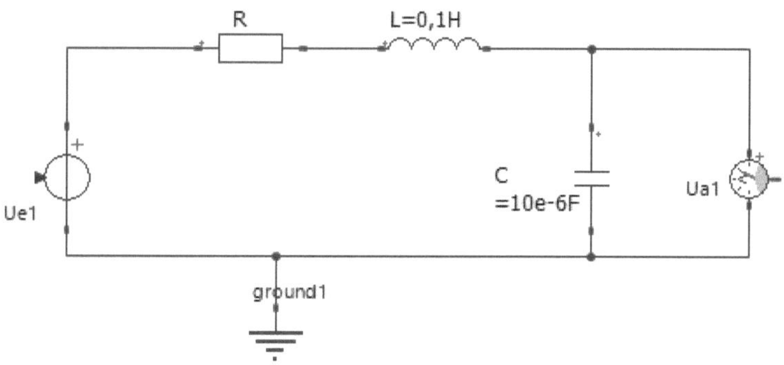

Bild 11.30 Screenshot von *16_ET_RSK.isx*

$$G(s) = \frac{1}{1 + s \cdot R \cdot C + s^2 \cdot L \cdot C} = \frac{K}{1 + s \cdot \frac{2D}{\omega_0} + \frac{s^2}{\omega_0{}^2}}$$

Koeffizientenvergleich: $\frac{1}{{\omega_0}^2} = L \cdot C$

Umgestellt: $\omega_0 = \frac{1}{\sqrt{L \cdot C}}$ (Thompsonsche Schwingformel)

Aperiodischer Grenzfall: bei $D = 1$

$$\frac{2D}{\omega_0} = \frac{2 \cdot 1}{\frac{1}{\sqrt{L \cdot C}}} = 2\sqrt{L \cdot C} = R \cdot C$$

Umgestellt:

$$R = 2 \cdot \sqrt{\frac{L}{C}} = 2 \cdot \sqrt{\frac{0.1\ \frac{\mathrm{Vs}}{\mathrm{A}}}{0.1 \cdot 10^{-4}\ \frac{\mathrm{As}}{\mathrm{V}}}} = 200\ \Omega$$

Ungedämpfte Dauerschwingung: bei $D = 0$

Mit L, C endlich muss $R = 0$ (Supraleiter) sein.

11.9 Übung 9 (Abschnitt 2.6.3)

1. Ein System hat folgende Übertragungsfunktion:

$$G(s) = \frac{s \cdot 2\,\mathrm{s}}{1 + s \cdot 8\,\mathrm{s} + s^2 \cdot 12\,\mathrm{s}^2}$$

Zeichnen Sie den Zeitverlauf bei einer Eingangsrampe mit dem Anstieg der Höhe $5\ \mathrm{s}^{-1}$.

Lösung (Bild 11.31):

Schritt (1)

$x_\mathrm{e}\,(t) = 5\ \mathrm{s}^{-1} \cdot t \overset{3}{\circ\!\!-\!\!\bullet}\ x_\mathrm{e}(s) = \frac{5\ \mathrm{s}^{-1}}{s^2}$

Schritt (2)

$$x_\mathrm{a}(s) = G(s) \cdot x_\mathrm{e}(s) = \frac{s \cdot 2\,\mathrm{s}}{1 + s \cdot 8\,\mathrm{s} + s^2 \cdot 12\,\mathrm{s}^2} \cdot \frac{5\,\mathrm{s}^{-1}}{s^2} = \frac{10}{(1 + s \cdot 8\,\mathrm{s} + s^2 \cdot 12\,\mathrm{s}^2) \cdot s}$$

Koeffizientenvergleich:

$8\,\mathrm{s} = T_1 + T_2$

und

$12\,\mathrm{s}^2 = T_1 \cdot T_2$

bzw.

$0 = T_1^2 - 8\,\mathrm{s} \cdot T_1 + 12\,\mathrm{s}^2$

Gelöst:

$T_1 = 6\ \mathrm{s};\ \ T_2 = 2\ \mathrm{s}$

Damit ist

$$x_\mathrm{a}(s) = \frac{10}{(1 + s \cdot 6\ \mathrm{s}) \cdot (1 + s \cdot 2\ \mathrm{s}) \cdot s}$$

Schritt (3)

$$x_\mathrm{a}\,(s) = \frac{10}{(1{+}s{\cdot}6\ \mathrm{s}){\cdot}(1{+}s{\cdot}2\ \mathrm{s}){\cdot}s} \;\bullet\!\!\overset{20}{-\!\!-}\!\!\circ$$

$$x_\mathrm{a}\,(t) = 10 \cdot \left(1 - \frac{1}{6\ \mathrm{s} - 2\ \mathrm{s}} \cdot \left(6\ \mathrm{s} \cdot \mathrm{e}^{-\frac{t}{6\ \mathrm{s}}} - 2\ \mathrm{s} \cdot \mathrm{e}^{-\frac{t}{2\ \mathrm{s}}}\right)\right) = 10 - 15 \cdot \mathrm{e}^{-\frac{t}{6\ \mathrm{s}}} + 5 \cdot \mathrm{e}^{-\frac{t}{2\ \mathrm{s}}}$$

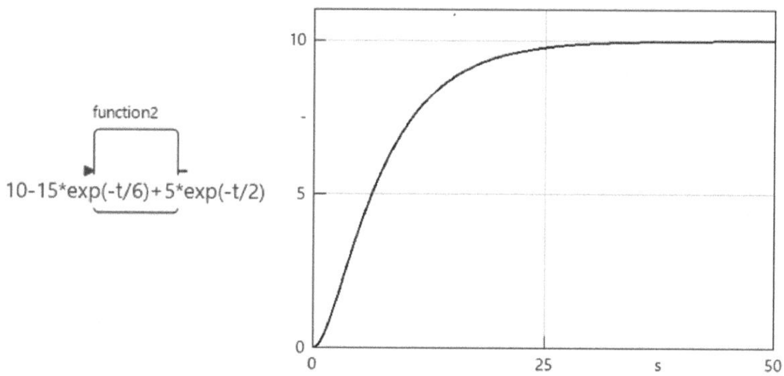

Bild 11.31 Zeitfunktion und Zeitverlauf der Rampenantwort

2. Ein geregelter Elektromotor mit angehängtem Gewindetrieb wird mit folgender Übertragungsfunktion angenähert:

$$G(s) = \frac{10\ \mathrm{s}^{-1}}{(1 + s \cdot 1\ \mathrm{s}) \cdot s}$$

Zur Positionsregelung wird ein Regelkreis aufgebaut. Dabei wurde versehentlich eine Mitkopplung erzeugt. Wie reagiert das System auf einen kurzen Impuls $x_\mathrm{e} = 1\ \mathrm{ms} \cdot \delta(t)$ am Eingang?

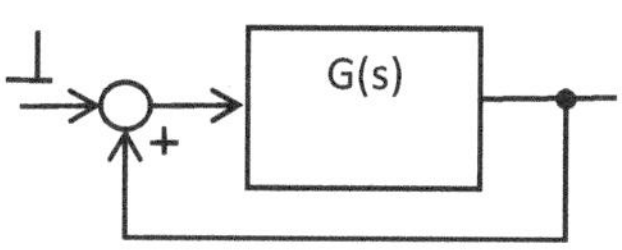

Lösung (Bild 11.32):

Schritt (1)

$x_e(t) = 1\,\text{ms} \cdot \delta(t) \overset{1}{\circ\!\!-\!\!\bullet} x_e(s) = 1\,\text{ms}$

Schritt (2)

Mitkopplung:

$$G_m(s) = \frac{G(s)}{1 - G(s)} = \frac{\frac{10\,\text{s}^{-1}}{(1+s\cdot 1\,\text{s})\cdot s}}{1 - \frac{10\,\text{s}^{-1}}{(1+s\cdot 1\,\text{s})\cdot s}} = \frac{10\,\text{s}^{-1}}{(1 + s \cdot 1\text{s}) \cdot s - 10\,\text{s}^{-1}}$$

$$G_m(s) = \frac{10\,\text{s}^{-1}}{10\,\text{s}^{-1}} \cdot \frac{1}{-1 + s \cdot 0.1\,\text{s} + s^2 \cdot 0.1\,\text{s}^2} = \frac{-1}{1 - s \cdot 0.1\,\text{s} - s^2 \cdot 0.1\,\text{s}^2}$$

$$x_a(s) = G(s) \cdot x_e(s) = \frac{-1}{1 - s \cdot 0.1\,\text{s} - s^2 \cdot 0.1\,\text{s}^2} \cdot 1\,\text{ms}$$

$$= -1\,\text{ms} \cdot \frac{1}{1 - s \cdot 0.1\,\text{s} - s^2 \cdot 0.1\,\text{s}^2}$$

Koeffizientenvergleich:

$-0.1\,\text{s} = T_1 + T_2$

und

$-0.1\,\text{s}^2 = T_1 \cdot T_2$

bzw.

$0 = T_1^2 + 0.1\,\text{s} \cdot T_1 - 0.1\,\text{s}^2$

Gelöst:

$T_1 = -0.37\,\text{s};\ T_2 = 0.27\,\text{s}$

Damit ist

$$x_a(s) = -1\,\text{ms} \cdot \frac{1}{(1 + s \cdot (-0.37\,\text{s})) \cdot (1 + s \cdot 0.27\,\text{s})}$$

Schritt (3)

$\overset{17}{\bullet\!\!-\!\!\circ}$

$$x_a(t) = \frac{-1\,\text{ms}}{-0.37\,\text{s} - 0.27\,\text{s}} \cdot \left(e^{-\frac{t}{-0.37\,\text{s}}} - e^{-\frac{t}{0.27\,\text{s}}}\right) = 1.56\,\text{m} \cdot \left(e^{\frac{t}{0.37\,\text{s}}} - e^{-\frac{t}{0.27\,\text{s}}}\right)$$

Kommentar: Ein aufgesetzter Schlitten ist nach 1 s mehr als 20 m gefahren bzw. hätte in der Praxis schon lange jeden Anschlag durchbrochen.

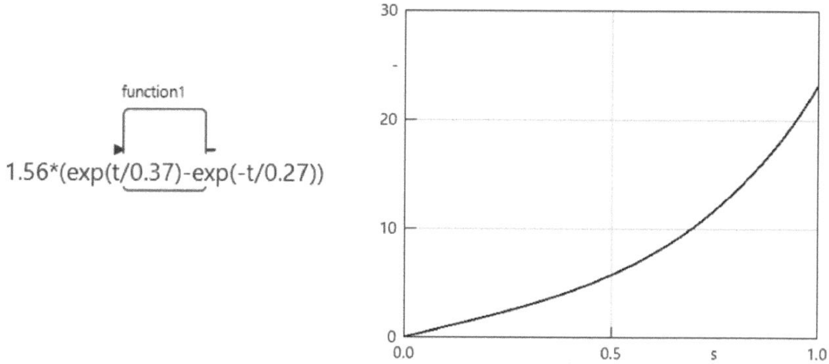

Bild 11.32 Zeitfunktion und Zeitverlauf der Mitkopplung

11.10 Übung 10 (Abschnitt 3.3.1)

Zeichnen Sie von Hand das Bode-Diagramm folgender Strecke auf kariertes Papier:

$$G(s) = \frac{5}{1 + s \cdot 20\,\mathrm{s}}$$

Hinweis für das Zeichnen einer Dekade auf kariertem Papier:

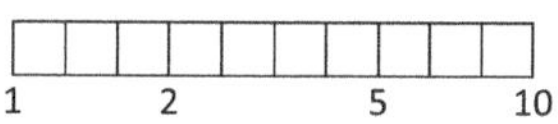

Das heißt, eine Dekade (z. B. 1 ... 10) wird in zehn Kästchen geteilt. Dann folgt nach drei Kästchen die 2, nach vier weiteren Kästchen die 5 und nach zehn Kästchen die 10.

Lösung:

$$G(s) = \frac{5}{1 + s \cdot 20\,\mathrm{s}}$$

mit

$$K_{\mathrm{dB}} = 20 \cdot \log_{10} K = 14\,\mathrm{dB}$$

und

$$\omega_0 = \frac{1}{T_1} = 0.05\,\mathrm{s}^{-1}$$

Es wird Folgendes gewählt (Bild 11.33):

x-Achse: Dekade 0.001 s^{-1} bis 1 s^{-1} (mehr als eine Dekade um ω_0 wählen)

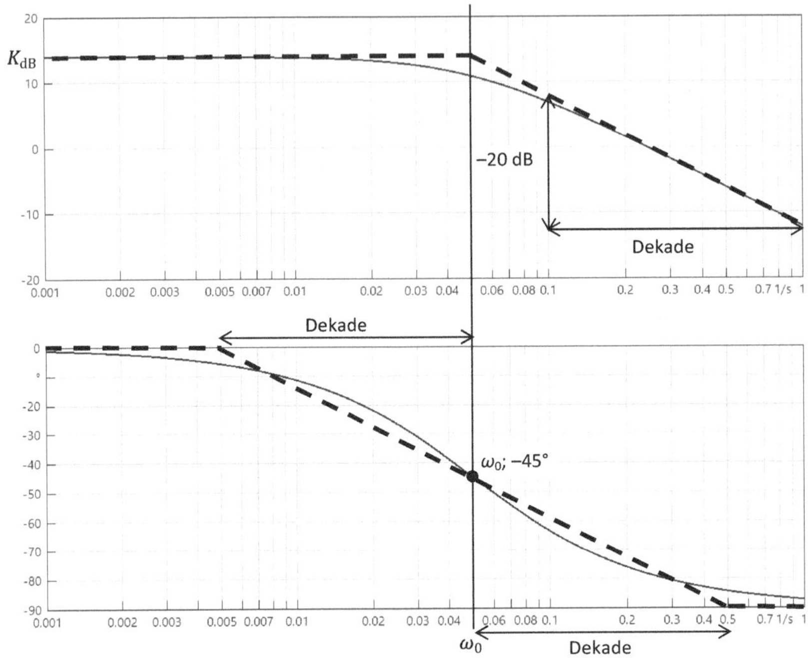

Bild 11.33 Bodediagramm und Skelettkurve der PT_1-Strecke

- - - Skelettkurve

--- mit SimulationX gezeichnete Kurve

11.11 Übung 11 (Abschnitt 3.3.6)

Zeichnen Sie das Bode-Diagramm folgender Strecke und vergleichen Sie Ihr Ergebnis mit den in SimulationX von Ihnen gewonnenen Kurvenverläufen (Bild 11.34).

$$G_1 = \frac{10}{1 + s \cdot 1.5\ \mathrm{s} + s^2 \cdot 1\ \mathrm{s}^{-2}};\ K_{db} = 20 \cdot \log 10 = 20\ \mathrm{dB};\ D = \frac{1.5\ \mathrm{s}}{2 \cdot \sqrt{1\ \mathrm{s}^{-2}}} = 0.75;$$

$$\omega_0 = \frac{1}{\sqrt{b_2}} = 1\ \mathrm{s}^{-1}$$

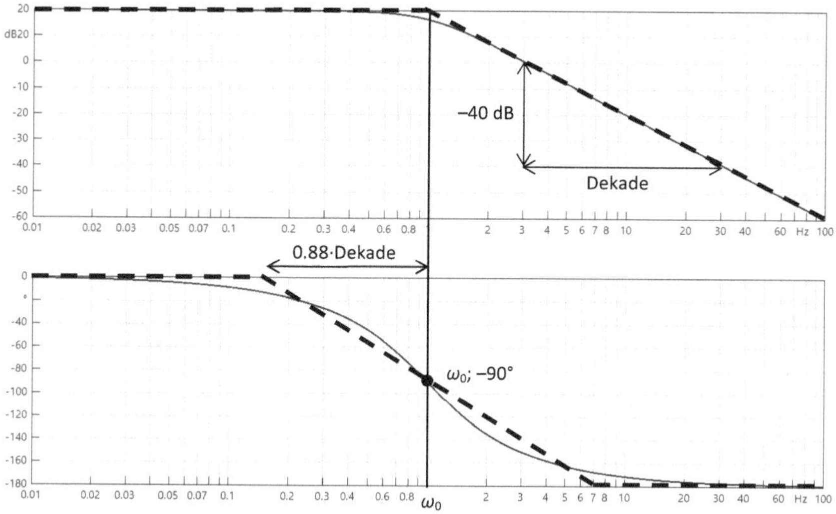

Bild 11.34 Bodediagramm und Skelettkurve der schwingenden PT_2-Strecke

11.12 Übung 12 (Abschnitt 3.3.7.2)

Zeichnen Sie die Skelettkurven der im Folgenden aufgeführten Übertragungsglieder.

(1)

$$G(s) = \frac{10 \cdot (1 + s \cdot 1\,\mathrm{s})}{1 + s \cdot 10\,\mathrm{s}}$$

Vorbetrachtung:

$$K = 10 \rightarrow K_{\mathrm{dB}} = 20 \cdot \log_{10} K = 20\ \mathrm{dB};\ \omega_1 = \frac{1}{T_1} = 0.1\ \mathrm{s}^{-1};\ \omega_{\mathrm{V}} = \frac{1}{T_{\mathrm{V}}} = 1\ \mathrm{s}^{-1}$$

Bild 11.35 zeigt die Skelettkurve.

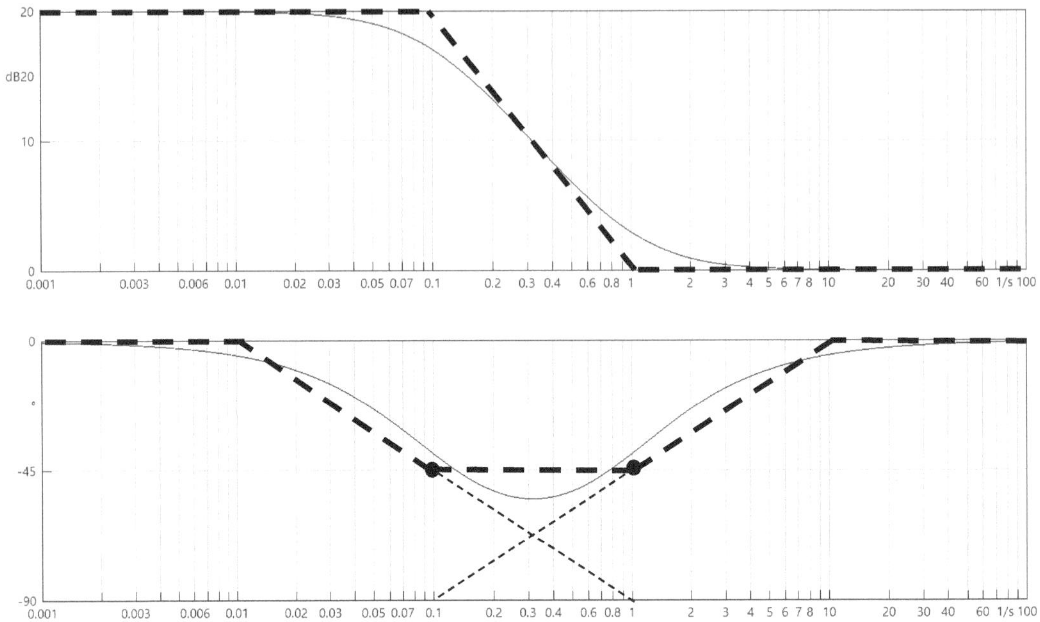

Bild 11.35 Bodediagramm und Skelettkurve der PPT_1-Strecke

(2)

$$G(s) = \frac{6}{2 + s \cdot 2.4\,\mathrm{s} + s^2 \cdot 0.4\,\mathrm{s}^2}$$

Vorbetrachtung: b_0 zu 1 machen

$$G(s) = \frac{6}{2 + s \cdot 2.4\,\mathrm{s} + s^2 \cdot 0.4\,\mathrm{s}^2} = \frac{6}{2 \cdot (1 + s \cdot 1.2\,\mathrm{s} + s^2 \cdot 0.2\,\mathrm{s}^2)}$$

$$= \frac{3}{1 + s \cdot 1.2\,\mathrm{s} + s^2 \cdot 0.2\,\mathrm{s}^2}$$

Dämpfung bestimmen:

$D = \frac{b_1}{2 \cdot \sqrt{b_2}} = \frac{1.2\mathrm{s}}{2 \cdot \sqrt{0.2\mathrm{s}^2}} = 1.34 \rightarrow$ nicht schwingend

T_1/T_2 bestimmen:

$$T_{1/2} = \frac{b_1}{2} \pm \sqrt{\left(\frac{b_1}{2}\right)^2 - b_2} = \frac{1.2\,\mathrm{s}}{2} \pm \sqrt{(0.6\,\mathrm{s})^2 - 0.2\,\mathrm{s}^2} \;\longrightarrow\; T_1 = 1\,\mathrm{s}; T_2 = 0.2\,\mathrm{s}$$

Damit ist

$$G(s) = \frac{3}{(1 + s \cdot 1\,\mathrm{s}) \cdot (1 + s \cdot 0.2\,\mathrm{s})}$$

$$K = 3 \rightarrow K_{\mathrm{dB}} = 20 \cdot \log_{10} K = 9.5\ \mathrm{dB};\ \omega_1 = \frac{1}{T_1} = 1\,\mathrm{s}^{-1};\ \omega_2 = \frac{1}{T_2} = 5\,\mathrm{s}^{-1}$$

Bild 11.36 zeigt die Skelettkurve.

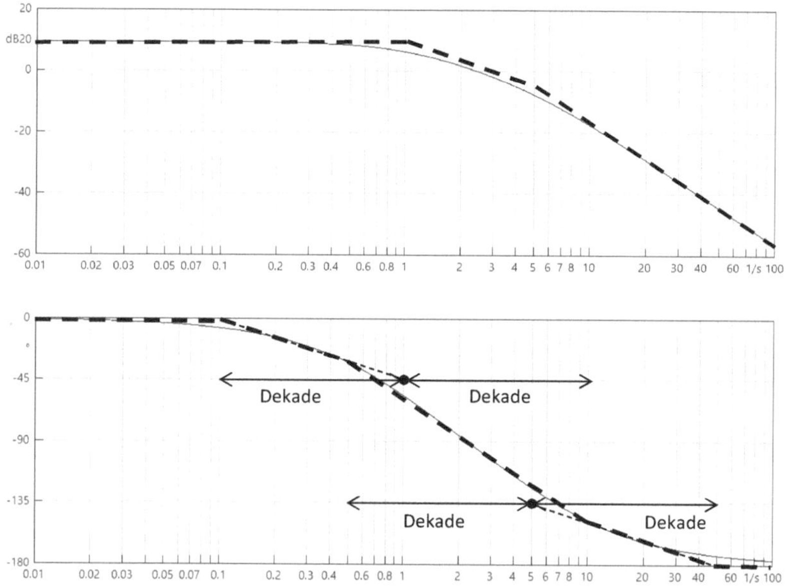

Bild 11.36 Bodediagramm und Skelettkurve der nicht schwingenden PT_2-Strecke

(3)

$$G(s) = \frac{0.5}{s + s^2 \cdot 0.1\,\mathrm{s}}$$

Vorbetrachtung: $b_0 = 0 \rightarrow s$ ausklammern

IT_1-Strecke:

$$G(s) = \frac{0.5\,\mathrm{s}^{-1}}{s \cdot (1 + s \cdot 0.1\,\mathrm{s})}$$

$$K_{\mathrm{i}} = 0.5\,\mathrm{s}^{-1};\ \omega_1 = \frac{1}{T_1} = 10\,\mathrm{s}^{-1}$$

Bild 11.37 zeigt die Skelettkurve.

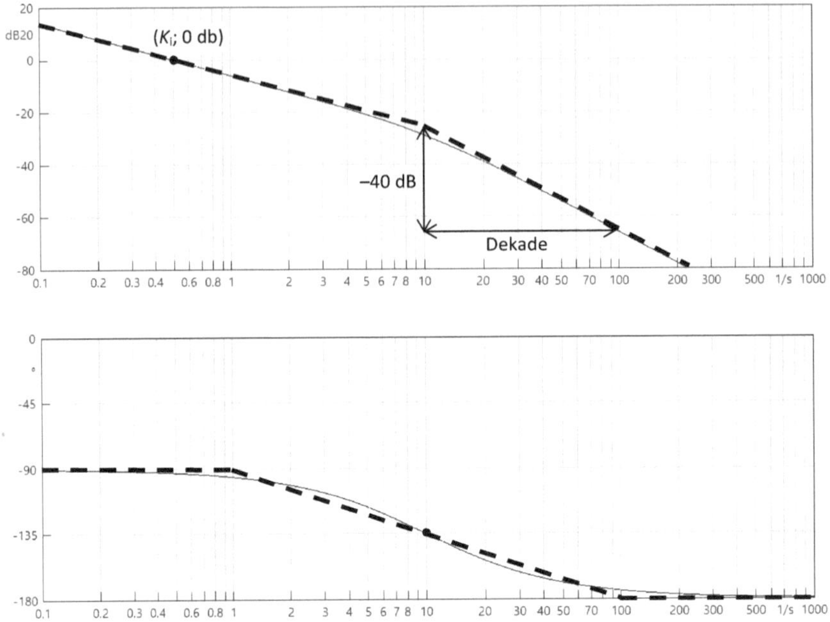

Bild 11.37 Bodediagramm und Skelettkurve der IT_1-Strecke

(4)

$$G(s) = \frac{0.5\ \mathrm{s}^{-1}}{s \cdot (1 + s \cdot 0.5\ \mathrm{s} + s^2 \cdot 2\ \mathrm{s}^2)}$$

Vorbetrachtung: I-Anteil isolieren

$$G(s) = \frac{0.5\ \mathrm{s}^{-1}}{s \cdot (1 + s \cdot 0.5\ \mathrm{s} + s^2 \cdot 2\ \mathrm{s}^2)} = \frac{0.5\ \mathrm{s}^{-1}}{s} \cdot \frac{1}{1 + s \cdot 0.5\ \mathrm{s} + s^2 \cdot 2\ \mathrm{s}^2}$$

PT_2-Anteil:

$$D = \frac{0.5\ \mathrm{s}}{2\sqrt{2\ \mathrm{s}^2}} = 0.176$$

Schwingend mit

$$\omega_0 = \frac{1}{\sqrt{b_2}} = 0.707\ \mathrm{s}^{-1}$$

PT_2-Anteil genähert:

$$G_{\text{genähert}}(s) = \frac{1}{\left(1 + s \cdot \sqrt{2\ \mathrm{s}^2}\right)^2}$$

Bild 11.38 zeigt die Skelettkurve.

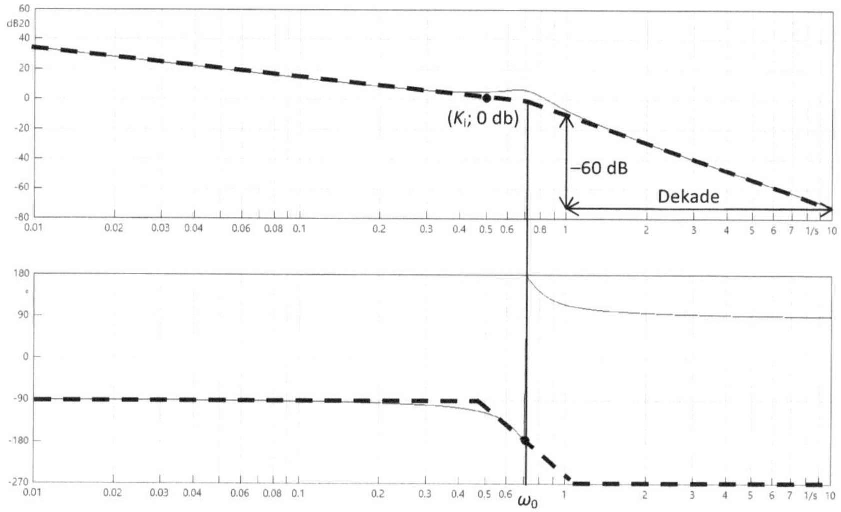

Bild 11.38 Bodediagramm und Skelettkurve der IT_2-Strecke

(5)

$$G(s) = \frac{s \cdot 5\,\mathrm{s}}{1 + s \cdot 2\,\mathrm{s}} \cdot \mathrm{e}^{-s \cdot 0{,}3\,\mathrm{s}}$$

Vorbetrachtung: D-Anteil isolieren

DT_1T_{tot}-Glied:

$$G\,(s) = 5\,\mathrm{s} \cdot s \cdot \frac{1}{1 + s \cdot 2\,\mathrm{s}} \cdot \mathrm{e}^{-s \cdot 0.3\,\mathrm{s}}$$

$$\frac{1}{K_D} = 0.2\,\mathrm{s}^{-1};\ \omega_1 = \frac{1}{T_1} = 0.5\,\mathrm{s}^{-1};\ \frac{0.1}{T_{\mathrm{tot}}} = \frac{1}{3}\,\mathrm{s}^{-1};\ \frac{1}{T_{\mathrm{tot}}} = \frac{10}{3}\,\mathrm{s}^{-1};\ \frac{\pi}{T_{\mathrm{tot}}} = \frac{10 \cdot \pi}{3}\,\mathrm{s}^{-1}$$

Die von SimulationX gezeichnete Kurve benutzt das Padé-approximierte Totzeitglied 2. Ordnung (Bild 11.39).

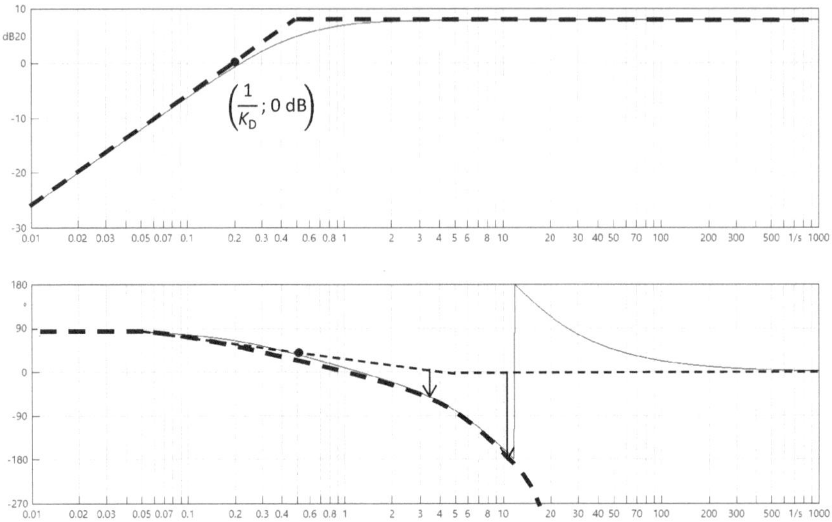

Bild 11.39 Bodediagramm und Skelettkurve der DT_1T_{tot}-Strecke

11.13 Übung 13 (Abschnitt 4.3)

Identifizieren Sie folgende SimulationX-Modelle:

- *1_Übung13_Druckzylinder.isx*
- *2_Übung13_Pneumatikrohr.isx*
- *3_Übung13_RSK.isx*
- *4_Übung13_DCM.isx*
- *5_Übung13_DCMmitTrieb1.isx*
- *6_Übung13_Hydzyl.isx*
- *7_Übung13_DCMmitTrieb2.isx*

Überprüfen Sie die Richtigkeit ihrer Identifikation unter Nutzung der Blöcke *Allgemeine Übertagungsfunktion* und *Totzeit*.

Druckzylinder füllen

1_Übung13_Druckzylinder.isx identifiziert als ein PT_1-Glied (Bild 11.40) mit der Übertragungsfunktion:

$$G(s) = \frac{1}{1 + s \cdot 0.946\ \mathrm{s}}$$

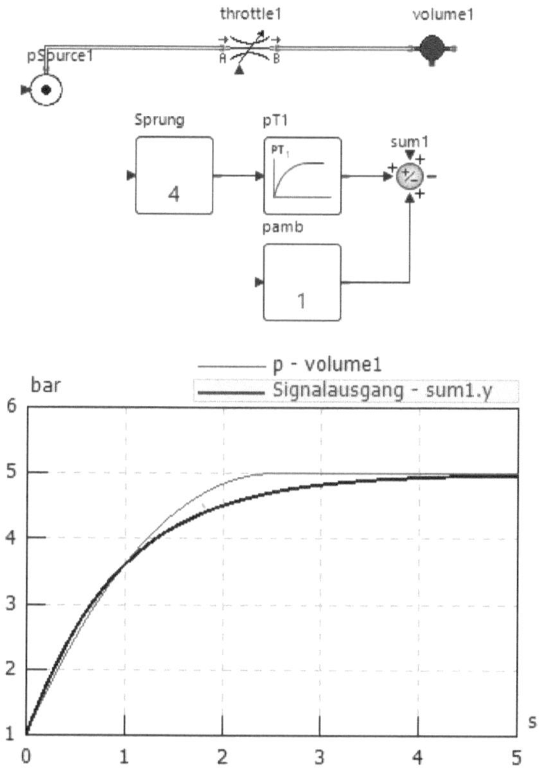

Bild 11.40 Screenshot *1_Übung13_Druckzylinder.isx* sowie originaler und identifizierter Zeitverlauf

Pneumatikrohr

2_Übung13_Pneumatikrohr.isx identifiziert als ein nicht schwindendes PT_n-Glied (Bild 11.41 und Bild 11.42).

$$\frac{T_G}{T_U} \xrightarrow{\text{aus Messen}} \frac{\Delta X}{X_1} = 8.4 < 9.65$$

Damit erhält man

$$G(s) = \frac{1}{(1 + s \cdot 0.7\ \mathrm{s})^2}$$

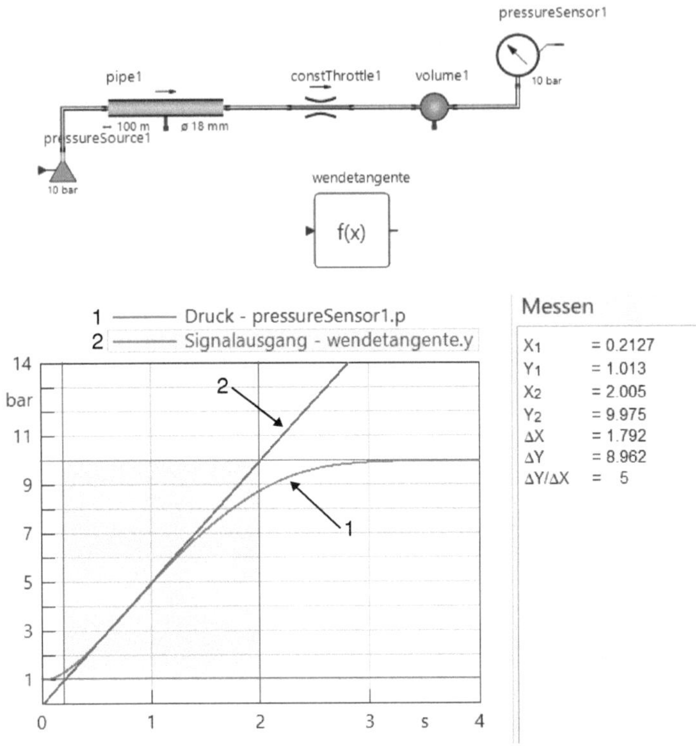

Bild 11.41 Screenshot *1_Übung13_Druckzylinder.isx* mit Zeitverlauf und Wendetangente

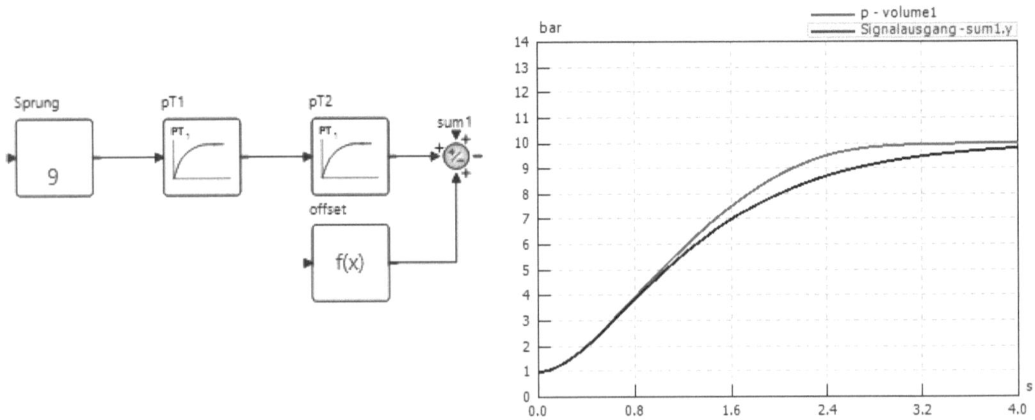

Bild 11.42 Originaler und identifizierter Zeitverlauf

RSK

3_Übung13_RSK.isx identifiziert als ein schwingendes PT_2-Glied (Bild 11.43 und Bild 11.44).

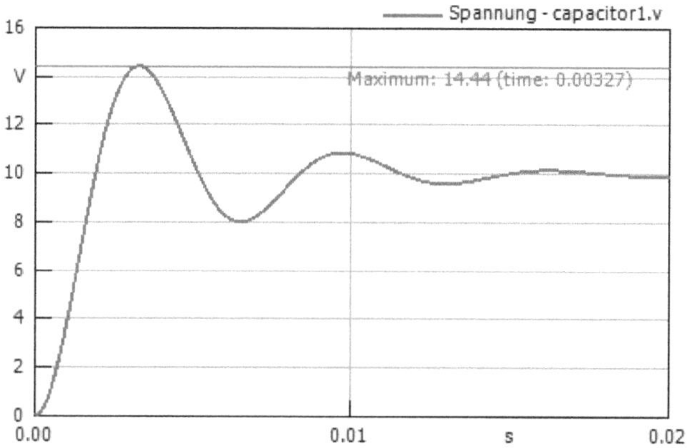

Bild 11.43 Originaler Zeitverlauf des RSK

$$D = \frac{1}{\sqrt{1+\left(\frac{\pi}{\ln\left(\frac{\ddot{u}}{x_{a\infty}}\right)}\right)^2}} = \frac{1}{\sqrt{1+\left(\frac{\pi}{\ln\left(\frac{4.44}{10}\right)}\right)^2}} = 0.25$$

$$\omega_0 = \frac{2\pi}{T_P \cdot \sqrt{1-D^2}} = \frac{2\pi}{2 \cdot 0.00327\text{s} \cdot \sqrt{1-0.25^2}} \approx 1000\ \text{s}^{-1}$$

$$G(s) = \frac{1}{1 + s \cdot \frac{2 \cdot 0.25}{1000\ \text{s}^{-1}} + \frac{s^2}{\left(1000\ \text{s}^{-1}\right)^2}}$$

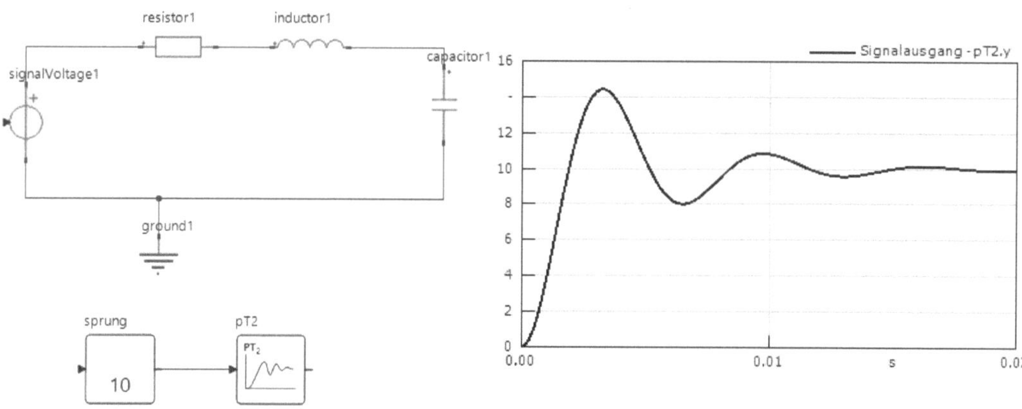

Bild 11.44 Screenshot *3_Übung13_RSK.isx* sowie identifizierter Zeitverlauf

Motor mit Schwung

4_Übung13_DCM.isx identifiziert als ein nicht schwingendes PT_2-Glied (Bild 11.45 und Bild 11.46).

$$\frac{T_G}{T_U} \xrightarrow{\text{aus Messen}} \frac{\Delta X}{X_1} = 12.7 > 9.65$$

Damit erhält man

$$G(s) = \frac{\frac{765.8\ \text{Umin}^{-1}}{24\text{V}}}{(1 + s \cdot 0.059\ \text{s}) \cdot (1 + s \cdot 0.266\ \text{s})} = \frac{31.9\ \frac{\text{U}}{\text{minV}}}{(1 + s \cdot 0.059\ \text{s}) \cdot (1 + s \cdot 0.266\ \text{s})}$$

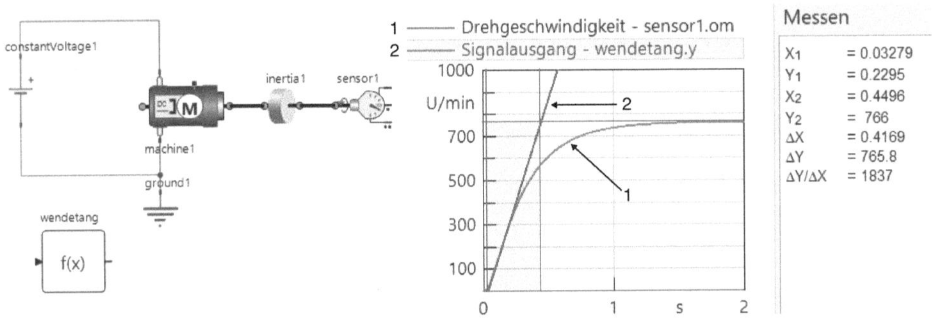

Bild 11.45 Screenshot *4_Übung13_DCM.isx* mit Zeitverlauf und Wendetangente

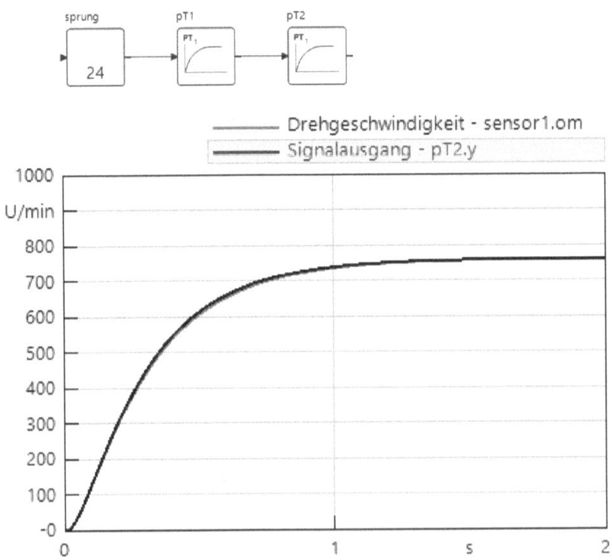

Bild 11.46 Originaler und identifizierter Zeitverlauf

Motor mit Translation 1

5_Übung13_DCMmitTrieb1.isx identifiziert als ein IT_n-Glied (Bild 11.47 und Bild 11.48).

$$T_1 = X_1 = 0.1625\ \text{s};\ K_\text{i} = \frac{\Delta Y}{U_\text{q} \cdot \Delta X} = \frac{10\ \text{m}}{10\ \text{Vs}}$$

$$G(s) = \frac{1\ \frac{\text{m}}{\text{Vs}}}{s \cdot (1 + s \cdot 0.1625\ \text{s})}$$

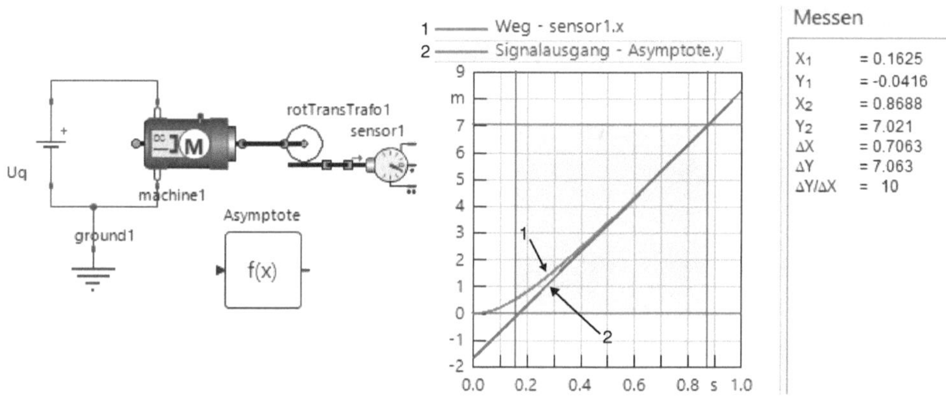

Bild 11.47 Screenshot *5_Übung13_DCMmitTrieb1.isx* mit Zeitverlauf und Asymptote

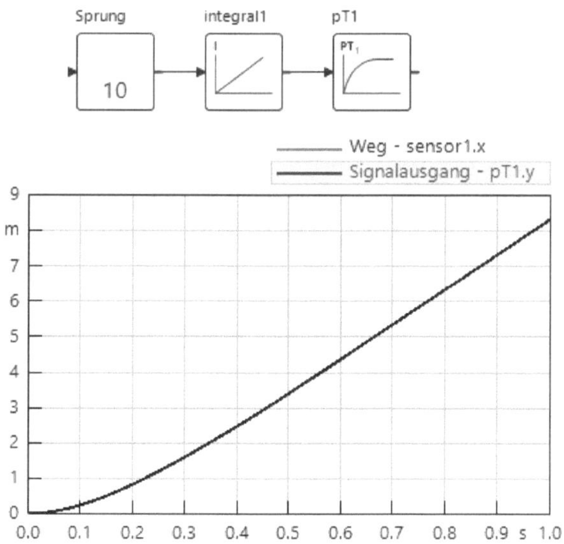

Bild 11.48 Identifizierter Zeitverlauf

Hydraulikzylinderausfahren

6_Übung13_Hydzyl.isx identifiziert als ein IT_1T_{tot}-Glied (Bild 11.49 und Bild 11.50).

$$T_{tot} \approx 0.012\ \text{s};\ T_1 = X_1 - T_{tot} = 0.0174\ \text{s};\ K_i = \frac{\Delta Y}{U_q \cdot \Delta X} = \frac{0.69\ \text{m}}{-10\ \text{Vs}}$$

$$G(s) = \frac{-0.069\ \frac{\text{m}}{\text{Vs}}}{s \cdot (1 + s \cdot 0.0174\ \text{s})} \cdot e^{-s \cdot 0.012\ \text{s}}$$

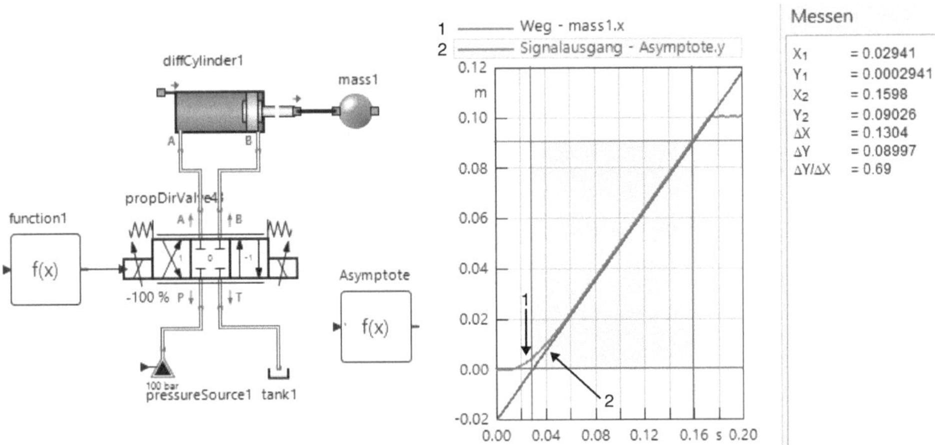

Bild 11.49 Screenshot *6_Übung13_Hydzyl.isx* mit Zeitverlauf und Asymptote

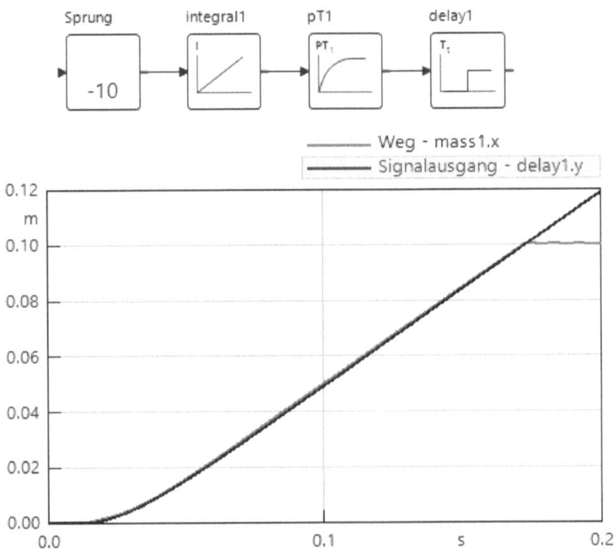

Bild 11.50 Originaler und identifizierter Zeitverlauf

Motor mit Translation 2

7_Übung13_DCMmitTrieb2.isx identifiziert als ein DT_1-Glied (Bild 11.51 und Bild 11.52).

$$T_1 = \Delta X = 0.17s;\ K_D = \frac{x_a(t=0)}{X_{e0}} \cdot T_1 = \frac{59.13\ \frac{m}{s^2}}{10\ V} \cdot 0.17\ s = 1\ \frac{m}{Vs}$$

$$G(s) = \frac{s \cdot 1 \frac{m}{Vs}}{1 + s \cdot 0.17\ s}$$

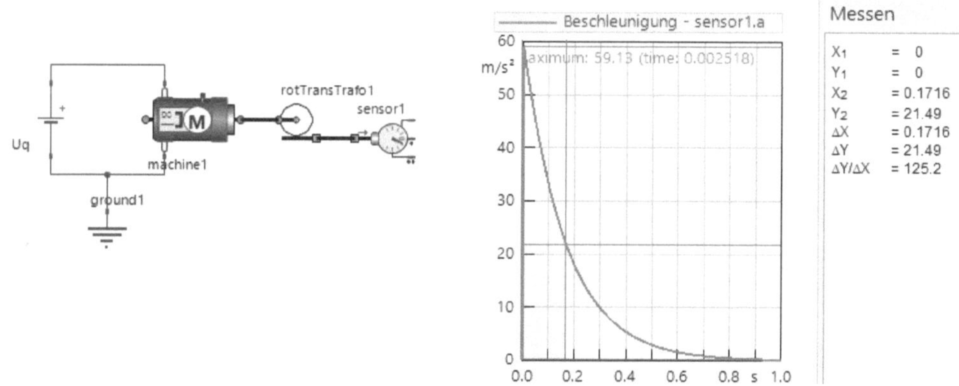

Bild 11.51 Screenshot *7_Übung13_DCMmitTrieb2.isx* mit Zeitverlauf

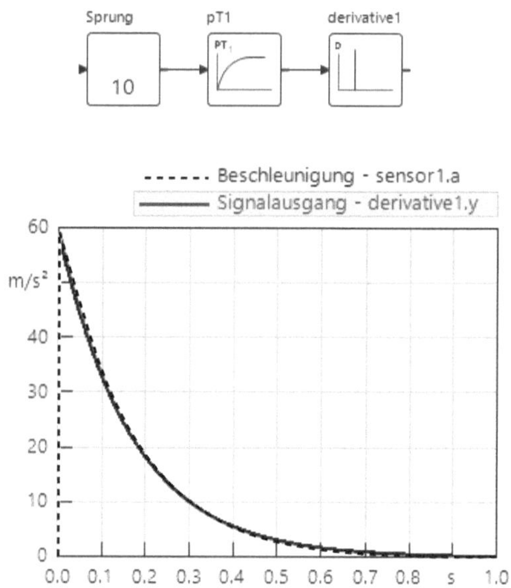

Bild 11.52 Originaler und identifizierter Zeitverlauf

11.14 Übung 14 (Abschnitt 5.2.3)

Gegeben ist der Regelkreis aus Bild 5.13/Bild 11.53. Berechnen Sie allgemein die bleibende Regelabweichung bei einer Führungsgrößenregelung ($w(t) = W_0 \cdot E(t)$; $z_1(t) = 0$) und einer Versorgungsstörgrößenregelung ($w(t) = 0$; $z_1(t) = Z_{10} \cdot E(t)$).

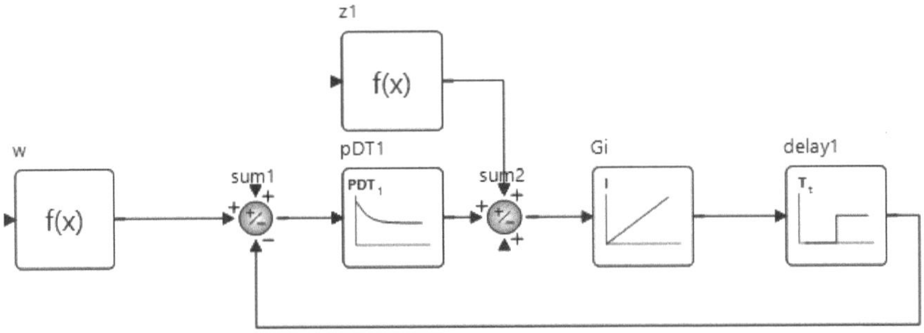

Bild 11.53 Screenshot des Regelkreises

a) Führungsgrößenregelung

Lösung:

Schritt (1)

$$G_\mathrm{w} = \frac{\frac{K_\mathrm{R}\cdot(1+s\cdot T_\mathrm{v})}{1+s\cdot T_1}\cdot\frac{K_\mathrm{i}}{s}\cdot \mathrm{e}^{-s\cdot T_\mathrm{tot}}}{1+\frac{K_\mathrm{R}\cdot(1+s\cdot T_\mathrm{v})}{1+s\cdot T_1}\cdot\frac{K_\mathrm{i}}{s}\cdot \mathrm{e}^{-s\cdot T_\mathrm{tot}}} = \frac{K_\mathrm{R}\cdot(1+s\cdot T_\mathrm{v})\cdot K_\mathrm{i}\cdot \mathrm{e}^{-s\cdot T_\mathrm{tot}}}{s\cdot(1+s\cdot T_1)+K_\mathrm{R}\cdot(1+s\cdot T_\mathrm{v})\cdot K_\mathrm{i}\cdot \mathrm{e}^{-s\cdot T_\mathrm{tot}}}$$

Schritt (2)

$$G_\mathrm{stat} = G_\mathrm{w}(s=0) = \frac{K_\mathrm{R}\cdot K_\mathrm{i}}{0+K_\mathrm{R}\cdot K_\mathrm{i}} = 1$$

Schritt (3)

$$x_\mathrm{stat} = G_\mathrm{stat}\cdot w = 1\cdot W_0 = W_0$$

Schritt (4)

$$e_\mathrm{stat} = w - x_\mathrm{stat} = W_0 - W_0 = 0!!$$

Es gibt keine bleibende Regelabweichung. Beachten Sie, dass die Totzeit keinen Einfluss auf die Berechnung der bleibenden Regelabweichung hat.

$$e^{-0\cdot T_\mathrm{tot}} = 1$$

Somit kann das Totzeitglied schon im Schritt 1 weggelassen werden.

b) Störgrößenregelung

Schritt (1)

$$G_{z1} = \frac{\frac{K_i}{s} \cdot e^{-s \cdot T_{tot}}}{1 + \frac{K_R \cdot (1+s \cdot T_v)}{1+s \cdot T_1} \cdot \frac{K_i}{s} \cdot e^{-s \cdot T_{tot}}}$$

$$G_{z1} = \frac{K_i \cdot (1 + s \cdot T_1) \cdot e^{-s \cdot T_{tot}}}{s \cdot (1 + s \cdot T_1) + K_R \cdot (1 + s \cdot T_v) \cdot K_i \cdot e^{-s \cdot T_{tot}}}$$

Schritt (2)

$$G_{stat} = G_{z1}(s = 0) = \frac{K_i}{0 + K_R \cdot K_i} = \frac{1}{K_R}$$

Schritt (3)

$$x_{stat} = G_{stat} \cdot z_1 = \frac{1}{K_R} \cdot Z_{10} = \frac{Z_{10}}{K_R}$$

Schritt (4)

$$e_{stat} = w - x_{stat} = 0 - \frac{Z_{10}}{K_R} = -\frac{Z_{10}}{K_R} \neq 0!!$$

Es gibt eine bleibende Regelabweichung.

11.15 Übung 15 (Abschnitt 6.4.1)

Gegeben ist der in Bild 6.12/Bild 11.54 dargestellte Regelkreis mit

$$G_R = \frac{K_R \cdot (1 + s \cdot T_N)}{s \cdot T_N} = \frac{0.5 \cdot (1 + s \cdot 5\,s)}{s \cdot 5\,s}; \; G_{S1} = \frac{K_i}{s} = \frac{2}{s}; \; G_{S2} = \frac{K_S}{1 + s \cdot T_1} = \frac{1}{1 + s \cdot 10\,s}$$

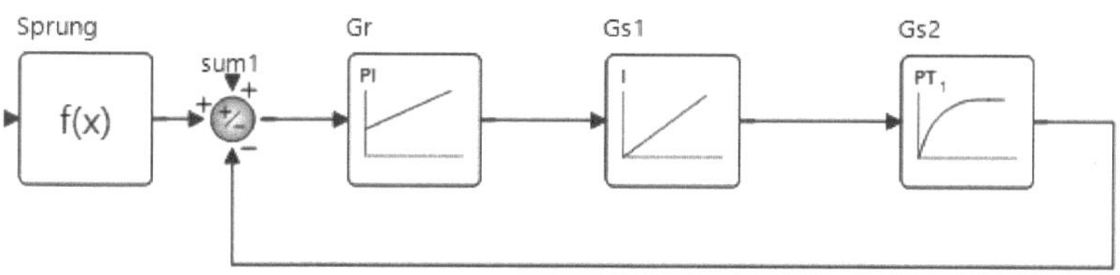

Bild 11.54 Screenshot des Regelkreises

a) Ermitteln Sie die bleibende Regelabweichung bei einem Eingangssprung von

$w = 0.1 \cdot E(t)$

Schritt (1)

$$G_\mathrm{W} = \frac{\frac{K_\mathrm{R} \cdot (1+s \cdot T_\mathrm{N})}{s \cdot T_\mathrm{N}} \cdot \frac{K_\mathrm{i}}{s} \cdot \frac{K_\mathrm{S}}{1+s \cdot T_1}}{1 + \frac{K_\mathrm{R} \cdot (1+s \cdot T_\mathrm{N})}{s \cdot T_\mathrm{N}} \cdot \frac{K_\mathrm{i}}{s} \cdot \frac{K_\mathrm{S}}{1+s \cdot T_1}}$$

$$G_\mathrm{W} = \frac{K_\mathrm{R} \cdot (1 + s \cdot T_\mathrm{N}) \cdot K_\mathrm{i} \cdot K_\mathrm{S}}{s \cdot T_\mathrm{N} \cdot s \cdot (1 + s \cdot T_1) + K_\mathrm{R} \cdot (1 + s \cdot T_\mathrm{N}) \cdot K_\mathrm{i} \cdot K_\mathrm{S}}$$

Schritt (2)

$$G_\mathrm{stat} = G_\mathrm{W}(s = 0) = \frac{K_\mathrm{R} \cdot K_\mathrm{i} \cdot K_\mathrm{S}}{K_\mathrm{R} \cdot K_\mathrm{i} \cdot K_\mathrm{S}} = 1$$

Schritt (3)

$$x_\mathrm{stat} = G_\mathrm{stat} \cdot w_0 = 1 \cdot 0.1 = 0.1$$

Schritt (4)

$$e_\mathrm{stat} = w - x_\mathrm{stat} = 0.1 - 0.1 = 0$$

Es gibt keine bleibende Regelabweichung.

b) Simulieren Sie den Regelkreis, und treffen Sie eine Aussage über den Verlauf der Regelgröße x.

Der Regelkreis ist instabil. Zwei I-Glieder im System bringen immer Stabilitätsprobleme (Bild 11.55).

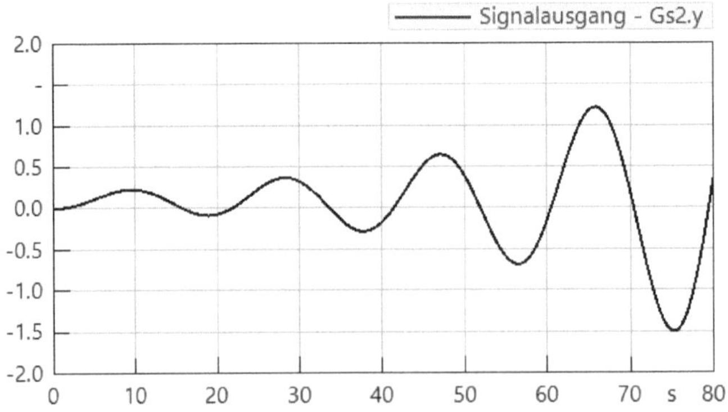

Bild 11.55 Instabiler Zeitverlauf

11.16 Übung 16 (Abschnitt 6.4.2)

Gegeben ist der in Bild 6.14/Bild 11.56 dargestellte Regelkreis. Welches Systemverhalten hat der Regelkreis, wenn die beiden Totzeiten und die beiden Zeitkonstanten der PT_1-Glieder gleich groß sind und der Verstärkungsfaktor des PT_1-Gliedes im Rückführzweig sowie das Produkt der beiden anderen Verstärkungsfaktoren gleich 1 sind?

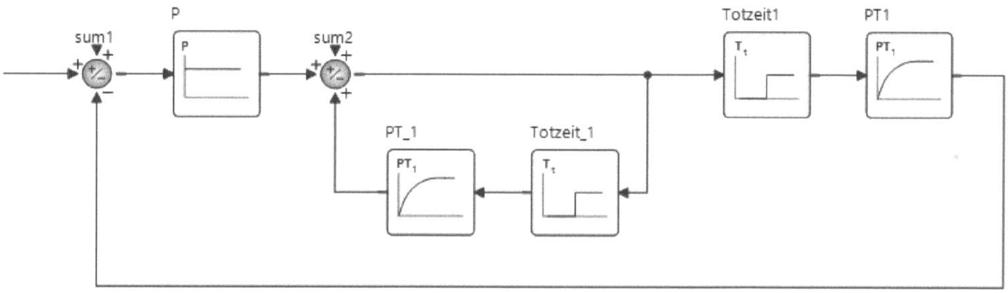

Bild 11.56 Screenshot des Regelkreises

Lösung:

$$G_W(s) = \frac{\frac{K_R}{1-\frac{e^{-s\cdot T_{tot}}}{1+s\cdot T_1}} \cdot \frac{K_S}{1+s\cdot T_1} \cdot e^{-s\cdot T_{tot}}}{1 + \frac{K_R}{1-\frac{e^{-s\cdot T_{tot}}}{1+s\cdot T_1}} \cdot \frac{K_S}{1+s\cdot T_1} \cdot e^{-s\cdot T_{tot}}}$$

$$G_W(s) = \frac{\frac{K_R\cdot K_S\cdot e^{-s\cdot T_{tot}}}{1+s\cdot T_1 - e^{-s\cdot T_{tot}}}}{1 + \frac{K_R\cdot K_S\cdot e^{-s\cdot T_{tot}}}{1+s\cdot T_1 - e^{-s\cdot T_{tot}}}}$$

$$G_W(s) = \frac{K_R\cdot K_S\cdot e^{-s\cdot T_{tot}}}{1 + s\cdot T_1 - e^{-s\cdot T_{tot}} + K_R\cdot K_S\cdot e^{-s\cdot T_{tot}}} = \frac{K_R\cdot K_S\cdot e^{-s\cdot T_{tot}}}{1 + s\cdot T_1 + (K_R\cdot K_S - 1)\cdot e^{-s\cdot T_{tot}}}$$

Mit $K_R \cdot K_S = 1$ folgt

$$G_W(s) = \frac{e^{-s\cdot T_{tot}}}{1 + s\cdot T_1} \quad \rightarrow \quad PT_1T_{tot}\text{-Verhalten}$$

11.17 Übung 17 (Abschnitt 6.5.3)

Gegeben ist folgende Strecke:

$$G_S = \frac{0.2}{1 + s \cdot 2\,\mathrm{s} + s^2 \cdot 2\,\mathrm{s}^2}$$

a) Diese bildet jeweils mit einem P-, PI- und PID-Regler (additive Form) einen Regelkreis. Für die Reglerparameter gelten folgende Vorgaben:

$K_{Ra} = 5$

$T_{Na} = 2$ s

$T_{Va} = 0.5$ s

Simulieren Sie die Regelkreise als Folgewertregelungen, und vergleichen Sie die Zeitverläufe.

P-Regler

Beim Einsatz des P-Reglers gibt es eine bleibende Regelabweichung (Bild 11.57).

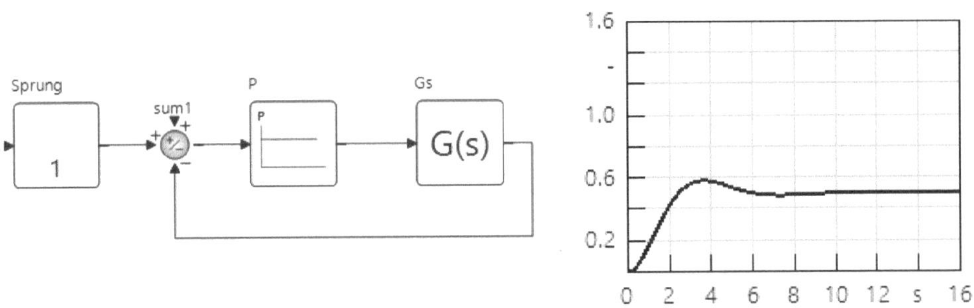

Bild 11.57 Regelkreis mit P-Regler und Sprungantwort

PI-Regler

Beim Einsatz des PI-Reglers gibt es eine hohe Schwingneigung (Bild 11.58).

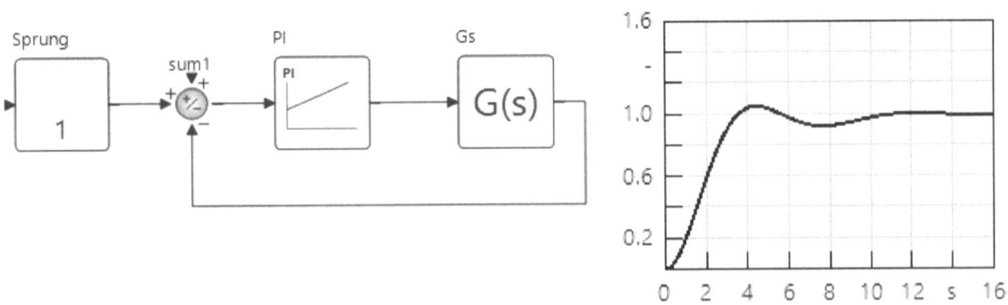

Bild 11.58 Regelkreis mit PI-Regler und Sprungantwort

PID-Regler (additive Form)

Der Regelkreis mit PID-Regler ist schnell und es gibt es eine geringe Schwingneigung (Bild 11.59).

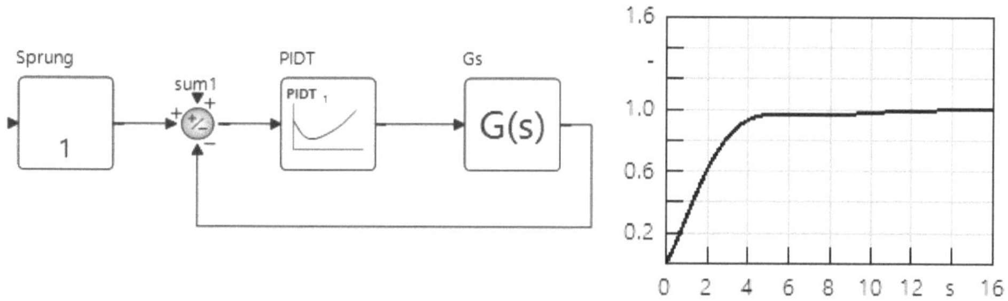

Bild 11.59 Regelkreis mit PID-Regler in additiver Form und Sprungantwort

b) Zeichnen Sie das Bode-Diagramm vom PID-Regler in additiver Form (Bild 11.60).

$$G_{Ra} = \frac{5 \cdot (1 + s \cdot 2\,\mathrm{s} + s^2 \cdot 1\,\mathrm{s}^2)}{s \cdot 2\,\mathrm{s}} = \frac{2.5\,\mathrm{s}^{-1} \cdot (1 + s \cdot 1\,\mathrm{s})^2}{s}$$

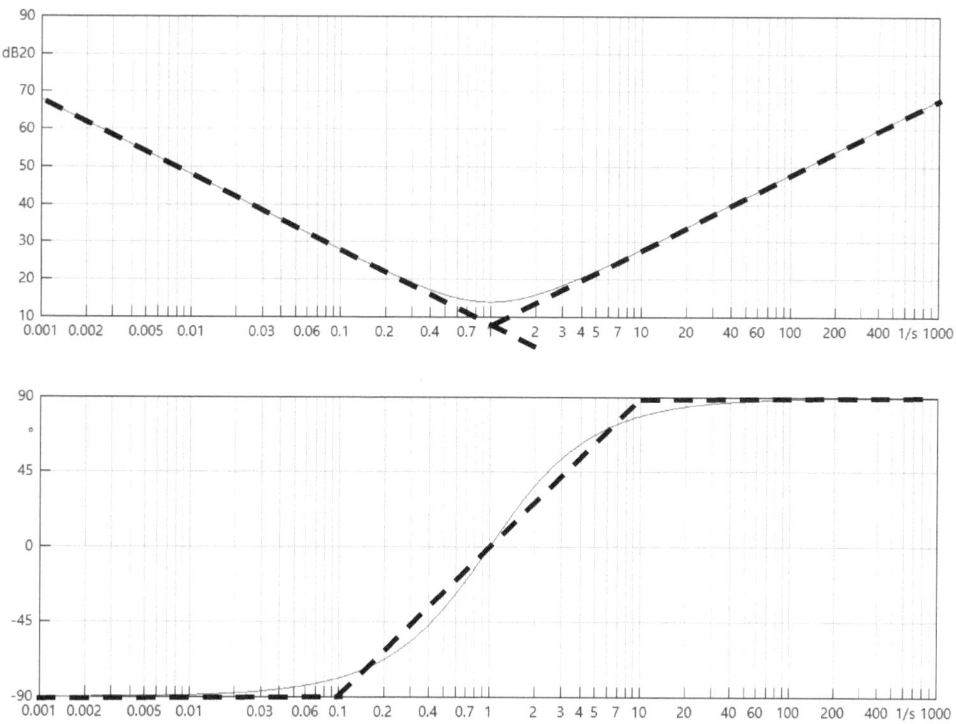

Bild 11.60 Bode-Diagramm und Skelettkurve eines PID-Reglers

c) Wandeln Sie den additiven PID-Regler in die multiplikative Form um, und zeigen Sie simulativ die Übereinstimmung der Zeitverläufe.

$$K_{\mathrm{Rm}} = \frac{K_{\mathrm{Ra}}}{2} \cdot \left(1 + \sqrt{1 - 4 \cdot \frac{T_{\mathrm{Va}}}{T_{\mathrm{Na}}}}\right) = \frac{5}{2} \cdot \left(1 + \sqrt{1 - 4 \cdot \frac{0.5\ \mathrm{s}}{2\ \mathrm{s}}}\right) = 2.5$$

$$T_{\mathrm{Nm}} = \frac{T_{\mathrm{Na}}}{2} \cdot \left(1 + \sqrt{1 - 4 \cdot \frac{T_{\mathrm{Va}}}{T_{\mathrm{Na}}}}\right) = \frac{2\ \mathrm{s}}{2} \cdot \left(1 + \sqrt{1 - 4 \cdot \frac{0.5\ \mathrm{s}}{2\ \mathrm{s}}}\right) = 1\ \mathrm{s}$$

$$T_{\mathrm{Vm}} = \frac{T_{\mathrm{Na}}}{2} \cdot \left(1 - \sqrt{1 - 4 \cdot \frac{T_{\mathrm{Va}}}{T_{\mathrm{Na}}}}\right) = \frac{2\ \mathrm{s}}{2} \cdot \left(1 - \sqrt{1 - 4 \cdot \frac{0.5\ \mathrm{s}}{2\ \mathrm{s}}}\right) = 1\ \mathrm{s}$$

Somit ist

$$G_{\mathrm{RPIDm}} = \frac{K_{\mathrm{Rm}} \cdot (1 + s \cdot (T_{\mathrm{Nm}} + T_{\mathrm{Vm}}) + s^2 \cdot T_{\mathrm{Nm}} \cdot T_{\mathrm{Vm}})}{s \cdot T_{\mathrm{Nm}}} = \frac{2.5 \cdot \left(1 + s \cdot 2\ \mathrm{s} + s^2 \cdot 1\ \mathrm{s}^2\right)}{s \cdot 1\ \mathrm{s}}$$

$$G_{Rm} = \frac{2.5 \cdot (1 + s \cdot 1\ \mathrm{s}) \cdot (1 + s \cdot 1\ \mathrm{s})}{s \cdot 1\ \mathrm{s}}$$

Die Zeitverläufe sind gleich (Bild 11.61).

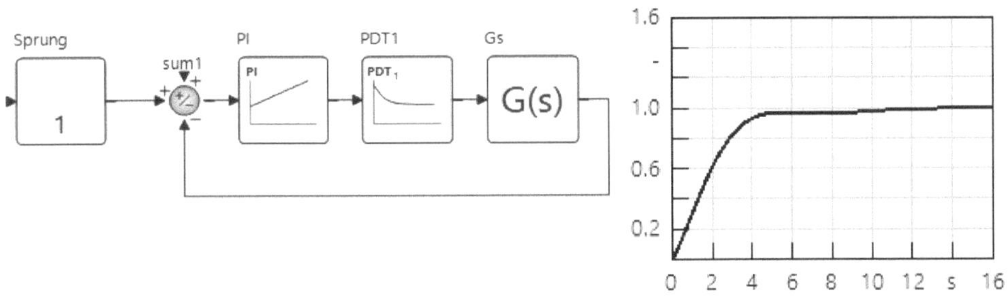

Bild 11.61 Regelkreis mit PID-Regler in multiplikativer Form und Sprungantwort

11.18 Übung 18 (Abschnitt 7.1.2)

Bemessen Sie einen PID-Regler mithilfe von SimulationX für folgende Strecke nach Åström und Hägglund:

$$G(s) = \frac{3}{1 + s \cdot 1.6\ \mathrm{s} + \cdot s^2 \cdot 0.65\ \mathrm{s}^2 + s^3 \cdot 0.1\ \mathrm{s}^3}$$

Zur Bestimmung von K_{Rkrit} und T_{krit} sollen die beiden Stellgrößen $y_0 = 0$ und $y_1 = 1$ sowie die Führungsgröße 1.5 sein.

Bild 11.62 zeigt die Lösung.

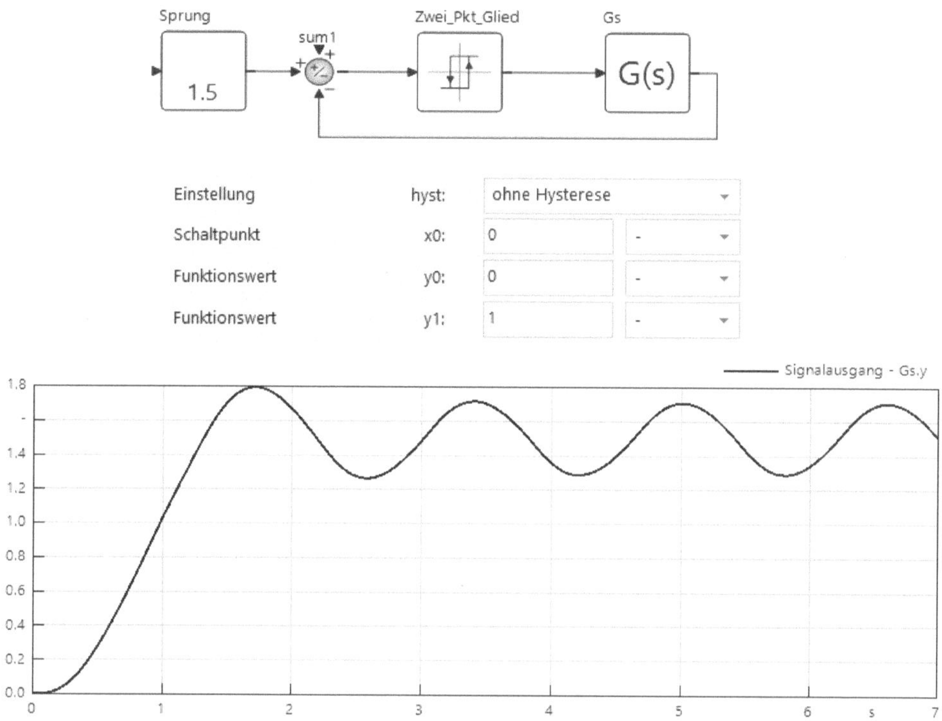

Bild 11.62 Screenshot des Regelkreises zur Bestimmung von K_{Rkrit} und T_{krit} sowie der Regelgrößenverlauf

Ausgemessen:

$$T_{krit} = 1.6\ \text{s};\ \ B = 0.42$$

$$K_{Rkrit} = \frac{4 \cdot d}{\pi \cdot B} = \frac{4 \cdot 1}{\pi \cdot 0.42} = 3.03$$

$$K_S = \frac{W_0 \cdot B}{y_1 \cdot \left(W_0 - X_{mineingeschw}\right) + y_0 \cdot \left(X_{maxeingeschw} - W_0\right)}$$

$$= \frac{1.5 \cdot 0.42}{1 \cdot (1.5 - 1.29) + 0 \cdot (1.71 - 1.5)} = 3$$

PID-Regler (Bild 11.63):

$$K_\mathrm{R} = (0.3 - 0.1 \cdot (K_\mathrm{Rkrit} \cdot K_\mathrm{S})^{-4}) \cdot K_\mathrm{Rkrit} = (0.3 - 0.1 \cdot (3.03 \cdot 3)^{-4}) \cdot 3.03 = 0.91$$

$$T_\mathrm{N} = \frac{0.6 \cdot K_\mathrm{Rkrit} \cdot K_\mathrm{S} \cdot T_\mathrm{krit}}{K_\mathrm{Rkrit} \cdot K_\mathrm{S} + 2} = \frac{0.6 \cdot 3.03 \cdot 3 \cdot 1.6\ \mathrm{s}}{3.03 \cdot 3 + 2} = 0.79\ \mathrm{s}$$

$$T_\mathrm{V} = \frac{0.15 \cdot (K_\mathrm{Rkrit} \cdot K_\mathrm{S} - 1) \cdot T_{krit}}{K_\mathrm{Rkrit} \cdot K_\mathrm{S} - 0.95} = \frac{0.15 \cdot (3.03 \cdot 3 - 1) \cdot 1.6\ \mathrm{s}}{3.03 \cdot 3 - 0.95} = 0.239\ \mathrm{s}$$

$$G_\mathrm{RPIDa} = \frac{K_\mathrm{R} \cdot (1 + s \cdot T_\mathrm{N} + s^2 \cdot T_\mathrm{N} \cdot T_\mathrm{V})}{s \cdot T_\mathrm{N}} = \frac{0.91 \cdot (1 + s \cdot 0.79\ \mathrm{s} + s^2 \cdot 0.188\ \mathrm{s}^2)}{s \cdot 0.79\ \mathrm{s}}$$

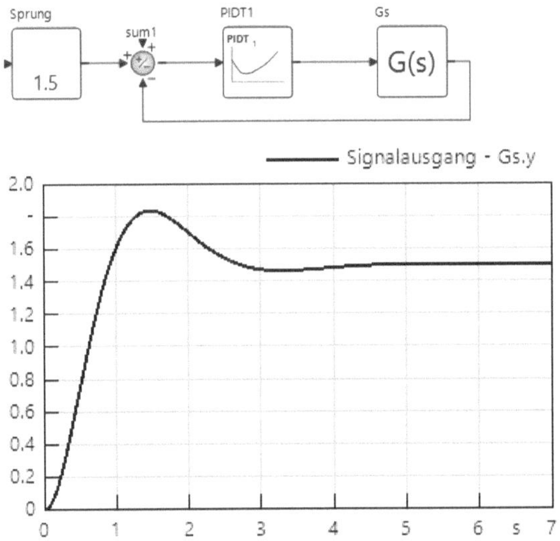

Bild 11.63 Screenshot des Regelkreises mit einem additiven PID-Regler sowie der Regelgrößenverlauf

11.19 Übung 19 (Abschnitt 7.1.3)

1. Bemessen Sie mithilfe von SimulationX einen langsamen PI-Regler und einen schnellen PID-Regler nach der Setpoint-Overshoot-Methode für folgende Strecke:

$$G_\mathrm{S}(s) = \frac{2}{1 + s \cdot 10\ \mathrm{s}} \cdot \mathrm{e}^{-s \cdot 2\ \mathrm{s}}$$

Die Simulationszeit ist mit 15 s vorgegeben.

Lösung (Bild 11.64):

Schwingversuch:

Gewählt wird $K_{test} = 2$.

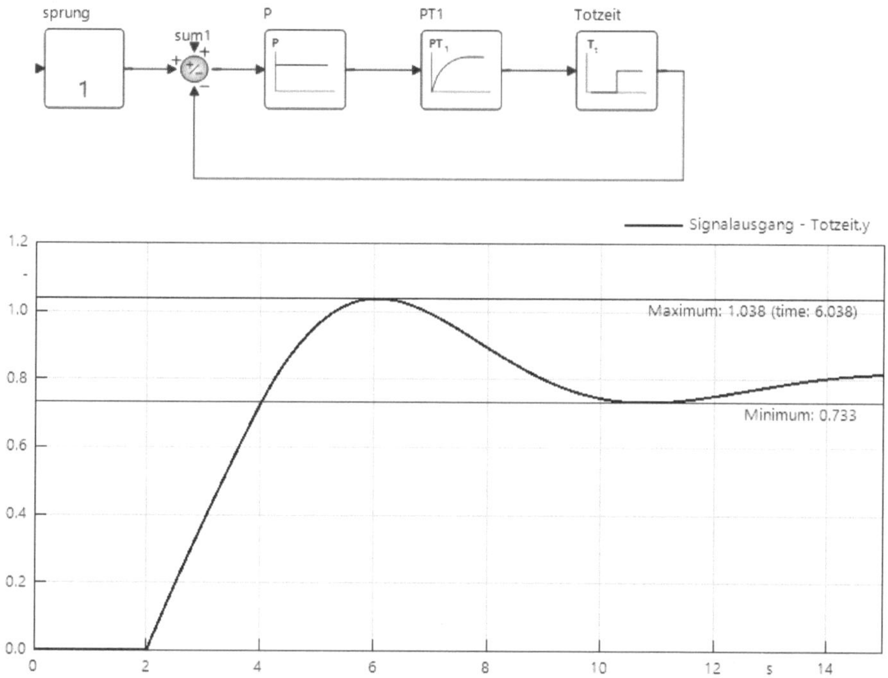

Bild 11.64 Screenshot des Regelkreises zur Parameterbestimmung sowie der Regelgrößenverlauf

Ausgemessen:

$$X_{max} = 1.04;\ X_{min} = 0.733;\ t_{max} = 6\ \text{s}$$

$$X_{\infty} = 0.45 \cdot (X_{max} + X_{min}) = 0.45 \cdot (1.04 + 0.733) = 0.8$$

$$ü = \frac{X_{max} - X_{min}}{X_{\infty}} = \frac{1.04 - 0.8}{0.8} = 0.3;\ K_{RK} = \frac{X_{\infty}}{W_0} = \frac{0.8}{1} = 0.8$$

Somit lassen sich die Reglerparameter errechnen.

Für den langsamen PI-Regler ergeben sich folgende Parameter (Bild 11.65):

$$a_{PI} = 1.152 \cdot ü^2 - 1.607 \cdot ü + 1 = 1.152 \cdot 0.3^2 - 1.607 \cdot 0.3 + 1 = 0.62$$

$$K_R = K_{test} \cdot a_{PI} = 2 \cdot 0.62 = 1.24$$

$$T_N = \min\left\{0.86 \cdot a_{PI} \cdot \left|\frac{K_{RK}}{1 - K_{RK}}\right| \cdot t_{max}; 2.44 \cdot t_{max}\right\}$$

$$= \min\left\{0.86 \cdot 0.62 \cdot \left|\frac{0.8}{1 - 0.8}\right| \cdot 6\ \mathrm{s}; 2.44 \cdot 6\ \mathrm{s}\right\}$$

$$T_N = \min\{12.8\ \mathrm{s}; 14.6\ \mathrm{s}\} = 12.8\ \mathrm{s}$$

$$G_{RPI}(s) = \frac{K_R \cdot (1 + s \cdot T_N)}{s \cdot T_N} = \frac{1.24 \cdot (1 + s \cdot 12.8\ \mathrm{s})}{s \cdot 12.8\ \mathrm{s}}$$

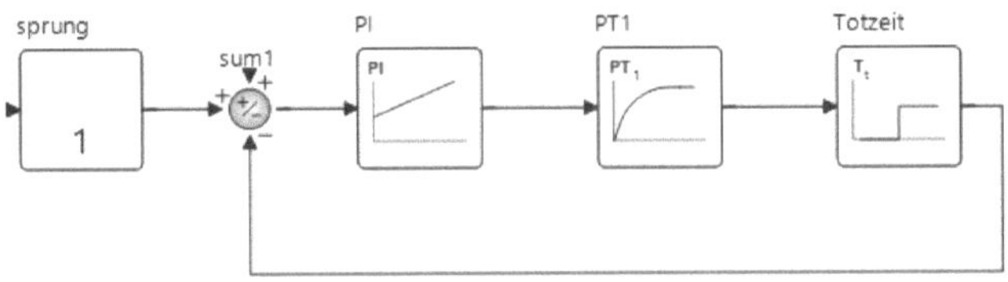

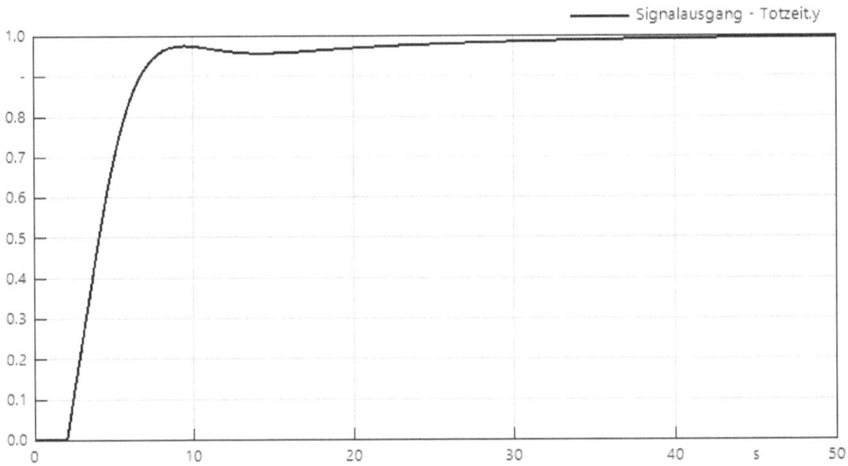

Bild 11.65 Screenshot des Regelkreises mit einem PI-Regler sowie der Regelgrößenverlauf

Für den schnellen PID-Regler ergeben sich folgende Parameter (additive Form, Bild 11.66):

$$a_{PID} = 1.55 \cdot ü^2 - 2.159 \cdot ü + 1.35 = 1.55 \cdot 0.3^2 - 2.159 \cdot 0.3 + 1.35 = 0.84$$

$$K_R = 1.5 \cdot K_{test} \cdot a_{PID} = 1.5 \cdot 2 \cdot 0.84 = 2.52$$

$$T_N = \min\left\{0.43 \cdot a_{PID} \cdot \left|\frac{K_{RK}}{1-K_{RK}}\right| \cdot t_{max}; 1.63 \cdot t_{max}\right\}$$

$$= \min\left\{0.43 \cdot 0.84 \cdot \left|\frac{0.8}{1-0.8}\right| \cdot 6\ \mathrm{s}; 1.63 \cdot 6\ \mathrm{s}\right\}$$

$$T_N = \min\{8.66\ \mathrm{s}; 9.78\ \mathrm{s}\} = 8.66\ \mathrm{s}$$

$$T_V = 0.14 \cdot t_{max} = 0.14 \cdot 6\ \mathrm{s} = 0.84\ \mathrm{s}$$

$$G_{RPIDa} = \frac{K_R \cdot (1 + s \cdot T_N + s^2 \cdot T_N \cdot T_V)}{s \cdot T_N} = \frac{1.86 \cdot (1 + s \cdot 8.66\ \mathrm{s} + s^2 \cdot 7.27\ \mathrm{s}^2)}{s \cdot 8.66\ \mathrm{s}}$$

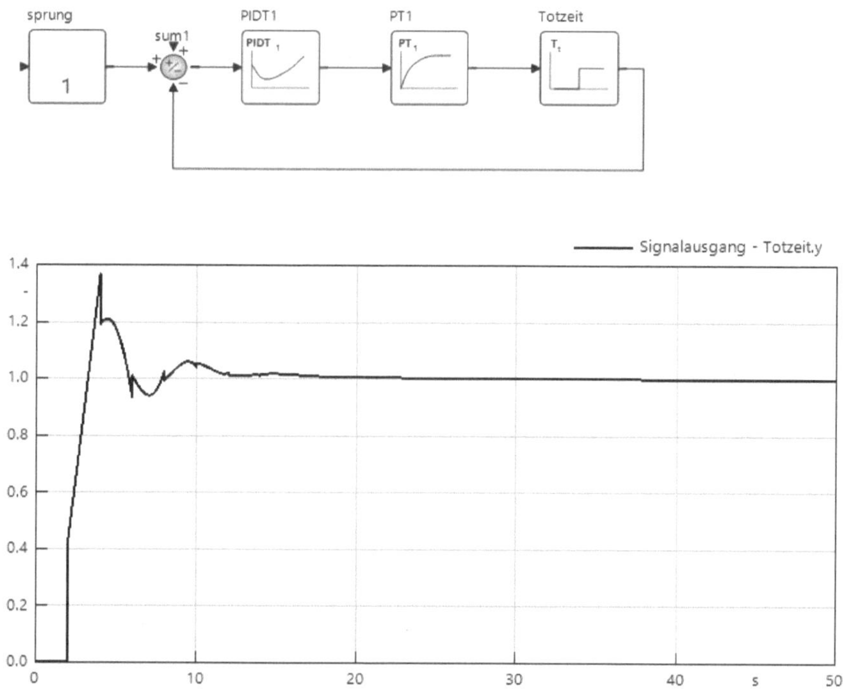

Bild 11.66 Screenshot des Regelkreises mit einem additiven PID-Regler sowie der Regelgrößenverlauf

2. Gegeben ist folgende Strecke:

$$G_S(s) = \frac{3}{1 + s \cdot 1.6\ \mathrm{s} + s^2 \cdot 0.65\ \mathrm{s}^2 + s^3 \cdot 0.1\ \mathrm{s}^3}$$

Ermitteln Sie das PT_1T_{tot}-Modell für die vorangehend aufgeführte Strecke nach Shamsuzzoha und Skogestad.

Lösung (Bild 11.67):

Schwingversuch:

Gewählt wird $K_{test} = 1$.

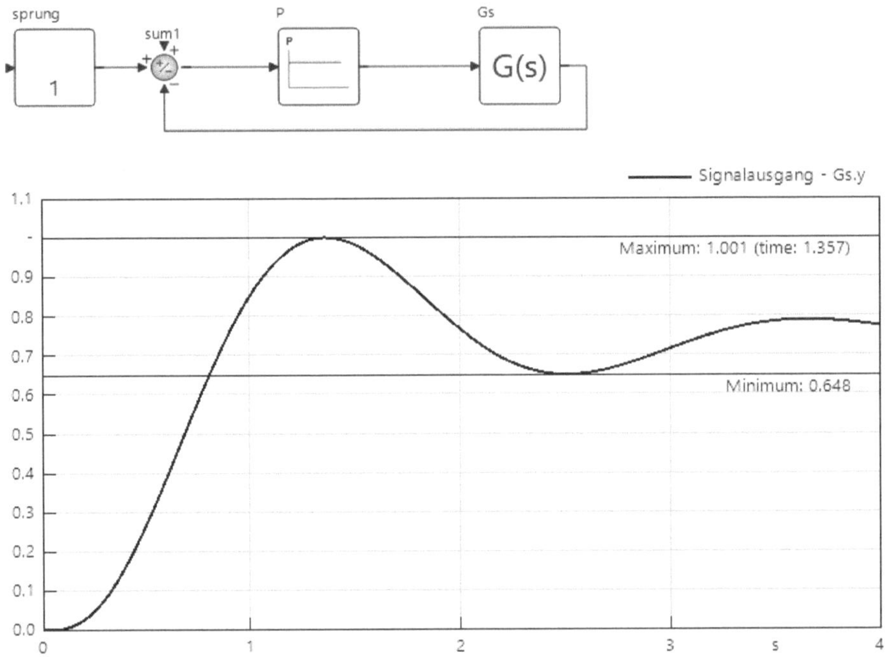

Bild 11.67 Screenshot des Regelkreises zur Parameterbestimmung sowie der Regelgrößenverlauf

Ausgemessen:

$X_{max} = 1.0;\ X_{min} = 0.65;\ t_{max} = 1.36\ \text{s}$

$X_\infty = 0.45 \cdot (X_{max} + X_{min}) = 0.45 \cdot (1.0 + 0.65) = 0.743$

$$ü = \frac{X_{max} - X_\infty}{X_\infty} = \frac{1.0 - 0.743}{0.743} = 0.346$$

$$K_{RK} = \frac{X_\infty}{W_0} = \frac{0.743}{1} = 0.743$$

$a_{PI} = 1.152 \cdot ü^2 - 1.607 \cdot ü + 1 = 1.152 \cdot 0.346^2 - 1.607 \cdot 0.346 + 1 = 0.582$

Somit ist

$$b = \frac{W_0 - X_\infty}{X_\infty} = \frac{1 - 0.743}{0.743} = 0.346 \text{ und } c = \frac{2 \cdot a_{PI}}{b} = \frac{2 \cdot 0.582}{0.346} = 3.36$$

Die Kennwerte sind dann (Bild 11.68):

$$K_S = \frac{1}{K_{test} \cdot b} = \frac{1}{1 \cdot 0.346} = 2.9$$

$$T_{tot} = t_{max} \cdot \left(0.309 + 0.209 \cdot e^{-0.61 \cdot c}\right) = 1.35\text{ s} \cdot \left(0.309 + 0.209 \cdot e^{-0.61 \cdot 3.36}\right) = 0.45\text{ s}$$

$$T_1 = c \cdot T_{tot} = 3.36 \cdot 0.45\text{ s} = 1.51\text{ s}$$

$$G_{Sgenähert}(s) = \frac{2.9}{1 + s \cdot 1.51\text{ s}} \cdot e^{-s \cdot 0.45\text{ s}}$$

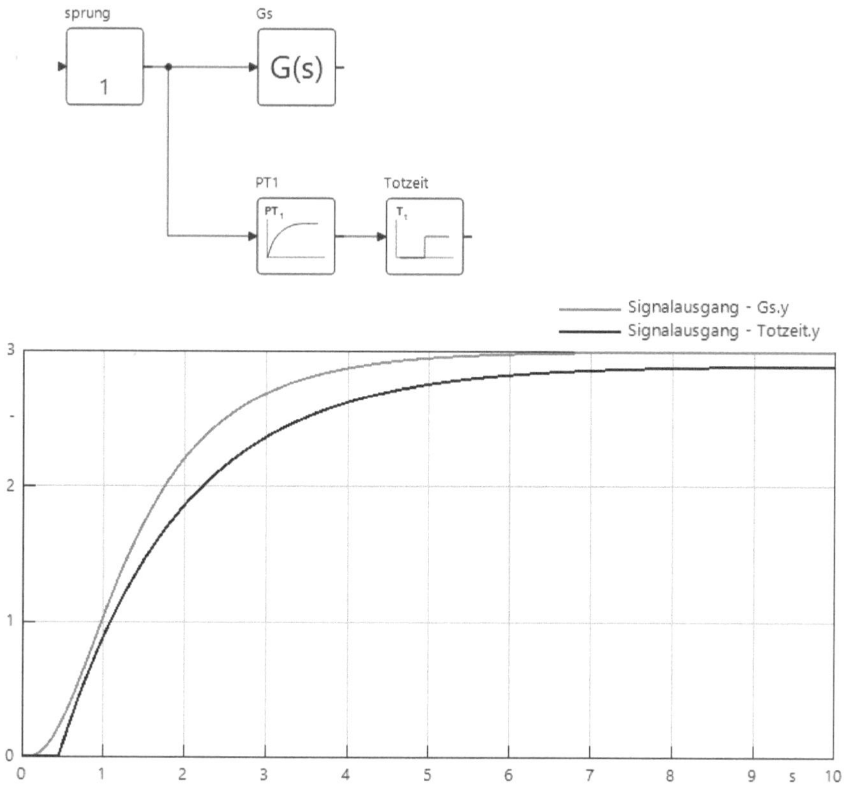

Bild 11.68 Screenshot der PT_3-Strecke und des genäherten PT_1T_{tot}-Modells sowie deren Zeitverläufe

3. Ermitteln Sie einen PI-Regler mithilfe des Schwingversuches von Ziegler und Nichols und einen schnellen und langsamen PI-Regler mithilfe der Setpoint-Overshoot-Methode für das Modell aus der SimulationX-Datei *DCM+SHfürziniundsetpoint.isx*.

   Lösung:

   (1) Schwingversuch nach Ziegler und Nichols (Bild 11.69)

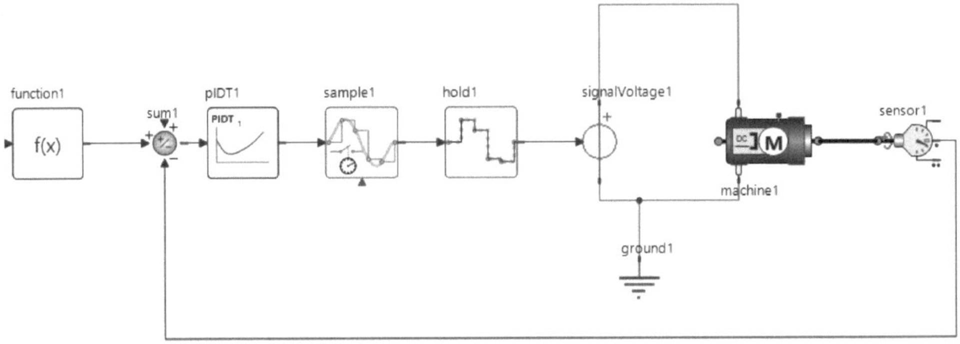

Bild 11.69 Screenshot *DCM+SHfürziniundsetpoint.isx*

Dauerschwingung bei $K_{Rkrit} = 19.1$

Gemessen (Bild 11.70):

$T_{krit} = 0.1$ s

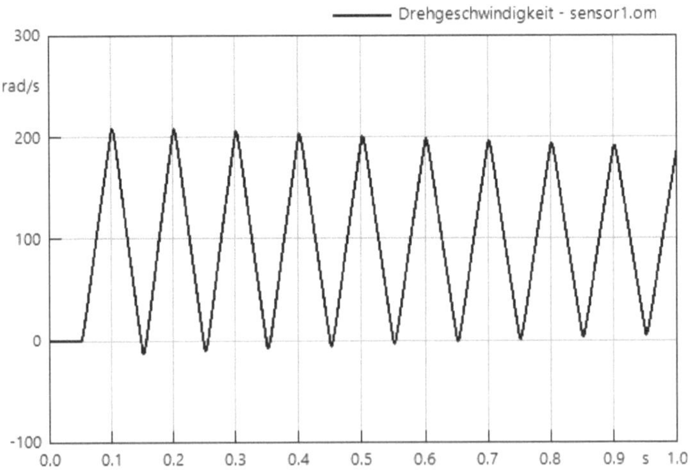

Bild 11.70 Zeitverlauf zur Parameterbestimmung

Damit ist

$$K_R = K_{Rkrit} \cdot 0.45 = 8.6;\; T_N = 0.83 \cdot T_{krit} = 0.083$$

$$G_{R1} = 8.6 \cdot \frac{1 + s \cdot 0.083\,\text{s}}{s \cdot 0.083\,\text{s}}$$

(2) Setpoint-Overshoot (Bild 11.71)

$W_0 = 100\,\text{s}^{-1};\; K_{test} = 12$

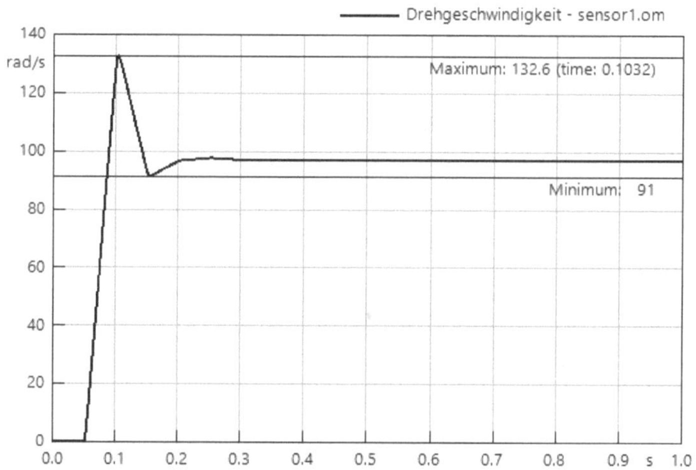

Bild 11.71 Zeitverlauf zur Parameterbestimmung

Gemessen:

$X_{max} = 132.6\,\text{s}^{-1};\; X_{min} = 91\,\text{s}^{-1};\; t_{max} = 0.103\,\text{s}$

Damit ist

$$\ddot{u} = \frac{X_{max} - X_\infty}{X_\infty} = 0.37;\; K_{RK} = \frac{W_0}{X_\infty} = 0.97$$

Langsam:

$$a_{PI} = 1.152 \cdot \ddot{u}^2 - 1.607 \cdot \ddot{u} + 1 = 0.56;\; K_R = K_{test} \cdot a_{PI} = 12 \cdot 0.56 = 6.72$$

$$T_N = \min\left\{0.86 \cdot a_{PI} \cdot \left|\frac{K_{RK}}{1 - K_{RK}}\right| \cdot t_{max}; 2.44 \cdot t_{max}\right\} = \min\{1.66\,\text{s}; 0.25\,\text{s}\} = 0.25$$

$$G_{R2} = 6.72 \cdot \frac{1 + s \cdot 0.25\,\text{s}}{s \cdot 0.25\,\text{s}}$$

Schnell:

$$a_{PI} = 1.152 \cdot ü^2 - 1.607 \cdot ü + 1 = 0.56;\ K_R = 1.5 \cdot K_{test} \cdot a_{PI} = 1.5 \cdot 12 \cdot 0.56 = 10.1$$

$$T_N = \min\left\{0.86 \cdot a_{PI} \cdot \left|\frac{K_{RK}}{1 - K_{RK}}\right| \cdot t_{max}; 1.63 \cdot t_{max}\right\} = \min\{1.66\ \mathrm{s}; 0.17\ \mathrm{s}\} = 0.17\ \mathrm{s}$$

$$G_{R3} = 10.1 \cdot \frac{1 + s \cdot 0.17\ \mathrm{s}}{s \cdot 0.17\ \mathrm{s}}$$

Bild 11.72 zeigt den Vergleich.

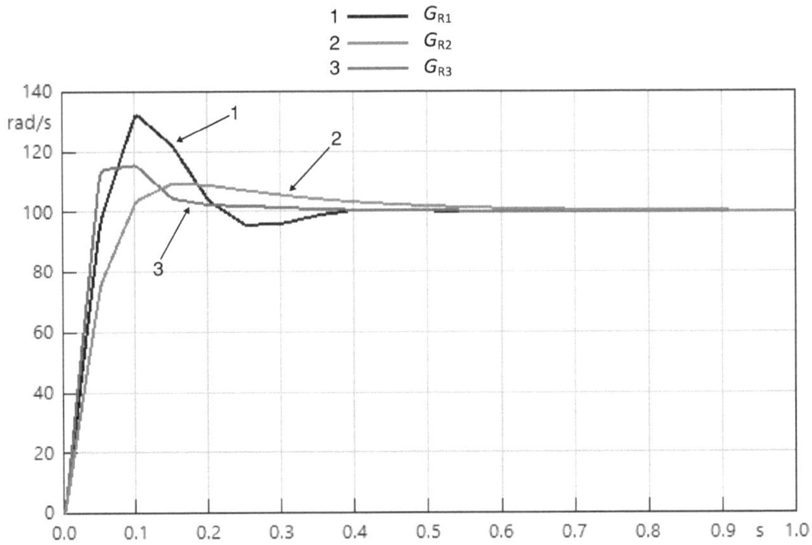

Bild 11.72 Regelgrößenverläufe bei unterschiedlichen Reglereinstellungen

11.20 Übung 20 (Abschnitt 7.2.2)

Nutzen Sie SimulationX zur Bestimmung von T_G und T_U sowie zur Überprüfung Ihrer Ergebnisse. Folgende Strecke liegt vor:

$$G_S(s) = \frac{2}{(1 + s \cdot 1\mathrm{s}) \cdot (1 + s \cdot 2\ \mathrm{s}) \cdot (1 + s \cdot 4\ \mathrm{s})} = \frac{2}{1 + s \cdot 7\ \mathrm{s} + s^2 \cdot 14\ \mathrm{s}^2 + s^3 \cdot 8\ \mathrm{s}^3}$$

a) Gesucht ist ein schneller PI-Regler für sich ändernde Sollwerte nach CHR.

Bild 11.73 zeigt die Sprungantwort der Strecke.

Abgelesen:

$K_S = 2;\ T_U = 1.52\ \text{s};\ T_G = 8.656\ \text{s}$

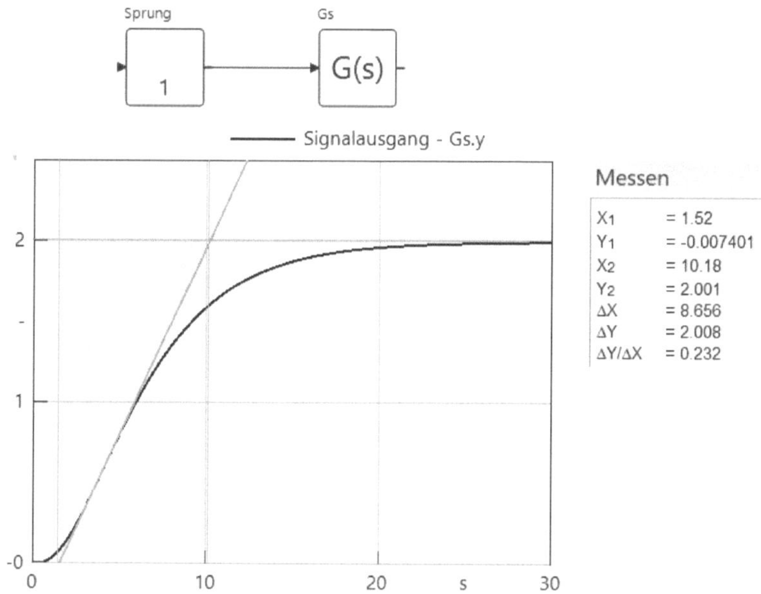

Bild 11.73 Screenshot des Sprungversuchs sowie Sprungantwort und Wendetangente

(1) Tabelle wählen

Folgewertregelung mit 20 % Überschwingen

(2) Parameter berechnen

$$K_R = \frac{0.6 \cdot T_G}{K_S \cdot T_U} = \frac{0.6 \cdot 8.7\ \text{s}}{2 \cdot 1.52\ \text{s}} = 1.71;\ T_N = 1.0 \cdot T_G = 1.0 \cdot 8.7\ \text{s} = 8.7\ \text{s}$$

(3) Reglerübertragungsfunktion aufstellen

$$G_R = \frac{K_R \cdot (1 + s \cdot T_N)}{s \cdot T_N} = \frac{1.71 \cdot (1 + s \cdot 8.7\ \text{s})}{s \cdot 8.7\ \text{s}}$$

Mit dem ermittelten Regler ergibt sich der in Bild 11.74 abgebildete Regelgrößenverlauf.

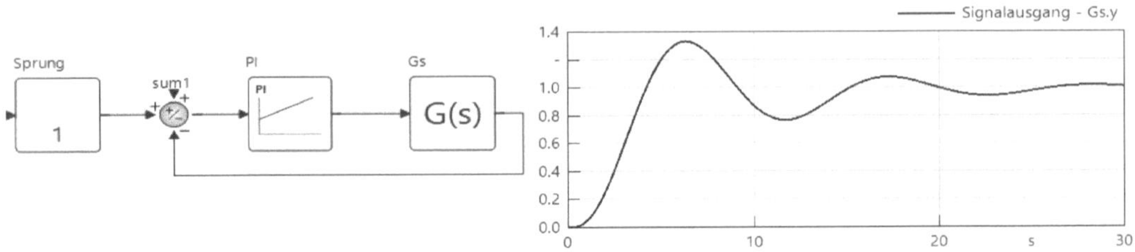

Bild 11.74 Screenshot des Regelkreises sowie der Regelgrößenverlauf

b) Gesucht ist ein PID-Regler in multiplikativer Form nach CHR, welcher möglichst ohne Schwingungen und vorhandene Versorgungsschwankung die Führungsgröße konstant hält.

(1) Tabelle wählen

Festwertregelung mit 0 % Überschwingen

(2) Parameter berechnen

$$K_{\mathrm{Ra}} = \frac{0.95 \cdot T_{\mathrm{G}}}{K_{\mathrm{S}} \cdot T_{\mathrm{U}}} = \frac{0.95 \cdot 8.7\ \mathrm{s}}{2 \cdot 1.52\ \mathrm{s}} = 2.7;\ T_{\mathrm{Na}} = 2.4 \cdot T_{\mathrm{U}} = 2.4 \cdot 1.52\ \mathrm{s} = 3.65\ \mathrm{s};$$

$$T_{\mathrm{Va}} = 0.42 \cdot T_{\mathrm{U}} = 0.42 \cdot 3.65\ \mathrm{s} = 0.64\ \mathrm{s}$$

Umrechnen in multiplikative Form:

$$K_{\mathrm{Rm}} = \frac{K_{\mathrm{Ra}}}{2} \cdot \left(1 + \sqrt{1 - 4 \cdot \frac{T_{\mathrm{Va}}}{T_{\mathrm{Na}}}}\right) = 2.08$$

$$T_{\mathrm{Nm}} = \frac{T_{\mathrm{Na}}}{2} \cdot \left(1 + \sqrt{1 - 4 \cdot \frac{T_{\mathrm{Va}}}{T_{\mathrm{Na}}}}\right) = 2.82\ \mathrm{s}$$

$$T_{\mathrm{Vm}} = \frac{T_{\mathrm{Na}}}{2} \cdot \left(1 - \sqrt{1 - 4 \cdot \frac{T_{\mathrm{Va}}}{T_{\mathrm{Na}}}}\right) = 0.83\ \mathrm{s}$$

$$G_{\mathrm{Rm}}(s) = \frac{K_{\mathrm{Rm}}\,(1 + s \cdot T_{\mathrm{Nm}})\,(1 + s \cdot T_{\mathrm{Vm}})}{s \cdot T_{\mathrm{Nm}}} = \frac{2.08 \cdot (1 + s \cdot 2.82\ \mathrm{s})\,(1 + s \cdot 0.83\ \mathrm{s})}{s \cdot 2.82\ \mathrm{s}}$$

Mit dem ermittelten Regler ergibt sich der in Bild 11.75 abgebildete Regelgrößenverlauf.

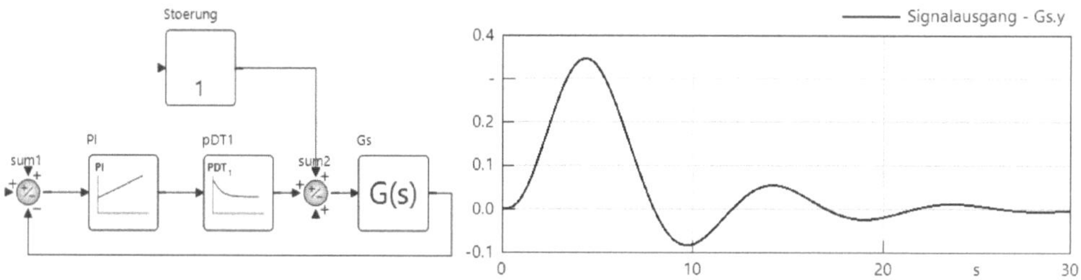

Bild 11.75 Screenshot des Regelkreises sowie der Regelgrößenverlauf bei einer Versorgungsstörung

11.21 Übung 21 (Abschnitt 7.2.3.3)

Gegeben ist folgende Strecke:

$$G(s) = \frac{3}{1 + s \cdot 8.5\ \mathrm{s} + s^2 \cdot 22.5\ \mathrm{s}^2 + s^3 \cdot 18\ \mathrm{s}^3}$$

a) Bemessen Sie für diese Strecke einen PI-Regler mit möglichst geringer Schwingneigung nach Kuhn. Bestimmen Sie dazu die notwendigen Streckenparameter rechnerisch und aus der Sprungantwort mithilfe von SimulationX.

Lösung:

Die Linearfaktorzerlegung bringt

$$G(s) = \frac{3}{(1 + s \cdot 1.5\ \mathrm{s}) \cdot (1 + s \cdot 3\ \mathrm{s}) \cdot (1 + s \cdot 4\ \mathrm{s})};\ K_\mathrm{S} = 3\ \text{und}$$

$$T_\Sigma = 1.5\ \mathrm{s} + 3\ \mathrm{s} + 4\ \mathrm{s} = 8.5\ \mathrm{s}$$

Bild 11.75 zeigt die Sprungantwort der Strecke.

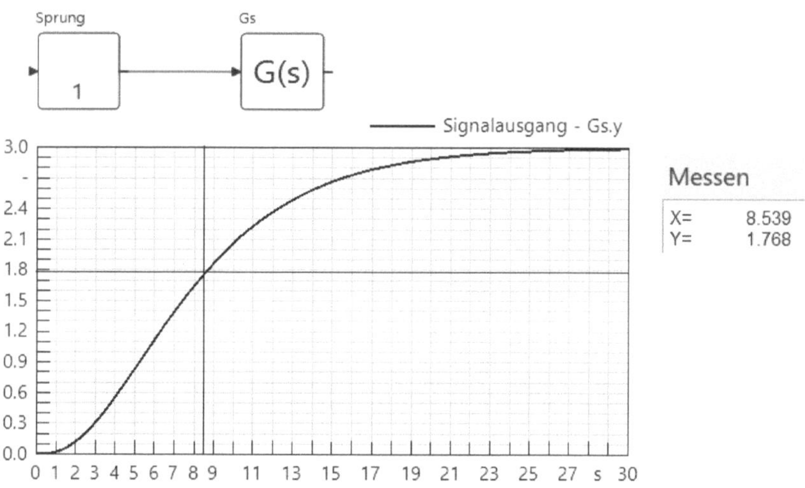

Bild 11.76 Screenshot des Sprungversuchs und Sprungantwort

Ausgelesen:

K_S = 3 und T_Σ = 8.5 s

Reglerbemessung: PI-Regler mit 4.3 % Überschwingen (Bild 11.77)

$$K_R = \frac{1}{2 \cdot K_S} = \frac{1}{6} = 0.167;\ T_N = \frac{T_\Sigma}{2} = \frac{8.5\ \text{s}}{2} = 4.25\ \text{s}$$

$$G_{RPI} = \frac{K_R \cdot (1 + s \cdot T_N)}{s \cdot T_N} = \frac{0.167 \cdot (1 + s \cdot 4.25\ \text{s})}{s \cdot 4.25\ \text{s}}$$

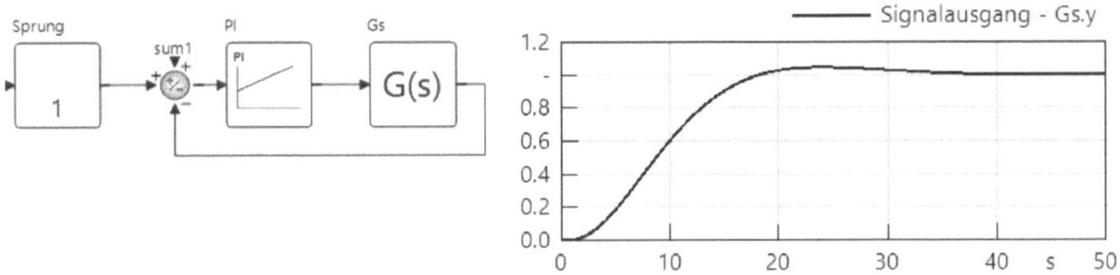

Bild 11.77 Screenshot des Regelkreises sowie der Regelgrößenverlauf

b) Der Strecke wird noch eine Totzeit von 0.5 s hinzugefügt. Bemessen Sie für diese neue Strecke einen schnellen PID-Regler in additiver Form nach Kuhn.

Lösung:

K_S = 3 und $T_{\Sigma neu}$ = 8.5 s + 0.5 s = 9 s

Reglerbemessung: schneller PID-Regler in additiver Form (Bild 11.78)

$$K_R = \frac{2}{K_S} = \frac{2}{3} = 0.67;\ T_N = 0.8 \cdot T_{\Sigma neu} = 0.8 \cdot 9\ \text{s} = 7.2\ \text{s};\ T_V = 0.194 \cdot T_{\Sigma neu}$$
$$= 0.194 \cdot 9\ \text{s} = 1.75\ \text{s}$$

$$G_{RPID} = \frac{K_R \cdot (1 + s \cdot T_N + s^2 \cdot T_N \cdot T_V)}{s \cdot T_N} = \frac{0.67 \cdot (1 + s \cdot 7.2\ \text{s} + s^2 \cdot 12.6\ \text{s}^2)}{s \cdot 7.2\ \text{s}}$$

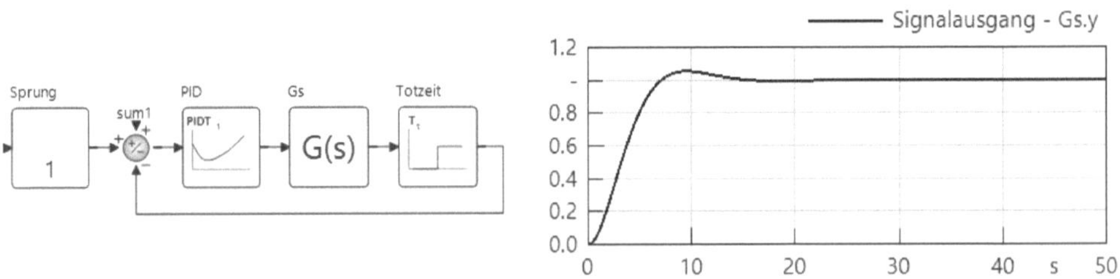

Bild 11.78 Screenshot des Regelkreises mit zusätzlicher Totzeit und Regelgrößenverlauf

11.22 Übung 22 (Abschnitt 7.3.1)

Gegeben ist eine Strecke mit folgender Übertragungsfunktion:

$$G_S(s) = \frac{5}{1 + s \cdot 13\,\mathrm{s} + s^2 \cdot 32\,\mathrm{s}^2 + s^3 \cdot 20\,\mathrm{s}^3} \cdot \mathrm{e}^{-s \cdot 0.5\,\mathrm{s}}$$

Bemessen Sie einen PI- und einen PID-Regler nach Reinisch für einen aperiodischen Regelgrößenverlauf, und überprüfen Sie Ihr Ergebnis mithilfe von SimulationX.

Lösung:

(1) Zeitkonstanten bestimmen: Linearfaktorzerlegung

$$G_S\,(s) = \frac{5}{1 + s \cdot 13\,\mathrm{s} + s^2 \cdot 32\,\mathrm{s}^2 + s^3 \cdot 20\,\mathrm{s}^3} \cdot \mathrm{e}^{-s \cdot 0.5\,\mathrm{s}}$$

$$= \frac{5}{(1 + s \cdot 1\,\mathrm{s}) \cdot (1 + s \cdot 2\,\mathrm{s}) \cdot (1 + s \cdot 10\,\mathrm{s})} \cdot \mathrm{e}^{-s \cdot 0.5\,\mathrm{s}}$$

(2) Totzeit als PT_1-Strecke annähern

$$G_S(s) = \frac{5}{(1 + s \cdot 1\,\mathrm{s}) \cdot (1 + s \cdot 2\,\mathrm{s}) \cdot (1 + s \cdot 10\,\mathrm{s}) \cdot (1 + s \cdot 0.5\,\mathrm{s})}$$

(3) Zeiten zuordnen

$$T_1 > T_2 > T_3 > T_4$$

$T_1 = 10$ s; $T_2 = 2$ s; $T_3 = 1$ s; $T_4 = 0.5$ s

Regler bemessen mit $a = 4$ (aperiodischer Grenzfall)

PI-Regler (Bild 11.79):

$T_N = 10$ s

$$T_E = 2\,\mathrm{s} + 1\,\mathrm{s} + 0.5\,\mathrm{s} = 3.5\,\mathrm{s}$$

$$K_R = \frac{T_1}{4 \cdot K_S \cdot T_E} = \frac{10\,\mathrm{s}}{4 \cdot 5 \cdot 3.5\,\mathrm{s}} = 0.143$$

$$G_{RPI} = \frac{0.143 \cdot (1 + s \cdot 10\,\mathrm{s})}{s \cdot 10\,\mathrm{s}}$$

PID-Regler in multiplikativer Form (Bild 11.79):

$T_N = 10$ s; $T_V = 2$ s

$$T_E = 1\,\mathrm{s} + 0.5\,\mathrm{s} = 1.5\,\mathrm{s}$$

$$K_R = \frac{T_1}{4 \cdot K_S \cdot T_E} = \frac{10\ \mathrm{s}}{4 \cdot 5 \cdot 1.5\ \mathrm{s}} = \frac{1}{3}$$

$$G_{\mathrm{RPIDm}} = \frac{0.33 \cdot (1 + s \cdot 10\ \mathrm{s}) \cdot (1 + s \cdot 2\ \mathrm{s})}{s \cdot 10\ \mathrm{s}}$$

Umrechnung in additive Form:

$$G_{\mathrm{RPIDa}} = \frac{0.4 \cdot (1 + s \cdot 12\ \mathrm{s} + s^2 \cdot 12\ \mathrm{s} \cdot 1.67\ \mathrm{s})}{s \cdot 12\ \mathrm{s}}$$

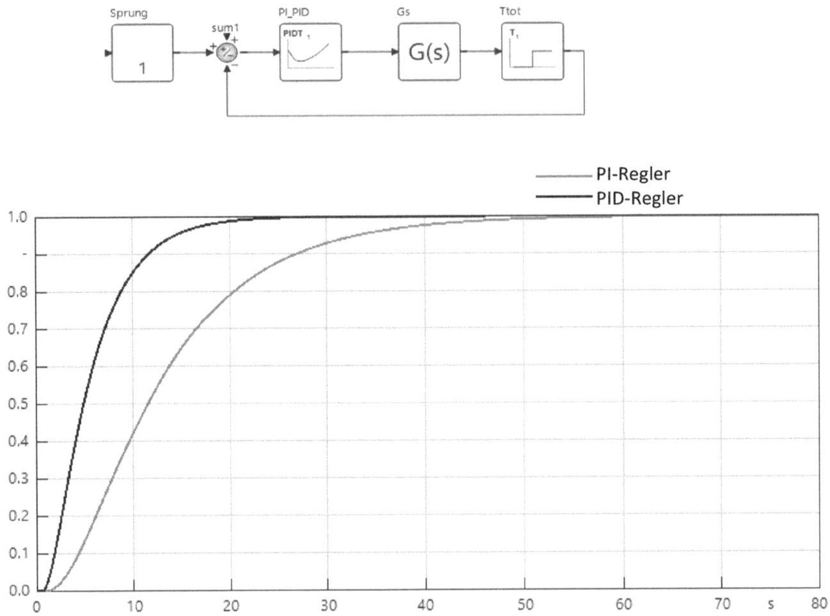

Bild 11.79 Screenshot des Regelkreises sowie die Regelgrößenverläufe

11.23 Übung 23 (Abschnitt 7.3.2)

Gegeben ist eine Strecke mit folgender Übertragungsfunktion:

$$G_S(s) = \frac{3\ \mathrm{s}^{-1}}{s + s^2 \cdot 1.2\ \mathrm{s} + s^3 \cdot 0.21\ \mathrm{s}^2 + s^4 \cdot 0.01\ \mathrm{s}^3} \cdot \mathrm{e}^{-s \cdot 0.05\ \mathrm{s}}$$

Bemessen Sie einen PI- und einen PID-Regler in additiver Form nach dem symmetrischen Optimum mit dem entsprechenden Vorfilter, und überprüfen Sie Ihr Ergebnis mithilfe von SimulationX.

Lösung:

(1) Zeitkonstanten bestimmen: *s* ausklammern und Linearfaktorzerlegung

$$G_S(s) = \frac{3\,\mathrm{s}^{-1}}{s + s^2 \cdot 1.2\,\mathrm{s} + s^3 \cdot 0.21\,\mathrm{s}^2 + s^4 \cdot 0.01\,\mathrm{s}^3} \cdot \mathrm{e}^{-s \cdot 0.05\,\mathrm{s}}$$

$$= \frac{3\,\mathrm{s}^{-1}}{s \cdot (1 + s \cdot 1\,\mathrm{s}) \cdot (1 + s \cdot 0.1\,\mathrm{s}) \cdot (1 + s \cdot 0.1\,\mathrm{s})} \cdot \mathrm{e}^{-s \cdot 0.05\,\mathrm{s}}$$

(2) Totzeit als PT_1-Strecke annähern

$$G_S(s) = \frac{3\,\mathrm{s}^{-1}}{s \cdot (1 + s \cdot 1\,\mathrm{s}) \cdot (1 + s \cdot 0.1\,\mathrm{s}) \cdot (1 + s \cdot 0.1\,\mathrm{s}) \cdot (1 + s \cdot 0.05\,\mathrm{s})}$$

(3) Zeiten zuordnen

$$T_1 > T_2 > T_3 > T_4$$

$T_1 = 1$ s; $T_2 = 0.1$ s; $T_3 = 0.1$ s; $T_4 = 0.05$ s

(4) Regler bemessen

PI-Regler (Bild 11.80):

$$T_E = 1\,\mathrm{s} + 2 \cdot 0.1\,\mathrm{s} + 0.05\,\mathrm{s} = 1.25\,\mathrm{s}$$

$$T_N = 4 \cdot T_E = 5\,\mathrm{s}$$

$$K_R = \frac{1}{2 \cdot K_i \cdot T_E} = \frac{1}{2 \cdot 3\,\mathrm{s}^{-1} \cdot 1.25\,\mathrm{s}} = 0.1333$$

$$G_{RPI} = \frac{0.1333 \cdot (1 + s \cdot 5\,\mathrm{s})}{s \cdot 5\,\mathrm{s}}$$

Vorfilter:

$$G_{VorfPI} = \frac{1}{(1 + s \cdot 5\,\mathrm{s})}$$

PID-Regler in multiplikativer Form (Bild 11.80):

$$T_E = 2 \cdot 0.1\,\mathrm{s} + 0.05\,\mathrm{s} = 0.25\,\mathrm{s}$$

$$T_N = 4 \cdot T_E = 1\,\mathrm{s};\; T_N = 1\,\mathrm{s}$$

$$K_R = \frac{1}{2 \cdot K_i \cdot T_E} = \frac{1}{2 \cdot 3\,\mathrm{s}^{-1} \cdot 0.25\,\mathrm{s}} = 0.667$$

$$G_{RPIDm} = \frac{0.667 \cdot (1 + s \cdot 1\,\mathrm{s}) \cdot (1 + s \cdot 1\,\mathrm{s})}{s \cdot 1\,\mathrm{s}}$$

Umrechnung in additive Form:

$$G_{\text{RPIDa}} = \frac{1.33 \cdot (1 + s \cdot 2\,\text{s} + s^2 \cdot 2\,\text{s} \cdot 0.5\,\text{s})}{s \cdot 2\,\text{s}}$$

Vorfilter:

$$G_{\text{VorfPID}} = \frac{1}{(1 + s \cdot 1\,\text{s})}$$

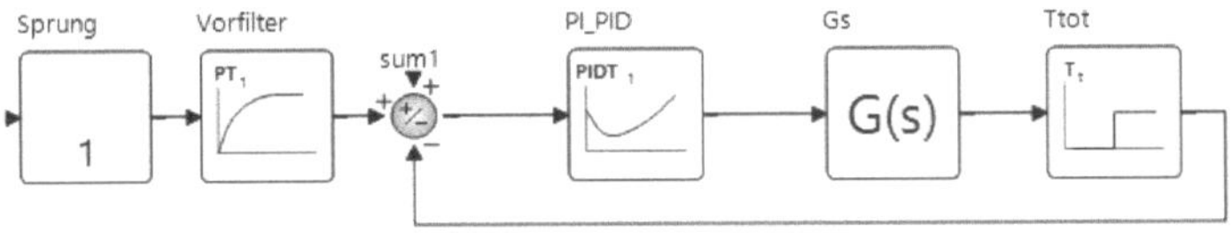

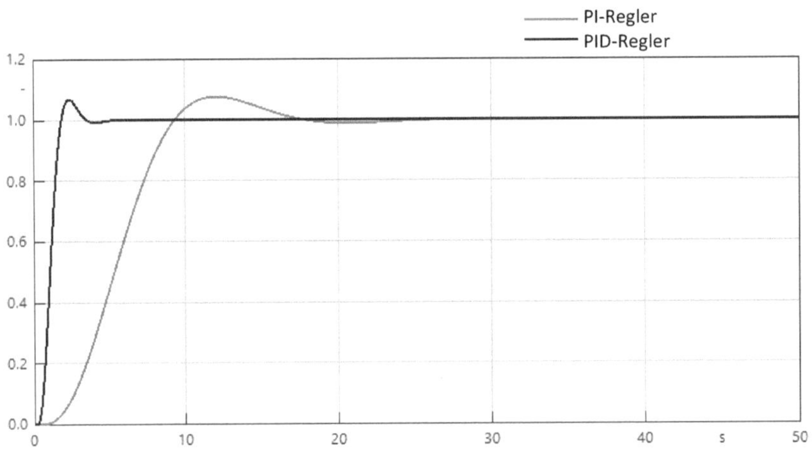

Bild 11.80 Screenshot des Regelkreises sowie die Regelgrößenverläufe

11.24 Übung 24 (Abschnitt 8.3)

Bei welcher Dämpfung sind bei einem schwingenden PT_2-System die Real- und Imaginärteile der Pole betragsmäßig genau gleich?

Ansatz:

$$G(s) = \frac{x_a(s)}{x_e(s)} = \frac{K}{1 + s \cdot \frac{2D}{\omega_0} + \frac{s^2}{{\omega_0}^2}} = \frac{K \cdot {\omega_0}^2}{{\omega_0}^2 + s \cdot 2D \cdot \omega_0 + s^2}$$

Dann werden die Pole berechnet:

$$\omega_0{}^2 + s \cdot 2D \cdot \omega_0 + s^2 = 0 \;\rightarrow\; s_{1/2} = -D \cdot \omega_0 \pm \sqrt{D^2 \cdot \omega_0{}^2 - \omega_0{}^2}$$
$$= \omega_0 \cdot \left(-D \pm \sqrt{D^2 - 1}\right)$$

Mit $D^2 < 1$ entstehen folgende komplexe Pole:

$$s_{1/2} = \omega_0 \cdot \left(-D \pm \sqrt{-1 \cdot (1 - D^2)}\right) = \omega_0 \cdot \left(-D \pm \mathrm{j} \cdot \sqrt{1 - D^2}\right)$$

Es wird nur die Klammer betrachtet:

$$-D \pm \mathrm{j} \cdot \sqrt{1 - D^2} \quad \text{Realteil} = -D \quad \text{Imaginärteil} = \pm\sqrt{1 - D^2}$$

Nun wird folgende Forderung gestellt:

$$|\text{Realteil}| = D = |\text{Imaginärteil}| = \sqrt{1 - D^2}$$

bzw.

$$D^2 = 1 - D^2 \;\rightarrow\; 2 \cdot D^2 = 1$$

$D = \frac{1}{\sqrt{2}}$, was 4.3 % Überschwingen entspricht.

11.25 Übung 25 (Abschnitt 8.4.2.1)

Bei welchem Verstärkungsfaktor K von $G(s)$ läuft die Ortskurve exakt durch den kritischen Punkt?

$$G(s) = \frac{K}{(1 + s \cdot 1\,\mathrm{s})^3} = \frac{K}{(1 + s \cdot 1\,\mathrm{s}) \cdot (1 + s \cdot 1\,\mathrm{s}) \cdot (1 + s \cdot 1\,\mathrm{s})}$$
$$= \frac{K}{1 + s \cdot 3\,\mathrm{s} + s^2 \cdot 3\,\mathrm{s}^2 + s^3 \cdot 1\,\mathrm{s}^3}$$

$$F(\mathrm{j}\omega) = \frac{K}{1 + \mathrm{j}\omega \cdot 3\,\mathrm{s} + (\mathrm{j}\omega)^2 \cdot 3\,\mathrm{s}^2 + (\mathrm{j}\omega)^3 \cdot 1\,\mathrm{s}^3} = \frac{K}{1 - \omega^2 \cdot 3\,\mathrm{s}^2 + \mathrm{j}\left(\omega \cdot 3\,\mathrm{s} - \omega^3 \cdot 1\,\mathrm{s}^3\right)}$$

Es wird konjugiert komplex erweitert, um Real- und Imaginärteil zu trennen:

$$F(\mathrm{j}\omega) = \frac{K}{1 - \omega^2 \cdot 3\,\mathrm{s}^2 + \mathrm{j}\left(\omega \cdot 3\,\mathrm{s} - \omega^3 \cdot 1\,\mathrm{s}^3\right)} \cdot \frac{1 - \omega^2 \cdot 3\,\mathrm{s}^2 - \mathrm{j}\left(\omega \cdot 3\,\mathrm{s} - \omega^3 \cdot 1\,\mathrm{s}^3\right)}{1 - \omega^2 \cdot 3\,\mathrm{s}^2 - \mathrm{j}\left(\omega \cdot 3\,\mathrm{s} - \omega^3 \cdot 1\,\mathrm{s}^3\right)}$$

$$F(\mathrm{j}\omega) = K \cdot \left(\frac{1 - \omega^2 \cdot 3\,\mathrm{s}^2}{\left(1 - \omega^2 \cdot 3\,\mathrm{s}^2\right)^2 + \left(\omega \cdot 3\,\mathrm{s} - \omega^3 \cdot 1\,\mathrm{s}^3\right)^2} - \mathrm{j}\omega \right.$$
$$\left. \cdot \frac{3\,\mathrm{s} - \omega^2 \cdot 1\,\mathrm{s}^3}{\left(1 - \omega^2 \cdot 3\,\mathrm{s}^2\right)^2 + \left(\omega \cdot 3\,\mathrm{s} - \omega^3 \cdot 1\,\mathrm{s}^3\right)^2}\right)$$

Nun wird der kritische Punkt verwendet, um ω_{krit} und K_{krit} zu ermitteln:

$$\operatorname{Im}\left(F\left(\mathrm{j}\omega\right)\right) = 0 = K \cdot \omega \cdot \frac{3\,\mathrm{s} - \omega^2 \cdot 1\,\mathrm{s}^3}{\left(1 - \omega^2 \cdot 3\,\mathrm{s}^2\right)^2 + \left(\omega \cdot 3\,\mathrm{s} - \omega^3 \cdot 1\,\mathrm{s}^3\right)^2}$$

Vereinfacht:

$$0 = 3\,\mathrm{s} - \omega^2 \cdot 1\,\mathrm{s}^3 \;\rightarrow\; \omega = \omega_{\text{krit}} = \sqrt{3}\,\mathrm{s}^{-1}$$

$$\operatorname{Re}\left(F\left(\mathrm{j}\omega\right)\right) = -1 = K \cdot \frac{1 - \omega^2 \cdot 3\,\mathrm{s}^2}{\left(1 - \omega^2 \cdot 3\,\mathrm{s}^2\right)^2 + \left(\omega \cdot 3\,\mathrm{s} - \omega^3 \cdot 1\,\mathrm{s}^3\right)^2}$$

Mit

$$\omega = \omega_{\text{krit}} = \sqrt{3}\,\mathrm{s}^{-1}$$

folgt (Bild 11.81)

$$-1 = K \cdot \frac{1 - 3\,\mathrm{s}^{-2} \cdot 3\,\mathrm{s}^2}{\left(1 - 3\,\mathrm{s}^{-2} \cdot 3\,\mathrm{s}^2\right)^2 + \left(\sqrt{3}\,\mathrm{s}^{-1} \cdot 3\,\mathrm{s} - 3 \cdot \sqrt{3}\,\mathrm{s}^{-3} \cdot 1\,\mathrm{s}^3\right)^2} = K \cdot \frac{1 - 9}{\left(1 - 9\right)^2}$$

$$= \frac{K}{-8} \;\rightarrow\; K = K_{\text{krit}} = 8$$

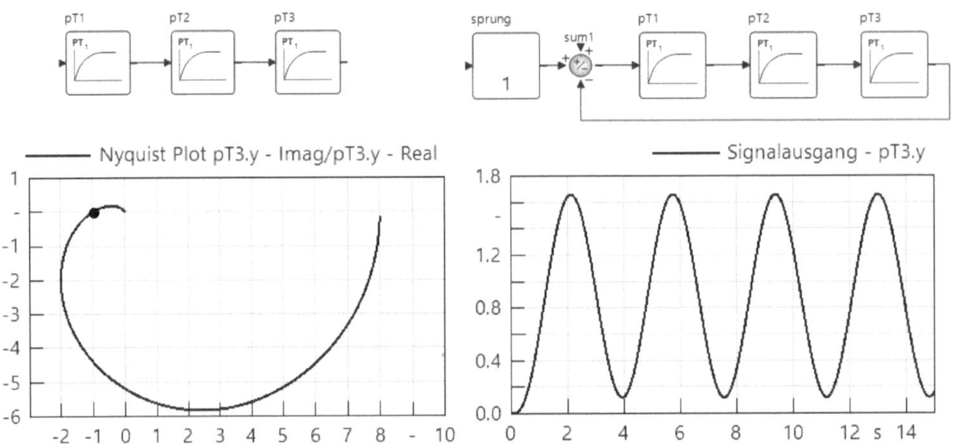

Bild 11.81 Screenshot der Strecke und Ortskurve sowie der rückgekoppelten Strecke und des Zeitverlaufs

11.26 Übung 26 (Abschnitt 8.4.3.1)

Von zwei Systemen liegen die in Bild 8.25/Bild 11.80 und Bild 8.26/Bild 11.82 gezeigten Bode-Diagramme vor. Sind die beiden Systeme rückgekoppelt stabil oder instabil? Überprüfen Sie Ihre Aussage, indem Sie die Übertragungsfunktion aus dem Bode-Diagramm auslesen und die Rückkopplung mit SimulationX simulieren.

System 1

Bild 11.82 zeigt das Bode-Diagramm von System 1.

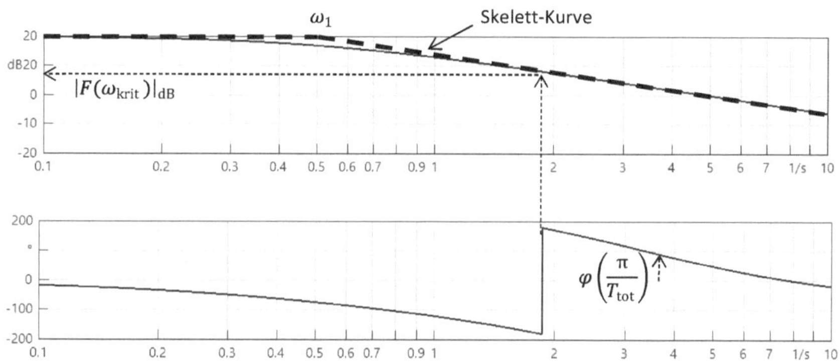

Bild 11.82 Bode-Diagramm von System 1

Abgelesen:

$$|F(\omega_{krit})|_{dB} \approx 8\text{ dB} > 0\text{ dB rückgekoppelt instabil}$$

Zur Probe: Aus dem Amplitudengang kann abgelesen werden.

$$K_{dB} = 20\text{ dB} \;\rightarrow\; K = 10^{\frac{20\text{ dB}}{20\text{ dB}}} = 10$$

$$\omega_1 = 0.5\text{ s}^{-1} \;\rightarrow\; T_1 = \frac{1}{\omega_0} = 2\text{ s mit Anstieg } \frac{-20\text{ dB}}{\text{Dek}}$$

Zur Probe: Aus dem Phasengang kann abgelesen werden.

Zusätzliche Phasenverschiebung über –90° exponentiell abfallend → Totzeitglied

$$\varphi\left(\frac{\pi}{T_{tot}}\right) \approx -(90^\circ + 180^\circ) \approx -270^\circ \text{ bzw. } 90^\circ \;\rightarrow\; \frac{\pi}{T_{tot}} \approx 3.5\text{ s}^{-1} \;\rightarrow\; T_{tot} \approx 0.9\text{ s}$$

Damit gilt (Bild 11.83):

$$G_1 = \frac{10}{1 + s \cdot 2\,\mathrm{s}} \cdot \mathrm{e}^{-s \cdot 0.9\,\mathrm{s}}$$

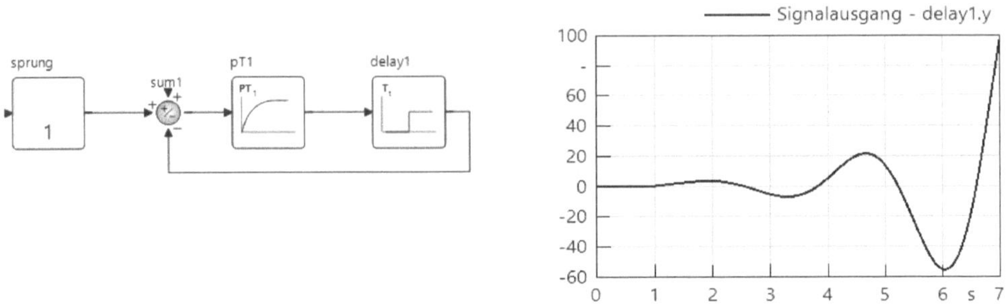

Bild 11.83 Screenshot des rückgekoppelten Systems 1 und instabiler Zeitverlauf

System 2

Bild 11.84 zeigt das Bode-Diagramm von System 2.

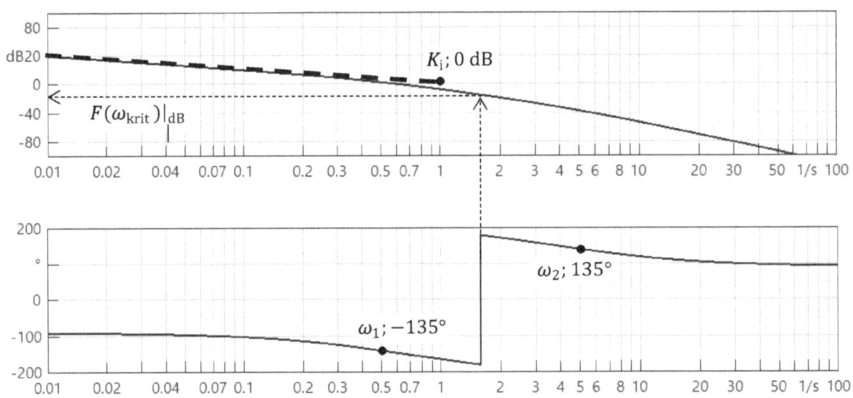

Bild 11.84 Bode-Diagramm von System 2

Abgelesen:

$$|F(\omega_{\text{krit}})|_{\text{dB}} \approx -15\ \text{dB} < 0\ \text{dB rückgekoppelt stabil}$$

Zur Probe: Aus dem Phasengang kann abgelesen werden.

Phasendrehung von –90° auf –270° (+90°) → IT_2

$$T_1 = \frac{1}{\omega_1} = 2\,\mathrm{s};\ T_2 = \frac{1}{\omega_2} = 0.2\,\mathrm{s}$$

Zur Probe: Aus dem Amplitudengang kann abgelesen werden.

$$K_\mathrm{i} = 1\ \mathrm{s}^{-1}$$

Damit ist (Bild 11.85)

$$G_2 = \frac{1\ \mathrm{s}^{-1}}{s \cdot (1 + s \cdot 2\ \mathrm{s}) \cdot (1 + s \cdot 0.2\ \mathrm{s})}$$

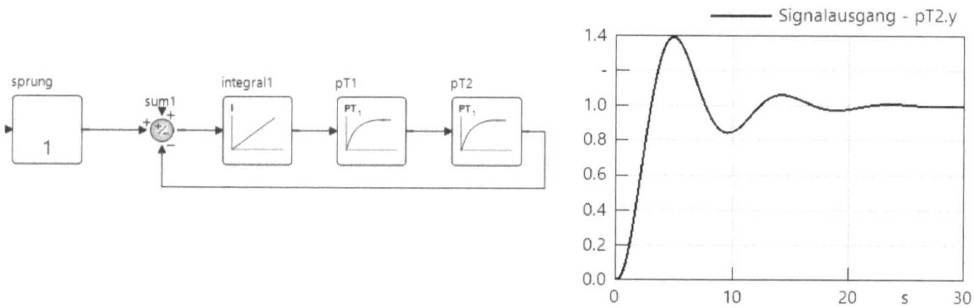

Bild 11.85 Screenshot des rückgekoppelten Systems 2 und stabiler Zeitverlauf

11.27 Übung 27 (Abschnitt 8.4.3.2)

Bestimmen Sie die Amplituden- und Phasenreserve für die beiden Systeme aus Übung 26.

System 1 (Bild 11.86)

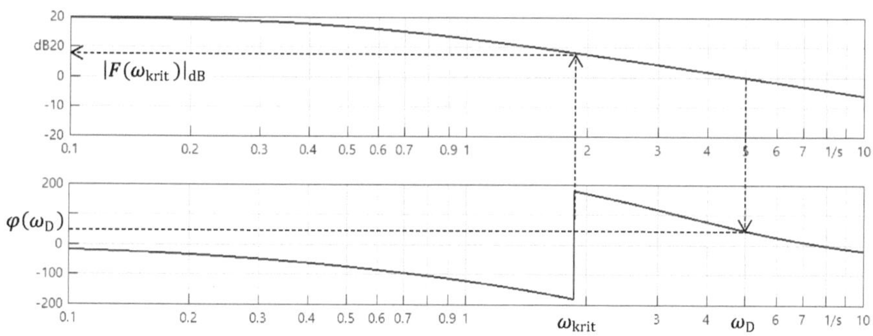

Bild 11.86 Bode-Diagramm von System 1

Abgelesen:

$$|F(\omega_{\text{krit}})|_{\text{dB}} \approx 8\ \text{dB} \;\rightarrow\; A_{\text{R}} = \frac{1}{10^{\frac{|F(\omega_{\text{krit}})|_{\text{dB}}}{20\ \text{dB}}}} = 0.4$$

$$\varphi\left(\omega_{\text{D}}\right) = 40^\circ \text{ bzw. } -320 \;\rightarrow\; \varphi_{\text{R}} = 180^\circ + \varphi(\omega_{\text{D}}) = -140^\circ$$

System 2 (Bild 11.87)

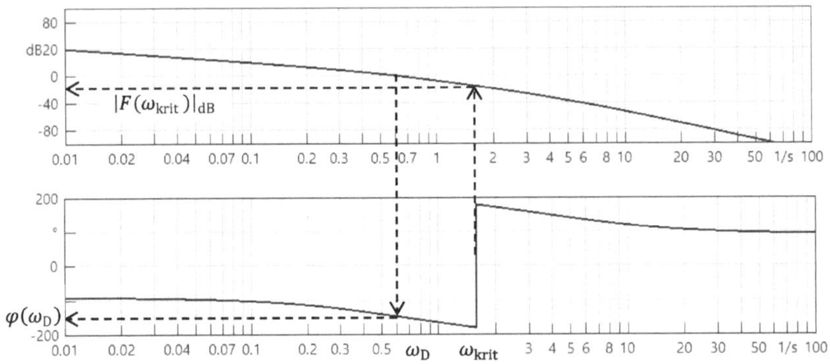

Bild 11.87 Bode-Diagramm von System 2

Abgelesen:

$$|F(\omega_{\text{krit}})|_{\text{dB}} \approx -15\ \text{dB} \;\rightarrow\; A_{\text{R}} = \frac{1}{10^{\frac{|F(\omega_{\text{krit}})|_{\text{dB}}}{20\ \text{dB}}}} = 5.6$$

$$\varphi\left(\omega_{\text{D}}\right) = -150^\circ \;\rightarrow\; \varphi_{\text{R}} = 180^\circ + \varphi(\omega_{\text{D}}) = 30^\circ$$

11.28 Übung 28 (Abschnitt 8.6)

a) Bestimmen Sie einen PI-Regler für einen nichtschwingenden Regelgrößenverlauf mithilfe des Kompensationsverfahrens für folgende Strecke.

$$G_{\text{S1}} = \frac{0.25}{(1 + s \cdot 1\ \text{s}) \cdot (1 + s \cdot 10\ \text{s})}$$

Reglerparametrierung:

Schritt (1)

$T_{\text{N}} = T_{\text{größte}}$ (hier 10 s) setzen

$$G_{\mathrm{RPI}} = \frac{K_{\mathrm{R}} \cdot (1 + s \cdot T_{\mathrm{N}})}{s \cdot T_{\mathrm{N}}} = \frac{K_{\mathrm{R}} \cdot (1 + s \cdot 10\,\mathrm{s})}{s \cdot 10\,\mathrm{s}}$$

Schritt (2)

$G_{\mathrm{o}} = G_{\mathrm{RPI}} \cdot G_{\mathrm{S1}}$ berechnen

$$G_{\mathrm{o}} = G_{\mathrm{RPI}} \cdot G_{\mathrm{S1}} = \frac{K_{\mathrm{R}} \cdot (1 + s \cdot 10\,\mathrm{s})}{s \cdot 10\,\mathrm{s}} \cdot \frac{0.25}{(1 + s \cdot 1\,\mathrm{s}) \cdot (1 + s \cdot 10\,\mathrm{s})}$$

$$= K_{\mathrm{R}} \cdot \frac{0.25}{s \cdot 10\,\mathrm{s} \cdot (1 + s \cdot 1\,\mathrm{s})} = K_{\mathrm{R}} \cdot \frac{0.025\,\mathrm{s}^{-1}}{s \cdot (1 + s \cdot 1\,\mathrm{s})}$$

Schritt (3): Vom $\mathrm{IT_n}$-System (ohne K_{R}) Bode-Diagramm zeichnen (Bild 11.88)

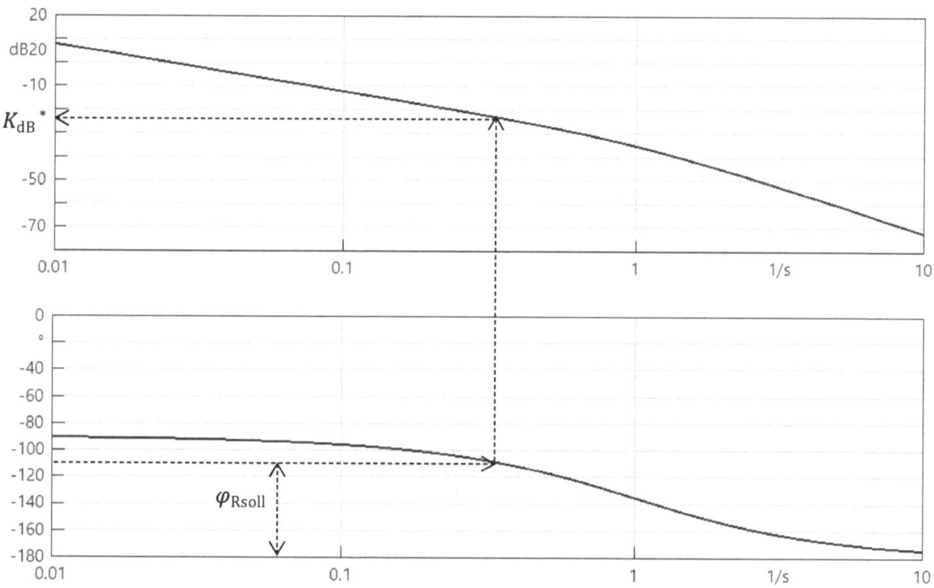

Bild 11.88 Bodediagramm des $\mathrm{IT_n}$-Systems

Schritt (4): Unter der Vorgabe der Phasenreserve $K_{\mathrm{dB}}{}^*$ und K^* ermitteln

Wegen

$\varphi_{\mathrm{Rsoll}} + \ddot{\mathrm{u}} \approx 70$

ist

$\varphi_{\mathrm{Rsoll}} \approx 70 - 0 = 70°$

Abgelesen:

$K_{\mathrm{dB}}{}^* = -23.8\ \mathrm{dB}$

Damit ist

$$K^* = 10^{\frac{-23.8\,\mathrm{dB}}{20\,\mathrm{dB}}} = 0.0645$$

Schritt (5): K_R ermitteln

$$K_R = \frac{1}{K^*} = \frac{1}{0.0645} = 15.5$$

Damit ist der Regler bemessen mit (Bild 11.89)

$$K_R = 15.5 \text{ und } T_N = 10\text{ s};\; G_R = \frac{15.5 \cdot (1 + s \cdot 10\text{ s})}{s \cdot 10\text{ s}}$$

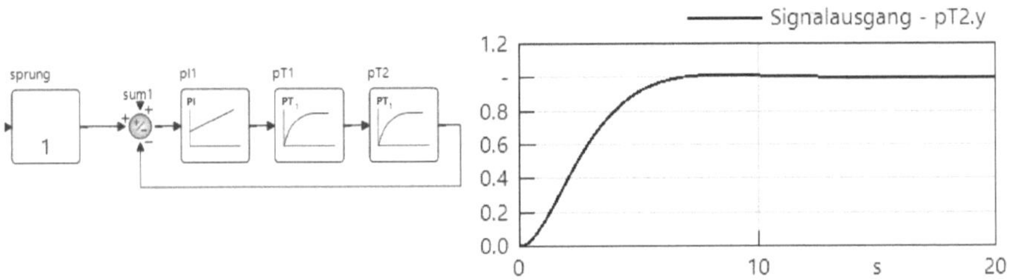

Bild 11.89 Screenshot des Regelkreises und entsprechender Zeitverlauf

b) Ermitteln Sie mithilfe der Kompensationsmethode einen PID-Regler in additiver Form mit 0 % Überschwingen für folgende Strecke.

$$G_{S2} = \frac{0.1}{(1 + s \cdot 0.1\text{ s}) \cdot (1 + s \cdot 0.05\text{ s})} \cdot e^{-s \cdot 0.02\text{ s}}$$

Lösung:

Schritt (1)

$T_N = T_{\text{größte}}$ (hier 0.1 s) und $T_N = T_{\text{zweitgrößte}}$ (hier 0.05 s) setzen

$$G_{RPIDm} = \frac{K_R \cdot (1 + s \cdot T_N) \cdot (1 + s \cdot T_V)}{s \cdot T_N} = \frac{K_R \cdot (1 + s \cdot 0.1\text{ s}) \cdot (1 + s \cdot 0.05\text{ s})}{s \cdot 0.1\text{ s}}$$

Schritt (2)

$G_o = G_{RPIDm} \cdot G_{S2}$ berechnen

$$G_o = G_{RPIDm} \cdot G_{S2} = \frac{K_R \cdot (1 + s \cdot 0.1\text{ s}) \cdot (1 + s \cdot 0.05\text{ s})}{s \cdot 0.1\text{ s}}$$

$$\cdot \frac{0.1}{(1 + s \cdot 0.1\text{ s}) \cdot (1 + s \cdot 0.05\text{ s})} \cdot e^{-s \cdot 0.02\text{ s}} = K_R \cdot \frac{0.1}{s \cdot 0.1\text{ s}} \cdot e^{-s \cdot 0.02\text{ s}}$$

$$= K_R \cdot \frac{1\text{ s}^{-1}}{s} \cdot e^{-s \cdot 0.02\text{ s}}$$

Schritt (3): Vom IT_{tot}-System (ohne K_R) Bode-Diagramm zeichnen (Bild 11.90)

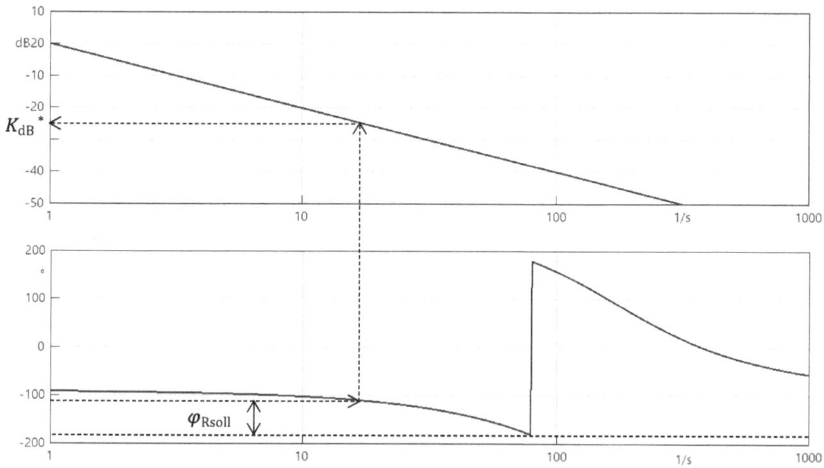

Bild 11.90 Bodediagramm des IT_n-Systems

Schritt (4): Unter der Vorgabe der Phasenreserve K_{dB}^* und K^* ermitteln

Wegen

$$\varphi_{Rsoll} + \text{ü} \approx 70$$

ist

$$\varphi_{Rsoll} \approx 70 - 0 = 70^\circ$$

Abgelesen:

$$K_{dB}^* = -25 \text{ dB}$$

Damit ist

$$K^* = 10^{\frac{-25 \text{ dB}}{20 \text{ dB}}} = 0.056$$

Schritt (5): K_R ermitteln

$$K_R = \frac{1}{K^*} = \frac{1}{0.056} = 17.8$$

Damit ist der multiplikative PID-Regler bemessen mit (Bild 11.91)

$$K_{Rm} = 17.8;\ T_{Nm} = 0.1 \text{ s und } T_{Vm} = 0.05 \text{ s};$$

$$G_{RPIDm} = \frac{17.8 \cdot (1 + s \cdot 0.1 \text{ s}) \cdot (1 + s \cdot 0.05 \text{ s})}{s \cdot 0.1 \text{ s}}$$

Umrechnen in additive Form:

$$K_{Ra} = K_{Rm} \cdot \frac{T_{Nm} + T_{Vm}}{T_{Nm}} = 17.8 \cdot \frac{0.1\ s + 0.05\ s}{0.1\ s} = 26.7$$

$$T_{Na} = T_{Nm} + T_{Vm} = 0.1\ s + 0.05\ s = 0.15\ s$$

$$T_{Va} = \frac{T_{Nm} \cdot T_{Vm}}{T_{Nm} + T_{Vm}} = \frac{0.1\ s \cdot 0.05\ s}{0.1\ s + 0.05\ s} = 0.0333\ s$$

$$G_{RPIDa}(s) = \frac{K_{Ra}(1 + s \cdot T_{Na} + s^2 \cdot T_{Na} \cdot T_{Va})}{s \cdot T_{Na}} = \frac{26.7 \cdot (1 + s \cdot 0.15\ s + s^2 \cdot 0.005\ s^2)}{s \cdot 0.15\ s}$$

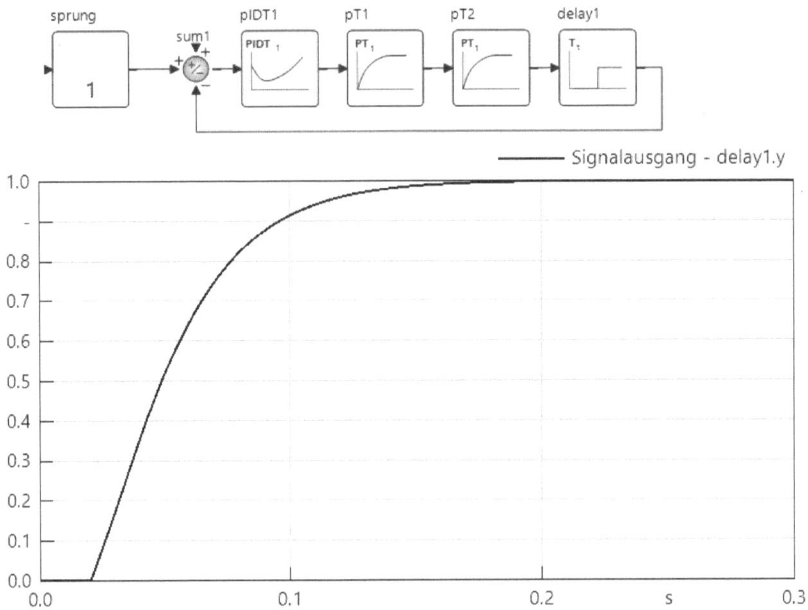

Bild 11.91 Screenshot des Regelkreises und entsprechender Zeitverlauf

11.29 Übung 29 (Abschnitt 9.3)

Bemessen Sie einen ReDuS-Regler, welcher bei der gegebenen PT_2-Strecke eine Regelgröße mit kleiner Anregelzeit bei 20 % Überschwingen erzeugt. Vergleichen Sie Ihr Ergebnis mit dem Regelgrößenverlauf beim Einsatz eines nach dem Verfahren nach Reinisch eingestellten Reglers.

PT_2-Strecke:

$$G_S(s) = \frac{2}{(1 + s \cdot 0.1\ \mathrm{s}) \cdot (1 + s \cdot 0.5\ \mathrm{s})}$$

Vorbetrachtung:

$$G_S = \frac{2}{(1 + s \cdot 0.1\ \mathrm{s}) \cdot (1 + s \cdot 0.5\ \mathrm{s})} = \frac{2}{1 + s \cdot 0.6\ \mathrm{s} + s^2 \cdot 0.05\ \mathrm{s}^2}$$

Damit sind

$a_0 = 2$; $b_0 = 1$; $b_1 = 0.6$ s; $b_2 = 0.05\ \mathrm{s}^2$

$$D = \frac{1}{\sqrt{1 + \left(\frac{\pi}{\ln \frac{\ddot{u}}{X_{a\infty}}}\right)^2}} = \frac{1}{\sqrt{1 + \left(\frac{\pi}{\ln 0.2}\right)^2}} = 0.456$$

$$\omega_0 = 0.9 \cdot \frac{b_1}{b_2 \cdot 2 \cdot D} = 0.9 \cdot \frac{0.6\ \mathrm{s}}{0.05\ \mathrm{s}^2 \cdot 2 \cdot 0.456} = 11.8\ \mathrm{s}^{-1}$$

Reglerbemessung des ReDuS-Reglers:

$$\alpha = \frac{b_2 \cdot \omega_0^2 \cdot \left(1 - 4 \cdot D^2\right) + b_1 \cdot \omega_0 \cdot 2 \cdot D - b_0}{a_0}$$

$$= \frac{0.05\ \mathrm{s}^2 \cdot \left(11.8\ \mathrm{s}^{-1}\right)^2 \cdot \left(1 - 4 \cdot 0.456^2\right) + 0.6\ \mathrm{s} \cdot 11.8\ \mathrm{s}^{-1} \cdot 2 \cdot 0.456 - 1}{2} = 3.3$$

$$\beta = \frac{b_2 \cdot \omega_0^2}{a_0} = \frac{0.05\ \mathrm{s}^2 \cdot \left(11.8\ \mathrm{s}^{-1}\right)^2}{2} = 3.48$$

$$K_i = \frac{(b_1 - b_2 \cdot \omega_0 \cdot 2 \cdot D) \cdot \omega_0^2}{a_0} = \frac{\left(0.6\ \mathrm{s} - 0.05\ \mathrm{s}^2 \cdot 11.8\ \mathrm{s}^{-1} \cdot 2 \cdot 0.456\right) \cdot \left(11.8\ \mathrm{s}^{-1}\right)^2}{2}$$

$$= 4.3\ \mathrm{s}^{-1}$$

Bemessung nach Reinisch (Bild 11.92)

$$a = 4 \cdot D^2 = 4 \cdot 0.456^2 = 0.832$$

$$T_N = T_{1\text{größte}} = 0.5\ \mathrm{s}$$

$$K_R = \frac{T_1}{a \cdot K_S \cdot T_2} = \frac{0.5\ \mathrm{s}}{0.832 \cdot 2 \cdot 0.1\ \mathrm{s}} = 3$$

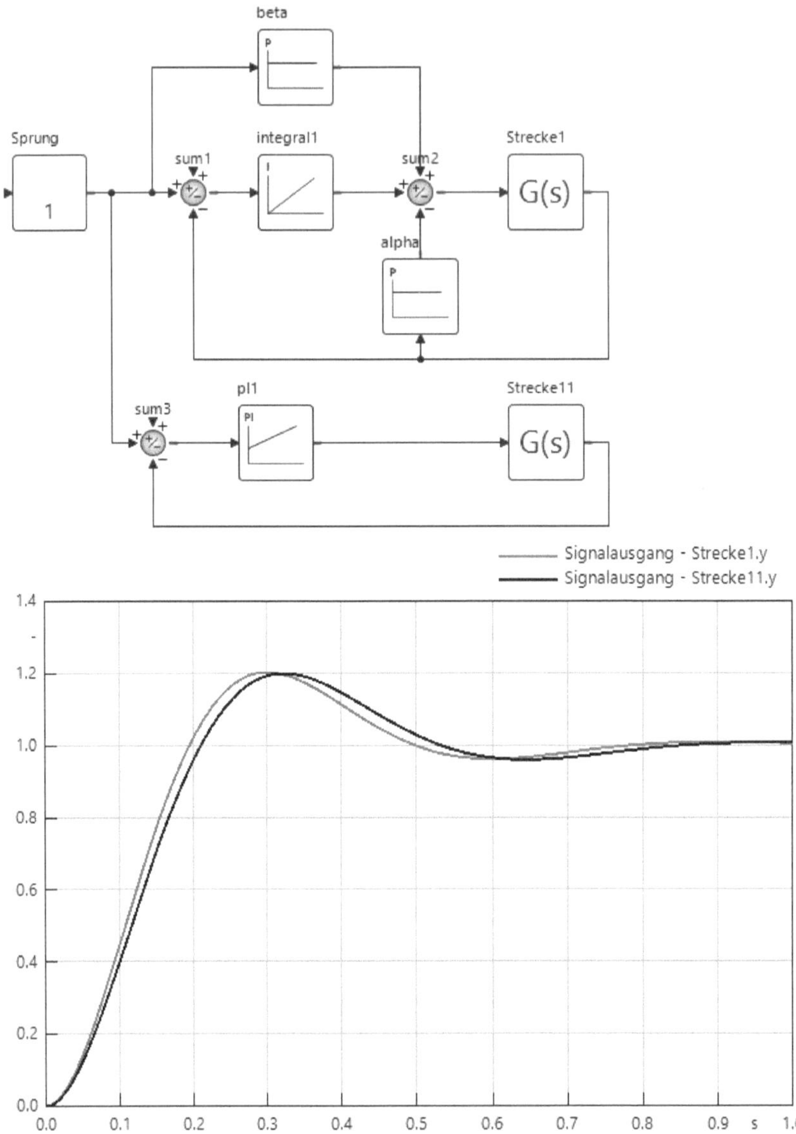

Bild 11.92 Screenshot der betrachteten Regelkreise und entsprechende Regelgrößenverläufe

11.30 Übung 30 (Abschnitt 9.4.1)

Ein Regelkreis besteht aus einem PI-Regler und einer PT_1T_{tot}-Strecke.

Die Übertragungsfunktionen für Regler und Strecke lauten

$$G_R = \frac{0.8 \cdot (1 + s \cdot 6\,\mathrm{s})}{s \cdot 6\,\mathrm{s}}; \; G_S = \frac{2}{1 + s \cdot 5\,\mathrm{s}} \cdot e^{-s \cdot 1\,\mathrm{s}}$$

Bestimmen Sie jeweils die Regelabweichung für eine Rampe als Führungs- und als Störgröße.

$$w(s) = z_1(s) = z_2(s) = \frac{1\,\mathrm{s}^{-1}}{s^2}$$

Lösung a)

$$w(s) = \frac{1\,\mathrm{s}^{-1}}{s^2}; \; z_1(s) = z_2(s) = 0$$

$$e_{\mathrm{stat}} = \lim_{s \to 0} s \cdot w(s) \cdot \left(\frac{1}{1 + G_R(s) \cdot G_S(s)} \right)$$

$$= \lim_{s \to 0} s \cdot \frac{1\,\mathrm{s}^{-1}}{s^2} \cdot \left(\frac{1}{1 + \frac{0.8 \cdot (1+s \cdot 6\,\mathrm{s})}{s \cdot 6\,\mathrm{s}} \cdot \frac{2}{1+s \cdot 5\,\mathrm{s}} \cdot e^{-s \cdot 1\,\mathrm{s}}} \right)$$

$$e_{stat} = \lim_{s \to 0} \frac{1\,\mathrm{s}^{-1}}{s} \cdot \left(\frac{s \cdot 6\,\mathrm{s} \cdot (1 + s \cdot 5\,\mathrm{s})}{s \cdot 6\mathrm{s} \cdot (1 + s \cdot 5\,\mathrm{s}) + 1.6 \cdot (1 + s \cdot 6\,\mathrm{s}) \cdot e^{-s \cdot 1\,\mathrm{s}}} \right)$$

$$e_{\mathrm{stat}} = \frac{6}{1.6} = 3.75$$

Lösung a) ist in Bild 11.93 dargestellt.

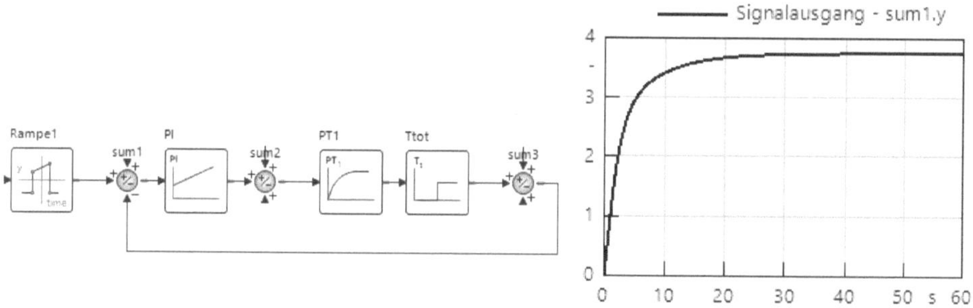

Bild 11.93 Screenshot des Regelkreises der Führungsgrößenregelung und Verlauf der Regelabweichung

Lösung b)

$$z_2(s) = \frac{1\,\mathrm{s}^{-1}}{s^2};\, w(s) = z_1(s) = 0$$

$$e_{\mathrm{stat}} = \lim_{s\to 0} s \cdot z_2(s) \cdot \left(-\frac{1}{1 + G_\mathrm{R}(s) \cdot G_\mathrm{S}(s)}\right) = -3.75$$

Lösung b) ist so wie Lösung a), nur mit einem umgekehrten Vorzeichen (Bild 11.94).

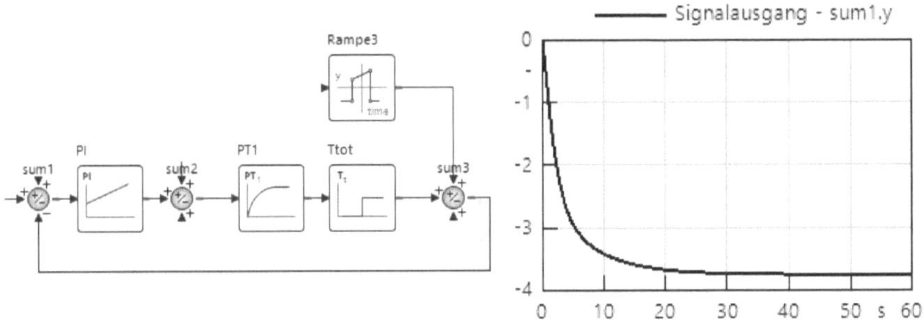

Bild 11.94 Screenshot des Regelkreises der Laststörgrößenregelung und Verlauf der Regelabweichung

Lösung c)

$$z_1(s) = \frac{1\,\mathrm{s}^{-1}}{s^2};\; w(s) = z_2(s) = 0$$

$$e_{\mathrm{stat}} = \lim_{s\to 0} s \cdot z_1(s) \cdot \left(-\frac{G_\mathrm{S}(s)}{1 + G_\mathrm{R}(s) \cdot G_\mathrm{S}(s)}\right)$$

$$= \lim_{s\to 0} s \cdot \frac{1\,\mathrm{s}^{-1}}{s^2} \cdot \left(-\frac{\frac{2}{1+s\cdot 5\,\mathrm{s}} \cdot \mathrm{e}^{-s\cdot 1\,\mathrm{s}}}{1 + \frac{0.8\cdot(1+s\cdot 6\,\mathrm{s})}{s\cdot 6\,\mathrm{s}} \cdot \frac{2}{1+s\cdot 5\,\mathrm{s}} \cdot \mathrm{e}^{-s\cdot 1\,\mathrm{s}}}\right)$$

$$e_{\mathrm{stat}} = \lim_{s\to 0} \frac{1\,\mathrm{s}^{-1}}{s} \cdot \left(-\frac{2 \cdot s \cdot 6\,\mathrm{s} \cdot \mathrm{e}^{-s\cdot 1\,\mathrm{s}}}{s \cdot 6\mathrm{s} \cdot (1 + s \cdot 5\,\mathrm{s}) + 1.6 \cdot (1 + s \cdot 6\,\mathrm{s}) \cdot \mathrm{e}^{-s\cdot 1\,\mathrm{s}}}\right)$$

$$e_{\mathrm{stat}} = -7.5$$

Lösung c) ist in Bild 11.95 dargestellt.

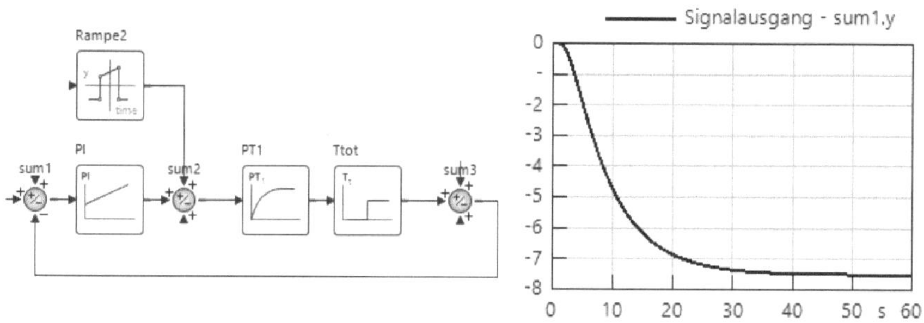

Bild 11.95 Screenshot des Regelkreises der Versorgungsstörgrößenregelung und Verlauf der Regelabweichung

11.31 Übung 31 (Abschnitt 9.5.2)

Aufgabe 1

Bestimmen Sie die Übertragungsfunktion G_{w1} des unterlagerten Regelkreises. Ermitteln Sie dabei den korrekten Verstärkungsfaktor und die Zeitkonstante. Wie groß ist die bleibende Regelabweichung des inneren Regelkreises unter der Annahme, dass die Hilfsführungsgröße $w_{hilf} = 4$ V beträgt?

Lösung:

$$G_{w1} = \frac{\frac{K_{R1} \cdot K_{S1}}{1+s \cdot T_1}}{1 + \frac{K_{R1} \cdot K_{S1} \cdot K_m}{1+s \cdot T_1}} = \frac{K_{R1} \cdot K_{S1}}{1 + s \cdot T_1 + K_{R1} \cdot K_{S1} \cdot K_m}$$

$$= \frac{K_{R1} \cdot K_{S1}}{1 + K_{R1} \cdot K_{S1} \cdot K_m} \cdot \frac{1}{1 + \frac{s \cdot T_1}{1+K_{R1} \cdot K_{S1} \cdot K_m}}$$

$$G_{w1} = \frac{1.25 \cdot 8\ \frac{°C}{V}}{1 + 1.25 \cdot 8\ \frac{°C}{V} \cdot 0.1\ \frac{V}{°C}} \cdot \frac{1}{1 + \frac{s \cdot 30\ s}{1+1.25 \cdot 8\ \frac{°C}{V} \cdot 0.1\ \frac{V}{°C}}} = \frac{5\ \frac{°C}{V}}{1 + s \cdot 15\ s}$$

Regelabweichung:

$$w_{hilf}(s) = \frac{4V}{s}$$

$$e_{stat} = \lim_{s \to 0} s \cdot (w_{hilf}(s) - x^* \cdot K_m) = \lim_{s \to 0} s \cdot (w_{hilf}(s) - G_{w1} \cdot w_{hilf}(s) \cdot K_m)$$

$$= \lim_{s \to 0} s \cdot \frac{1}{s} \cdot \left(4\ V - \frac{5 \frac{°C}{V}}{1 + s \cdot 15 s} \cdot 4\ V \cdot 0.1 \frac{V}{°C}\right) = 2\ V$$

Aufgabe 2

Ermitteln Sie die Übertragungsfunktion G_{SRaum} des Raumes anhand der Sprungantwort (Bild 9.42).

Abgelesen:

$$G_{\text{SRaum}} = \frac{0.6}{1 + s \cdot 300\ \text{s}} \cdot \text{e}^{-s \cdot 60\ \text{s}}$$

Aufgabe 3

Parametrieren Sie den Führungsregler als PI-Regler für 20 % Überschwingen nach der Kompensationsmethode.

$$G_{\text{w1}} \cdot G_{\text{SRaum}} \cdot K_{\text{m}} = \frac{5\ \frac{°\text{C}}{\text{V}}}{1 + s \cdot 15\ \text{s}} \cdot \frac{0.6}{1 + s \cdot 300\ \text{s}} \cdot \text{e}^{-s \cdot 60\ \text{s}} \cdot 0.1\ \frac{\text{V}}{°\text{C}}$$

$$= \frac{0.3}{(1 + s \cdot 15\ \text{s}) \cdot (1 + s \cdot 300\ \text{s})} \cdot \text{e}^{-s \cdot 60\ \text{s}}$$

Schritt (1): Kompensation

$$T_{\text{N}} = T_{\text{Sgrößte}} \xrightarrow{\text{hier}} T_{\text{N}} = 300\ \text{s}$$

Schritt (2)

Damit wird

$$G_{\text{o}} = G_{\text{RPI2}} \cdot G_{\text{w1}} \cdot G_{\text{SRaum}} \cdot K_{\text{m}}$$

$$= \frac{K_{\text{RPI2}} \cdot (1 + s \cdot 300\ \text{s})}{s \cdot 300\ \text{s}} \cdot \frac{0.3}{(1 + s \cdot 15\ \text{s}) \cdot (1 + s \cdot 300\ \text{s})} \cdot \text{e}^{-s \cdot 60\ \text{s}}$$

$$G_{\text{o}} = K_{\text{RPI2}} \cdot \frac{0.001\ \text{s}^{-1}}{s \cdot (1 + s \cdot 15\ \text{s})} \cdot \text{e}^{-s \cdot 60\ \text{s}} \text{ bzw. } G_{ITn} = \frac{0.001\ \text{s}^{-1}}{s \cdot (1 + s \cdot 15\ \text{s})} \cdot \text{e}^{-s \cdot 60\ \text{s}}$$

Schritt (3) Bode-Diagramm (Bild 11.94)

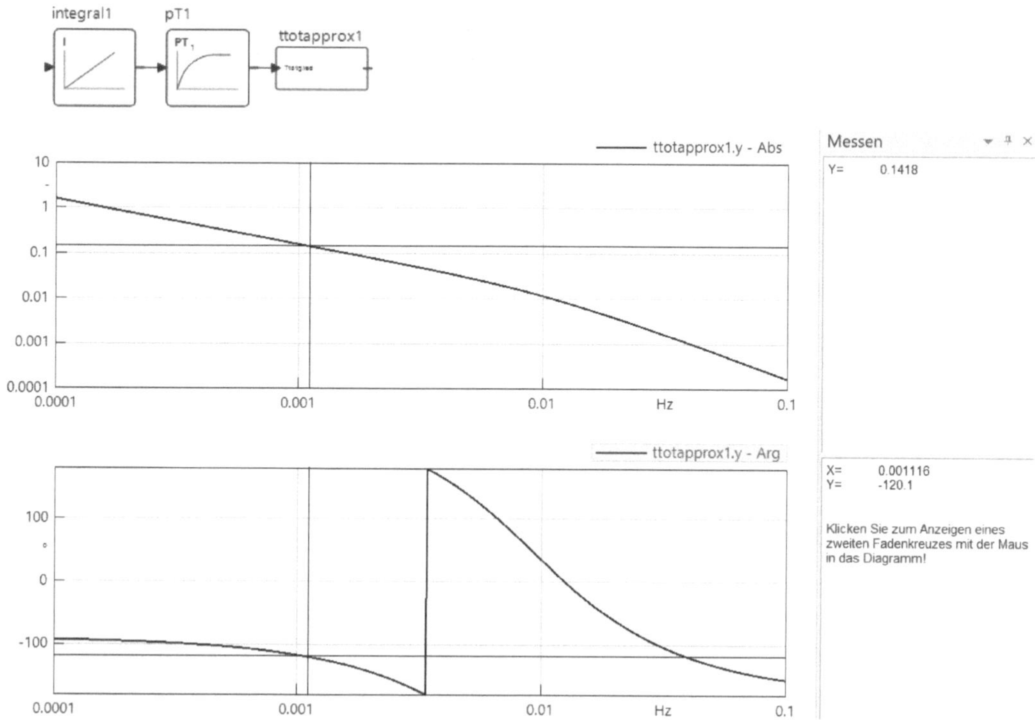

Bild 11.96 Screenshot des IT_1T_{tot}-Systems und entsprechendes Bodediagramm

Schritt (4): Unter der Vorgabe der Phasenreserve K_{dB}^* und K^* ermitteln

Wegen

$$\varphi_{\text{Rsoll}} + \ddot{u} \approx 70$$

ist

$$\varphi_{\text{Rsoll}} \approx 70 - 20 = 50^\circ$$

Abgelesen:

$$K^* = 0.1418$$

Schritt (5): K_R ermitteln

$$K_R = \frac{1}{K^*} = \frac{1}{0.1418} = 7$$

Damit ergibt sich der Führungsregler zu (Bild 11.97)

$$G_{\text{RPI2}} = \frac{7 \cdot (1 + s \cdot 300\,\text{s})}{s \cdot 300\,\text{s}}$$

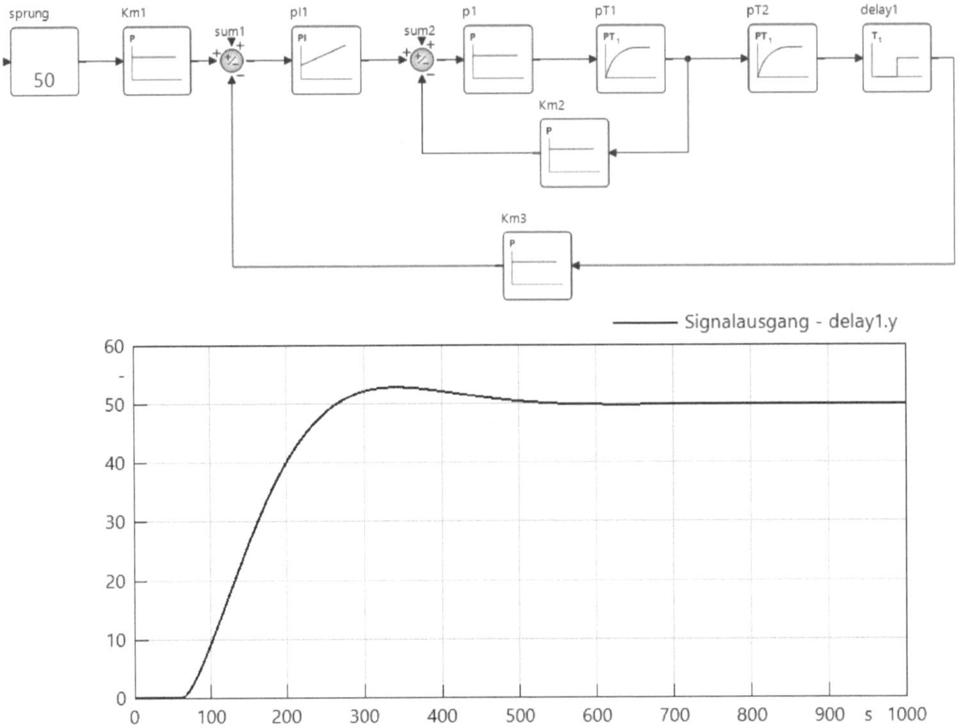

Bild 11.97 Screenshot der Kaskadenregelung und entsprechender Regelgrößenverlauf

11.32 Übung 32 (Abschnitt 10.4.3)

1. Zwischen welchen Heizstufen muss beim normalen Regelverlauf im Trocknungsprozess geschaltet werden, um eine minimale Schwankungsbreite zu erhalten? Berechnen Sie für diesen Fall die Schwankungsbreite, die mittlere Regeldifferenz sowie die Periodendauer der Regelgröße. Überprüfen Sie, ob die Regelgröße den vorgegebenen Toleranzbereich einhält.

   Eine minimale Schwankungsbreite erfordert eine maximale Grundlast. Der Regelvorgang mit Wärmerückgewinnung liefert statisch bei zwei Schaltstufen Folgendes:

$$40^\circ\mathrm{C} + \mathbf{2} \cdot \left(2\ \mathrm{kW} \cdot 12.5\ \frac{\mathrm{K}}{\mathrm{kW}}\right) = 90^\circ\mathrm{C}$$

   Bei drei Schaltstufen sind es

$$40^\circ\mathrm{C} + \mathbf{3} \cdot \left(2\ \mathrm{kW} \cdot 12.5\ \frac{\mathrm{K}}{\mathrm{kW}}\right) = 115^\circ\mathrm{C} > 105 \ \rightarrow \text{zu groß}$$

Daraus folgt, dass zwei Heizstufen als Grundlast immer an sein müssen. Eine minimale Schwankungsbreite bei maximaler Grundlast erfordert für die Hauptlast die nächste Stufe. Damit sind alle acht nötigen Größen für die Berechnung ermittelt:

K	=	25 °C	wegen 2 kW · 12.5 $\frac{°C}{kW}$
T_1	=	900 s	
T_{tot}	=	120 s	
W_0	=	65 °C	wegen 105 °C - 40 °C
e_0	=	−1.5 °C	
e_1	=	1.5 °C	wegen $e_1 - e_0 = 3$ °C
y_0	=	2	maximale Grundlast 2 Stufen
y_1	=	3	

Mit den Formeln zur Berechnung von Regelkreisen mit Zweipunktreglern erhält man folgende Werte:

t_1	=	2200 s	
X^*_{max}	=	107.56 K	wegen X_{max} + 40 °C
X^*_{min}	=	101.81 K	wegen X_{min} + 40 °C
T_{aus}	=	356 s	
T_{ein}	=	516 s	
e_{mr}	=	0.31 °C	

Damit beträgt die Schwankungsbreite $X_{max} - X_{min} = 5.75$ °C und liegt damit innerhalb des Toleranzbereichs.

2. Auf welche maximale symmetrische Schaltdifferenz kann der Zweipunktregler eingestellt werden, um gerade so die Toleranzgrenzen einzuhalten?

   Da X^*_{min} näher an der vorgegebenen Toleranzgrenze liegt als X^*_{max}, muss die Formel

$$X_{min} = K \cdot y_0 \cdot \left(1 - e^{-\frac{T_{tot}}{T_1}}\right) + (W_0 - e_1) \cdot e^{-\frac{T_{tot}}{T_1}}$$

nach e_1 umgestellt werden:

$$e_1 = W_0 - \frac{X_{\text{minsoll}} - K \cdot y_0 \cdot \left(1 - e^{-\frac{T_{\text{tot}}}{T_1}}\right)}{e^{-\frac{T_{\text{tot}}}{T_1}}} = 65\,°C - \frac{60°C - 25°C \cdot 2 \cdot \left(1 - e^{-\frac{120\,s}{900\,s}}\right)}{e^{-\frac{120\,s}{900\,s}}}$$

$$= 3.6\,°C$$

Die maximale symmetrische Schaltdifferenz beträgt damit 2 • 3.6 °C = 7.2 °C.

3. Zeichnen Sie den Regel- und Stellgrößenverlauf mit den aus 2. abgeleiteten Werten (Bild 11.98).

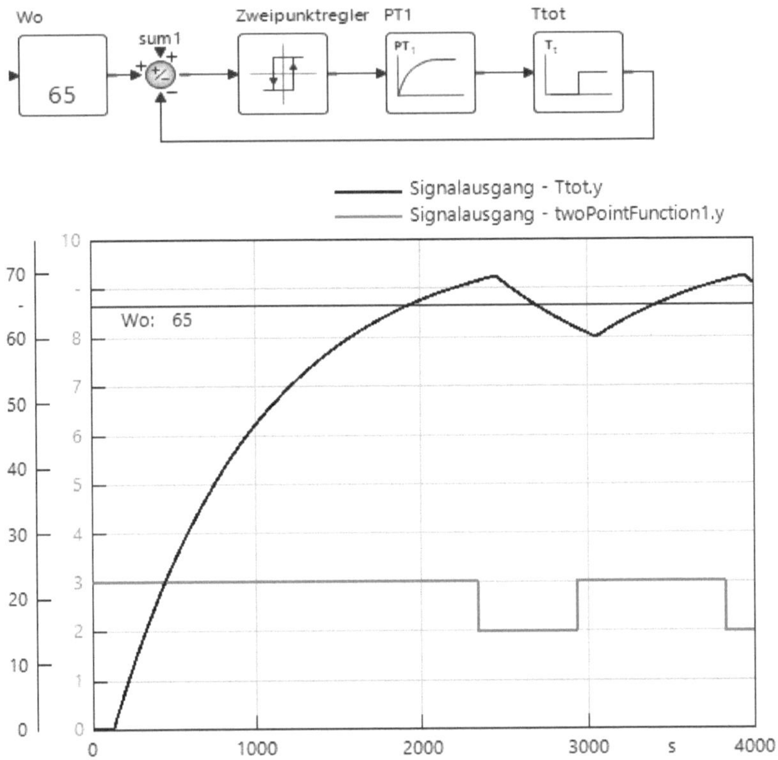

Bild 11.98 Screenshot der Zweipunktregelung sowie der entsprechende Regel- und Stellgrößenverlauf

Literaturverzeichnis

Beier, T./Wurl, P.: Regelungstechnik. Fachbuchverlag Leipzig im Carl Hanser Verlag 2015

Dittmar, R.: Advanced Process Control. De Gruyter Oldenbourg 2017

Dobesch, H.: Laplace-Transformation. Verlag Technik 1964

Gißler, J./Schmid, M.: Vom Prozeß zur Regelung. Siemens AG 1990

Große, N./Schorn, W.: Taschenbuch der praktischen Regelungstechnik. Fachbuchverlag Leipzig im Carl Hanser Verlag 2006

Föllinger, O.: Laplace- und Fouriertransformation. Hüthig Verlag 1990

Hering, E.: Elektronik für Ingenieure. VDI-Verlag 1992

Isermann, R.: Identifikation dynamischer Systeme 1. Springer Verlag 1992

Langmann, R.: Taschenbuch der Automatisierungstechnik. Fachbuchverlag Leipzig im Carl Hanser Verlag 2004

Lunze, J.: Regelungstechnik 1. Springer Verlag 2019

Lutz, H./Wendt, W.: Taschenbuch der Regelungstechnik. Verlag Harri Deutsch 2000

Müller, J.: Regeln mit SIMATIC. Publicis Publishing 2011

Reinisch, K.: Kybernetische Grundlagen und Beschreibung kontinuierlicher Systeme. Verlag Technik 1974

Reinisch, K.: Analyse und Synthese kontinuierlicher Steuerungssysteme und Regelungssysteme. Verlag Technik 1996

Rossmann, A.: Strukturbildung und Simulation technischer Systeme. Band 3. Springer Vieweg 2020

Weber, W.: Industrieroboter. Fachbuchverlag Leipzig im Carl Hanser Verlag 2017

Zacher, S.: Übungsbuch Regelungstechnik. Vieweg 2007

Zacher, S./Reuter, M.: Regelungstechnik für Ingenieure. Springer Vieweg 2017

Index